铁路职业教育铁道部规划教材

计算机原理及应用

徐贞如 主 编
王新民 副主编
幸筱流 主 审

中国铁道出版社

2013年·北 京

内 容 简 介

本书共分10章。主要包括：计算机结构，MCS－96型单片机的硬件知识，MCS－96指令系统，汇编语言程序设计，中断技术与定时器的应用，串行通信，微机接口技术，DSP技术，计算机网络技术基础以及单片机使用方法应用举例。

本书可作为高等职业学院和中专学校铁路信号专业技术基础课教材，也可以作为高职高专及中专电子信息、电气自动化、通信工程、机电一体化、汽车电子等的专业技术基础课教材，还可供从事计算机技术的工程技术人员自学与参考使用。（带＊号的内容为中专学生的选学内容，在书中用楷体编排）

图书在版编目（CIP）数据

计算机原理及应用／徐贞如主编．—北京：中国铁道出版社，2008.2（2013.6重印）

铁路职业教育铁道部规划教材

ISBN 978-7-113-08587-2

Ⅰ．计… Ⅱ．徐… Ⅲ．电子计算机—职业教育—教材 Ⅳ．TP3

中国版本图书馆CIP数据核字（2008）第005962号

书　　名：计算机原理及应用
作　　者：徐贞如　主编　王新民　副主编

责任编辑：武亚雯　刘红梅　**电话**：010-51873132　**电子信箱**：wyw716@163.com
封面设计：陈东山
责任校对：马　丽
责任印制：金洪泽

出版发行：中国铁道出版社（北京市西城区右安门西街8号　邮政编码：100054）
印　　刷：北京华正印刷有限公司
版　　次：2008年1月第1版　2013年6月第3次印刷
开　　本：787mm×1092mm　1/16　印张：16.75　字数：412千
书　　号：ISBN 978-7-113-08587-2
定　　价：31.50元

前　言

本书为铁路职业教育铁道部规划教材，是根据铁路职业教育铁道信号专业教学计划“计算机原理及应用”课程教学大纲编写的。

本教材可作为高等职业学院的中等职业学校铁路信号专业《计算机原理及应用》课程的通用教材，也可以作为其他计算机应用培训教材或参考书使用。

本教材在编写过程中始终注意体现职业教育的特点，注重计算机、微型计算机、单片机及计算机网络基础知识的介绍，强调应用淡化原理的深入讨论，内容安排上努力降低理论深度，知识表述时尽量避免繁琐的原理阐述和理论铺垫，力求做到深入浅出，降低教学的难度，使读者易于阅读和理解，满足本课程教学需要，为后续专业课的学习打下了良好的基础。

本书主要有以下特点：

1. 编写特点：根据信号专业教学计划及本课程大纲对教材编写要求和授课对象的实际情况，教材编写中对基础理论部分力求知识准确、表达简明、通俗易懂；对重点和难点内容，编排时通常用图示和例题辅助理论和原理的阐述，尽量做到深入浅出。为了利于学生的课后复习阅读，教材各章之前有学习目标，之后有本章小结和复习思考题。

2. 结构特点：结合职业教育特点，在知识结构上注意其体系的完整性，同时突出基础知识的实际应用方面的介绍。在结构安排上，各章节内容既相互独立，各知识点之间又尽量做到由易到难、由浅入深地循序渐进，构成了一个较为完整的计算机原理及应用教材的知识结构体系。

3. 内容特点：本着职业培训教育“必需、够用”的原则，在各章内容安排时注意有针对性地选择。例如，对单片机机型的选择，本教材选择了铁路信号系统中使用的 MCS－96 型单片机。另外，本教材还安排了单片机及计算机网络技术在铁路信号控制系统中的运用实例一章，实现了将理论知识应用于专业实践的教学目的。

4. 作为高职和中职的通用教材，高职和中职课程内容的主要区别为：带 * 号的内容为中职课程选修的内容，在本书中用楷体编排。

本书由华东交通大学职业技术学院徐贞如担任主编，西安铁路职业技术学院的王新民担任副主编，华东交通大学职业技术学院的卢毓俊和涂序跃、西安铁路职业技术学院的张玮、湖南交通工程职业技术学院的陈贻品参编，具体分工如下：第 1 章和第 9 章由徐贞如编写；第 2 章和第 5 章由卢毓俊编写；第 3 章由徐贞如和卢毓俊共同编写；第 4 章由涂序跃编写；第 7 章和第 8 章由张玮编写；第 6 章由陈贻品编写；第 10 章由王新民编写；附录由卢毓俊编写；全书由徐贞如统稿。

本书由华东交通大学职业技术学院幸筱流副教授担任主审，对稿件内容和结构提出了许多宝贵意见和建议。

因编者水平所限，书中难免有不妥和疏漏之处，恳请广大读者批评指正。

编 者

2008年1月

目　录

第 1 章

计算机结构

【学习目标】

本章主要介绍计算机组成的基本知识。通过学习,了解计算机自发明至今的发展、性能特点及应用情况;了解计算机及微型机的基本结构及主要性能指标;提高对计算机学科的认识和学习计算机知识的积极性,为后续内容的学习做好准备。

1.1 计算机的发展和应用

人类文明的发展有无数次伟大的发明。伴随人类文明发展的数字计算工具也经历了从低级绳结、小木棍计算到中式算盘、高级电子计算器的发展历程,而 20 世纪出现的能够自动、高速地进行算术和逻辑运算的电子数字计算机,带动了第三次工业革命,使数字计算工具发展到了一个崭新的阶段。目前,计算机已被广泛地应用于科学研究、国防建设、医疗卫生、工农业生产以及人民生活的各个领域。当今,计算机的应用水平已成为各行各业步入现代化的重要标志之一,计算机应用能力也成为现代人才的基本素质之一。因此,认真学好计算机知识,掌握微型计算机的基本操作技能,是现代人有效学习和胜任各种工作的基本要求。

1.1.1 计算机发展概况

1946 年 2 月在美国宾夕法尼亚大学世界上第一台电子计算机研制成功,命名为 ENIAC (Electronic Numerical Integrator and Calculator——电子数字积分机和计算器)。该电子计算机由 18 000 多个电子管和其他数千个电子元件构成,功率为 150 kW,重量约 30 t,占地近 170 m^2,耗资约 40 多万 $ 。采用电子管作为计算机的逻辑元件,存储容量为 17 000 多个单元,速度为 5 000 次/s。ENIAC 虽然无法与今天的计算机相比,但它的诞生却标致了科学技术快速发展的一个新时代——计算机时代的到来。

在第一代计算机的研制过程中,美籍匈牙利数学家约翰 · 冯 · 诺依曼(John Von Neumann)提出了“存储与程序控制”理论,该理论的原理是:在计算机内部直接采用二进制数进行运算;并将指令和数据都存储起来,由程序控制计算机自动执行。根据此原理设计的计算机被称为冯 · 诺依曼机,它主要由运算器、控制器、存储器、输入和输出设备五部分组成,这也是后来计算机设计的重要模型。

概括来说,计算机是一种能根据预先设制的指令,高速、自动完成信息处理的电子设备。它根据指令引导的步骤,对输入数据进行存储、处理、传输,最终获得期望的输出结果。

电子计算机根据所采用的电子元件的变化,可以将其发展分成四个阶段,即大型机阶段、微型机阶段、网络阶段以及智能阶段。

1. 计算机发展的四个阶段

第一个阶段,1946 ~ 1957 年:称为第一代计算机,电子管时代。其主要特点是基本元件为电子管,运算速度为每秒几千次到几万次,用一串 0 和 1 表示机器语言进行编程。直到 20 世纪 50 年代才出现了汇编语言,确定了"程序设计"的思想。

第二个阶段,1958 ~ 1964 年:为第二代计算机,晶体管时代。其主要特点是基本元件为晶体管,运算速度从每秒几万次提高到几十万次,内存储器容量扩大到几十万字节。与此同时,高级汇编语言也相继推出如 Basic、FORTRAN 和 COBOL。编程变得更为简单,大大提高了计算机的工作效率。

第三个阶段,1965 ~ 1970 年:为第三代计算机,中小规模集成电路时代。其主要特点是基本元件采用小规模集成电路(SSI)和中规模集成电路(MSI)。与第二代计算机相比,其体积更小,重量更轻,功耗更低,寿命更长,价格更低,计算机的速度和可靠性都有所提高。操作系统在规模和功能上发展很快,通过操作系统,用户可以共享计算机上的资源。出现了结构化、模块化的程序设计思想和与此匹配的高级语言。计算机软件和硬件都向标准化、多样化、通用化、系统化方面发展。

第四个阶段,1971 年至今:为第四代计算机,大规模和超大规模集成电路时代。其主要特点是基本元件采用大规模集成电路(LSI)和超大规模集成电路(VLSI)。计算机的体积更小,重量更轻,寿命更长,耗电量也进一步减少,制造成本更低,计算机的性能也大大提高,计算机的速度可以达到每秒几百万次甚至上亿次。操作系统、数据库系统都在不断地完善和进一步提高,程序设计语言进一步改进和应用,软件行业发展成为新兴的高科技产业,计算机的应用领域不断扩大,向社会各个方面渗透。

2. 我国计算机的发展

我国计算机科学从 1956 年起步,在 1958 年研制成功第一台电子管计算机,命名为 103 机。接着 1959 年在 103 机基础上又研制成功了 104 机,运算速度可以达到 1 万次每秒。它是我国第一台大型通用电子数字计算机。103 机和 104 机的研制成功改变了我国在计算机技术领域研究空白的历史,为我国计算机技术的发展打好了有力的基础。1964 年我国研制成功了晶体管计算机,1971 年研制了以集成电路为主要元件的 DSJ 系列的计算机,在微型计算机方面取得了迅速发展。

我国在巨型计算机方面的发展情况是:1983 年完成第一台巨型电子计算机"银河"的设计制造。1992 年,运算速度高达 10 亿次的巨型计算机"银河Ⅱ"研制成功。1997 年 6 月,"银河Ⅲ"巨型计算机通过了国家鉴定,它可以进行每秒 130 亿次的浮点运算。1995 年 5 月,"曙光 1000"研制成功,它的研制成功打破了国外在巨型机技术方面的垄断和封锁。1998 年,"曙光 2000 - Ⅰ"研制成功。1999 年 9 月,"曙光 2000 - Ⅱ"计算机问世,它是我国"863"计划的重大成果,它的速度最高可以达到 1 117 亿次,内存高达 50 GB。

1.1.2 计算机的应用

纵观电子计算机的发展历程,计算机发展趋势主要表现在以下四个方面:

计算机高端应用在"巨"的方向上发展,指计算处理功能强、运算速度快、存储容量大的巨型计算机系统。主要用于像宇宙研究、卫星图像及军事项目等有特殊需要的领域。

计算机普及应用在"微" 的方向上发展,指体积小、可靠性高、使用方便、用途广泛的微型计算机系统。计算机的微型化是当前研究计算机最明显、最广泛的发展趋向,目前便携式计算机、笔记本计算机都已逐步普及。

计算机通信在“网”的方向上发展，指把多个分布在不同的地理位置的计算机通过通信线路连接起来，达到资源共享和信息交流的目的的计算机网络。目前全球最大的网络体系是Internet，用户可以在Internet上进行信息交流和数据的交换。

计算机在特殊领域的应用朝“智”方向上发展，指具有“视觉”、“听觉”、“嗅觉”和“触觉”，甚至具有“情感”等感知能力和推理、联想、学习等思维功能的计算机系统。随着人工智能研究领域的成熟，新一代的计算机将是“智能”计算机，它可能像人一样地能看、能听、能思考，并在更多领域代替人从事复杂、危险的工作。

正是因为计算机的广泛应用，当今人类活动的各个领域：国防、科技、工业、农业、商业、交通运输、文化教育、政府部门、服务行业等和人们的日常生活、娱乐都离不开计算机。归纳起来，目前计算机主要应用在以下几个方面：

1. 科学计算

又称数值计算，在科学研究和工程技术中广泛应用，也是计算机最早的应用领域。科学计算的特点主要是计算量大，常用于解决复杂和大量的数值计算问题。一般这些任务的计算公式复杂，计算量大和数值变化范围大，原始数据相应较少，通常难以用人工计算完成，而只有具有高速运算和信息存储能力以及高精度的计算机系统才能胜任。例如数学、物理、化学、天文学、地质学、生物学等基础科学的研究以及航天飞船、飞机设计、船舶设计、建筑设计、水力发电、天气预报、地质探矿等方面的大量计算都可以使用计算机来完成。

2. 数据处理

又称信息处理，主要是对数值、文字、图表等信息数据及时地加以记录、整理、检索、分类、统计、综合和传递，得出人们所期望的有关信息。这也是目前计算机最广泛的应用领域。数据处理的特点是存储量大，常用于原始数据多、时间性强、计算公式相应比较简单的任务。例如财贸、交通运输、石油勘探、电报电话、医疗卫生等方面的计划统计、财务管理、物资管理、人事管理、行政管理、项目管理、购销管理、情况分析、市场预测等工作。目前，在这一应用领域已经开发了诸如事务处理系统（TPS）、办公自动化系统（OAS）、电子数据交换系统（EDI）、管理信息系统（MIS）、决策支持系统（DSS）等应用系统。

3. 实时控制

又称自动控制，是指利用计算机对生产过程进行实时控制。其特点是反应速度快及可靠性高，用以提高产量和质量，提高生产率，改善劳动条件，节约原料消耗，降低成本，达到过程的最优控制。例如石油化工、水电、冶金、机械加工、交通运输及其他国民经济部门中生产过程的控制以及导弹、火箭和航天飞船等的自动控制。

4. 人工智能

英文简称AI（Artificial Intelligence），人工智能是使计算机模拟人类思维活动，实现自然语言的理解与生成、定理证明、自动程序设计、自动翻译、图像识别、声音识别、疾病诊断等，人工智能应用最重要的成果是“机器人”。近年来人工智能的研究开始走向实用化。人工智能是计算机应用研究的前沿学科。

5. 计算机辅助设计

英文简称CAD（Computer Aided Design），利用计算机进行辅助设计，可以提高设计质量和自动化程度，大大缩短设计周期、降低生产成本、节省人力物力。由于计算机有快速数值计算、较强的数据处理及模拟能力，现在CAD已被广泛应用在大规模集成电路、计算机、建筑、船舶、飞机、机床、机械,甚至服装的设计上。除计算机辅助设计(CAD)外,还有计算机辅助制造(CAM)、计算机辅助测试(CAT)和计算机辅助教学(CAI)等。

6. 多媒体技术

多媒体技术是指用计算机技术和视频、音频及数据通信技术集成的技术。这里的媒体是指表示和传播信息的载体,例如文字、声音、图像等。多媒体技术能实现对多种媒体的采集、传输、转换、编辑和存储,由计算机处理成新的媒体信息重新输出。随着 20 世纪 80 年代以来数字化音频和视频技术的发展,逐步形成了集声、文、图、像一体化的多媒体计算机系统。它不仅使计算机应用更接近人类习惯的信息交流方式,而且将开拓更多新的应用领域。

7. 计算机网络

计算机网络是将处在不同地理位置的计算机用通信设备和线路连接起来所形成的一个系统。最早计算机联网的主要目的是——资源共享,这里的资源含义很广,通常有硬件资源(如:打印机、扫描仪等)和软件资源(如:Office、CAD 等应用软件)。资源共享可以为用户节约大量的资金成本。随着计算机网络技术的发展,目前,利用计算机网络,可以使一个地区、一个国家,甚至在世界范围内计算机与计算机之间实现软件、硬件和信息资源共享,由此促进了各地区之间和国家之间的通信与各种数据的交流与处理,同时也改变了人们的时空概念。如今,计算机网络的应用已渗透到社会生活的各个方面。Internet 已成为全球性的互联网络。

1.2 计算机系统的组成

1.2.1 计算机系统的组成

通常人们所说的计算机,指的是由计算机硬件和软件组成的计算机系统。

1. 计算机硬件系统

计算机硬件系统指组成计算机的主要部件及总体布局、部件的主要性能和这些部件之间的连接通信方式。如前所述,为满足各种用途的需要的计算机其结构可能有种种区别,但从本质上来说,大多数属于计算机经典结构——冯 · 诺依曼结构,主要由运算器、控制器、存储器、输入设备和输出设备五大部件组成。其各主要部件名称及相互间的连接关系,如图 1 – 1 所示。

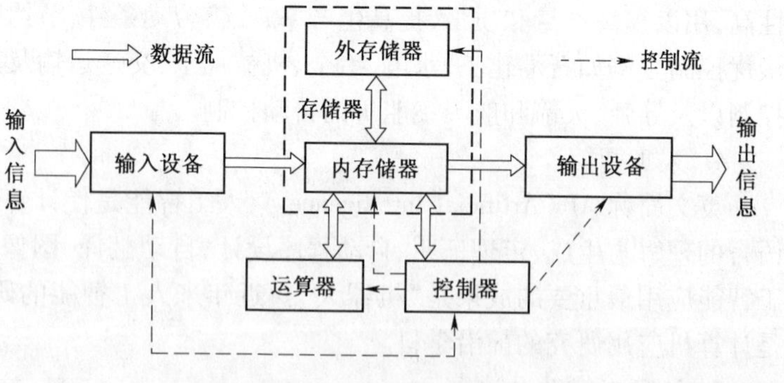

图 1 – 1 计算机硬件组成示意图

计算机的工作原理及过程大致可描述为:首先人们为完成某项特定的任务事先编制好应用程序,工作时首先将程序及其执行过程中所需要的数据,即所谓“输入信息”在“控制器”的控制下由“输入设备”输入至“内存储器”中,程序运行时,控制器从内存储器中逐条读取程序指令,在分析指令后再按其要求控制“运算器”和“内存储器”一起执行指令所规定的操作。运算结果在控制器的控制下,送内存储器保存(以供后续指令执行需要时调用)或送"输出设备"输出,一条指令执行完毕。再取下一条指令继续按上述步骤处理,如此反复,直至程序结束。

(1) 运算器

运算器是执行算术运算和逻辑运算的部件。它由算术/逻辑单元(Arithmetic Logic Unit,简称 ALU)和若干个寄存器组成。

算术/逻辑单元是由组合逻辑电路构成,能进行二进制的加、减、乘、除等算术运算和与、或、非、异或等逻辑运算及移位、比较等操作。寄存器由触发器组成,速度快,主要用来存放参加运算的数据、数据地址并保存运算结果。

计算机进行加、减、乘、除等运算的快慢程度称为"运算速度"(通常以每秒能完成多少次运算来度量),它是运算器最重要的性能指标。

寄存器的位数是影响运算器性能与速度的一个重要因素。计算机的字长一般是指操作数寄存器的长度(字长是指一个字中包含的二进制数的位数, CPU 通常是以字为单位来进行数据运算的)。

不同的计算机,其字长也不同,计算机的字长可分为 8 位、16 位、32 位和 64 位等。在运算器中进行数据运算时,是将一个字中的所有位的数据运算操作同时完成的。因此计算机字长也反映了计算机并行计算的能力。

(2)控制器

控制器是计算机的指挥中心,它控制所有其他部件协调工作。程序运行时,控制器按照程序指令陆续从内存储器中取出指令,进行分析后发出由该指令规定的一系列操作命令,控制其他各部件按先后顺序逐步执行各种操作,从而完成指令功能。控制器主要由指令寄存器、指令译码器、程序计数器和操作控制器等组成。

程序计数器(简称 PC)和指令寄存器(简称 IR)都是寄存器,PC 指示当前将要运行的指令地址,它具有自动加 1 功能;IR 存放当前正在运行的指令。

指令译码器(简称 ID),是用来分析指令的,并根据分析结果产生控制信号,以控制运算器等其他部件完成指令规定的操作。

时序信号发生器,产生指令执行的时间节拍和操作信号的时钟脉冲。

微操作信号发生器,取得指令后,根据指令译码器输出的信号和时序信号发生器的信号,产生该指令需要完成的操作的一系列控制信号,使整个计算机有条不紊地协同工作。

控制器是计算机的关键部件,其性能水平直接影响计算机的性能。

(3)存储器

存储器是用于存储计算机程序和各种信息数据的部件。任何数据均以 0 或 1 的二进制形式存放在存储器中,一个存储器由许多存储单元组成。存储器的主要性能指标有:存储容量和存取速度。存储器可分为内存储器和外存储器(或称辅助存储器)。

1)内存储器

内存储器(简称内存),是供中央处理器直接访问的存储器,主要用来存放当前正在运行的程序、需要处理的数据及运算结果,通常采用半导体存储器件来实现,所以内存具有速度比较快、容量比较小的特点。

内存通常按字节分成许多存储单元,每个存储单元都有一个编号,此编号称为地址。

内存中数据的读、写操作统称为内存的访问。当读操作发生时,CPU 向内存传送需要访问的内存单元的地址和读操作控制信号,并将内存中该地址指定单元的内容传送到运算器,值得注意是,被读操作过的内存单元的内容不受影响。写操作是 CPU 将运算器中的数据按指定地址传送至内存的某个单元,请注意,写操作发生时,被访问的内存单元中的原内容被覆盖。

2)外存储器

外存储器(简称:外存),是供中央处理器间接访问的存储器,主要用于存放暂时不运行的程序和数据。一般采用磁性介质或光存储介质来实现,因此外存具有速度慢、容量大的特点。

(4)输入设备

输入设备是计算机获得外部信息的设备,它能将程序、数据及各种信息输入至计算机的存储器中。键盘和鼠标是计算机最常用的输入设备。另外,扫描仪、数码相机、摄像头、传感器及各种语音输入设备等都是计算机常用的输入设备。

(5)输出设备

输出设备是将计算机的处理结果以人们或其他机器所能识别的形式输出的设备。计算机最常用的输出设备有显示器和打印机。另外,绘图仪、投影仪和各种语音输出设备都是计算机常用的输出设备。

2. 计算机软件系统

计算机软件系统和硬件系统同样重要,没有配备软件系统的计算机对一般用户来说是无法使用的摆设。计算机软件系统可分为系统软件和应用软件两大类。

系统软件是计算机运行所必备的软件,如操作系统、编译程序和网络通信程序等,这类软件主要负责系统软、硬件资源的管理、命令解释、网络通信等,通常与具体的应用领域无关。应用软件是提供给用户完成特定任务的软件,其中包括像文字处理、电子表格计算机辅助设计(CAD)等通用的应用软件,也包括像学校的学籍管理系统、企业的人事工资管理系统等面向特殊用户,且只完成某一特定任务的专用软件。

各类计算机软件与计算机硬件系统及用户之间的关系如图 1-2 所示。

(1)操作系统

操作系统是计算机与用户间的桥梁,是最重要的系统软件。操作系统的主要任务是管理系统资源,控制其他所有软件的运行,为用户提供友好的操作平台。典型的操作系统有:磁盘操作系统(DOS)和视窗操作系统(Windows)及网络操作系统和客户端操作系统等。目前非常流行的 Windows XP 就是一款客户端视窗操作系统。

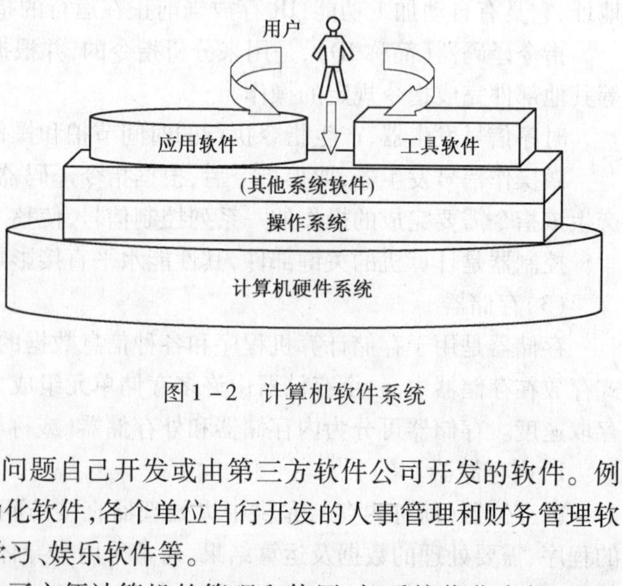

图 1-2　计算机软件系统

(2)应用软件

应用软件是指用户为解决某一特定问题自己开发或由第三方软件公司开发的软件。例如:由美国微软公司开发 Office 办公自动化软件,各个单位自行开发的人事管理和财务管理软件,及用户为各自生活方便需要开发的学习、娱乐软件等。

工具软件也属于应用软件,通常是为了方便计算机的管理和使用,如系统优化大师、超级兔子和分区魔法师等。

(3)计算机语言及其编译系统

计算机软件程序是用计算机语言编写出来的,因此计算机语言又称程序设计语言,通常可分为机器语言、汇编语言和高级语言三个层次。

机器语言是由0和1组成的二进制机器指令,在计算机发展初期,人们直接使用机器语言编写程序,并控制计算机完成任务。机器语言所编写的程序代码能直接被计算机"识别"执行,但编写十分困难,只有非常少数的专业人员能够使用,并且调试和维护也很复杂。随着计算机技术的发展,在1952年一种被称作汇编语言的编程语言得到了推广。汇编语言利用短的字母代码(如"MOV"表示数据传送)来表示某个特定的机器操作,编译程序将这些被称为"助记符"的字母代码翻译成机器语言使计算机能够执行。由于机器语言和汇编语言关系密切,且都与计算机硬件有关,因此这两种语言又称为低级语言。汇编语言虽然比机器语言有了很大的进步,但普通用户仍然难以掌握。

高级语言产生于20世纪60年代,它由一套编程的基本符号(有简单的英文单词和通用的数学表达式等元素)和由这套基本符号构成程序的规则(也称算法语言)组成。高级语言与计算机硬件无关。因此,可以方便地将在一种计算机上开发的高级语言程序移植到另一种计算机上运行。常用的高级语言有面向过程的编程语言和面向对象的可视化编程语言两大类。如Basic、C语言都是面向过程的编程语言,而Visual Basic、Java是面向对象的可视化编程语言。另外,还有像HTML和XML是用于Internet中描述网页的语言。

1.2.2 计算机的分类及性能特点

1. 计算机的分类

(1)按计算机规模分类

通常按计算机系统功能的强弱和计算机规模的大小可分为:巨型机、大型机、中型机、小型机、微型机和单片机等。

其中运行速度最快的是巨型机,容纳的用户最多,价格最贵,主要用于高端科研领域。而单片机是只用一片集成电路做成的计算机,具有体积小、结构简单、性能指标比较低、价格便宜的特点,普遍用于通信设备、家电产品的控制器和工业自动化控制机等。介于巨型机和单片机之间的是大型机、中型机、小型机和微型机,它们的结构规模和性能指标依次递减。目前随着超大规模集成电路的迅速发展,这些机型之间的界限也变得模糊起来,今天的微型机性能可能超过了过去的小型机,而未来的单片机性能可能不低于今天的微型机。

(2)按计算机应用范围分类

按计算机应用的普遍性和专一性又可分为:通用计算机和专用计算机。上述的巨型机、大型机、中型机、小型机和微型机大都属于通用型计算机。专用计算机是针对某项任务或某个设备设计的计算机,其结构通常比通用机简单。

(3)按组成计算机的器件分类

计算机按组成的元器件不同还可分为:机械计算机、电子计算机、光学电计算机和生物计算机等。

2. 计算机的性能特点

综上所述,随着计算机技术的迅猛发展,计算机的应用已经越来越普及。了解计算机的主要性能特点,有助于用户充分利用计算机的各项功能。概括起来,电子计算机性能主要有下列几个特点:

(1) 运算速度快

计算机的运算速度一般是指每秒钟所能执行指令的条数。由于计算机采用了高速的电子元件和线路,使运算速度在百万次以上,目前最快的已达到十万亿次以上。这是人力无法达到的。计算机的高速运算能力为完成那些计算量大、时间性要求强的工作提供了保证。例如天气预报、金融、通信、大地测量、高阶线性代数方程的求解,导弹或其他发射装置运行参数的计算,情报、人口普查等超大量数据的检索处理等。我国载人飞船的成功发射及世界高科技技术的快速发展,都充分体现了计算机这一特性的功劳。

(2) 计算精确度高

用于电子计算机内部数据运算的是二进制数,计算结果的精确度与表示数据的字长有关,字长越长,计算精确度就越高。现在一般的计算机数据位数都达到了 64 位。此为计算的高精确度提供了保证。所以,现在计算机的计算精确度,通常可以满足各类复杂计算对计算精确度的要求,目前对圆周率(π)的计算已经达到了小数点后数百万位了。

(3)存储容量大

计算机的存储容量包括内存储容量和外存储容量。一般内存容量影响计算机的处理速度,而外存容量,可决定计算机存放数据的多少。计算机的大量数据和资料都放在外存储器中长期保留,用户根据需要随时存取、修改和删除其中的数据。目前计算机的存储容量也在快速地增长,不好用确定的数据来描述。目前,家用 PC 机的外存储容量大都有 80GB 甚至更高,这样的容量相当于普通课本容量的 9 万多倍,内存储容量也达到了 1GB 以上。计算机的大容量存储对计算机大量的信息存取、信息检索和数据处理是十分重要的。现在,一块存储芯片就可以存储几百页英文书籍的内容。

(4)自动化程度高

由于计算机采用存储程序的工作方法,使它从开始运行到输出结果的整个过程都是在程序的控制下自动进行的。一般首先输入预先编制好的程序,然后计算机就能在这些程序指令的控制下,自动地完成任务,中间不需人工干预。甚至对工作过程中出现的问题,计算机还能自动进行“诊断”、“修复”等处理。这是电子计算机的一个重要特点,也是它和其他计算工具本质的区别所在。

(5)通用性强

由于计算机采用数字化信息来存储和表示各类数据,其中包括数值数据与非数值数据(如文字、图形、声音等)。因此无论多么复杂的问题都可以分解成基本的算术运算和逻辑运算。进而对不同领域的问题都可以用电子计算机来解决。这也是计算机不仅可以用于数值计算,而且还被广泛应用于数据处理、自动化控制、计算机辅助设计、人工智能、社会生活等方面的原因。计算机具有适用范围广、通用性强等特点,能应用于科学技术的各个领域,并在社会生活的各个方面发挥重要作用。

正是由于以上特点,使计算机能够模仿人的某些思维能力,可以代替或取代人的一部分脑力劳动,按照人们编好的程序去工作,因此计算机也被称为“电脑”。不管计算机如何神奇,它毕竟是人类智慧所创造的,一切活动都要受到人的控制,它只是人脑的补充和延伸。利用计算机可以辅助和提高人的思维能力。

1.3 微型计算机

所谓微型计算机,是以微处理器为核心,加上由大规模集成电路制成的存储器、输入/输出接口电路及系统总路线等部件,在其上再配置适当的外围设备、电源等就与指挥计算机运行的系统软件一起构成了微型计算机系统。微型计算机系统的主要组成如图1-3所示。

1.3.1　微型计算机的基本结构

微型计算机硬件结构与计算机硬件结构类似，只是微型计算机的运算器和控制器已经高度集成到单片微处理器芯片上，被称为中央处理器（Central Processing Unit，简称CPU）。此外，因大规模集成电路工艺的缘故，微处理器芯片的引脚数受到一定的限制，所以微型计算机的各部件之间通常采用总线形式连接，其结构如图1-4所示。

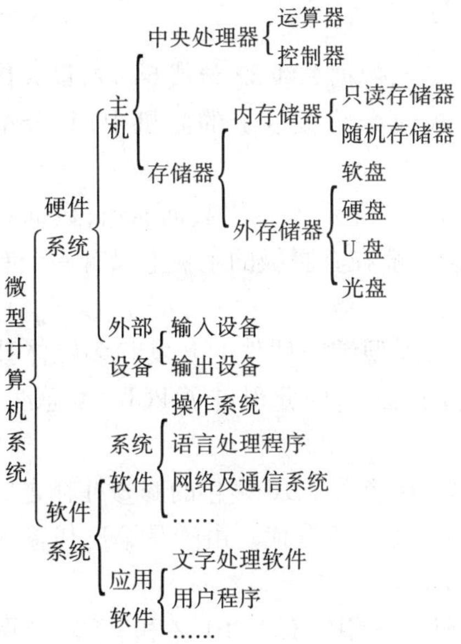

图1-3　微型计算机系统的组成

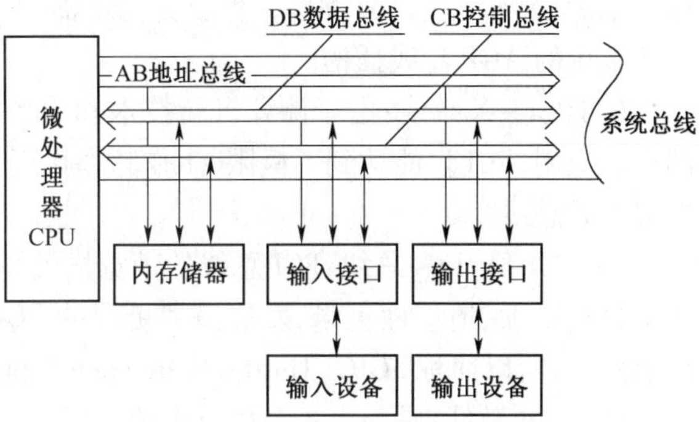

图1-4　微型计算机的硬件结构

系统总线是指将CPU、存储器、输入/输出接口等各部件电路之间连接起来的一组公共信号线，这组公共信号线即称为系统总线。

1. 总线分类

根据传送信息类型的不同，系统总线可分为：地址总线、数据总线和控制总线三类。

（1）地址总线AB（Address Bus）

地址总线是专门用来传送地址信息的，该地址信息指明了CPU将要访问的内存单元或输入/输出端口的地址。例如，当要从内存单元读出一个数据或把数据写入内存单元中时，CPU都需要先将内存单元的地址送到地址总线上。地址总线是单向的，都是由CPU发出的。地址总线的位数决定了系统寻址空间的范围，例如地址总线为20根，则相应的寻址空间范围是：$0 \sim (2^{20}-1)$B。

（2）数据总线DB（Data Bus）

数据总线的功能是传送各功能部件的数据。例如在CPU和内存之间，先从内存单元中读出数据，通过数据总路线传送至CPU的累加器，经累加器处理后的数据再通过数据总路线传给内存某单元写入。数据总线是双向的，其位数（又称宽度）通常就是计算机的字长，数据总线宽度越大，每次交换数据的位数就越多，CPU的性能就越高，目前常用的数据总线有32位和64位。

(3)控制总线 CB(Control Bus)

控制总线是用来传送各种控制信号的。例如,由 CPU 发出的内存读/写控制信号。又如由输入/输出接口发出的中断请求信号等。对一条控制总线而言,它是单向的,但对于控制总线总体来说,又是双向的,即控制信号有出,也有入。

2. 总线标准

总线结构的采用不仅大大简化了微型计算机的结构,提高了系统的可靠性和标准化程度,而且还促进了其系统的开放性和可扩展性。常用的总线结构标准有以下几种:

(1)ISA(工业标准体系结构)总线:是 IBM 公司推出的总线,采用 16 位的数据总线,最大传输速率 16 MB/s。

(2)PCI(外围设备互连)总线:是 Intel 公司推出的总线,数据总线 32 位或 64 位,最大传输速率 133 MB/s,支持即插即用(PnP)。主要用在奔腾级或奔腾级以上的微机中,和 ISA 不兼容。

(3)AGP(加速图形接口)总线:由 Intel 公司推出的图形显示卡专用数据通道,数据总线 32 位,最大传输速率 533 MB/s,但仅为显示器专用总线,一般在奔腾级的主板上只有一个专供显示卡用的 AGP 总线插槽。

(4)PCI – X 总线:由于计算机新技术和设备的发展,大型游戏软件的开发和多媒体技术的广泛应用,PCI 性能达到了极限,工作频率已经无法满足需要,因此引进了 PCI – X 总线,即增强 PCI 总线。

(5)PCI Express 总线:PCI 总线的带宽早已不堪重负,在经历了 10 多年的修修补补之后终于被带宽更大、适应性更强、发展潜力更深的 PCI Express 总线所取代。由于是第三代输入输出总路线,所以简称 3GIO(Third – Generation Input/Output)。

(6)USB 总线:是一个 4 芯串行电缆总线。目前微机中常用的有 USB1. 2 和 USB2. 0 两种标准,USB1. 2 数据传输速率 12 MB/s,USB2. 0 数据传输速率 480 MB/s,允许连接 127 个即插即用设备(如键盘、鼠标、打印机等),支持热插拔(即在计算机处于工作状态时允许插拔设备)。USB 接口目前是微机主板上的必备接口,而且数量在逐渐增多。

(7)IEEE1394 串行 I/O 标准接口。IEEE1394 串行接口使用 6 芯电缆,数据传输速率可达 400 MB/s,通常适合新型高速硬盘及多媒体数据传输,支持热插拔。

1. 3. 2 微型计算机的常用型号及主要技术指标

1. 微型计算机主要技术指标

一般说来,微型计算机的主要技术指标能用于标识微型计算机功能的强弱,也关系到其经济指标,通常称性能价格比。微型计算机的主要性能指标如下:

(1)字长

字长表示微机能直接处理二进制数据的位数,由微处理器内部的通用寄存器的位数决定。在同样的运算速度下,字长直接影响运算精度。

(2)运算速度

在微型计算机中运算速度通常用 CPU 的时钟频率(又称主频)来衡量,是微机的一项重要性能指标。主频越高,运算速度越快。

(3)存储器容量及类型

存储器容量包括高速缓冲器(Cache)容量、内存和外存容量。

1）内存：指随机存储器，简称 RAM。目前微机上常用的内存型号有如下几种：

① EDO(Extended Data Out)RAM(扩展数据输出随机存取存储器)：EDO 取消了主板与内存两个存储周期之间的时间间隔，它每隔两个时钟脉冲周期存储传输一次数据，大大地缩短了存取时间，使存取速度加快。

② S(Synchronous)DRAM(同步动态随机存取存储器)：SDRAM 将 CPU 与 RAM 通过一个相同的时钟锁在一起，使 RAM 和 CPU 能够共享一个时钟周期，以相同的速度工作，每一个时钟脉冲的上升沿便开始传输数据，速度比 EDO 内存提高 50%。SDRAM 内存通常用于奔腾级以上的机型上。

③ DDR(Double Data Rage)RAM：是 SDRAM 内存的换代产品，它允许在时钟脉冲的上升沿和下降沿传输数据，如此一来不需要提高时钟频率就能加倍提高 SDRAM 的速度。

④ RDRAM(Rambus DRAM)(存储器总线式动态随机存取存储器)：RDRAM 是 Rambus 公司开发的具有系统带宽、芯片到芯片接口设计的新型动态随机存取存储器，它能在很高一频率范围下通过一个简单的总线传输数据，同时使用低电压信号，在高速同步时钟脉冲的两边沿传输数据。

内存速度用纳秒(ns)表示，如 EDO RAM 有 70 ns 和 60 ns 的，而 SDRAM 的速度为 10 ns，甚至更低。

2)外存储器：通常有磁盘和光盘等。

① 磁盘有软盘、硬盘和 U 盘之分，一般由磁盘驱动器和磁盘组成。随着 U 盘的普及，目前软盘已经很少使用。由于硬盘在外存储器中具有速度快、容量大的特点，所以它通常是微机中最重要的存储设备。硬盘按其接口类型不同主要有 IDE 和 SCSI 两种。

② 光盘是一种光存储介质，由光盘驱动器驱动，光盘驱动器(简称光驱)是一个结合光学、机械及电子技术的产品。常用的有 CD－ROM(只能读出不能写入)光盘驱动器、DVD(高速大容量)驱动器和 CD－RW 刻录机三种。

(4)总线类型与总线速度

微机总线类型与总线速度通常指系统总线和外部总线的类型，总线速度包括处理器的总线速度和系统总线的总线速度。处理器的总线速度决定处理器以外的各个部件的最高运行速度，如内存、显示器等。总线速度通常也用总线频率表示，如 100 Hz、133 Hz 等。系统总线(包括局部总线)的总线速度如 66 Hz 的 PCI 和 2.5 GHz 的 PCI Express 等。

(5)主板与芯片组类型

微机的主板与芯片组类型不同，性能差异很大。主板的型号有 AT 型 、ATX 型和 BTX 型等，芯片组因支持的处理器型号不同而不同，有 430、450、810、815、865/875 和 915/925 等芯片组。

(6)外设配置

微机常用的外部设备主要有显示器、打印机、键盘和鼠标等。外部设备性能也直接影响微型计算机系统的整体性能。

2. 微型计算机发展及常用型号性能指标

随着计算机技术向着微型化和智能化方向发展，自 1971 年以来，微型计算机以惊人的速度渗透到工业、教育、生活等众多领域之中。表 1－1 简要地记录了微型计算机发展的过程。

表 1 – 1　微型计算机的发展

代次	推出时间(年)	微处理器(CPU)型号	字长	主频(MHz)
第一代	1971～1977	Intel4004、8080	4 位、8 位	1～4
第二代	1978～1981	Intel8086、8088	16 位	5～8
第三代	1982～1984	Intel80286	16 位	6～25
第四代	1985～1988	Intel80386	32 位	12.5～33
第五代	1989～1992	Intel80486	32 位	25～50
第六代	1993～1996	Pentium 及 Pentium Pro	64 位	60～200
第七代	1997～1998	Pentium Ⅱ	64 位	400
第八代	1999～2000	Pentium Ⅲ	64 位	450～1 000
第九代	2000 年至今	Pentium4、双核处理器	64 位	超过 1 500

常用微型机主要技术指标如表 1 – 2 所示。

表 1 – 2　常用微型机主要技术指标

技术指标 \ 型号	8086	80286	80386	80486	Pentium	PⅡ	PⅢ	PⅣ	双核处理器
推出时间(年)	1978	1982	1985	1989	1993	1997	1999	2000	2005
字长(位)	8/16	16	32	32	32	32	32	32	32/64
工作电压(V)	5	5	5	5/3.3	5/3.3	2.8/2.0	2.0/1.6	1.7/1.3	
主频	4.77	6/25	16/33	33/100	66/133	266/400	500/1 G	≥1.4 G	1.6 G
总线频率	1.193	8	16/33	33	66	66/100	100/133	400/800	1066
集成度(万只)	4	13.4	27.5	120	310	750	820/2 800	4 200/4 500	230×10^6
外部数据线	16	16	32	32	64	64	64	64	
外部地址线	20	24	32	32	32	36	36	36	
指令条数	133	143	154	160	165/ +57	222/ +71	292	>292/ +144	
内存形式		FPM DRAM	FPM DRAM	EDO DRAM	SDRAM	SDRAM	DDR SDRAM	DDR SDRAM	DDR Ⅱ
内存存取时间(ns)		60/80	60/80	50/60	≤10	6/7	≤5	≤4	2～3
存储器空间(MB)	1 M	16 M	4 G	4 G	4 G	64 G	64 G	64 G	
制造工艺(μm)	>3	>2	2	1	0.8/0.6	0.35/0.25	<0.25	0.18/0.13	45～65
总线	PC/XT	ISA	EISA	PCI	PCI	PCI	PCI	PCI	PCI

本 章 小 结

本章重点介绍计算机及微型计算机的基础知识，主要有以下几个知识点：

1. 计算机发展历程及应用领域概况

主要介绍从计算机发明至今的发展历程和计算机在各个领域中的广泛应用，学生通过学习加强对计算机技术发展趋势的了解，进而提高学习计算机知识的兴趣。

2. 计算机系统组成基础知识

本章从计算机软、硬件两个方面对计算机的主要硬件组成和软件种类及功能等计算机基础知识进行了介绍，学生通过学习增强了对计算机结构的初步了解。

3. 微型计算机基础知识

重点介绍了通用微型计算机的结构特点及微型计算机的主要性能指标，使学生通过本章学习，提高了对微型机的技术性能认定和选型的能力。

复习思考题

1. 计算机和微型计算机各自经历了哪几个发展阶段,计算机发展趋势主要体现在哪几个方面?
2. 简述计算机的主要特点及其应用领域。
3. 简述冯·诺依曼计算机的结构组成及各主要部件的功能。
4. 简述计算机系统软件的种类及其主要功能。
5. 简述微型计算机硬件基本结构。
6. 简述微型计算机总线类型及常用微机总线标准。
7. 微型计算机有哪些主要的技术指标?

第2章

MCS－96 型单片机的硬件知识

【学习目标】

本章以 8096/8098 单片机为例，主要学习 MCS－96 系列单片机的硬件知识；了解 MCS－96 单片机的硬件逻辑组成、芯片引脚及功能、存储器空间结构、CPU 及其操作等基本知识。

MCS－96 是 Intel 公司继 MCS－51 之后，于 1983 年推出的 16 位单片机系列。它可供用户使用的软、硬件资源远比 MCS－51 丰富、灵活、快速，特别适用于要求较高的实时控制场合，如工业控制、仪器仪表控制、计算机的智能外设和办公自动化设备的控制。

2.1 概 述

以 MCS－96 系列中的 8096/8098 单片机为例，系统地讨论微型计算机的原理及应用技术。微型计算机尽管有单板机、单片机及系统机之分，且各类计算机的型号众多，但它们的基本结构和工作原理是相似的。粗略地讲，各种计算机之间的差异仅在于功能强弱的不同和所应用的领域的侧重点不同。换句话说，在熟悉某种计算机的基本结构和应用方法后，可以方便地把所掌握的基本概念和方法应用到其他型号的计算机的学习之中。

8096/8098 单片机属于 MCS－96 产品系列，是一种高性能而价格低廉的 16 位单片机。自引入我国后，在众多领域获得了广泛的应用，其开发应用技术日趋成熟，已经成为控制用单片机的首选机型之一。通过对 8096/8098 单片机的学习，一方面掌握微型计算机的基本结构和原理，另一方面掌握单片机的应用技术，并直接用于工程实际。

Intel 公司的 MCS－96 系列单片机产品的型号有几十种之多，且不断有新的型号推出。各种不同型号产品的基本结构、基本性能以及指令系统是相同的，它们之间的区别仅在于某些功能上的差异。

MCS－96 系列单片机有 8X9X－90、8X98、8X9XBH 和 8X9XJF 子系列，它们的功能向上兼容。每类芯片按不同的封装形式、引脚数、是否带 A/D 功能、有没有片内 ROM 或 EPROM 等因素，又可分为不同的型号，见表 2－1 。

表 2－1 MCS－96 系列单片机产品的型号表

类型	引脚数	无 A/D	有 A/D
无 ROM 型	48	8094－90 8094BH	8095－90 8095BH 8098
	68	8096－90 8096BH	8097－90 8097BH 8097JF

续上表

类型	引脚数	无 A/D	有 A/D
ROM 型	48	8394－90 8394BH	8395－90 8395－BH 8398
	68	8396－90 8394BH	8397－90 8397BH 8797JF
EPROM 型	48	8794BH	8795B 8798
	68	8796BH	8797BH
OTP 型	48		8798
	68		8797BH 8797

2.2　MCS－96 单片机芯片的基本构成及特点

2.2.1　8096/8098 芯片的基本结构

8096/8098 芯片内部的器件较多，结构十分复杂，从应用的角度而言，详尽地了解其结构上的细节、各部件的实际电路及工作机制不仅无太大必要，而且会分散注意力，影响对主要问题的理解和基本概念的掌握。在学习的初始阶段，对芯片的基本结构的了解应从宏观上予以把握，不必拘泥于细节，注意建立起简洁、清晰的整体概念。

8096/8098 芯片的硬件结构框图如图 2－1 所示。

我们知道，单片机芯片具备计算机的全部基本功能，即芯片上包含有计算机的运算器、控制器、存储器、输入/输出电路等五大组成部分。

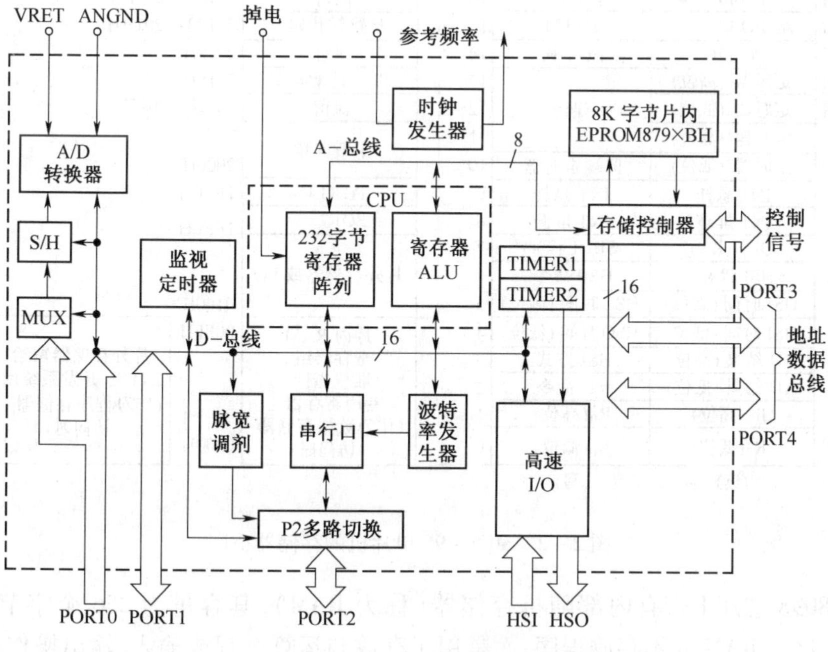

图 2－1　MCS－96 系列单片机典型硬件结构框图

1. 中央处理单元 CPU

CPU 包括运算器和控制器,这是一个高性能的 16 位的 CPU。运算器进行各种算术或逻辑运算,控制器则发出各种指令所规定的操作控制命令。需要特别指出的是,8096/8098 的 CPU 没有采用通常的累加器结构,而是改用寄存器 - 寄存器结构,CPU 的操作直接面向 256 字节的寄存器空间,消除了一般结构中存在的累加器的"瓶颈效应",提高了操作速度和数据的吞吐能力。

2. 存储器

MCS - 96 的存储器是采用程序存储器和数据存储器合二为一的普林斯顿结构。直接寻址范围为 64 KB,存储器的空间分配如图 2 - 2 所示。

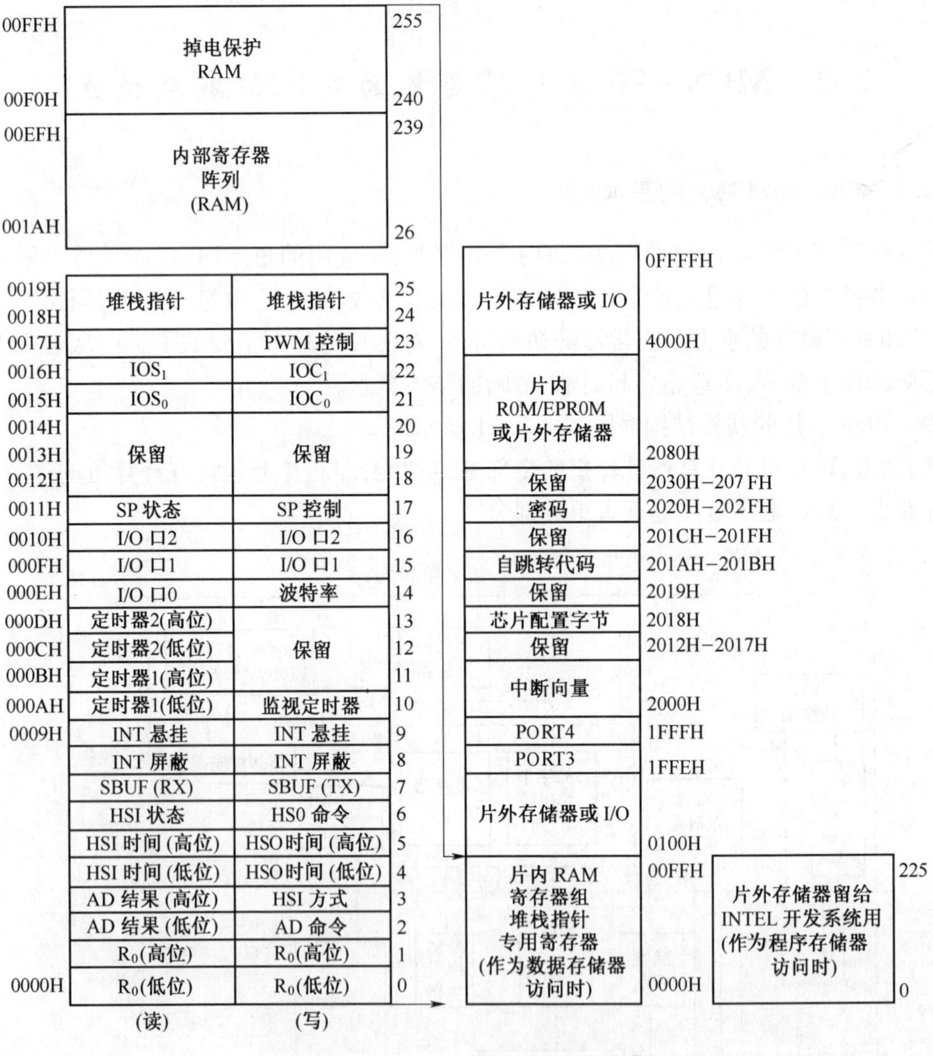

图 2 - 2 MCS - 96 单片机的存储器空间

8096/8098 芯片上带有内部随机存储器(称为 RAM),其容量为 256 个字节,和一般的 RAM 不同,这一 RAM 并不存放程序,而是用于存放与运算过程或输入/输出操作有关的数据或信息,其作用类似于寄存器,因此又称为寄存器空间或内部寄存器文件。需要说明的是,对于8096/8098芯片来说，由于内部RAM容量较小且不允许存放指令，因此在实际构成应用系统时，还需要进行存储器的扩展，外接存储器芯片。

3. 输入/输出(I/O)功能部件

内部集成有I/O接口电路是芯片成其为单片机的重要标志。8096/8098芯片内部带有多种具有I/O(接口)功能的器件，称它们为I/O功能部件。利用这些部件，用户可直接进行I/O操作，在不需外加电路或需进行简单电路设计的情况下，可使I/O设备与芯片接口，大大简化了用户的电路设计工作。

8096/8098芯片的I/O功能部件数量多、功能强，它们增强了单片机的基本性能，扩大了芯片的应用领域。

8096/8098芯片内部带有7种I/O功能部件，它们是：

(1)三个定时器T1、T2及WATCHDOG；

(2)高速输入部件HIS；

(3)高速输出部件HSO；

(4)A/D转换部件；

(5)脉宽调制输出(PWM)部件；

(6)串行通信接口(简称串行口)；

(7)五个并行I/O接口P0,P1,P2,P3及P4口。

2.2.2　8096/8098芯片的主要特性

8096/8098单片机的结构与许多单片机有很大的不同，颇具特色，现将其主要特性概述如下：

1. CPU为16位，采用面向寄存器的结构，增强了运算、处理数据的灵活性，提高了操作速度。

2. CPU支持位、字节和字操作，指令系统支持32位的双字操作。

3. 芯片内带有256字节的RAM，用作寄存器且称之为寄存器文件，众多的寄存器大大提高了数据处理能力及频繁进行输入/输出的能力。

4. 外部时钟信号的频率为6～12 MHz，若采用12 MHz中的外部晶振时，一条指令的最短执行时间为2 μs，最长为9.5 μs。

5. 指令系统可对带符号和不带符号的数进行操作；许多指令既可用两个操作数，也可用三个操作数，使用起来十分灵活。

6. 硬件完成乘、除法运算，6.25 μs内能完成16位×16位的乘法运算或32位÷16位的除法运算。

7. 带有多种可编程I/O功能部件，极大地方便了I/O操作，简化了用户的系统设计工作。

2.2.3　8096/8098芯片的引脚及功能

1. 8096/8098芯片的封装形式

MCS－96系列单片机产品有多种型号并分别采用了多种不同的封装形式。各种封装结构的芯片引脚有68脚、48脚、52脚、64脚和80脚等情况。芯片引脚的不同体现了芯片内部结构及功能的差异。其中52脚、68脚和80脚芯片完全兼容了48脚芯片的功能。由于该系列单片机各种不同封装形式芯片的基本功能相当，为不分散注意力，便于讲清基本概念，本书主要介绍48脚的芯片。

还需说明的是,为叙述简便,这里所说的8096芯片主要指典型机型8096BH,且在许多情况下,泛指MCS-96系列单片机中除8098芯片外的其他型号的各种芯片,是一个较广义的范畴。

8098芯片为采用双列直插式封装结构(DIP封装)的48脚的芯片,其引脚配置见图2-3(a)所示;8096芯片有48脚和68脚等情况,且有多种封装形式,图2-3(b)为DIP封装的48脚的8096芯片的引脚配置图。

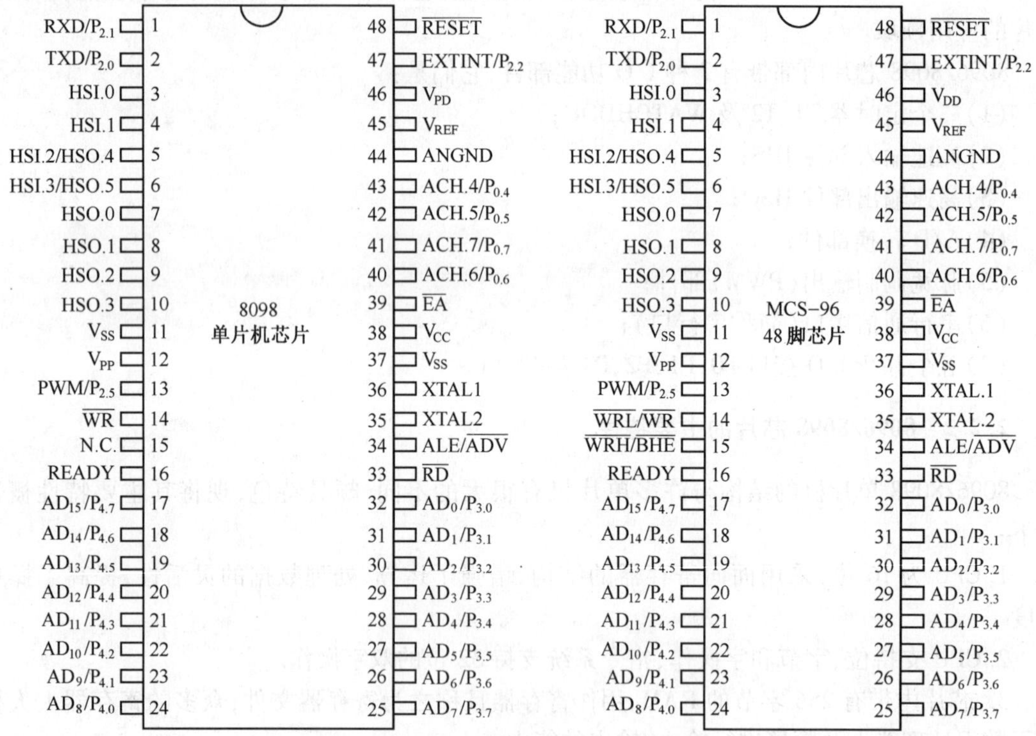

图2-3 8096/8098芯片(48脚)引脚配置图

2. 引脚功能

8098芯片的48个引脚按功能可分为三个部分。

第一部分:芯片的工作电源及地,共7个引脚。

(1) V_{CC}:38号引脚,主电源电压(+5 V)。

(2) V_{SS}:11和37号引脚,数字电路地(0 V),两个Vss引脚都应接地。

(3) V_{PP}:12号引脚,未来EPROM型芯片的编程电压。

(4) V_{PD}:46号引脚,芯片内RAM的备用电源(+5 V),在芯片工作期间,该电源必须存在。

(5) V_{REF}:45号引脚,片内A/D转换器的参考电压(+5 V)。

(6) ANGND:44号引脚,A/D转换器的参考地,通常应与V_{SS}相同。

第二部分:控制信号和时钟信号,共8个引脚。

(1) $\overline{RESET}$:48号引脚,芯片的复位信号输入端。

(2)$\overline{\text{RD}}$:33 号引脚,对外部存储器的读信号、低电平有效(输出)。

(3)$\overline{\text{WR}}$:14 号引脚,对外部存储器的写信号、低电平有效(输出)。

(4)READY:16 号引脚,准备就绪信号(输出)。片内有微弱上拉作用,其用于延长 CPU 访问存储器的总线周期。当外部存储器速度较慢时,其发一低电平信号使 CPU 处于等待状态。

(5)$\overline{\text{EA}}$:39 号引脚,存储器选择输入端。$\overline{\text{EA}}=0$ 时访问片外存储器;$\overline{\text{EA}}=1$ 时访问片内 ROM。因 8098 单片机内部无 ROM,因此它应为低电平。该引脚内部有下拉作用,无外部驱动时,它总保持低电平。

(6)ALE/$\overline{\text{ADV}}$:34 号引脚,地址锁存允许(ALE 高电平)或地址有效($\overline{\text{ADV}}$低电平时),为输出引脚,仅在外部存储器访问期间有效,ALE 或$\overline{\text{ADV}}$由 CCR 寄存器选择,两者都提供一个锁存信号,以便将地址从地址/数据总线中分离出来。

(7)XTAL1:36 号引脚,片内振荡发生器中反相器的输入端,输入外部振荡信号,通常接外部石英晶体。

(8)XTAL2:35 号引脚,片内振荡发生器中反向器的输出端,通常接外部石英晶体。

第三部分:I/O 信号线,即 I/O 功能部件的输入或输出线,共 32 个引脚,它们是:

(1)HSI:3,4,5,6 号引脚,4 个引脚均为高速输入部件的输入端,其编号为 HSI.0,HSI.1,HSI.2,HSI.3,其中的 HSI.2 和 HSI.3 引脚与 HSO 部件共用。

(2)HSO:5,6,7,8,9,10 号引脚,6 个引脚均为高速输出部件的输出端,其编号为 HSO.0,HSO.1,HSO.2,HSO.3,HSO.4,HSO.5,其中的 HSO.4 和 HSI.5 引脚与 HSI 部件共用。

(3)P0 口:40,41,42,43 号引脚,为 4 位的高输入阻抗口,4 个引脚既可作为数字量输入口,也可作为 A/D 转换器的模拟量输入口(作为 A/D 转换器的输入端时,编号为 ACH.4～ACH.7)。

(4)P1 口:8 位准双向 I/O 口(48 引脚的芯片无 P1 口)。

(5)P2 口:1,2,13,47 号引脚,为 4 位的多功能输入/输出口。

(6)P3 口:25,26,27,28,29,30,31,32 号引脚,具有漏极开路输出的 8 位双向口,内部有很强的上拉作用,其与 P4 口一般作多路复用地址/数据总线。

(7)P4 口:17,18,19,20,21,22,23,24 号引脚,具有漏极开路输出的 8 位双向口,内部有很强的上拉作用,其一般作地址总线。

3. 关于 8098 芯片引脚及功能有关说明

(1)芯片共 48 个引脚,实际派上用场的有 47 个引脚,第 15 号引脚未用。

(2)在设计应能够用系统时,必须正确地使用、连接单片机芯片的引脚,因此对芯片各引脚的功能应有清楚的了解和熟练掌握,这也是学习单片机技术的基本要求之一。

(3)MCS－96 系列中 68 引脚和 80 引脚的芯片共有 5 个 8 位 I/O 口,即 P0～P4 口,而 48 引脚的 8096/9098 芯片无 P1 口,且 P1 口、P2 口不是 8 位,而是 4 位。还需注意的是 P0 口 4 个引脚的编号为 P0.4～P0.7;P2 口的引脚编号为 P2.0,P2.1,P2.2、P2.5,即该口引脚编号并非连续的,实际使用中不可弄错。

(4)芯片的许多引脚具有双重功能,实际应用时应根据需要用适当的方法予以选择。

(5)8096 芯片与 8098 芯片的引脚功能的区别。

①48 引脚的 8096 芯片的引脚功能 8098 的区别在 14 和 15 号引脚。

8096 的 14 号引脚的功能与 8098 的相同;15 号引脚的功能是写外部总线高位字节允许信

号(记为$\overline{BHE}$)。

②48 引脚的 8096BH 芯片的 14、15 号引脚的功能如下:

14 号引脚:$\overline{WR}/\overline{WRL}$为写外部存储器($\overline{WR}$)/写外部存储器低位字节($\overline{WRL}$)的输出信号,由芯片配置寄存器 CCR 选择。选$\overline{WR}$功能时,每次写外部存储器时$\overline{WR}$都变低电平;选$\overline{WRL}$功能时,只有写外部存储器的偶数字节(低位)时,$\overline{WRL}$才变低电平。

15 号引脚:$\overline{BHE}/\overline{WRH}$为总线高位字节允许($\overline{BHE}$)/写外部存储器高位字节($\overline{WRH}$)的输出信号,由 CCR 选择。$\overline{BHE}=0$ 时,选择连接至数据总线高位字节的存储器;地址线 $A_0=0$ 时,选择连接至数据总线低位字节的存储器。因此,访问一个 16 位宽的存储器时,若 $A_0=0$、$\overline{BHE}=1$,访问的是低位字节;若 $A_0=1$、$\overline{BHE}=0$,则访问的是高位字节;若 $A_0=0$、$\overline{BHE}=0$,则同时访问 2 个字节。如果选择$\overline{WRH}$功能,当写存储器奇数字节(高位)时,此引脚变低电平。

8098 芯片与 8096 芯片的功能大致相当,两类芯片的一个主要差别是 8096 芯片的数据宽度为 16 位,可以按字或字节访问存储器。其中在进行存储器读操作时,读出的内容(指令或数据)总是以字为单位;当进行写操作时,除具有字写入功能外,还具备高、低字节分别写入的功能。而 8098 的外部数据总线是 8 位的,因此每次读写都是按 8 位进行。但 8098 的内部总线仍为 16 位,在对外部存储器按字读写时将分两次进行。

2.3 CPU 及其操作

微型计算机的基本功能主要取决于中央处理器 CPU 的性能。8096/8098 单片机的 CPU 与众不同,颇具特色。

2.3.1 CPU 的具体组成及其特色

1. CPU 的结构

CPU 是运算器和控制器的总和,MCS-96 系列单片机 CPU 中的运算器由寄存器算术逻辑单元 RALU 和寄存器阵列组成,控制器包括控制单元、地址译码器寄存器、指令寄存器等部件。

运算器具有很强的数据运算和处理能力,能进行加减乘除四则运算,与、或、异或等逻辑运算,算术和逻辑移位操作以及求反、求补等运算。

2. CPU 的特点

一般型号的 CPU 采用面向累加器(Accumulator)的结构,这类 CPU 的运算器由算术逻辑运算单元 ALU 和一组为数不多的通用寄存器组成,累加器是寄存器组中的一个专用寄存器,它用于存放参与运算的操作数之一或运算后的结果。所谓“面向累加器”是指运算器的基本运算或操作都需通过累加器进行,这就造成了众多的参与运算的数需等待送入累加器及运算结果都需通过累加器输出而减慢了运算速度,降低了 CPU 的效率,形成了所谓的“瓶颈现象”。

而 MCS-96 系列单片机的 CPU 则采用了完全不同的面向寄存器的结构,其完成算术逻辑运算的部件 RALU 的操作直接面向具有 256 个字节的寄存器空间。该空间有 256 个通用寄存器和 24 个专用寄存器组成,且每个通用寄存器都具有累加器的作用,这意味着 MCS-96 的 CPU 中有 232 个累加器可以使用。这种结构消除了累加器的“瓶颈现象”,加速了数据交换和更新的能力,大大提高了 CPU 的吞吐能力,提高了 CPU 的工作效率,同时由于采用 24 个专用寄存器来直接控制 I/O 功能部件,从而加快了输入/输出的速度。

2.3.2　CPU 总线

CPU 内部有两组总线，即地址总线（Address Bus，称 AB 总线）和数据总线（Data Bus，称 DB 总线），这两组总线将 RALU、寄存器空间和控制器三者连接起来。

DB 总线只用于在 RALU 和寄存器空间之间传送数据，因 MCS－96 是 16 位的单片机，故 DB 总线的宽度是 16 位。AB 总线用于完成上述数据传送时的寄存器空间的寻址。因内部寄存器的容量为 256 个字节，只需 8 根地址线便可完成寻址，因而这一地址总线的宽度为 8 位。另外，当 CPU 通过存储器控制器访问外部存储器时，AB 总线用作为地址/数据复用总线。

这里讲的总线是 CPU 内部的总线，与后面将要述及的系统总线（外部总线）是不同的两个概念，需加以区别。

2.3.3　寄存器算术逻辑单元 RALU

1. RALU 的结构特点

大多数型号的 CPU 中进行各种运算的部件称为算术逻辑单元，并用 ALU（Arithmetic Logic Unit）表示。NCS－96 系列单片机的 CPU 采用了与众不同的结构，进行各种运算的部件称为寄存器算术逻辑单元，并用 RALU（Register Arithmetic Logic Unit）表示，这一器件名称的前缀 R（Register 的缩写）体现了该器件结构和功能上的特点，它有两种含义，既表示此部件的结构中含有一些起特定作用的寄存器，也表示该器件的操作直接面向芯片内的 256 个字节的寄存器空间。

2. RALU 的具体构成

RALU 的结构简图如图 2－4 所示。RALU 主要由 ALU 和一些寄存器组成。ALU 为 17 位，即 16 位的数据位再加上符号位（最高位）。

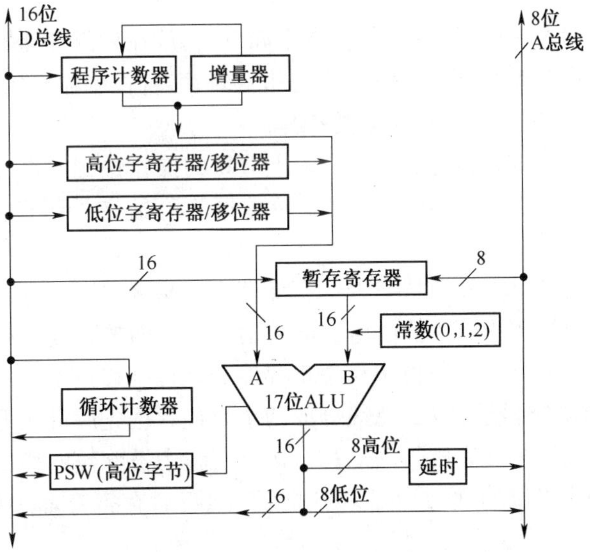

图 2－4　RALU 的结构简图

RALU 中其他部分的情况如下：

（1）程序计数器 PC（Program Counter）：16 位，其数值为需执行的下一条指令的地址。

(2)增一器:16 位,其作用是将 PC 中的内容自动增一,以便程序能逐条顺序执行,这种增一运算是脱离 ALU 自动进行的。若程序需转移(非顺序执行),则转移的目标地址需由 ALU 计算给出。

(3)PSW(Program Statue Word)的高字节:PSW 称为程序状态字,16 位(两个字节),其高字节(高 8 位)为状态信息,位于 RALU 中,低字节(低 8 位)则位于寄存器空间中。

(4)高位字、低位字移位寄存器:均为 16 位,两个寄存器都带有移位逻辑,用于需要进行逻辑移位的有关操作中,如规格化、乘除运算等操作。低位字寄存器只用于双字(32 位)数的移位,而高位字寄存器在任何移位操作时都需用到,另外它还可作为许多指令的暂存器。

(5)暂存寄存器:16 位,用于存放具有两个操作数指令的第二个操作数,如乘法运算中的乘数或除法运算中的除数。在进行减法运算时,存于这个寄存器的减数变补后再送入 ALU。

(6)循环计数器:5 位的计数器,用于循环移位时对移位次数的计数。

(7)延时环节:用于将 16 位总线上的数据转换为 8 位总线上的数据,即把 ALU 同时送出的 16 位数分成高 8 位和低 8 位后分别(分时)送往 8 位的 AB 总线。

(8)常数(0,1,2):在 RALU 中存放有 3 个常数 0、1 和 2,其作用是加速某些运算过程,如进行求补、增 1,减 1,地址自动增量等运算时会用到这些常数。

2.3.4 CPU 寄存器阵列

CPU 在运算操作的过程中需使用寄存器以存放操作数、运算的中间结果或最后结果。寄存器是 CPU 一个重要的组成部分,其数量的多少往往是 CPU 性能的一个重要指标。在 MCS - 96 系列单片机的 CPU 中,寄存器空间中的 232 个单元可用作通用寄存器,并且每个寄存器都具有累加器的功能。

2.3.5 CPU 的操作

MCS - 96 系列单片机 CPU 的基本操作过程如下:存放在外部存储器中的程序指令在存储器控制器的控制下经由 AB 总线进入 CPU 中的指令寄存器,控制器对指令译码后,产生相应的控制信号序列,使 RALU 完成指令所规定的操作。

下面以一条除法指令的执行过程为例,说明 CPU 的操作过程。设被除数为双字(32 位数据),存放在内部寄存器阵列中;除数为字(16 位数据),存放在外部存储器中,执行这一除法指令的操作过程如下:

1. 除法指令的各字节由 AB 总线自外部存储器进入指令寄存器并译码产生相应的操作控制信号。在执行指令的过程中,PC 值由增一器自动增量。因被除数为双字,故该数经内部 DB 总线由寄存器阵列进入 RALU 中高位字移位寄存器和低位字移位寄存器。

2. 除数经过存储器控制器由 AB 总线分成两个 8 位数据先后进入 RALU 的暂存寄存器。

3. 在 CPU 中,通过作减法完成除法运算。运算过程中被除数的移位操作在高位字和低位字移位寄存器内完成;移位的次数由循环计数器计数;暂存寄存器中除数移位求补后进入 RALU。

4. RALU 通过若干次减法运算(实际上是补码的加法运算)完成指令所规定的除法运算。

5. 除法运算的最后结果(商和余数)通过 DB 总线自 RALU 送至寄存器阵列存放,同时运算的结果对 PSW 的高位字节产生影响,对某些位进行设置。

2.3.6　CPU的时序

1. 时序的概念

计算机的工作可视为执行程序即指令序列的过程。CPU执行一条指令包括取指、译码和执行等阶段，每一阶段有由许多具体步骤构成，这些步骤称为微操作。由此可见，一条指令的执行过程包括了一系列的微操作。微操作是在微命令的控制下完成的，而微命令是一些脉冲信号，这种脉冲信号是计算机的时钟信号CLOCK经加工后产生的。在指令的执行过程中，对应于微命令的脉冲信号的出现，在时间上有着严格的先后次序，称之为时序。图2－5为8098单片机从存储器中读取数据操作的时序图。

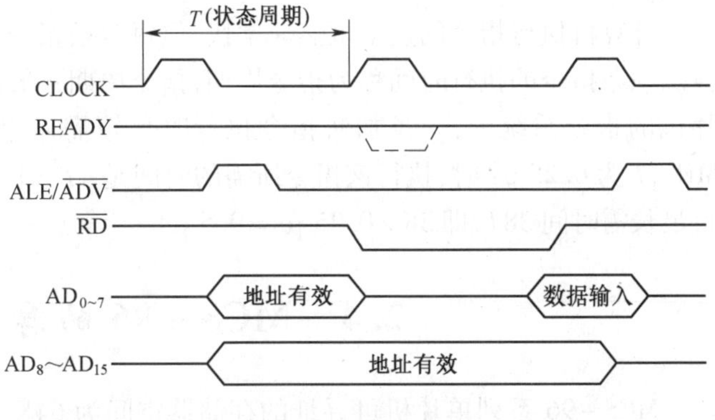

图2－5　8098单片机读取存储器数据的时序图

由图可以看出，当从（片外）存储器读取数据时，首先是芯片发出地址锁存允许信号，即ALE引脚由低电平变为高电平，与此同时，欲读取单元的地址码被送至地址总线$AD_0\sim AD_{15}$；随后ALE下降为低电平，其下降沿将低8位地址（$AD_0\sim AD_7$）锁入地址锁存器，接着低8位地址码从$AD_0\sim AD_7$线上消失，已准备由$AD_0\sim AD_7$线读入数据。随之有效的“读”信号出现，即$\overline{RD}$引脚变为低电平。若存储器已将欲输出的数据准备好，则当该数据在$AD_0\sim AD_7$线上稳定一段时间后，$\overline{RD}$引脚又变为高电平，$\overline{RD}$信号的上升沿将此数据读入CPU内，从而完成了一次读存储器单元的操作。应注意到在这一读操作的过程中，地址码的高8位始终保持于地址线$AD_8\sim AD_{15}$的高8位上，直至读操作完成。

需要说明的是，芯片的“READY”引脚在读操作过程中有可能出现有效信号即该引脚由高电平变为低电平，其作用在于为配合慢速的存储器的访问而扩展$\overline{RD}$有效信号脉宽。当出现$\overline{RD}$（读）有效信号后，若慢速的存储器尚未将数据稳定地输送至数据总线上，则READY引脚由高电平变为低电平，CPU便处于“等待”状态，$\overline{RD}$信号维持低电平。在READY引脚变为高电平后，“等待”状态才结束。在时钟CLOCK信号第二个周期的高电平期间，CPU将对READY线进行采样，以判断是否需插入“等待”周期。MCS－96系列单片机芯片还具有限制等待状态个数的能力，即通过设置芯片配置寄存器CCR的值，把插入总线周期的等待状态规定为1、2或3个。

2. 时钟信号、状态周期和指令周期

（1）时钟信号（CLOCK）

微操作是计算机最基本的操作，控制微操作的是由时钟信号加工后所得到的各种脉冲信号，如前面提到的“地址”锁存允许ALE及读$\overline{RD}$等信号。因此可认为计算机是在时钟脉冲信号的统一控制下按照有规律的节拍进行工作的。时钟信号是计算机一切操作的基准信号，换句话说，任意计算机都必须有时钟信号的输入才能正常工作。

在MCS－96系列单片机中，时钟信号由片外输入的振荡信号经内部的分频电路三分频或二分频后产生，这一时钟信号用CLOCK表示。在某些微机中，时钟信号直接由外部输入，无需经内部分频。有时时钟信号也用“φ”表示。

(2)状态周期 T

时钟信号的周期称为时钟周期,通常称为状态周期 T。状态周期是计算机工作时最小、最基本的时间单位。在 MCS－96 系列单片机中,若振荡信号的频率是 12 MHz,经内部三分频后得到的时钟信号的频率为 4 MHz,则状态周期 $T=\frac{1}{4\ \text{MHz}}=0.25\ \mu\text{s}$,经二分频后时钟信号的频率为 6 MHz,则状态周期 $T=\frac{1}{6\ \text{MHz}}=0.167\ \mu\text{s}$。这一时间便是该单片机最基本的时间计量单位。

(3)指令周期

计算机执行指令的速度虽然非常快,但每一条指令的执行时间是确定的并可予以精确计算。一条指令的执行时间称为指令周期,指令周期一般用状态 T 表示。如在 MCS－96 系列单片机的指令系统中,一条加法指令执行时最短需 4 个状态周期。当振荡信号的频率为 12 MHz,T 为 0.25 μs 时,执行该指令所需的时间是 $4T=4\times0.25\ \mu\text{s}=1\ \mu\text{s}$;而一条乘法指令的执行最长需时间 $38T$,即 $38\times0.25\ \mu\text{s}=9.5\ \mu\text{s}$。

2.4 MCS－96 的存储器空间

MCS－96 系列单片机可寻址的存储器空间为 64K 字节。MCS－96 系列单片机的许多型号芯片内部带有较大容量(8KB)的只读存储器(ROM 或 EPROM),而 8098 芯片内仅带有只能用作寄存器的 256 个字节容量的 RAM。在构成实际应用系统时,一般须外接存储器。8096/8098 的存储空间可分为片内和片外两大部分,且两部分统一编址,即两者在逻辑上是完全统一的,内部 RAM 占有最低的地址号。

2.4.1 存储空间的配置

MCS－96 系列单片机的存储器的地址编号为 0000H ~ FFFFH,整个存储器空间根据系统需要按功能划分为若干部分。具体配置情况见表 2－2。

表 2－2 MCS－96 系列单片机存储空间的配置

地 址	分 配 情 况	地 址	分 配 情 况
0000H ~ 00FFH	片内 RAM(专用寄存器组和寄存器阵列)	2019H	保留
0100H ~ 1FFDH	片外存储器或 I/O	201AH ~ 201BH	自身跳转(机器码 27H,FEH)
1FFEH	PORT3	201CH ~ 201FH	保留
1FFFH	PORT4	2020H ~ 202FH	密码
2000H ~ 2011H	中断向量 0 ~ 8	2030H ~ 207FH	保留
2012H ~ 2017H	保留	2080H ~ FFFFH	片内/片外存储器或 I/O
2018H	芯片配置字节 CCR		

1. 由表 2－2 可以看出,MCS－96 单片机的存储器空间分为三个部分:

第一部分:0000H ~ 00FFH 为内部寄存器空间,共 256 个单元,这一部分只能用作寄存器。当指令对这一地址空间寻址时,总是针对内部 RAM 地址空间。与内部 RAM 地址空间相重叠的外部存储器是为 Intel 开发系统保留的。

第二部分:1FFFH ~ 207FH 为专用空间,共 130 个单元,该部分空间有特定的用途,不可随意使用。

第三部分:0 100H～1FFDH 及 2 080H～FFFFH 两个区间为一般存储空间,既可用于存放程序,也可用于存放数据,还可以用作外部设备接口的端口地址(即把对 I/O 断口的寻址视为对存储器单元的寻址)。

2. MCS－96 系列单片机复位后,CPU 将从 2 080H 单元开始取指令并向下执行,这表明用户应将程序从此单元开始存放。务请注意:MCS－96 系列单片机的启动地址是 2 080H,而不是 0000H 或其他地址。

将单片机的启动地址设置为 2 080H,是为了保证系统具有与寄存器空间相衔接的最多可达 8 K 的 RAM 空间(从 0000H～1FFFH 共 8 K 的空间)。

3. 由于实际应用系统需使用外部存储器,因此芯片的 $\overline{EA}$ 引脚应接地。

2.4.2　内部寄存器空间

内部寄存器空间及内部 RAM,地址范围为 0000H～00FFH,共 256 个单元。这部分空间又分为两个部分,即寄存器阵列和特殊功能寄存器空间。

1. 寄存器阵列

内部 RAM 中的 0 018H～00FFH 共 232 个单元称为寄存器阵列,这些单元作为通用寄存器使用,且每一单元均具有累加器的功能。

(1)寄存器阵列只能作通用寄存器使用,不可存放指令代码。

(2)18H 和 19H 两个单元在系统中有堆栈的情况下用作堆栈指针,但它们并非专用寄存器。在无堆栈的情况下,它们也可以当成一般的寄存器使用。但一般情况下,系统应建立堆栈,因此通常不要将它们作他用,以免出现系统错误。

(3)当编写计算机应用程序时要用到某一寄存器,既可直接使用该寄存器的地址代表它,也可以用英文字母将其命名,这样使用时方便直观。位寄存器命名通常使用所谓的伪指令。

(4)地址 0F0H～0FFH 共 16 个单元称为掉电保护空间,在芯片的 V_{PD} 引脚接入 +5V 的掉电备份电源(通常用干电池)之后,当主电源 V_{CC} 掉电时,该空间中的数据将得到保护而不会丢失。

2. 特殊功能寄存器(SFR)

寄存器空间中的 00H～17H 共 24 个单元称为特殊功能寄存器,也称为专用寄存器。用 SFR(Special Functional Registers)表示。这些单元在系统中具有特定的用途,实际上是专用寄存器,不作为普通的寄存器使用。特殊功能寄存器的名称见表 2－3。

表 2－3　特殊功能寄存器的地址和名称

地址	当该寄存器被读取时		当该寄存器被写入时	
	代　号	名　称	代　号	名　称
00H	R0(LO)	零寄存器(低位)	R0(LO)	零寄存器(低位)
01H	R0(HI)	零寄存器(高位)	R0(HI)	零寄存器(高位)
02H	AD_RESULT(LO)	A/D 结果寄存器(低位)	AD_COMMAND	A/D 命令寄存器
03H	AD_RESULT(HI)	A/D 结果寄存器(高位)	HSI_MODE	HSI 方式寄存器
04H	HSI_TIME(LO)	HSI 时间寄存器(低位)	HSO_TIME(LO)	HSO 时间寄存器(低位)
05H	HSI_TIME(HI)	HSI 时间寄存器(高位)	HSO_TIME(HI)	HSO 时间寄存器(高位)
06H	HSI_STATUS	HSI 状态寄存器	HSO_COMMAND	HSO 命令寄存器
07H	SBUF(RX)	串行接口接收缓冲器	SBUF(TX)	串行接口发送缓冲器
08H	INT_MASK	中断屏蔽寄存器	INT_MASK	中断屏蔽寄存器

续上表

地址	当该寄存器被读取时		当该寄存器被写入时	
	代 号	名 称	代 号	名 称
09H	INT_PENDING	中断悬挂寄存器	INT_PENDING	中断悬挂寄存器
0AH	TIMER1(LO)	定时器1(低位)	WATCHDOG	监视定时器
0BH	TIMER1(HI)	定时器1(高位)	未定义	未定义
0CH	TIMER2(LO)	定时器2(低位)	未定义	未定义
0DH	TIMER2(HI)	定时器2(高位)	未定义	未定义
0EH	PORT0	P0口寄存器	BAUD_RATE	波特率寄存器
0FH	PORT1	P1口寄存器	PORT1	P1口寄存器
10H	PORT2	P2口寄存器	PORT2	P2口寄存器
11H	SP_STAT	串行口状态寄存器	SP_CON	串行口控制寄存器
12H	未定义	未定义	未定义	未定义
13H	未定义	未定义	未定义	未定义
14H	未定义	未定义	未定义	未定义
15H	IOS0	I/O状态寄存器0	IOC0	I/O控制寄存器0
16H	IOS1	I/O状态寄存器1	IOC1	I/O控制寄存器1
17H	未定义	未定义	PWM_CONTROL	脉宽调制控制寄存器

各特殊功能寄存器的功能将在后续的有关章节中详细介绍。其基本的功能见表2-4。

表2-4 特殊功能寄存器的功能

特殊功能寄存器	功 能
R0	存放常数零,其读出的值恒为零。在零寄存器寻址操作时,作为零基址;在计算和比较操作时作为常数零。可读可写。
AD_RESULT	存放A/D转换的结果。只读。
AD_COMMAND	控制A/D转换的工作方式。只写。
HSI_MODE	设置高速输入部件的工作方式。只写。
HSI_TIME	存放高速输入部件事件的时间值。只读。
HSO_TIME	规定高速输出部件事件触发的时间值。只写。
HSI_STATUS	说明在HSI-TIME表示的时刻,哪些HSI引脚上发出了事件以及各引脚当前所处的状态。只读。
HSO_COMMAND	规定在HSO-TIME中的时间值所确定的时刻将产生何种事件。只写。
SBUF(RX)	存放刚从串行口接收到的数据。只读。
SBUF(TX)	存放将要从串行口输出的数据。只写。
INT_MASK	用于单独开放或禁止各中断源的中断请求。可读可写。
INT_PENDING	用于对8个中断源的中断请求进行登记。可读可写。
WATCHDOG	用于监视系统软件的运行是否正常。只写。
TIMER1	记录定时器1的当前时间值(计数值)。只读。
TIMER2	记录定时器2的当前时间值(计数值)。只读。
PORT0	用于指示输入口P0口各引脚上的电平状态。只读。
PORT1	存放P1口输入/输出的数据。可读可写。
PORT2	存放P2口输入/输出的数据。可读可写。
BAUD_RATE	用于规定串行口的波特率值。只写。
SP_STAT	用于记录串行口的工作状态。只读。
SP_CON	设置串行口的运行方式。只写。
IOS0	记录HSO部件的状态信息。只读。
IOS1	记录HSI部件及定时器的状态信息。只读。
IOC0	用于控制HSI引脚的复位功能,定时器2复位源及时钟源。只写。
IOC1	用于控制P2口引脚的复位功能,定时器中断和HSI中断。只写。
PWM_CONTROL	设置PWM部件输出的脉冲宽度。只写。

关于特殊功能寄存器SFR说明如下:

(1)SFR 用于对片中 I/O 功能部件的控制。掌握这些寄存器的功能和用法是正确使用 I/O 功能部件的基础。

(2)因 SFR 是专用寄存器,不可当作一般通用寄存器使用。

(3)和寄存器阵列相似,编程时使用某一特殊功能寄存器时,既可以使用其代号,也可以使用其地址号。

(4)SFR 中许多单元在读和写时功能不一样,如 06H 单元,读时为 HSI 状态寄存器,而写时为 HSO 命令寄存器。一些特殊功能寄存器单元无论对其读还是写,都具有一样的功能,如 08H 单元,读和写时均为中断屏蔽寄存器。这点在使用时一定要注意。

(5)TIMER1、TIMER2 和 HSI_TIME 寄存器只能按字读,不能写,也不能按字节读。

(6)HSO_TIME 只能按字写入,不能读也不能按字节写。

(7)R0 为零寄存器,对其可按字或字节读写,但对它的写操作不能改变它的值,其值恒为 0。

(8)除上述情况外,其余的特殊功能寄存器只能按字节访问。

(9)对于没有定义的单元,对其读写操作是无意义的,实际运用中不可使用。

2.4.3　专用存储器空间

存储器空间中的 1FFEH～207FH 为专用空间,也称为保留存储空间,每一单元均有特殊用途,用户不可随意使用。

1. 1FFEH～1FFFH:被保留作 P3 和 P4 口的映射地址。我们把外部不扩展存储器的单片机系统称为最小系统或单片系统。在单片系统中,P3 和 P4 口可以作一般 I/O 口使用,这是为了这两个单元和其他存储器单元一样使用。我们把需加外部扩展存储器的单片机系统称为多片系统。在多片系统中,P3 和 P4 口用作地址/数据总线 AD_0～AD_{15},不能再用作 I/O 口使用。为了在多片系统中重构 P3 和 P4 口,可以利用 1FFEH 和 1FFFH 两个单元,使这两个单元地址成为按存储器配置的 P3 和 P4 口的映射地址,故称为重构 P3 和 P4 口。

2. 2000H 和～2011H:一共 18 个单元,为 MCS－96 系列单片机的中断系统所使用,用于存放 9 个中断矢量,每个中断矢量占两个字节,对应着一个中断服务程序的入口地址。其中第 9 个中断矢量用于开发系统,用户不能使用。

3. 2012H～2017H:共 6 个单元,称为系统保留单元。是 Intel 公司留作新产品开发或产品测试之用。现在在这些单元中应写入 FFH,以保证和今后开发出的新产品兼容。

4. 2018H:芯片配置字节 CCB(Chip Configuration Byte),用于选择芯片不同的操作方式,它的内容在系统复位时装入芯片配置寄存器 CCR(Chip Configuration Register)。

5. 2019H:保留单元,应写入 20H。

6. 201AH～201BH:这两单元存放的是自身跳转指令代码(27H 和 FEH)。

7. 201CH～201FH:为保留单元,应写入 FFH。

8. 2020H～202FH:共 16 个单元,存放 128 个密码,用于 ROM 加密,仅对有内部存储器的芯片有效。

9. 2030H～207FH:保留单元,应写入 FFH。

2.4.4　存储器控制器

MCS－96 系列单片机的 RALU 和外部存储器交换信息需经过片内的存储器控制器,该控制器通过 AB 总线及几条控制总线与 RALU 相连。由于 AB 总线是 8 位的，而存储器地址是 16 位的，因此 RALU 中的 PC 值需分成两个字节分时传送。为加速取指的速度在控制器中设有一个辅助程序计数器称之为从 PC。在执行程序指令时，每次取指令后，从 PC 值自动增一，避免了频繁地从 RALU 中取得指令地址，仅在执行非顺序指令（如跳转指令或程序调用等指令）时，才把 RALU 中的 PC 值加载到从 PC 中去。另外，存储器控制还设有一个三字节队列，其作用也是加速程序的执行。

2.5 I/O 口及 I/O 控制、状态寄存器

MCS－96 系列单片机中，68 引脚的芯片有 5 个 I/O 口，48 引脚的芯片只有 4 个 I/O 口，其无 P1 口的引脚。

2.5.1 I/O 口的功能与基本结构

I/O 口即输入/输出口，用于微机与外部设备之间的信息交换，I/O 口的输入引脚用于将外部的数字或模拟信号输入至计算机内供 CPU 处理，如输入引脚连接一开关后，开关的开闭状态可供 CPU 读取。而输出引脚则把 CPU 输出的数字量变换为一定的电平信号向外输出。如可通过输出引脚控制继电器的动作。

48 引脚的 MCS－96 系列单片机的 4 个 I/O 口中，有的只能输入有的只能输出，有的具有输入/输出双向功能，有的则具有可替换的复用功能。

I/O 口主要由输入/输出缓冲器以及内部寄存器组成，输入口通过输入缓冲器连向芯片内部总线，输出口通过输出缓冲器连向内部寄存器，而双向口则由一个内部寄存器、一个输入缓冲器和一个输出缓冲器组成。

2.5.2 MCS－96 的 I/O 口简介

1. P0 口

P0 口只用作输入口，它有四个引脚 P0.4～P0.7。P0 口还具有复用功能，即芯片内部的 A/D 转换器也是用该口的四个引脚作为模拟电压信号的输入引脚。此时，四个引脚的编号为 ACH4～ACH7。这样，CPU 可通过 P0 口读取数字信号，也可以通过 P0 口读取模拟信号，甚至可同时有数字信号和模拟信号输入。

2. P1 口

P1 口是 8 位的准双向 I/O 口，48 引脚芯片无此口。

3. P2 口

这是一个多功能口，它有四个引脚。

（1）P2 口的四个引脚的编号为 P2.0、P2.1、P2.2 和 P2.5，即引脚的编号并非是连续的。

（2）P2 口的四个引脚中的两个是输入引脚，另两个是输出引脚，且这四个引脚均与其他功能共用。具体情况如表 2－5 所示。

表 2－5　P2 口的多功能引脚

P2 口引脚号	基本功能	其他功能	引脚选择信号
P2.0	输出	TXD（串行口发送）	IOC1.5
P2.1	输入	RXD（串行口接收）	

续上表

P2 口引脚号	基本功能	其他功能	引脚选择信号
P2.2	输入	EXTINT(外部中断)	IOC1.1
P2.5	输出	PWM(脉冲调制)	IOC1.0

(3)P2 口的每个引脚均有两个功能，选用何种功能由 I/O 控制器 IOC1 的相关位决定。

4. P3 口和 P4 口

P3 和 P4 口均为 8 位的 I/O 口。

(1)P3 口和 P4 口均具有两种功能，既可以作为漏极开路输出的双向口，也可作为系统总线引脚。所谓用作系统总线，是指把它们用作对存储器操作时的地址总线和数据总线。由于 MCS－96 系列单片机芯片内部只有 256 个字节的 RAM，因此在实际应用中必须外接存储器芯片，这样 P3 口和 P4 口只能作为系统总线，而不能作为一般的 I/O 口用。

(2)P3 口和 P4 口的引脚编号分别为 P3.0～P3.7 和 P4.0～P4.7，用作系统总线时，P3 口引脚编号分别为 AD_0～AD_7，P4 口引脚编号为 AD_8～AD_{15}，其中字母 A 代表地址，D 代表数据。

(3)用作系统总线时，P3 口的引脚作数据/地址复用线，既传送数据信息，也传送地址信息。具体来说，在传送数据时，其 8 根线分别传送 16 位的数据，先传送低 8 位，再传送高 8 位；在传送地址时，只传送地址码的低 8 位 A_0～A_7。用作数据总线还是地址总线的低 8 位由芯片的 ALE 信号选择。P4 口用作地址总线的高 8 位 A_8～A_{15}。

2.5.3 I/O 控制及状态寄存器

MCS－96 系列单片机有两个 I/O 控制器和两个 I/O 状态寄存器，前者用于对片内某些 I/O 功能部件的控制。

1. 关于 I/O 控制及状态寄存器的有关说明

(1)这些寄存器均与片内 I/O 功能部件的工作有关。I/O 控制寄存器用于对某些 I/O 功能部件的控制，而 I/O 状态寄存器则用于记录某些 I/O 功能部件的工作状态。

(2)这些寄存器均是 8 位寄存器，且它们均属于片内的特殊功能寄存器 SFR。

(3)两个 I/O 控制寄存器分别表示为 IOC0 和 IOC1，两个状态寄存器表示为 IOS0 和 IOS1。

(4)IOC0 和 IOS0 的地址相同，均为 15H，而 IOC1 和 IOS1 的地址也相同，同为 16H。两个地址相同的寄存器用不同性质的操作予以区分，即读时为对状态寄存器操作，而写时为对控制寄存器的操作。

(5)由于 I/O 功能部件是芯片的一个重要组成部分，于是熟悉和掌握这些寄存器的格式和使用方法有着重要的意义。这些寄存器虽然涉及的 I/O 功能较多，记忆时会有困难，但每一寄存器的功能仍具有一定的规律可循。如 IOS0 只与高速输出器件 HSO 有关。实际上，要记住每一寄存器每一位的作用不仅困难而且也无必要。只需知道该寄存器涉及哪些 I/O 功能部件就可以，到实际应用时再具体查阅。

2. I/O 控制器 0(IOC0)

IOC0 的地址为 15H，只写。该寄存器与两个 I/O 功能部件的 HSI 和定时器有关，其控制 HSI 的四条输入引脚线的接通与断开，定时器 2 的时钟源和复位源，其各位的定义如图 2－6 所示。注意某位为 1 时选择分子，否则选择分母。如 D0＝1 时，允许 HSI.0 输入；若 D0＝0，则禁止该引脚输入信号。下面的 IOC1 也如此。

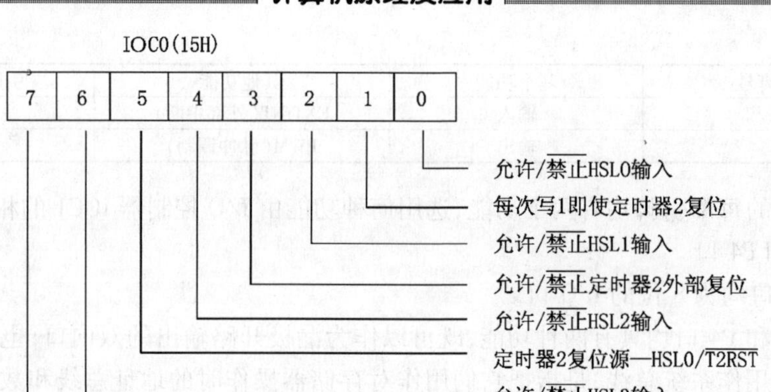

图 2-6　IOC0 各位的定义

3. I/O 控制寄存器 1(IOC1)

IOC1 的地址为 16H,只写。该寄存器涉及的 I/O 功能部件较多,它用于选择芯片一些引脚的功能以及接通或分断某些中断源,其各位的定义如图 2-7 所示。

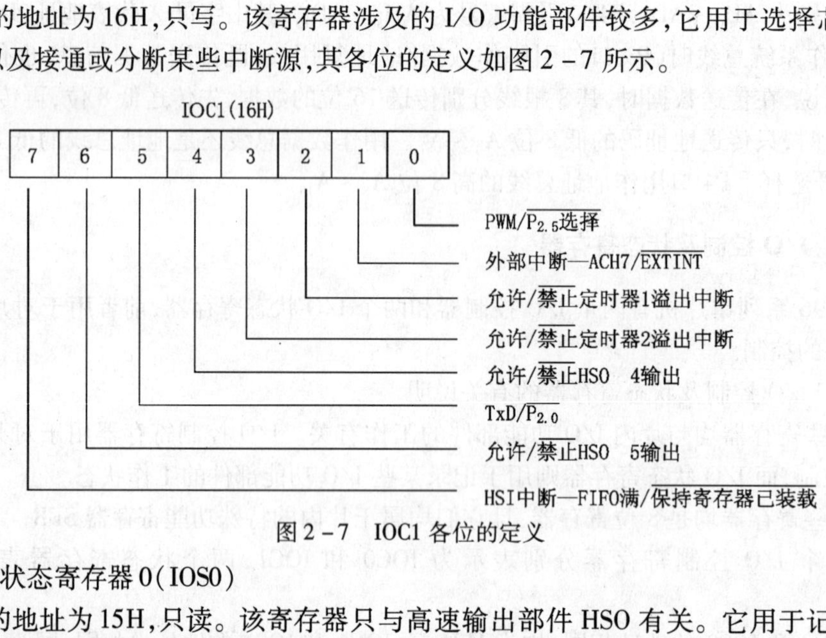

图 2-7　IOC1 各位的定义

4. I/O 状态寄存器 0(IOS0)

IOS0 的地址为 15H,只读。该寄存器只与高速输出部件 HSO 有关。它用于记录 HSO 的输出线、CAM 阵列及保持寄存器的状态,其各位定义如图 2-8 所示。

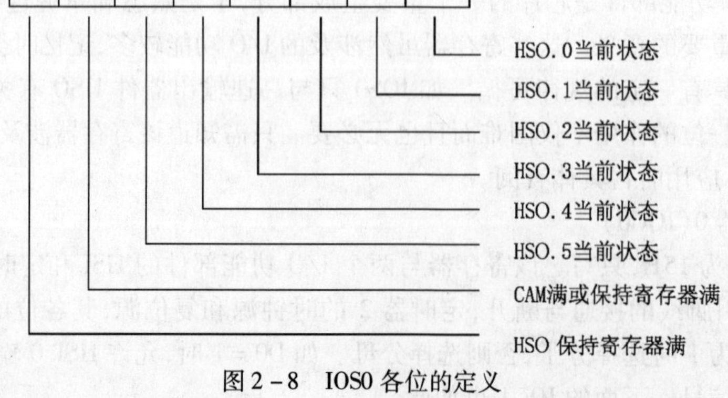

图 2-8　IOS0 各位的定义

5. I/O 状态寄存器 1(IOS1)

IOS1 的地址号为 16H,只读。该状态寄存器与软件、硬件定时器及高速输入部件 HSI 有关,它用于指示软件定时器是否到时,两个硬件定时器是否溢出以及 HSI 的 FIFO 及保持寄存器的状态。其各位的定义如图 2－9 所示。

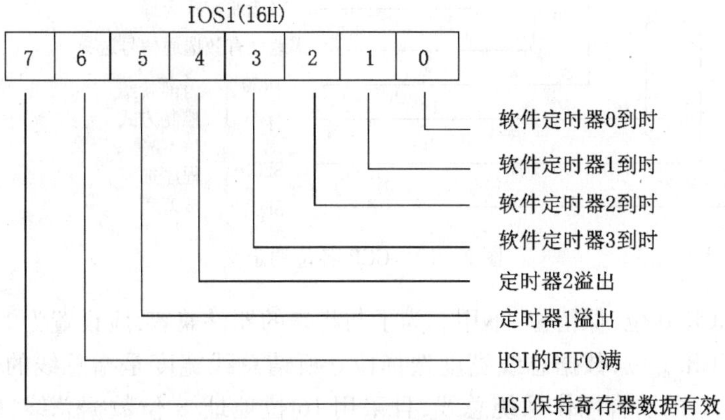

图 2－9 IOS1 各位的定义

需要特别说明的是,各状态寄存器的内容是在机器运行的过程中自动获取的。对 HOS1 的读操作可能破坏该寄存器的内容,具体地说就是读 IOS1 会使寄存器中与软、硬件定时器有关的时间标志位(IOS1.0～IOS1.5)清零。

2.6 芯片配置寄存器

在 MCS－96 单片机芯片中有一个特殊的寄存器,称为芯片配置寄存器,用 CCR(Chip Configuration Register)表示。

2.6.1 关于 CCR 的说明

1. CCR 存放的是芯片操作的有关信息,可通过它选择不同的芯片操作方式,用以简化存储器系统、接口要求及总线控制。

2. CCR 虽是一个专用寄存器,但它并不属于内部 RAM 中的 SFR,因此无法通过对内部 RAM 的操作来改变 CCR 的内容。若要对 CCR 进行设置,则必须通过存储器中的一个特殊单元(其地址号为 2018H)进行,2018H 单元成为芯片配置字节 CCB。具体做法是先对 2018H 单元编程进行设置,当系统复位时,CCB 中的内容被加载至 CCR。

3. CCR 一旦被加载,其内容便不可改变,只用在下一次系统复位时才有可能发生改变。

4. 在设计实际应用系统时,须根据系统的实际情况对 CCR 进行设置。

2.6.2 CCR 各位的定义及说明

CCR 各位的定义如图 2－10 所示。

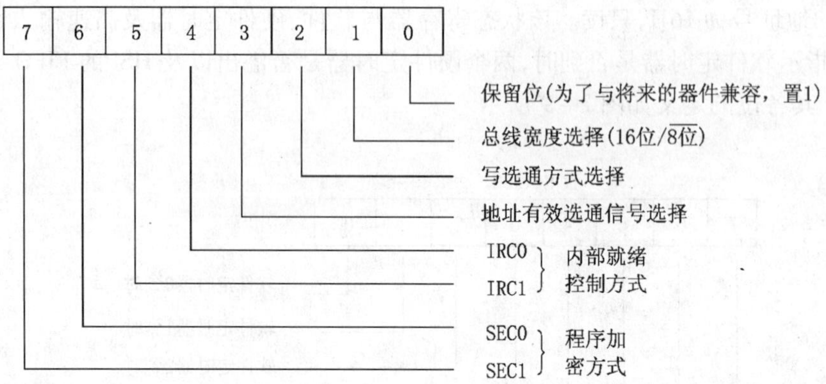

图 2－10　CCR 各位的定义

(1)D0 位:CCR. 0 位,保留位,不用。为了与将来的器件兼容,应设置为 1。

(2)D1 位:CCR. 1 位,数据总线宽度选择位。所谓总线宽度是指总线的位数,在 8098 芯片中,P3 口和 P4 口的引脚用作系统总线,且采用 16 位地址/8 位数据总线,此时要求 CCR. 1 置 0。对 8096 芯片,采用 16 位的地址数据总线时,则应将 CCR. 1 置 1。

(3)D2 位:CCR. 2 位,写选通方式选择位。对 8098 芯片,D2 = 1,则选择标准方式;D2 = 0,选择写选通方式。

(4)D3 位:CCR. 3 位,地址有效选择位。若 D3 = 1,使芯片提供地址锁存允许信号 ALE;若 D3 = 0,则芯片提供地址有效输出信号$\overline{ADV}$。

(5)D4 位:CCR. 4 位,内部就绪控制位的低位(IRC0 位),和 CCR. 5 一起使用。

(6)D5 位:CCR. 5 位,内部就绪控制位的高位(IRC1 位)。

(7)D6 位:CCR. 6 位,程序加密方式选择位的低位(SEC0 位),与 CCR. 7 一起使用。

(8)D7 位:CCR. 7 位,程序加密方式选择位的高位(SEC1 位)。

表 2－6　程序加密方式

SEC1	SEC0	保护方式
0	0	读写保护
0	1	读保护
1	0	写保护
1	1	不保护

程序加密只适用于片内有只读存储器(ROM 或 EPROM)的芯片,对内部存储器可采用 4 种程序保密方式以禁止非法剽窃和非法写入,见表 2－6。8098 不用程序加密方式,CCR. 6 和 CCR. 7 位可置位任何值。

2. 6. 3　总线控制

系统总线采用何种方式运行就是所谓的总线包控制问题。通过 CCR 可提供多种类型的总线控制信号,ALE/$\overline{ADV}$、$\overline{WRL}$/$\overline{WR}$和$\overline{WRH}$/$\overline{BHE}$等三根双功能信号线可减少外部硬件设计。这三根信号线的功能由 CCR. 2 和 CCR. 3 共同决定。

1. 标准总线方式(CCR. 3 = 1,CCR. 2 = 1)

此时所设定的是标准的控制信号 ALE、$\overline{BHE}$和$\overline{WR}$。这种方式下每次操作均产生$\overline{WR}$信号,对 8 位的总线周期而言,当总线上开始出现地址码时,ALE 引脚变为高电平之后,其下降沿则作为地址锁存信号将地址码的低 8 位锁存入外部锁存器,在 16 位的总线周期中,$\overline{BHE}$一直有效。时序如图 2－11 所示。

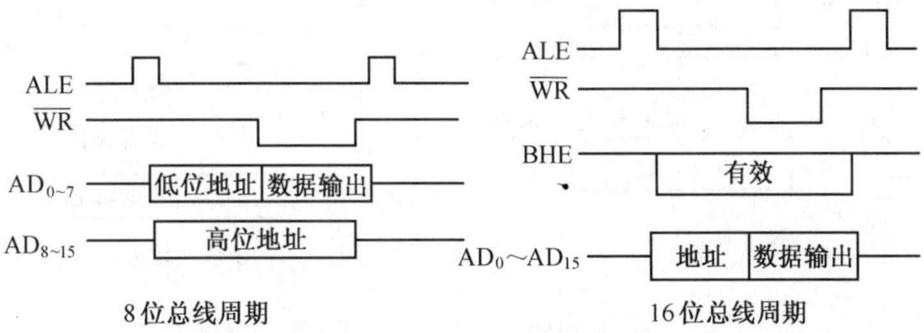

图 2－11　标准总线控制时序图

2. 地址有效选通方式(CCR. 3 =0,CCR. 2 =1)

在此方式下,ALE 的功能被地址有效选通信号$\overline{\text{ADV}}$所代替。在外部地址建立后,$\overline{\text{ADV}}$引脚为低电平,处于有效状态,这种状态一直持续到总线周期结束,随后$\overline{\text{ADV}}$变为高电平,为无效状态。有效的$\overline{\text{ADV}}$信号可作为外存储器的片选信号。这一方式的时序图如图 2－12 所示。

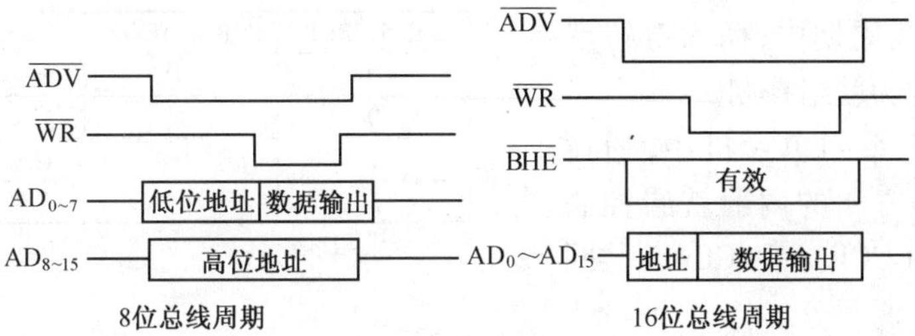

图 2－12　地址有效选通方式下的时序图

3. 写选通方式(CCR. 3 =1,CCR. 2 =0)

在 16 位总线周期时,$\overline{\text{WRL}}$和$\overline{\text{WRH}}$取代了$\overline{\text{WR}}$和 BHE,不需译码电路便可得到偶奇字节的写选通信号。在 8 位总线周期中可选择$\overline{\text{WR}}$信号的宽度,即改变其下降沿相对于存储器周期的位置,或者说选择具有较窄宽度的$\overline{\text{WR}}$信号。这一特点对靠$\overline{\text{WR}}$的下降沿锁存数据的器件接口十分有用。写选通方式的时序图如图 2－13 所示。

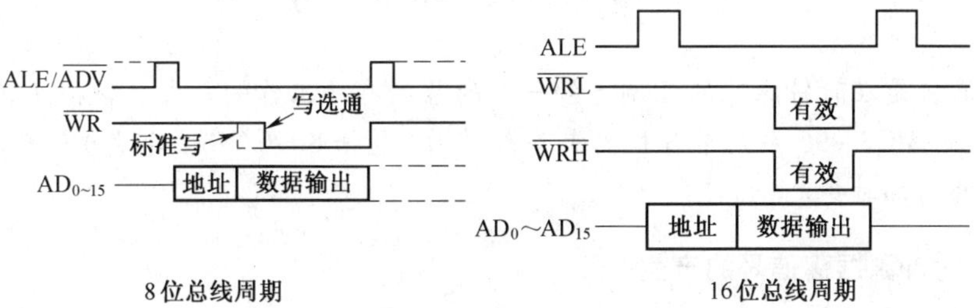

图 2－13　写选通方式的时序图

4. 读选通方式(CCR. 3 =0,CCR. 2 =0)

采用此种方式,在 16 位总线周期中选择了$\overline{\text{ADV}}$、$\overline{\text{WRL}}$和$\overline{\text{WRH}}$功能;在 8 位总线周期中选择$\overline{\text{ADV}}$和$\overline{\text{WR}}$功能。其时序图如图 2－14 所示。

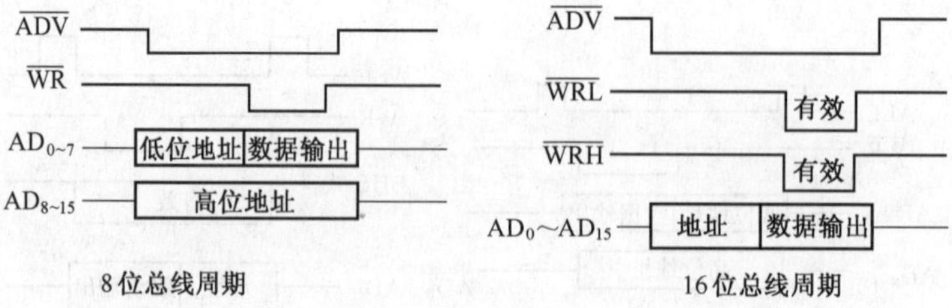

图 2-14　地址有效且写选通方式下的时序图

2.6.4　就绪控制

当慢速的器件与 CPU 接口时，可能因两者的速度不协调而出现信息传输的错误，例如当 CPU 向慢速的存储器输出数据时，存储器会因上一数据未接收完毕而将新送来的数据丢失。因此 CPU 必须在存储器做好接受新数据准备的情况下（称之为“就绪”READY），才能进行新一轮的数据输出，通常的做法是让 CPU“等待”，即在总线周期中，插入等待状态数，这种做法称为就绪控制。

在 MCS-96 系列单片机中，通过 CCR 提供了四种方式的内部就绪控制逻辑，这些方式由 CCR.4 和 CCr.5 共同决定。见表 2-7 所示。

表 2-7　内部就绪控制

CCR.5(IRC1)	CCR.4(IRC0)	等待状态数
0	0	最多等待一个状态周期
0	1	最多等待二个状态周期
1	0	最多等待三个状态周期
1	1	禁止内部就绪控制

内部就绪控制逻辑可用来限制插入到总线周期中的等待状态数，当引脚 READY 被拉成低电平时，总线周期中将插入等待状态，直到 Ready 引脚变为高电平或已插入由 CCR.5 和 CCR.4 规定的等待状态数为止。上述两种情况，无论哪一种先出现，等待状态即告结束。

这一特性提供了简单的就绪控制。例如所有慢速存储器的片选信号可以相“或”后接于 Ready 引脚，并通过 CCR.5 和 CCR.4 设置插入的等待状态数。这样，当低速存储器被选通时，Ready 被拉成低电平而使 CPU 进入等待状态，直到插入由 CCR.5 和 CCR.4 规定的时间为止。

*2.7　时钟信号

微型计算机是在时钟脉冲的控制下按一定的节拍有序工作的。大多数微机工作时采用的是单一时钟，而 MCS-96 系列单片机的大多数芯片（包括 8096/8098 芯片）与众不同，它有三个不同相位的内部时钟。

2.7.1　时钟源振荡信号的产生

MCS-96 系列单片机的三相时钟由片内三相时钟发生器产生，该发生器的输入是 6～12 MHz 的时钟振荡信号。这一振荡信号可由两种方式产生：一种方法是由外部的振荡信号发生器产生后经由芯片的 XTAL1 引脚输入，此时 XTAL2 引脚应悬空，如图 2-15 所示。另一种方法是采用片内振荡器（为一单级非门电路），在芯片的 XTAL1 和 XTAL2 引脚之间接一个石英晶振，两者配合组成一稳定的晶体振荡器，如图 2-16 所示。图中的电容 C_1 和 C_2 一般取为 30 pF，实际中通常采用后一种方法产生振荡信号。

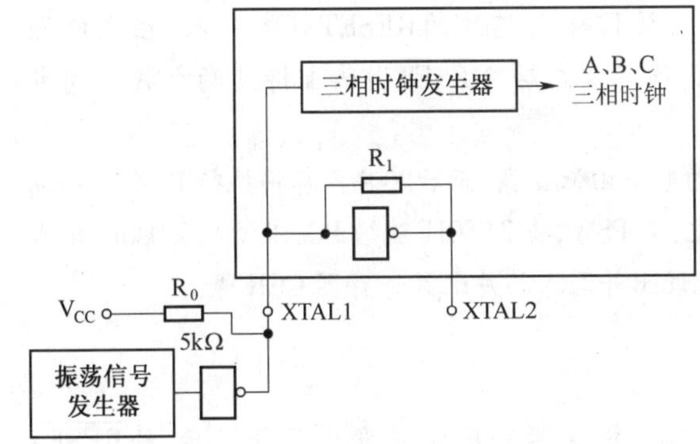

图2-15 外接振荡信号发生器

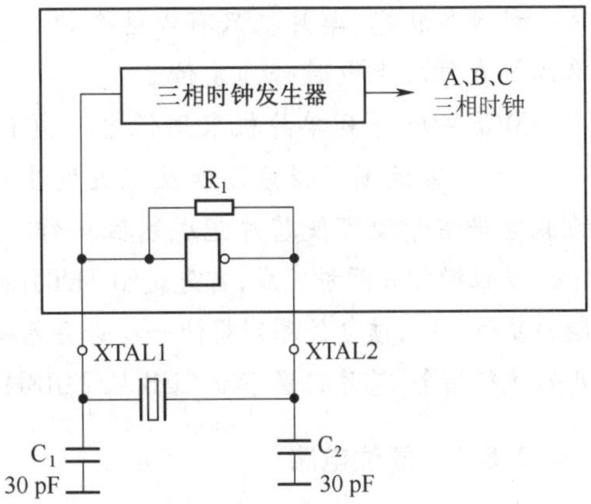

图2-16 内部振荡器和时钟发生器

2.7.2 内部三相时钟的产生

来自晶体振荡器或外部振荡器的振荡信号被送至片内的三分频电路，产生如图2-17所示的三种不同相位的内部时钟，芯片内部的各种操作分别与三相时钟之一同步。

振荡信号的周期称为“振荡周期”，用 T_{OSC} 表示。由图可见，A、B、C三相时钟信号的频率为振荡信号频率的1/3，三相时钟信号彼此间依次相差一个振荡周期。如前所述，每相时钟的频率为4 MHz，状态周期为 $T=\frac{1}{4\ \text{MHz}}=0.25\ \mu\text{s}$。$T$ 是一个十分重要的概念，它是MCS-96系列单片机内部各种操作的基本时间计量单位，例如每条指令的执行时间均用 T 来表示，这样便可由状态周期数精确地计算出一段程序的执行时间，这在时间要求十分严格的实时控制中是十分重要的。绝大多数的片内操作均与A、B、C三相时钟中的某一相同步。

MCS-96系列单片机的三相时钟电路结构具有独特之处，这种结构提高了单片机的运行速度。80C196芯片内部采用二分频电路，其外部振荡信号的频率可达20 MHz。

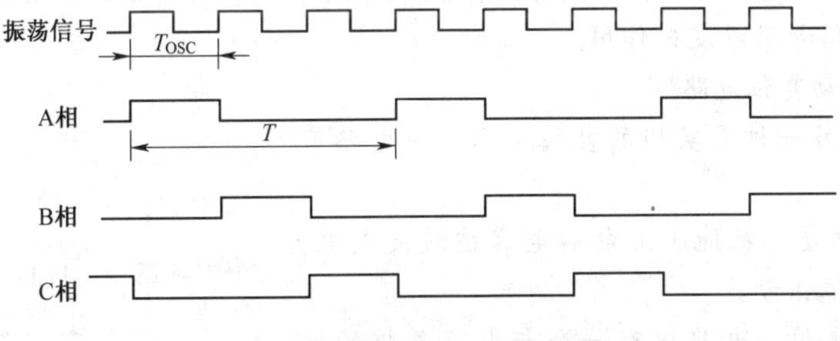

图2-17 振荡信号与三相时钟信号

*2.8 复　位

2.8.1 复位的概念

这里所说的复位是指单片机的复位，也称系统复位。复位是单片机在开始工作之前所处的一种预备状态，单片机只有以这个状态为起点，后面的工作才是正常的，因此 MCS－96 系列单片机在每次上电时必须复位。

MCS－96 系列单片机采用低电平复位信号，该信号由芯片的$\overline{RESET}$引脚引入，在主电源 V_{CC} 处于正常范围且振荡器和反偏置发生器已达稳定状态后，$\overline{RESET}$引脚上持续两个状态周期的低电平信号便可使芯片完成复位操作。

复位操作分两步完成，首先是$\overline{RESET}$引脚上的电平由低变高，而后芯片内部将执行 10 个状态周期的复位序列，该复位序列将使一些寄存器初始化，清 PSW，将 2 080H 赋给 PC，以便从 2 080H 单元开始执行指令，芯片配置字节 CCB 从 2 018H 单元读出并写入芯片配置寄存器 CCR 等。

2.8.2 复位电路

复位电路的功能是产生复位信号，即能在 V_{CC}、振荡器和反偏置发生器稳定后，给$\overline{RESET}$引脚提供至少能维持两个状态周期的低电平信号，而后由片内的上拉电路将$\overline{RESET}$引脚的电位拉高以使单片机执行 10 个状态周期的复位序列。这表明复位电路既能在上电时提供低电平信号，也能在此后靠内部上拉器件脱离低电平状态。下面介绍几种常见的复位电路。

1. 简单复位电路

如图 2－18 所示，这是仅有一个电容元件构成的最简单的复位电路，其作用原理是：上电时，因电容原来未充电，电容电压不能跳变，因此它迫使$\overline{RESET}$引脚处于低电平，而后内部的上拉作用使电容电压逐渐升高，这一过程正好与芯片对复位信号的要求相吻合。该电路的优点是简单，但也有两点明显的不足：一是在反复上电的情况下难以保证可靠地复位，这是因为断电后电容上电荷的泄漏需要时间，不可能迅速放电完毕。若电容电压不为 0 时又上电，则不可能产生有效的复位信号。二是该复位电路只适用于电源 V_{CC} 上升较快情况。若 V_{CC} 上升较慢，则在 V_{CC} 到达稳定值之前，$\overline{RESET}$引脚已脱离了低电平状态。虽然可通过加大电容值的方法延长$\overline{RESET}$引脚低电平的持续时间，但可能会影响单片机系统其他环节的正常运行，如会使监视定时器产生的复位信号难以发挥作用。

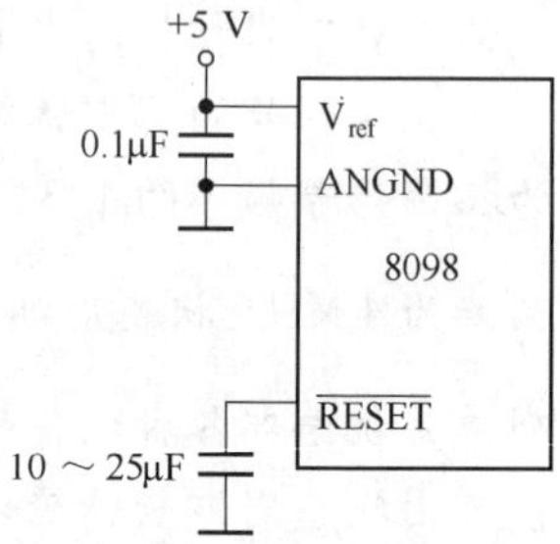

图 2－18　简单复位电路

2. 上电及手动复位电路

图 2－19 是另一种更实用的复位电路。该电路有如下特点：

（1）具有上电复位功能。上电后电容被缓慢充电，可提供有效的复位信号。

（2）可手动复位。电路中有一个与电容并接的按钮，在任何情况下，可通过这一按钮迫使引脚变低电平而使单片机开始进行复位操作。

（3）在反复上电情况下能可靠地复位。在掉电的情况下，电容上的电压可通过二极管放电通路而迅速下降为 0。这样就为反复上电的情况下提供了可靠的保证。

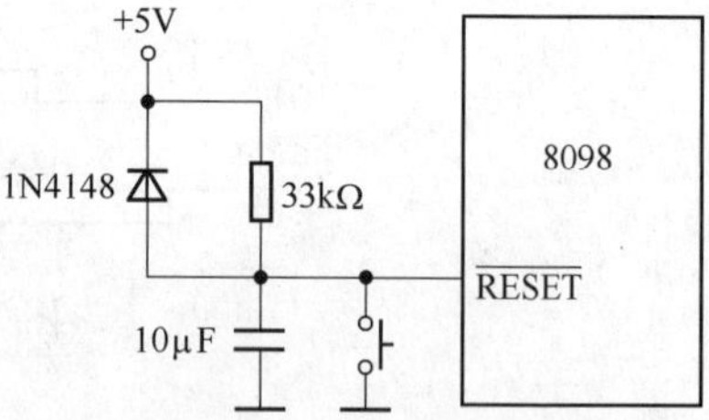

图 2－19　上电及手动复位电路

3. 多片复位电路

在 MCS－96 系列单片机的应用系统中，除单片机本身外，其他的芯片也可能需要复位。

图2－20所示的电路便可以为多个芯片同时提供复位信号。该电路中的CD4 093是CMOS的施密特触发器，74LS05及7406是集电极开路的缓冲器。因MCS－96单片机的低电平复位信号只维持两个状态周期，则加了一个单稳电路以延长低电平持续时间。但在实际应用中应注意，在其他芯片脱离复位状态之前，MCS－96单片机可能已经开始运行。

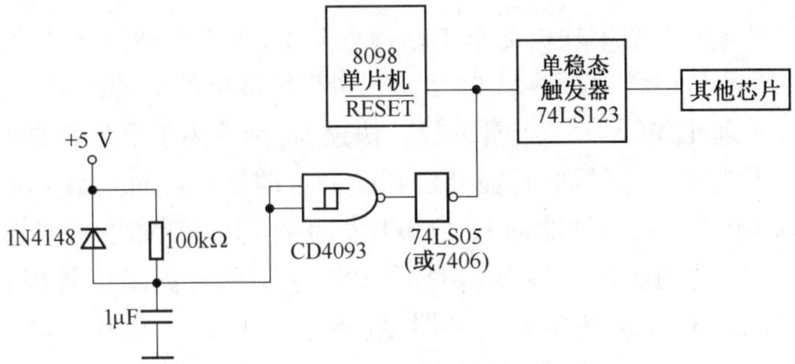

图2－20　多芯片的复位电路

2.8.3　复位状态

复位状态时使单片机系统处于开始正常工作之前的一种特定状态，在复位操作之后，芯片内部的特殊功能寄存器SFR，有关器件、寄存器以及总线控制线所处的状态见表2－8、表2－9和表2－10。

表2－8　特殊功能寄存器SFR的复位值

寄存器	复位值	寄存器	复位值
IOS0	00H	AD_COMMAND	不定
IOS1	00H	AD_RESULT	不定
IOC0	×0×0×0×0B	PWM_CONTROL	00H
IOC1	×0×0×0×1B	SP_CON	××××0×××B
TIMER1	0000H	SP_STAT	×00×××××B
TIMER2	0000H	RAUD_RATE	不定
WATCHDOG	0000H	SBUF(TX)	不定
INT_PENDING	不定	SBUF(RX)	不定
INT_MASK	00H	PORT2	××0××××1B
HIS_MODE	FFH	PORT3	FFH
HIS_STATUS	不定	PORT4	FFH

表2－9　有关部件和寄存器的复位值

器件名称	复位值	器件名称	复位值
程序计数器PC	2 080 H	ISH FIFO	空
堆栈指针	不定	HSO CAM	空
程序状态字PSW	0 000 H	HSO引脚	000 000 B

表2－10　某些总线控制引脚的复位状态

引　脚	复位状态
$\overline{RD}$	高电平
$\overline{WR}$	高电平
ALE/$\overline{ADV}$	低电平

2.8.4　其他的复位途径

除了上面提到的用外加电路产生复位信号来实现复位的方法之外，还有两种情况可使MCS－96系列单片机进行复位操作，即片内的监视定时器(WATCHDOG)溢出时或当执行专门的复位指令 RST 时。需要说明的是,无论在何种情况下复位,其完成的操作过程是完全相同的。

本章小结

本章重点介绍 MCS－96 型单片机的基本结构等知识,主要包括以下几个知识点:

1. MCS－96 是 Intel 公司继 MCS－51 之后,于 1983 年推出的 16 位单片机系列。它可供用户使用的软、硬件资源远比 MCS－51 丰富、灵活、快速,特别适用于要求较高的实时控制场合,如工业控制、仪器仪表控制、计算机的智能外设和办公自动化设备的控制。

2. MCS－96 系列单片机是高性能的 16 位单片机,结构上包括如下一些部件:一个 16 位的中央处理器 CPU、8 K 的片内程序存储器(ROM)、256 字节的片内随机数据存储器(RAM)、2 个 16 位定时器/计数器、10 位 8 路 A/D 转换器、数字型 I/O 接口、全双工串行通信接口、监视跟踪定时器(WATCH DOG)、高速输入/输出(I/O)、中断控制逻辑电路、脉宽调制器(PWM)以及时钟信号发生器与反偏压发生器等。

3. MCS－96 系列单片机内部采用总线结构。CPU 内部的一个控制单元和两个总线将寄存器阵列和 RALU 连接起来。其中:地址总线为 8 位,数据总线为 16 位。片内寄存器阵列共 232 字节 RAM 单元,它可按字节、字或双字存取。寄存器算术逻辑单元 RALU 包括算术逻辑单元、程序状态字寄存器 PSW、程序计数器 PC、循环计数器和 3 个暂存寄存器 TSC。

4. MCS－96 系列单片机产品有多种型号并分别采用了多种不同的封装形式。各种封装结构的芯片引脚有 68 脚、48 脚、52 脚、64 脚和 80 脚等情况。芯片引脚的不同体现了芯片内部结构及功能的差异。MCS－96 系列单片机芯片的引脚按功能可分为三个部分:芯片的工作电源及地引脚、控制信号和时钟信号引脚、I/O 信号线,即 I/O 功能部件的输入或输出线引脚。芯片的许多引脚具有双重功能,实际应用时应根据需要用适当的方法予以选择。

5. MCS－96 系列单片机内部寄存器空间及内部 RAM,地址范围为 0 000H～00FFH,共 256 个单元。这部分空间又分为两个部分,即寄存器阵列和特殊功能寄存器空间。内部 RAM 中的 0 018H～00FFH 共 232 个单元称为寄存器阵列,这些单元作为通用寄存器使用,且每一单元均具有累加器的功能。寄存器空间中的 00H～17H 共 24 个单元称为特殊功能寄存器,也称为专用寄存器。用 SFR(Special Functional Registers)表示。这些单元在系统中具有特定的用途,实际上是专用寄存器,不作为普通的寄存器使用。

6. MCS－96 系列单片机的 4 个 I/O 口中,有的只能输入有的只能输出,有的具有输入/输出双向功能,有的则具有可替换的复用功能。I/O 口主要由输入/输出缓冲器以及内部寄存器组成,输入口通过输入缓冲器连向芯片内部总线,输出口通过输出缓冲器连向内部寄存器,而双向口则由一个内部寄存器、一个输入缓冲器和一个输出缓冲器组成。P0 口只用作输入口,它有 4 个引脚 P0.4～P0.7。P0 口还具有复用功能,即芯片内部的 A/D 转换器也是用该口的四个引脚作为模拟电压信号的输入引脚。P1 口是 8 位的准双向 I/O 口,48 引脚芯片无此口。P2 口是一个多功能口,它有 4 个引脚。P3 口和 P4 口均具有两种功能,既可以作为漏极开路输出的双向口,也可作为系统总线引脚。所谓用作系统总线,是指把它们用作对存储器操作时的地址总线和数据总线。

7. MCS－96 系列单片机有两个 I/O 控制器和两个 I/O 状态寄存器,I/O 控制器用于对片内某些 I/O 功能部件的控制,I/O 状态寄存器用于记录 HSO 的输出线、CAM 阵列及保持寄存器的状态。在 MCS－96 单片机芯片中有一个特殊的寄存器，称为芯片配置寄存器 CCR，用于存放的是芯片操作的有关信息，可通过它选择不同的芯片操作方式，用以简化存储器系统、接口要求及总线控制。

8. MCS－96 系列单片机的三相时钟由片内三相时钟发生器产生，该发生器的输入是 6～12 MHz 的时钟振荡信号。振荡信号可由内部振荡电路和外部振荡发生器两种方式产生。MCS－96 系列单片机采用低电平复位信号，该信号由芯片的 引脚引入，在主电源 V_{CC}处于正常范围且振荡器和反偏置发生器已达稳定状态后，引脚上持续两个状态周期的低电平信号便可使芯片完成复位操作。复位状态时使单片机系统处于开始正常工作之前的一种特定状态，在复位操作之后，芯片内部的特殊功能寄存器 SFR、有关器件、寄存器以及总线控制线所处的状态称为复位状态。

复习思考题

1. MCS－96 系列单片机有哪些类型产品？各有什么特点？

2. MCS－96 系列单片机芯片内部结构包括哪几部分？

3. MCS－96 系列单片机的 CPU 有什么特点？

4. MCS－96 系列单片机芯片有多少引脚？这些引脚可分为哪几部分？

5. 引脚$\overline{\text{RESET}}$和引脚$\overline{\text{EA}}$的功能是什么？

6. MCS－96 系列单片机的内部 RAM 共有多少单元？该 RAM 可分为几个部分？各部分包含的单元数是多少？

7. 什么是堆栈？内部 RAM 中哪两个单元用作堆栈指针？使用时应注意什么？

8. MCS－96 系列单片机的堆栈操作用什么特点？

9. 在特殊功能寄存器 SFR 中，哪些寄存器只能按字读而不能按字节读？

10. 在特殊功能寄存器 SFR 中，哪些寄存器读和写时的功能相同？

11. 程序计数器 PC 的用途是什么？它有什么特点？

12. 8096/8098 单片机有哪几个 I/O 口？这些 I/O 口各有多少引脚？简述各 I/O 口的功能。

13. MCS－96 系列单片机的 I/O 控制寄存器有几个？试述它们的作用。

14. MCS－96 系列单片机的 I/O 状态寄存器有几个？试述它们的作用。

15. MCS－96 单片机的时钟信号是如何输入芯片的？外部振荡信号是用什么方法产生的？

16. 简述单片机复位的概念。

17. 试分析单片机的复位过程。MCS－96 单片机 SFR 中各寄存器的复位状态是怎样的？

18. 什么是振荡周期？什么是状态周期？如何计算计算机的状态周期？

19. 如何选择单片机的总线方式？各种总线方式有何特点？

20. 什么是就绪控制？就绪控制有何作用？如何选择各种就绪控制状态？

第3章

MCS－96指令系统

【学习目标】

本章主要学习MCS－96系列单片机的指令系统。要求掌握指令的格式、寻址方式、汇编指令和机器码指令的对应关系。了解数据传送指令、算术与逻辑运算指令、跳转和调用指令、单寄存器指令、移位指令和专用控制指令的功能、助记符及其操作过程。

计算机的工作就是执行人们为完成某一特定任务而编制的程序，而程序是由若干条指令组成的。

指令是规定计算机执行特定操作（例如加、减运算等）的命令，CPU就是根据指令来指挥和控制计算机各部分协调地动作，完成规定的操作。计算机的指令系统是该计算机所能执行的全部指令的集合。指令系统的性能与计算机硬件密切相关，不同的计算机的指令系统不完全相同。程序是根据任务要求有序地编排指令的集合。程序的编制称为程序设计。为了运行和管理计算机所编制的各种程序的总和称为软件。

3.1　指令系统概述

我们将结合MCS－96系列单片机（以8096/8098为典型机型）介绍学习计算机的指令系统有关的一些概念。

3.1.1　指令的格式

1. 指令的两种表达形式

从本质上讲，指令是二进制形式的代码，这是因为计算机的内部工作电路是以二进制的算术逻辑运算为基础的逻辑电路。这样，CPU只能识别和执行用二进制数表示的指令。这种二进制形式的指令也称为机器码或机器指令。机器码是指令的直接体现形式。

在实际编写程序时，使用机器码形式的指令极为不便，人们便以习惯使用的字符和运算式及其组合来表示机器指令，便产生了常用的计算机语言——汇编语言和高级语言。因汇编语言特别适合于实时控制系统这样的应用场合，而我们介绍的是主要用于检测、控制目的的单片机，故我们只讨论汇编语言及其编程方法。

汇编语言中的每一可执行的语句均和机器指令一一对应，这种汇编语言语句也称为汇编指令。汇编指令是计算机指令的又一种表达形式。

2. 机器指令的格式

一般情况下,机器指令由操作码和操作数两部分组成。

操作码:规定CPU应执行的操作类型,是指令的核心部分,每一指令必须有操作码。

操作数:这一部分给出参与操作的数据或数据所在的地址,操作数可有多种类型。操作数并不是指令的必要部分,在许多指令中可以只有操作码而无操作数。

机器指令通常由若干个字节(Byte)组成,每一字节为8位,第一个字节必是操作码。8096/8098单片机的大多数指令的操作码为一个字节,最多为两个字节,且操作码为两个字节的情况只限于带符号的乘除法运算指令。此时,操作码的第一个字节均为FEH,这表明在MCS－96指令系统中,凡是以FEH为第一个字节的指令都是带符号的乘除法运算指令,且机器码的第二个字节才是操作码。操作数位于操作码之后。在MCS－96的指令系统中最多可以有三个操作数。

机器指令的长短(字节数)由操作数的多少来决定。MCS－96单片机的机器指令最短的只有一个字节,这显然是指由操作码而无操作数的指令;最长的指令为七个字节。

机器指令的一般格式为:

操作码(1～2个字节)　操作数(0～5个字节)

3. 汇编指令的格式

与机器指令一样,汇编指令也是由操作码和操作数两部分组成。其最大的特点就是采用了与指令功能一致的英文缩写"助记符",具有较强的可读性。指令的功能和参与操作的数据类型一目了然。在汇编指令中,也是操作码在前,操作数在后。

汇编指令按操作数的多少,有四种格式:

(1)操作码

(2)操作码　操作数

(3)操作码　目的操作数,源操作数

(4)操作码　目的操作数,第二源操作数,第一源操作数

当汇编指令中有两个操作数时,在前的操作数称为目的操作数,因为指令执行后,该操作数即为最后的操作结果。但要注意,在指令执行前,该操作数也是参与操作的数据之一,只是操作结束后,该数据变为操作的结果,即操作前后该数据的具体内容将发生改变;而后面的操作数称为源操作数,其内容在操作前后不发生改变。

当汇编指令中有三个操作数时,最前面的操作数为目的操作数,用于存放操作结果。位于中间和最后的操作数分别称为第二源操作数和第一源操作数。在操作的前、后,源操作数的内容均保持不变。

4. 汇编指令翻译为机器指令

我们知道计算机只能执行机器指令,因此计算机执行程序前,应将汇编指令翻译成机器指令。进行这种翻译时有机器汇编和手工汇编两种方法。初学者或小型系统设计时常常采用手工汇编的方法,即通过查指令表将汇编指令翻译成机器指令。

需要注意的是,当指令中有两个操作或三个操作数时,这些操作数的代码的排列顺序。一般的规则是:(1)源操作数在目的操作数之前;(2)第一操作数位于第二操作数的前面;(3)若操作数为字(两个字节),则低位字节在前,高位字节在后。

由此可知,机器码指令和汇编指令中操作数的排列正好是相反的。

若汇编指令为:

操作码　目的操作数,第二操作数,第一操作数(设为字)

则相应的机器码指令为:

操作码　第一操作数低字节　第一操作数高字节　第二操作数　目的操作数

3.1.2　操作数的类型

指令中的操作数可以有多种类型,一般而言,不同型号的计算机所涉及的数据的类型不尽一致,这取决于 CPU 的功能。但操作数的基本类型大体相同。

操作数的具体体现形式有三种:第一种是直接的数据,称之为立即数,在 MCS－96 系列单片机的指令中,用前缀"#"表示,即将"#"符号加于数据前面表示该数据为立即数;第二种是置于寄存器中的数据,在 MCS－96 单片机指令中,这种数据或用寄存器的地址或者用寄存器的名称表示(注意,MCS－96 中,寄存器实质上是内部 RAM);第三种是位于存储器存储单元的数据,用存储单元的地址号表示。

应注意,位于寄存器或存储器单元中的操作数需按类型按照一定的规则存放,如有些操作数只能存放在寄存器中,有些操作数的有效地址必须是偶数地址等,这称为操作数的定位规则。

MCS－96 系列单片机的指令系统所涉及的操作数共有七种类型。

1. 字节型(Byte)

字节型操作数为 8 位无符号变量,其数值范围为 0～255。对字节型操作数可进行算术和逻辑运算,逻辑运算时是按位进行的。字节中各位的编号见图 3－1 所示,即右边第一位为最低位,其编号为 0,通常表示为 D0 位,右边第二位编号为 1,表示为 D1……左边的第一位为最高位,表示为 D7。

D7	D6	D5	D4	D3	D2	D1	D0

图 3－1　字节各位的编号

字节型操作数无定位规则,即它可位于内部寄存器阵列中,也可存放在片外存储器中,地址编号为奇偶均可。

2. 字型(Word)

字型操作数为 16 位的无符号变量,其取值范围为 0～65 535。字型操作数也可进行算术和逻辑运算。逻辑运算按位进行。字型操作数各位的编号为 D0～D15。

字型操作数的定位规则是:可位于内部寄存器阵列和外部存储器单元中,但其中低字节的地址必须为偶数,且将该偶数地址作为字的地址,如寄存器阵列中的 20H,可作为某字型操作数的地址,这意味着该字的低字节置于 20H 中,高字节则置于 21H 中,但 21H 却不能作为字型操作数的地址。

3. 位型(Bit)

位型操作数指字节型或字型操作数中的某一位,它只取"真"或"伪"两个值(布尔值)。MCS－96 单片机可对寄存器阵列中的任意单元进行位操作,用以控制程序的流向。由此可知,对于 MCS－96 单片机,仅内部寄存器阵列才有位操作数的概念,且只有位测试并跳转类指令涉及位型操作数。

4. 短整型(Short Integer)

短整型操作数为 8 位的有符号变量,其最高位 D7 位为符号位,它的取值范围为 －128～

+127。原则上讲，对短整型数可进行算术和逻辑运算，运算时应注意符号位的变化情况；与字节型操作数相同，短整型数无定位规则，也就是说，它可以位于存储空间的任意地方，地址号为奇偶数均可。

5. 整型(Integer)

整型操作数为16位的有符号变量，其最高位D15为符号位，它的取值范围为－32 768～+32 767[$-2^{15}\sim+(2^{15}-1)$]。对整型数可进行算术和逻辑运算，但须注意运算对符号位的影响。整型数的定位规则与字型数的定位规则完全相同。

6. 双字型(Double Word)

双字型操作数为32位的无符号变量，其取值范围为 $0\sim(2^{32}-1)$，MCS－96系列单片机只能在下述的三种情况下才能使用双字型操作数。

(1)32位的移位操作；

(2)32位对16位除法运算中的被除数；

(3)16位对16位乘法运算之乘积。

双字型操作数的定位规则较为特殊，具体规定为：

(1)双字型操作数只能驻留于内部寄存器阵列中，不可置于外部存储器中；

(2)双字型操作数的地址号(即最低字节的地址)必须能被4整除，这表明它的地址号不仅应是偶数，而且应是4的倍数。

双字型操作数为四字节，它的地址是其最低字节的地址号，如某双字型操作数的地址为28H，则它所占的四个寄存器单元是28H，29H，2AH，2BH。

7. 长整型(Long Integer)

长整形操作数为32位的有符号变量，其取值范围为 $-2^{32}\sim+(2^{32}-1)$，其适用范围及定位规则与双字型操作数完全相同。

3.1.3　状态标志及MCS－96的程序状态字

1. 状态标志

计算机具有判断的功能，即它能根据一定的条件，对程序的运行结果进行判断，而后决定程序的执行流向。这种判断功能是由分支程序来实现的，具体地说是由条件跳转指令完成的。具有判断功能是计算机被称为“智能”机器的一个基本原因。

在微型计算机中，一般都设有一个特殊的寄存器，称为状态寄存器或状态标志寄存器，它用于存放反映CPU算术和逻辑运算或某些操作结果的某些特征，如运算结果是否为0，做加法运算后是否有进位产生等。这一寄存器的每一位均和操作结果产生的某种特征相对应，称为状态标志位(简称为标志位)。条件跳转指令就是根据对标志位的测试来控制程序的流向的。

2. MCS－96程序状态字

在MCS－96系列单片机中有一个存放标志位，其作用类似于状态标志寄存器的器件，称为程序状态字，用PSW(Program State Word)表示。

(1)PSW并不是一个独立的物理器件，它实际上是由两个器件组成：一个是位于CPU中标志寄存器，它是PSW的高字节；另一个是特殊功能寄存器SFR中的08H单元，称为中断屏蔽寄存器，用INT_MASK表示，它是PSW的低位字节。

(2)PSW为16位，其格式如图3－2所示，其低8位为INT_MASK，称为中断控制部分；高8位为状态标志，称为状态标志部分。在实际应用时，既可对PSW的整体进行操作，也可对状态标志和 INT_MASK 分别单独操作，这些操作由相应的指令来完成。

D15	D14	D13	D12	D11	D10	D9	D8	D7	D6	D5	D4	D3	D2	D1	D0
Z	N	V	VT	C	–	I	ST	INT_MASK							

图 3－2　程序状态字的格式

（3）PSW 的中断控制部分（PSW 的低 8 位）和 PSW. 9 位（I 位）涉及微机的一个重要概念——中断。中断的概念和 INT_MASK 寄存器的作用及其用法将在后面相应的章节介绍。

3. MCS－96 状态标志的定义

MCS－96 单片机的状态标志部分为 PSW 的高字节，即 D8～D15 位，但实际上只有七个标志位，其中 D10 位未定义。

（1）Z 标志

Z 称为零标志。当 CPU 操作的结果为零时，Z＝1，称为置位；否则 Z＝0，称为清零。例如当两数作减法运算时，若运算结果为零，则 Z＝1；若运算结果不为零，则 Z＝0。

（2）N 标志

N 称为负标志。若操作结果为负，则 N＝1，否则 N＝0。应注意，即使计算结果溢出（即运算结果超出了操作数类型所规定的数值范围），N 标志仍保持数学上的正确状态，也就是即使在产生溢出的情况下，N 标志仍能正确地反映运算结果的正、负性质。

（3）V 标志

V 称为溢出标志，当操作的结果超出了目的操作数数据类型所能表达的范围时称为溢出，此时 V＝1。如两个字节型数据相加之和超过 255 时，V 标志便置 1，这是因为字节型操作数的数值范围为 0～255。

（4）VT 标志

VT 称为溢出陷阱标志。该标志的变化是，随 V 的置位而置位，VT 置位后只有特定的明确针对该标志的指令才能将其清除（使其为零）。这表明 VT 标志具有记录溢出标志置位情况的作用。当一系列算术运算指令执行后，便可通过 VT 标志得知在运算过程中是否产生过溢出，而由 V 标志却无法做到这一点，因为 V 标志的状态会随每一运算指令的执行而不断变化。

（5）C 标志

C 称为进位标志。它在两种情况下置位或清零：当进行算术运算时，若 ALU 的最高有效位产生进位，则 C＝1，否则 C＝0。MCS－96 单片机指令系统中有一类移位操作指令，用于将寄存器中的操作数进行左移或右移，每次移出之位进入 C 标志位，当进行这种移位操作时，它指示最后移出之位的状态。

应注意的是，当作减法运算时，若产生借位，则 C 标志清零。这一点与许多微机的规定不同，有些微机规定减法运算产生借位时，进位标志置 1。

（6）ST 标志

ST 称为粘位标志。这是一个特殊的标志，只有向右移位指令才对它产生影响。在进行右移操作时，若一个“1”先移入 C 标志，而后又被移出 C 标志，则 ST＝1。这表明 ST 标志和 VT 标志有类似的作用，它可记录右移操作时是否有“1”移入 C 标志的情况。

ST 标志的一个重要应用是它和 C 标志一起用来控制右移之后数据的舍入问题。为了达到一定的精度，通常要对结果作四舍五入的处理，即：若移出去的数据值 $\geq \frac{1}{2}$LSB（最低有效位)，则进1，否则舍去。这只需在右移后判断C标志的状态便可，即当C＝1时，则进1，否则舍去。但为了进一步提高精度，则需要更精确的舍入运算。在MCS－96单片机中可同时利用C和ST的状态，将移出去的值分得更精细一点，在此基础上进入舍入运算。

一种常用的经过改进的舍入规则是，当移出位的值 $<\frac{1}{2}$LSB时舍去；移出位的值 $>\frac{1}{2}$LSB时，进1；移出位的值 $=\frac{1}{2}$LSB时，若保留的最低位为1，则进1，若保留的最低位为0，则舍去，即把结果凑成偶数。利用ST和C标志，判断移出位值的大小可用一个简单的例子予以说明，设某数需右移两位，则根据C和ST标志决定移出的两位与LSB的关系见表3－1。

表3－1 C及ST标志的状态与移出位之值的关系

C	ST	移出位的值
0	0	值＝0
0	1	值 $<\frac{1}{2}$LSB
1	0	值 $=\frac{1}{2}$LSB
1	1	值 $>\frac{1}{2}$LSB

3.1.4 堆栈的概念

1. 什么是堆栈

在微机应用技术中，堆栈(Stack)是一个重要的概念。所谓堆栈是指程序设计人员在存储器中开辟的一个特殊区域，即堆栈是由许多个存储单元组成的，它的主要作用是用于存放用户程序运行过程中的一些临时性的重要信息，如运算的中间结果、现场采集的数据、程序跳转时的断点地址等。堆栈是借用了仓储技术中的一个术语，这是因为堆栈中数据的进出遵循"先进后出"的规则，这与粮仓(即粮栈)堆放的粮包进出的规律是相似的，即最先搬入的粮包置于最底层，而最后搬入的粮包放于最上层，当粮包运出时，必定是先进后出。

在一般的情况下微机应用系统中都要用到堆栈，对堆栈技术应予以很好地掌握。堆栈也简称为栈。

2. 堆栈的操作

堆栈由程序人员根据需要设立。在CPU中通常有一个特殊的寄存器，叫做堆栈指针(Stack Pointer)，用SP表示。在程序的初始化部分向SP寄存器送入一个地址号便完成了建立堆栈的工作，SP中的这一初始值称为"栈底"。在绝大多数的微机中，堆栈是"向下生成"的，即堆栈由较高的地址号向较低的地址号生长，堆栈指针SP总是指向堆栈的顶部。

CPU对堆栈的操作有两种：一种是将数据送入堆栈，称为"压栈"或"进栈"；另一种操作时将堆栈中的数据弹出，称为"退栈"或"出栈"。这两种操作都由特定的堆栈指令完成。

由于堆栈是向下生长的，因此每次进栈操作后，堆栈指针的值将减2，即由SP变为SP－2；每次退栈操作后，堆栈指针的值将加2，即由SP变为SP＋2。如当SP＝3000H时进行一次进栈操作，则该操作完成后，SP＝3000H－2＝2FFEH；又若当SP＝3000H时进行一次退栈操作，则操作完成后SP＝3000H＋2＝3002H，如图3－3(a)、(b)所示。

3. MCS－96单片机的堆栈操作

关于MCS－96单片机的堆栈及其堆栈操作说明如下：

(1)MCS－96单片机寄存器阵列中的18H和19H两个单元被指定为堆栈指针。但是这两个单元在系统未设堆栈的情况下也可作为一般寄存器使用。若系统需建立堆栈，则这两个单元只可用作堆栈指针，不可他用，且在系统初始化时应赋予其初值(即栈底值)。

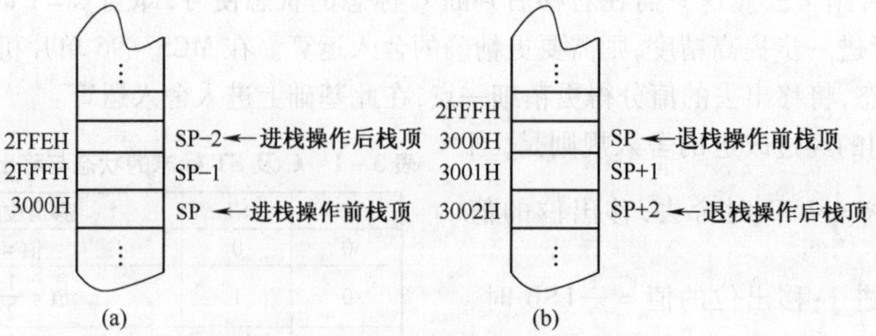

图 3-3　进栈和退栈操作示意

(2)由于片内寄存器实际上是内部 RAM，因此 MCS-96 的堆栈可建立在寄存器阵列中，也可设置在片外存储器中，这主要根据系统的情况决定。若系统较大，需较大容量的堆栈，则将堆栈设在片外存储器中；反之则建立在片内寄存器阵列中。由于 CPU 对片内寄存器的操作速度要快得多，因此在中、小型系统中，一般堆栈设在片内。

(3)在系统建立堆栈后，在程序编制过程中，务必注意堆栈指针的变化情况，避免堆栈区与程序区或数据区重叠而出现系统混乱的错误。

3.2　寻址方式

3.2.1　寻址及寻址方式

寻找指令所需的操作数称为寻址，这是因为在大多数指令中给出的是操作数所在的存储单元的地址，明确了地址即找到了操作数，因此把寻找操作数称为寻址。

得到操作数的方法称为寻址方式。不同的 CPU 有着不同的寻址方式，寻址方式的数量和功能与 CPU 的性能密切相关。一般而言，寻址方式越多样，则指令系统的灵活性就越大，编程越方便，计算机的功能也就越强大，因此寻址方式的多少及其功能是衡量计算机性能的一个重要指标。

每一条涉及操作数的指令必和特定的寻址方式相对应，而指令系统中大多数指令中都带有操作数，因此了解和掌握全部的寻址方式对学习和掌握指令系统具有十分重要的意义。另外，不同的寻址方式对程序的编制及程序的运行效率有着重大的影响，熟练灵活地运用各种寻址方式有助于编写出高效、精炼的程序。

3.2.2　MCS-96 单片机内部寄存器阵列中寄存器的命名

许多微机 CPU 中的寄存器均以英文字符命名。但在 MCS-96 单片机中，内部 RAM 取代了寄存器，其实际上是整个存储器空间的一部分，只不过地位较特殊，可作寄存器使用。内部 RAM 中的各单元均有特定的地址号，并无相应的寄存器名，实际使用时，机器指令中应以地址号表示寄存器，在汇编指令中，寄存器也以其对应的地址号形式出现。

为了方便使用，人们仿照其他微机中的做法，对 MCS-96 单片机中内部寄存器阵列中通用寄存器进行定义，予以命名。如将 20H 寄存器定义为字寄存器(16 位)时，以 AX 表示；将 22H 单元定义为 8 位寄存器，用 BL 表示。但是，这样定义的寄存器名仅仅是一个符号而已，并不代表特定的地址，即给寄存器命名时，编程人员可随心所欲，可用任意的字符作为某个单元的寄存器名，但一旦给某个寄存器命名，则不再予以变动，以免引起错误。

对寄存器的命名通常使用伪指令来完成。

对于 MCS－96 单片机而言，内部寄存器阵列中各单元并无寄存器名，为各寄存器命名只是为了方便编程，并非绝对必要。在实际编程时，对汇编指令中所使用到的寄存器，既可使用编程人员所定义的寄存器名，也可直接使用其地址号。

3.2.3 MCS－96 单片机的寻址方式

MCS－96 单片机指令系统中共有八种寻址方式，其中六种为基本寻址方式，还有两种由基本寻址方式派生而出。

1. 寄存器寻址方式

若指令中的全部操作数均为寄存器，则该指令所使用的是寄存器寻址方式。

例如：

```
LDB     24H,39H
ADD     AX,BX,CX
INCB    AH
```

第一条指令中的两个寄存器直接使用其地址号；后面两条指令的寄存器均使用定义的寄存器名。采用这种寻址方式的指令的机器码字节少，且由于寄存器在芯片内部，故执行速度快。

2. 寄存器间接寻址方式

若操作数置于存储器单元中，但指令中并不直接给出该存储器单元的地址号，而是将此地址号置于某一字型寄存器中，即用寄存器间接表示存储器地址号，这种寻址方式称为寄存器间接寻址方式。

例如：

```
LD      20H,[30H]
ADDB    AL,BL,[CX]
```

(1)存放地址号的寄存器称为间址寄存器，由于它存放的是地址号，也将其称为地址指针。由于存储单元的地址号是16位的，因此间址寄存器是字型寄存器，由两个字节组成，且使用方括号。如在第二条指令中，30H、31H 两个单元和 CX 寄存器被分别用作间址寄存器。

(2)在间址寄存器中存放的是操作数所在的存储器的单元地址号，并不是操作数本身。理解这一点对正确理解和使用寄存器间接寻址方式极为重要。例如在第二条指令中，若在寄存器 CX 存放的数是 2800H，则表明真正的操作数存放在地址号为 2800H 的单元中。

(3)在一条指令中只能有一个操作数采用间接寻址方式，也就是说，只能有一个操作数存放在存储器单元中，且其他的操作数必须为寄存器寻址操作数。

(4)利用寄存器间接寻址方式的指令，机器码字节较少，对操作数的寻址也较为灵活方便。

3. 立即寻址方式

在立即寻址方式中，操作数以立即数的形式给出。为了避免混淆，MCS－96 单片机的汇编指令中的立即数加前缀“#”符号。例如：

```
LD      20H,#2A00H
LDB     BL,#20H
```

第一条指令中,操作数 2A00H 为立即数,而另一操作数 20H 则为寄存器。

在这种寻址方式中,操作数直接体现为数据本身,最为直观明了,指令的机器码字节数少,缺点是不够灵活。

4. 自动增量寻址方式

自动增量寻址方式与寄存器间接寻址方式基本相同,即操作数的地址由间址寄存器给出,但有一个很重要的区别,就是在指令执行后,间址寄存器中的地址变量将自动增量,增量的大小取决于操作数的类型。若是单字节的操作数,则间址寄存器的值自动增 1;若是两个字节的操作数,则间址寄存器的值自动增 2。例如:

```
LDB     AL,[CX]+
LD      AX,[CX]+
```

(1)在汇编指令中,为了与间接寻址方式区别,该寻址方式的标记是在间址寄存器的符号后加一个“+”号。

(2)在编程时,应特别注意指令执行后间址寄存器增量的情况。增量有增 1 和增 2 两种,须根据操作数的类型而定。

(3)这种寻址方式是 MCS-96 系列单片机的一个重要的特色,它的最大优点是在完成对一个数据的操作后能自动修正地址指针,以指向下一个操作数,这给程序编制带来了很大的方便,特适合于对地址号连续的一串数据的寻址。

5. 短变址寻址方式

变址寻址方式用于对置于存储器中的数据的寻址。在变址寻址方式中,存储器单元的地址由两部分叠加而成:一部分是存放于称为变址寄存器中的基地址,另一部分是指令给出的偏移量。在 MCS-96 系列单片机中,有两种变址寻址方式,即短变址寻址方式和长变址寻址方式。

在短变址寻址方式中,变址寄存器为任意指定的字型寄存器,偏移量为一个 8 位的带符号数。基地址与 8 位的偏移量之代数和即为操作数的地址。例如:

```
LDB     BH,24H[CX]
ADD     30H,84H[20H]
```

(1)在汇编指令中,采用短变址寻址方式寻址的操作数之地址由变址寄存器和 8 位的偏移量组合而成,其中变址寄存器的表示法和间址寄存器的表示法完全相同,8 位的偏移量位于变址寄存器之前,写法上两者是一个整体,不要将它们分开写。

(2)在机器指令中,变址寄存器为一个 8 位的地址号,即该寄存器的地址号,偏移量为一个 8 位的数据段。

(3)由于偏移量是 8 位的有符号数,因此操作数的有效地址可在基地址前的第 128 个字节至基地址后的第 127 个字节的范围内变化;如第一条指令中,若 CX = 2800H,则源操作数的实际地址为 2800H + 24H = 2824H。

(4)短变址寻址方式的特点是在基地址不变的情况下,只需改变偏移量的大小就可在以基地址为中心的 256 个字节的范围内寻址。这给程序编制带来了方便,其特别适合于对源操作数组及数据串的处理。但缺点是机器码的字节数较多,指令执行的时间也较长。

(5)在一条指令中,只能有一个操作数采用短变址寻址方式,其他操作数必须为寄存器寻址方式。

6. 长变址寻址方式

长变址寻址方式类似于短变址寻址方式，不同之处是其偏移量为一个无符号的16位数，即偏移范围为0～65 535个字节；其汇编指令的格式与短变址寻址方式相同，只是偏移量为16位的无符号数，机器码的情况也如此。例如：

```
LDB     AH,1234H[BX]
ADD     20H,24H,1234H[30H]
```

以上六种寻址方式为基本寻址方式。还有两种寻址方式是由基本寻址方式派生出来的。

7. 零寄存器寻址方式

零寄存器寻址方式由长变址寻址方式派生而出。

在MCS－96单片机的内部RAM（寄存器）中，00H和01H两个单元寄存器存放常数0，即数据0000H，称为零寄存器。这一寄存器有两个作用，除用于提供计算所用的常数0外，还可用作长变址寻址方式中基地址，称以零寄存器为变址寄存器的长变址寻址方式为零寄存器寻址方式。该寻址方式可对存储空间的任一单元进行访问。例如：

```
LDB     20H,3100H[0]
ADD     AX,2800H[0]
```

（1）零寄存器寻址方式的汇编指令和机器指令的格式与长变址寻址方式相同，只不过这时的变址寄存器恒为零寄存器。

（2）零寄存器寻址方式可用于对存储空间任一单元的寻址，这一点与长变址寻址方式一样。但最大的优点是指令中能直接反映操作数的实际地址，因为此时的偏移量就是存储单元的地址号，这为编程及存储器操作带来了很大的方便。

8. 堆栈指针寄存器寻址方式

在MCS－96单片机中，指定内部RAM中的18H和19H两个单元为堆栈指针SP，若将SP视为其他寻址方式中的字型变量，则派生出所谓的堆栈指针寄存器寻址方式。例如：

```
LD      40H,[18H]
ADDB    AH,24H[SP]
```

可以看出，堆栈指针寄存器寻址方式系多种寻址方式如间接寻址、自动增量寻址和变址寻址等方式的派生方式。如将短变址寻址方式中的变址寄存器指定为SP即成为堆栈指针寄存器寻址方式。

3.3 数据传送指令

MCS－96系列单片机的所有指令共有100条，按功能可分为六大类：数据传送指令、算术和逻辑运算指令、跳转和调用指令、单寄存器指令、移位指令、专用控制指令。

介绍指令系统之前，现将有关问题说明如下。

（1）为叙述方便，定义AX，BX及CX三个字寄存器，它们均由两个字节的寄存器组成，如AX由AH和AL构成，AH为AX的高位字节，AL为低位字节。在机器码中，这些寄存器应有具体的寄存器之地址号代替，使用中应注意操作数的定位规则。

（2）指令对某一标志位的影响用符号表示：Y——影响该标志位；N——不影响该标志位；？——对标志位的影响不确定；0——将标志位置为0；1——将标志位置为1；↓——只可能将标志位置为0；↑——只可能将标志位置为1。

(3)对某种基本指令而言,间接寻址和自动增量寻址方式具有相同形式的机器码,长、短变址寻址方式也是如此。这些指令的操作码完全相同,区别在于用作地址指针及变址寄存器的地址码不同。具体而言,间接寻址和短变址寻址用字型寄存器的偶地址,而自动增量寻址和长变址寻址用奇地址。

(4)在汇编指令中,操作数的类型用操作码助记符所带的后缀加以区别。若为字节型操作数则加后缀 B(Byte 的缩写);若是字型或双字型则不带后缀。

数据传送指令用于寄存器之间、寄存器和存储器之间以及存储器单元之间的数据交换。这类指令共有装载指令、数据类型交换指令、存储指令和堆栈操作指令四组。

3.3.1 装载指令

1. 装载指令的功能和助记符

装载指令用于寄存器之间及存储器单元和寄存器之间的数据传送,其操作码的助记符为 LD(Load 的缩写)。

2. 装载指令的操作

装载指令分为两组:装载字指令和装载字节指令。

(1)装载字指令

装载字指令的操作码助记符为 LD,具体操作为:将源(右边)字操作数存入目的(左边)操作数。例如:

```
LD      AX,[BX]
LD      AX,[BX]+
```

第一条指令是将存储器单元中存放的字操作数送入寄存器 AX,其中存储器单元的地址号由 BX 寄存器给出。源操作数采用寄存器间接寻址方式。

第二条指令也是将存储器单元中存放的字操作数送入寄存器 AX,与第一条指令不同之处是源操作数采用自动增量的间接寻址方式,指令执行后,间址寄存器 BX 中的内容自动加 2。

(2)装载字节指令

装载字节指令的助记符为 LDB,后缀 B 表示操作数为字节,具体的操作是将源(右边)字节操作数存入目的(左边)操作数。例如:

```
LDB     AL,[BX]
LBD     AL,[BX]+
```

此时源操作数和目的操作数均为字节,不可将指令中的目的操作数写为 AX(字寄存器),也不要误认为地址指针 BX 寄存器所指向的操作数为字。尽管此时源操作数的表示形式与装载字指令的源操作数的表现形式相同,但两者是有区别的。传送字时,间址寄存器[BX]代表两个存储器单元,而传送字节时,[BX]则代表一个存储器单元。应记住,由于存储器地址号为 16 位,因此在任何情况下,用作地址指针的总是字寄存器。

3. 装载指令表

表 3-2 给出了装载指令在各种寻址方式时的汇编指令、机器码、对标志位的影响情况及状态周期。

从表 3-2 可以看出,装载指令的目的操作数必须为寄存器,而源操作数可以是寄存器、立即数和存储器单元,且源操作数可使用全部的八种寻址方式。

表3－2　装　载　指　令

指　　令	机器码	标志位影响						状态周期
		Z	N	C	V	VT	ST	
LD　AX,BX	A0　BX　AX	N	N	N	N	N	N	4
LD　AX,#1234H	A1　34　12　AX	N	N	N	N	N	N	5
LD　AX,[BX]	A2　BX　AX	N	N	N	N	N	N	6/12
LD　AX,[BX]+	A2　BX　AX	N	N	N	N	N	N	7/13
LD　AX,05H[BX]	A3　BX　05　AX	N	N	N	N	N	N	6/12
LD　AX,1234H[BX]	A3　BX　34　12　AX	N	N	N	N	N	N	7/13
LDB　AL,BL	B0　BL　AL	N	N	N	N	N	N	4
LDB　AL,#05H	B1　05　AL	N	N	N	N	N	N	4
LDB　AL,[BX]	B2　BX　AL	N	N	N	N	N	N	6/11
LDB　AL,[BX]+	B2　BX　AL	N	N	N	N	N	N	7/12
LDB　AL,05H[BX]	B3　BX　05　AL	N	N	N	N	N	N	6/11
LDB　AL,1234H[BX]	B3　BX　34　12　AL	N	N	N	N	N	N	7/12

3.3.2　数据类型变换指令

1. 数据类型变换指令的功能和助记符

数据类型变换指令用于将字节操作数扩展为字操作数，即把一个8位数变换为16位数，扩展时有两种方式：按符号位扩展和按零扩展，且扩展在传送过程中实现。所以将这种指令归入数据传送类指令。数据类型变换指令的助记符为LDBSE（按符号位扩展）和LDBZE（按零扩展）。

2. 数据类型变换指令的操作

（1）按符号位扩展的指令，其操作是将源字节操作数的值按最高位（符号位）予以扩展，而后装入目的字操作数。这表明变换后，目的字操作数的高字节或全为0，或全为1。例如：

LDBSE　AX,CL

若CL的最高位CL.7＝0，则变换后AH＝00H；若CL的最高位CL.7＝1，则变换后AH＝0FFH。

（2）按零扩展的指令，其操作是将源字节操作数的值以零扩展后存入目的操作数。这意味着变换后目的字操作数的高字节全为0，而与源操作数的最高位的值无关。例如：

LDBZE　AX,#87H

此指令执行后，目的字寄存器AX＝0087H，及AH＝00H，AL＝87H。

3. 数据类型变换指令表

表3－3列出了各种寻址方式的数据类型交换指令。

从表3－3中可以看出，数据类型变换指令的目的操作数只能为字寄存器，而源操作数只能为字节操作数，且源操作数可采用全部的八种寻址方式。

表3－3　数据类型变换指令

指　　令	机器码	标志位影响						状态周期
		Z	N	C	V	VT	ST	
LDBSE　AX,BL	BC　BL　AX	N	N	N	N	N	N	4
LDBSE　AX,#06H	BD　06　AX	N	N	N	N	N	N	4
LDBSE　AX,[BX]	BE　BX　AX	N	N	N	N	N	N	6/12
LDBSE　AX,[BX]+	BE　BX　AX	N	N	N	N	N	N	7/13
LDBSE　AX,05H[BX]	BF　BX　05　AX	N	N	N	N	N	N	6/12
LDBSE　AX,1234H[BX]	BF　BX　34　12　AX	N	N	N	N	N	N	7/13

续上表

指令	机器码	标志位影响						状态周期
		Z	N	C	V	VT	ST	
LDBZE AX,BL	AC BL AX	N	N	N	N	N	N	4
LDBZE AX,#05H	AD 05 AX	N	N	N	N	N	N	4
LDBZE AX,[BX]	AE BX AX	N	N	N	N	N	N	6/12
LDBZE AX,[BX]+	AE BX AX	N	N	N	N	N	N	7/13
LDBZE AX,05H[BX]	AF BX 05 AX	N	N	N	N	N	N	6/12
LDBZE AX,1234H[BX]	AF BX 34 12 AX	N	N	N	N	N	N	7/13

3.3.3 存储指令

1. 存储指令的功能和助记符

存储指令用于将寄存器中的数据传送至寄存器或存储器单元中，其功能与装载指令相似，但也有许多重要的不同之处，现说明如下：

(1)存储指令的源操作数只能是寄存器，而装载指令的源操作数可以是寄存器，也可以是立即数或存储器单元。

(2)最为特殊的是在汇编指令中，存储指令的源操作数在左(在前)，而目的操作数在右(在后)，这一点与其他几乎所有的具有两个操作数或三个操作数的指令不同。

(3)存储指令可将寄存器内的数据送至存储器单元存放，而装载指令的目的操作数只能是寄存器。

存储指令的助记符为ST(Store的缩写)。

2. 存储指令的操作

存储指令分为两种，即字节和字的存储，其操作是将左边源操作数(字或字节)存入右边的目的操作数(字或字节)中。例如：

```
STB    AL,[BX]   ;AL→[BX]
ST     AX,[BX]   ;AX→[BX]
```

第一条指令为字节的存储，第二条指令为字的存储。

3. 存储指令表

表3-4为存储指令表。从表中可以看出，存储指令无立即寻址方式。

表3-4 存储指令表

指令	机器码	标志位影响						状态周期
		Z	N	C	V	VT	ST	
ST AX,BX	C0 BX AX	N	N	N	N	N	N	4
ST AX,[BX]	C2 BX AX	N	N	N	N	N	N	7/13
ST AX,[BX]+	C2 BX AX	N	N	N	N	N	N	8/14
ST AX,05H[BX]	C3 BX 05 AX	N	N	N	N	N	N	7/13
ST AX,1234H[BX]	C3 BX 34 12 AX	N	N	N	N	N	N	8/14
STB AL,BL	C4 BL AL	N	N	N	N	N	N	4
STB AL,[BX]	C6 BX AL	N	N	N	N	N	N	7/11
STB AL,[BX]+	C6 BX AL	N	N	N	N	N	N	8/12
STB AL,05H[BX]	C7 BX 05 AL	N	N	N	N	N	N	7/11
STB AL,1234H[BX]	C7 BX 34 12 AL	N	N	N	N	N	N	8/12

3.3.4　堆栈操作指令

1. 堆栈操作指令的功能和助记符

堆栈操作指令分两种。进栈指令用于将立即数、寄存器或存储器单元中的数据送入堆栈，其助记符为PUSH；退栈指令用于将堆栈中的数据弹出至寄存器或存储器单元，其助记符为POP。

关于堆栈操作指令的几点说明：

(1)在系统中若需进行堆栈操作，则应预先设置堆栈指针，否则使用堆栈操作指令后可能引起错误。

(2)堆栈指针始终指向堆栈的顶部，无论是执行进栈指令还是执行退栈指令后都是如此。

(3)堆栈操作的数据均为字，即两个字节，无针对字节的堆栈操作指令。

(4)堆栈向下生成，这意味着每进行一次进栈操作后，堆栈指针SP的值将减2；每进行一次退栈操作后，堆栈指针SP的值将加2。

(5)有两条针对程序状态字PSW的堆栈操作指令，它们分别是PUSHF和POPF，这两条指令主要用在中断系统中。

2. 堆栈操作指令的操作

(1)进栈指令的操作。进栈指令的操作是：先将SP－2→SP，再将源操作数(均为字)压入堆栈，其中先压入操作数的高字节，后压入操作数的低字节。例如：

```
PUSH    AX
PUSH    [AX]
PUSHF
```

第一条指令执行时，先SP－1→SP，再将高字节AH压入堆栈；而后再SP－1→SP，又将低字节AL压入堆栈。若执行前SP＝2800H，则指令执行后SP＝27FEH。

第二条指令与第一条指令相似，只是源操作数为间接寻址方式。

第三条指令为标志进栈指令，它将PSW压入堆栈。该指令与其他的进栈指令不同，它执行后，PSW被清零，即PSW所有16位均被清0。

(2)退栈指令的操作。退栈指令的操作是：将堆栈栈顶的字弹出至目的操作数，先弹出的是字的低字节，后弹出的是字的高字节；操作后SP＋2→SP。例如：

```
POP     AX
POPF
```

第一条指令执行时，先将栈顶的字的一个字节弹出送至AL，SP＋1→SP；而后将字的第二个字节弹出送至AH，再SP＋1→SP。若指令执行前SP＝27FEH，则执行指令后，SP＝2800H。

第二条指令是标志退栈指令，它将栈顶的字送往PSW。操作的方式与第一条相同。

3. 堆栈操作指令表

表3－5为堆栈操作指令表。从表中可以看出，退栈指令的操作数无立即寻址方式。

表 3－5　堆栈操作指令表

指　　令	机 器 码	标志位影响						状态周期	
		Z	N	C	V	VT	ST	片内堆栈	片外堆栈
PUSH　AX	C8　AX	N	N	N	N	N	N	8	14
PUSH　#1234H	C9　34　12	N	N	N	N	N	N	8	14
PUSH　[AX]	CA　AX	N	N	N	N	N	N	11/16	17/22
PUSH　[AX]+	CA　AX	N	N	N	N	N	N	12/17	18/23
PUSH　05H[AX]	CB　AX　05	N	N	N	N	N	N	11/16	17/22
PUSH　1234H[AX]	CB　AX　34　12	N	N	N	N	N	N	12/17	18/23
POP　AX	CC　AX	N	N	N	N	N	N	12	15
POP　[AX]	CE　AX	N	N	N	N	N	N	14/20	17/23
POP　[AX]+	CE　AX	N	N	N	N	N	N	14/20	17/23
POP　05H[AX]	CF　AX　05	N	N	N	N	N	N	14/20	17/23
POP　1234H[AX]	CF　AX　34　12	N	N	N	N	N	N	14/20	17/23
PUSHF	F2	0	0	0	0	0	0	8	14
POPF	F3	Y	Y	Y	Y	Y	Y	8	14

3.4　算术与逻辑运算类指令

MCS－96 系列单片机特别适合于构成数据采集处理及控制系统，其硬件资源和软件资源都体现了这一特点。从软件资源来看，其指令系统中包含有丰富的算术和逻辑运算指令，使得 MCS－96 系列单片机具有很强的运算能力。

MCS－96 系列单片机指令系统中包括有加、减、乘、除四则运算和与、或、异或逻辑运算等算术和逻辑运算指令。这些指令可分为加法指令、减法指令、比较指令、乘法指令、除法指令、与运算指令、或运算指令、异或运算指令等八组。

3.4.1　加法指令

1. 加法指令的功能和助记符

加法指令用于完成两个字节或两个字的加法运算。加法指令又分为两种，一种是不带进位位的加法指令，其助记符为 ADD(Addition 的缩写)；另一种是带进位位的加法指令，其助记符为 ADDC(Addition with Carry 的缩写)。

(1)加法指令可有三个操作数。指令中可具有三个操作数是 MCS－96 单片机的一大特色，这给编程带来了方便。具有三个操作数的指令仅限于算术和逻辑运算类指令中的加法、减法、乘法及“与”运算等四种指令。在三个操作数的指令中，源操作数有两个，指令执行后，两个源操作数保持不变。

(2)带进位位的加法指令无三个操作数的情况。

(3)所有加法指令执行后对 PSW 的有关标志位产生影响。

2. 加法指令的操作

(1)不带进位位的加法指令的操作为：若指令中的操作数是两个，则源操作数(右)与目的操作数(左)相加，其和存入目的操作数中；若是三个操作数的情况，则两个源操作数(右边两个)相加，其和存入目的操作数中。例如：

```
ADD     AX,BX      ;AX ← AX + BX
```

ADDB AL,BL,CL ;AL ← BL + CL

(2)带进位位的加法指令。进位位是指 PSW 中的进位标志,带进位位的加法指令的操作是:源操作数 + 目的操作数 + 进位位 C → 目的操作数。例如:

ADDC AX,BX ;AX ← AX + BX + C

ADDCB AL,BL ;AL ← AL + BL + C

3. 加法指令表

表3-6是加法指令表。从表中可以看出,加法指令的目的操作数只能是寄存器,而源操作数可使用所有的八种寻址方式。

表3-6 加法指令表

指令	机器码	标志位影响						状态周期
		Z	N	C	V	VT	ST	
ADD AX,BX	64 BX AX	Y	Y	Y	Y	↑	N	4
ADD AX,#1234H	65 06 AX	Y	Y	Y	Y	↑	N	5
ADD AX,[BX]	66 BX AX	Y	Y	Y	Y	↑	N	6/12
ADD AX,[BX]+	66 BX AX	Y	Y	Y	Y	↑	N	7/13
ADD AX,05H[BX]	67 BX 05 AX	Y	Y	Y	Y	↑	N	6/12
ADD AX,1234H[BX]	67 BX 34 12 AX	Y	Y	Y	Y	↑	N	7/13
ADD AX,BX,CX	44 CX BX AX	Y	Y	Y	Y	↑	N	5
ADD AX,BX,#1234H	45 34 12 BX AX	Y	Y	Y	Y	↑	N	6
ADD AX,BX,[CX]	46 CX BX AX	Y	Y	Y	Y	↑	N	7/13
ADD AX,BX,[CX]+	46 CX BX AX	Y	Y	Y	Y	↑	N	8/14
ADD AX,BX,05H[CX]	47 CX 05 BX AX	Y	Y	Y	Y	↑	N	7/13
ADD AX,BX,1234H[CX]	47 CX 34 12 BX AX	Y	Y	Y	Y	↑	N	8/14
ADDB AL,BL	74 BL AL	Y	Y	Y	Y	↑	N	4
ADDB AL,#06H	75 06 AL	Y	Y	Y	Y	↑	N	4
ADDB AL,[BX]	76 BX AL	Y	Y	Y	Y	↑	N	6/11
ADDB AL,[BX]+	76 BX AL	Y	Y	Y	Y	↑	N	7/12
ADDB AL,05H[BX]	77 BX 05 AL	Y	Y	Y	Y	↑	N	6/11
ADDB AL,1234H[BX]	77 BX 34 12 AL	Y	Y	Y	Y	↑	N	7/12
ADDB AL,BL,CL	54 CL BL AL	Y	Y	Y	Y	↑	N	5
ADDB AX,BL,#06H	55 06 BL AL	Y	Y	Y	Y	↑	N	5
ADDB AX,BL,[CX]	56 CX BL AL	Y	Y	Y	Y	↑	N	7/12
ADDB AX,BL,[CX]+	56 CX BL AL	Y	Y	Y	Y	↑	N	8/13
ADDB AX,BL,05H[CX]	57 CX 05 BL AL	Y	Y	Y	Y	↑	N	7/12
ADDB AX,BL,1234H[CX]	57 CX 34 12 BL AL	Y	Y	Y	Y	↑	N	8/13
ADDC AX,BX	A4 BL AX	↓	Y	Y	Y	↑	N	4
ADDC AX,#1234H	A5 34 12 AX	↓	Y	Y	Y	↑	N	5
ADDC AX,[BX]	A6 BX AX	↓	Y	Y	Y	↑	N	6/12
ADDC AX,[BX]+	A6 BX AX	↓	Y	Y	Y	↑	N	7/13
ADDC AX,05H[BX]	A7 BX 05 AX	↓	Y	Y	Y	↑	N	6/12
ADDC AX,1234H[BX]	A7 BX 34 12 AX	↓	Y	Y	Y	↑	N	7/13
ADDCB AL,BL	B4 BL AL	↓	Y	Y	Y	↑	N	4
ADDCB AL,#06H	B5 06 AL	↓	Y	Y	Y	↑	N	4
ADDCB AL,[BX]	B6 BX AL	↓	Y	Y	Y	↑	N	6/11
ADDCB AL,[BX]+	B6 BX AL	↓	Y	Y	Y	↑	N	7/12
ADDCB AL,05H[BX]	B7 BX 05 AL	↓	Y	Y	Y	↑	N	6/11
ADDCB AL,1234H[BX]	B7 BX 34 12 AL	↓	Y	Y	Y	↑	N	7/12

3.4.2 减法指令

1. 减法指令的功能和助记符

减法指令用于完成两个字节或两个字的减法运算。减法指令又分为两种，一种是不带进位位的减法指令，其助记符为 SUB(Subtraction 的缩写)；另一种是带进位位的减法指令，其助记符为 SUBC(Subtraction with Carry 的缩写)。

(1)与加法指令类似，减法指令中也可有三个操作数，但仅限于不带进位位的减法指令。

(2)减法指令执行后将对 PSW 的有关标志位产生影响。

2. 减法指令的操作

(1)不带进位位的减法指令的操作为：若指令中的操作数是两个，则目的操作数(左)减去源操作数(右)，相减的差存入目的操作数中；若是三个操作数的情况，则第二源操作数(中)减去第一源操作数(右)，相减的差存入目的操作数中。例如：

```
SUB     AX,BX       ;AX ← AX - BX
SUBB    AL,BL,CL    ;AL ← BL - CL
```

(2)带进位位的减法指令。由于 MCS-96 单片机在做减法出现借位时使进位标志 C 置零，因此带进位位的减法指令的操作是：目的操作数 - 源操作数 - (1 - C) → 目的操作数。这就保证了在前一次减法运算有借位(C 被置 0)的情况下，能将借位值减去，确保运算的正确性。在实际编程时，应特别注意这一点。例如：

```
SUBC    AX,BX       ;AX ← AX - BX - (1 - C)
SUBCB   AL,BL       ;AL ← AL - BL - (1 - C)
```

3. 减法指令表

表 3-7 是减法指令表。从表中可以看出，在加法指令中，目的操作数只能是寄存器，而源操作数可使用所有的八种寻址方式。

表 3-7 减法指令表

指令	机器码	标志位影响						状态周期
		Z	N	C	V	VT	ST	
SUB AX,BX	68 BX AX	Y	Y	Y	Y	↑	N	4
SUB AX,#1234H	69 06 AX	Y	Y	Y	Y	↑	N	5
SUB AX,[BX]	6A BX AX	Y	Y	Y	Y	↑	N	6/12
SUB AX,[BX]+	6A BX AX	Y	Y	Y	Y	↑	N	7/13
SUB AX,05H[BX]	6B BX 05 AX	Y	Y	Y	Y	↑	N	6/12
SUB AX,1234H[BX]	6B BX 34 12 AX	Y	Y	Y	Y	↑	N	7/13
SUB AX,BX,CX	48 CX BX AX	Y	Y	Y	Y	↑	N	5
SUB AX,BX,#1234H	49 34 12 BX AX	Y	Y	Y	Y	↑	N	6
SUB AX,BX,[CX]	4A CX BX AX	Y	Y	Y	Y	↑	N	7/13
SUB AX,BX,[CX]+	4A CX BX AX	Y	Y	Y	Y	↑	N	8/14
SUB AX,BX,05H[CX]	4B CX 05 BX AX	Y	Y	Y	Y	↑	N	7/13
SUB AX,BX,1234H[CX]	4B CX 34 12 BX AX	Y	Y	Y	Y	↑	N	8/14
SUBB AL,BL	78 BL AL	Y	Y	Y	Y	↑	N	4
SUBB AL,#06H	79 06 AL	Y	Y	Y	Y	↑	N	4
SUBB AL,[BX]	7A BX AL	Y	Y	Y	Y	↑	N	6/11
SUBB AL,[BX]+	7A BX AL	Y	Y	Y	Y	↑	N	7/12
SUBB AL,05H[BX]	7B BX 05 AL	Y	Y	Y	Y	↑	N	6/11
SUBB AL,1234H[BX]	7B BX 34 12 AL	Y	Y	Y	Y	↑	N	7/12

续上表

指　令	机器码	标志位影响						状态周期
		Z	N	C	V	VT	ST	
SUBB　AL,BL,CL	58　CL　BL　AL	Y	Y	Y	Y	↑	N	5
SUBB　AX,BL,#06H	59　06　BL　AL	Y	Y	Y	Y	↑	N	5
SUBB　AX,BL,[CX]	5A　CX　BL　AL	Y	Y	Y	Y	↑	N	7/12
SUBB　AX,BL,[CX]+	5A　CX　BL　AL	Y	Y	Y	Y	↑	N	8/13
SUBB　AX,BL,05H[CX]	5B　CX　05　BL　AL	Y	Y	Y	Y	↑	N	7/12
SUBB　AX,BL,1234H[CX]	5B　CX　34　12　BL　AL	Y	Y	Y	Y	↑	N	8/13
SUBC　AX,BX	A8　BL　AX	↓	Y	Y	Y	↑	N	4
SUBC　AX,#1234H	A9　34　12　AX	↓	Y	Y	Y	↑	N	5
SUBC　AX,[BX]	AA　BX　AX	↓	Y	Y	Y	↑	N	6/12
SUBC　AX,[BX]+	AA　BX　AX	↓	Y	Y	Y	↑	N	7/13
SUBC　AX,05H[BX]	AB　BX　05　AX	↓	Y	Y	Y	↑	N	6/12
SUBC　AX,1234H[BX]	AB　BX　34　12　AX	↓	Y	Y	Y	↑	N	7/13
SUBCB　AL,BL	B8　BL　AL	↓	Y	Y	Y	↑	N	4
SUBCB　AL,#06H	B9　06　AL	↓	Y	Y	Y	↑	N	4
SUBCB　AL,[BX]	BA　BX　AL	↓	Y	Y	Y	↑	N	6/11
SUBCB　AL,[BX]+	BA　BX　AL	↓	Y	Y	Y	↑	N	7/12
SUBCB　AL,05H[BX]	BB　BX　05　AL	↓	Y	Y	Y	↑	N	6/11
SUBCB　AL,1234H[BX]	BB　BX　34　12　AL	↓	Y	Y	Y	↑	N	7/12

3.4.3　比较指令

1. 比较指令的功能和助记符

比较指令是一种特殊的减法指令，它实际上是减法运算，但它与前面介绍的减法指令的不同之处是运算结果不存入目的操作数。比较指令的主要作用是用以影响标志位，其助记符为CMP(Comparison 的缩写)。

(1)所有的比较指令中只有两个操作数。

(2)比较指令执行后，运算结果不送入目的操作数，也就是说，源操作数和目的操作数均保持不变。

(3)比较指令通常和跳转指令配合使用，即比较指令影响标志位，跳转指令根据标志位的变化情况决定程序的走向。

2. 比较指令的操作

比较指令的操作为：目的操作数(左)减去源操作数(右)，运算结果影响有关的标志位。例如：

```
CMP     AX,BX      ;AX - BX
CMPB    AL,#08H    ;AL - 08H
```

3. 比较指令表

表3－8为比较指令表。从表中可以看出，在比较指令中，目的操作数只能是寄存器，而源操作数可使用全部的八种寻址方式。

表 3-8 比较指令表

指令	机器码	标志位影响						状态周期
		Z	N	C	V	VT	ST	
CMP AX,BX	88 BX AX	Y	Y	Y	Y	↑	N	4
CMP AX,#1234H	89 34 12 AX	Y	Y	Y	Y	↑	N	5
CMP AX,[BX]	8A BX AX	Y	Y	Y	Y	↑	N	6/12
CMP AX,[BX]+	8A BX AX	Y	Y	Y	Y	↑	N	7/13
CMP AX,05H[BX]	8B BX 05 AX	Y	Y	Y	Y	↑	N	6/12
CMP AX,1234H[BX]	8B BX 34 12 AX	Y	Y	Y	Y	↑	N	7/13
CMPB AL,BL	98 BL AL	Y	Y	Y	Y	↑	N	4
CMPB AL,#06	99 06 AL	Y	Y	Y	Y	↑	N	4
CMPB AL,[BX]	9A BX AL	Y	Y	Y	Y	↑	N	6/11
CMPB AL,[BX]+	9A BX AL	Y	Y	Y	Y	↑	N	7/12
CMPB AL,05H[BX]	9B BX 05 AL	Y	Y	Y	Y	↑	N	6/11
CMPB AL,1234H[BX]	9B BX 34 12 AL	Y	Y	Y	Y	↑	N	7/12

3.4.4 乘法指令

1. 乘法指令的功能和助记符

乘法指令用于完成两个字节操作数或两个字操作数的乘法运算。乘法指令有两种类型：一种是带符号的乘法指令，用于完成带符号数的乘法运算，其助记符为 MUL(Multiplication 的缩写)；一种是无符号的乘法指令，用于进行无符号数的乘法运算，其助记符为 MULU。

(1)无符号及带符号的乘法指令均有三个操作数的情况，若指令中有三个操作数，则两个源操作数相乘，乘积存入目的操作数。

(2)做乘法运算时，应注意乘数、被乘数的位数与乘积位数间的关系，若乘数、被乘数是 8 位，则乘积为 16 位；若乘数、被乘数是 16 位，则乘积是 32 位。

(3)乘法指令中目的操作数在乘法完成后存放的是乘积，显然，乘积有两种情况，即为 16 位或者 32 位，应注意其定位规则。

2. 乘法指令的操作

(1)无符号的乘法指令

若指令中有两个操作数，则源操作数(右)和目的操作数(左)用无符号算法相乘，乘积送入目的操作数；若指令中有三个操作数，则两个源操作数用无符号算法相乘，乘积送入目的操作数。若是两个字节型数相乘，则乘积为字型数(16 位数)；若是两格字型数相乘，则乘积为双字型数(32 位数)。例如：

```
MULUB  AX,BL          ;AX  ← AL × BL
MULU   AX,BX,CX       ;AX ← BX × CX
```

第一条指令为两个字节型数相乘，注意被乘数位于 AL 中，目的操作数为字型寄存器 AX，以存放 16 位乘积；第二条指令为两个字型数相乘，故目的操作数 AX 应为双字型寄存器，用以存放 32 位乘积，这表明 AX 寄存器占用连续的四个寄存器单元，且其地址值应能被 4 整除。

(2)带符号乘法指令

带符号乘法指令的操作与无符号乘法指令的操作相类似，只是乘法运算时按带符号算法进行。例如：

```
MULB    AX,#0B8H          ;AX ← AL × B8H
```

MUL　　AX,BX,[CX]　;AX(长整型)← BX×(CX)

第二条指令为两个整型数相乘,被乘数位于寄存器BX中,乘数置于存储器单元中,其地址号由寄存器CX给出,乘积为长整形数(32位),AX为双字型寄存器,占用四个存储单元。

3. 乘法指令表

表3－9为无符号乘法指令表,表3－10为带符号乘法指令表。

表3－9　无符号乘法指令表

指　　令	机器码	标志位影响						状态周期
		Z	N	C	V	VT	ST	
MULU　AX,BX	6C　BX　AX	N	N	N	N	N	?	25
MULU　AX,#1234H	6D　34　12　AX	N	N	N	N	N	?	26
MULU　AX,[BX]	6E　BX　AX	N	N	N	N	N	?	27/33
MULU　AX,[BX]+	6E　BX　AX	N	N	N	N	N	?	28/34
MULU　AX,05H[BX]	6F　BX　05　AX	N	N	N	N	N	?	27/33
MULU　AX,1234H[BX]	6F　BX　34　12　AX	N	N	N	N	N	?	28/34
MULU　AX,BX,CX	4C　CX　BX　AX	N	N	N	N	N	?	26
MULU　AX,BX,#1234H	4D　34　12　BX　AX	N	N	N	N	N	?	27
MULU　AX,BX,[CX]	4E　CX　BX　AX	N	N	N	N	N	?	28/34
MULU　AX,BX,[CX]+	4E　CX　BX　AX	N	N	N	N	N	?	29/35
MULU　AX,BX,05H[CX]	4F　CX　05　BX　AX	N	N	N	N	N	?	28/34
MULU　AX,BX,1234H[CX]	4F　CX　BX　34　12　AX	N	N	N	N	N	?	29/35
MULUB　AX,BL	7C　BL　AX	N	N	N	N	N	?	17
MULUB　AX,#06H	7D　06　AX	N	N	N	N	N	?	17
MULUB　AX,[BX]	7E　BX　AX	N	N	N	N	N	?	19/24
MULUB　AX,[BX]+	7E　BX　AX	N	N	N	N	N	?	20/25
MULUB　AX,05H[BX]	7F　BX　05　AX	N	N	N	N	N	?	19/24
MULUB　AX,1234H[BX]	7F　BX　34　12　AX	N	N	N	N	N	?	20/25
MULUB　AX,BL,CL	5C　CX　BL　AX	N	N	N	N	N	?	18
MULUB　AX,BL,#05H	5D　05　BL　AX	N	N	N	N	N	?	18
MULUB　AX,BL,[CX]	5E　CX　BL　AX	N	N	N	N	N	?	20/25
MULUB　AX,BL,[CX]+	5E　CX　BL　AX	N	N	N	N	N	?	21/26
MULUB　AX,BL,05H[CX]	5F　CX　05　BL　AX	N	N	N	N	N	?	20/25
MULUB　AX,BL,1234H[CX]	5F　CX　34　12　BL　AX	N	N	N	N	N	?	21/26

表3－10　带符号乘法指令表

指　　令	机器码	标志位影响						状态周期
		Z	N	C	V	VT	ST	
MUL　AX,BX	FE　6C　BX　AX	N	N	N	N	N	?	29
MUL　AX,#1234H	FE　6D　34　12　AX	N	N	N	N	N	?	30
MUL　AX,[BX]	FE　6E　BX　AX	N	N	N	N	N	?	31/37
MUL　AX,[BX]+	FE　6E　BX　AX	N	N	N	N	N	?	32/38
MUL　AX,05H[BX]	FE　6F　BX　05　AX	N	N	N	N	N	?	31/37
MUL　AX,1234H[BX]	FE　6F　BX　34　12　AX	N	N	N	N	N	?	32/38
MUL　AX,BX,CX	FE　4C　CX　BL　AX	N	N	N	N	N	?	30
MUL　AX,BX,#1234H	FE　4D　34　12　BX　AX	N	N	N	N	N	?	31
MUL　AX,BX,[CX]	FE　4E　CX　BX　AX	N	N	N	N	N	?	32/38
MUL　AX,BX,[CX]+	FE　4E　CX　BX　AX	N	N	N	N	N	?	33/39
MUL　AX,BX,05H[CX]	FE　4F　CX　05　BX　AX	N	N	N	N	N	?	32/38
MUL　AX,BX,1234H[CX]	FE　4F　CX　34　12　BX　AX	N	N	N	N	N	?	33/39

续上表

指　令	机 器 码	标志位影响						状态周期
		Z	N	C	V	VT	ST	
MULB　AX,BL	FE　7C　BL　AX	N	N	N	N	N	?	21
MULB　AX,#05H	FE　7D　05　AX	N	N	N	N	N	?	21
MULB　AX,[BX]	FE　7E　BX　AX	N	N	N	N	N	?	23/28
MULB　AX,[BX]+	FE　7E　BX　AX	N	N	N	N	N	?	24/29
MULB　AX,05H[BX]	FE　7F　BX　05　AX	N	N	N	N	N	?	23/28
MULB　AX,1234H[BX]	FE　7F　BX　34　12　AX	N	N	N	N	N	?	24/29
MULB　AX,BL,CL	FE　5C　CL　BL　AX	N	N	N	N	N	?	22
MULB　AX,BL,#05H	FE　5D　05　BL　AX	N	N	N	N	N	?	22
MULB　AX,BL,[CX]	FE　5E　CX　BL　AX	N	N	N	N	N	?	24/29
MULB　AX,BL,[CX]+	FE　5E　CX　BL　AX	N	N	N	N	N	?	25/30
MULB　AX,BL,05H[CX]	FE　5F　CX　05　BL　AX	N	N	N	N	N	?	24/29
MULB　AX,BL,1234H[CX]	FE　5F　CX　34　12　BL　AX	N	N	N	N	N	?	25/30

从表中可以看出，在乘法指令中，目的操作数只能是寄存器，而源操作数可采用任一寻址方式。

3.4.5　除法指令

1. 除法指令的功能及助记符

除法指令用于完成无符号数和带符号数的除法运算，包括 16 位数除以 8 位数和 32 位数除以 16 位数的除法运算。带符号除法指令和无符号除法指令的助记符分别是 DIV(Division 的缩写)和 DIVU。

(1)除法指令无三个操作数的情况。

(2)除法指令执行前，目的操作数(左)用于存放被除数，源操作数(右)存放除数。被除数的位数总是除数的 2 倍。指令执行后，目的操作数用于存放商和余数。

2. 除法指令的操作

(1)无符号除法指令。具体操作情况为：若除数(源操作数)为字节型数，则被除数(目的操作数)为字型数。运算采用无符号算法，指令执行后，商存入目的操作数的低字节，余数存入目的操作数的高字节；若除数为字型数，则被除数为双字型数，运算后商存入目的操作数的低位字，余数存入高位字。例如：

```
DIVUB   AX,BH      ;AL ← 商,AH ← 余数
DIVU    AX,BX      ;AX(低位字)←商,AX(高位字)←余数
```

第二条指令中，源操作数 BX 为字寄存器，而目的操作数 AX 为双字寄存器，运算前，AX 存放被除数，运算后，AX 的低位字存商，AX 的高位字存余数。

(2)带符号除法指令。其操作情况类似于无符号的除法指令，运算时采用带符号的算法。例如：

```
DIVB    AX,#12H    ;AL ← 商,AH ← 余数
DIV     AX,BX      ;AX(低位字)← 商,AX(高位字)←余数
```

3. 除法指令表

表 3－11 为无符号除法指令表，表 3－12 为带符号除法指令表。

表3－11 无符号除法指令表

指令	机器码	标志位影响						状态周期
		Z	N	C	V	VT	ST	
DIVU AX,BX	8C BX AX	N	N	N	Y	↑	N	25
DIVU AX,#1234H	8D 34 12 AX	N	N	N	Y	↑	N	26
DIVU AX,[BX]	8E BX AX	N	N	N	Y	↑	N	28/33
DIVU AX,[BX]+	8E BX AX	N	N	N	Y	↑	N	29/34
DIVU AX,05H[BX]	8F BX 05 AX	N	N	N	Y	↑	N	28/33
DIVU AX,1234H[BX]	8F BX 34 12 AX	N	N	N	Y	↑	N	29/34
DIVUB AX,BL	9C BL AX	N	N	N	Y	↑	N	17
DIVUB AX,#05H	9D 05 AX	N	N	N	Y	↑	N	17
DIVUB AX,[BX]	9E BX AX	N	N	N	Y	↑	N	20/24
DIVUB AX,[BX]+	9E BX AX	N	N	N	Y	↑	N	21/25
DIVUB AX,05H[BX]	9F BX 05 AX	N	N	N	Y	↑	N	20/24
DIVUB AX,1234H[BX]	9F BX 34 12 AX	N	N	N	Y	↑	N	21/25

表3－12 带符号除法指令表

指令	机器码	标志位影响						状态周期
		Z	N	C	V	VT	ST	
DIVU AX,BX	FE 8C BX AX	N	N	N	?	↑	N	29
DIVU AX,#1234H	FE 8D 34 12 AX	N	N	N	?	↑	N	30
DIVU AX,[BX]	FE 8E BX AX	N	N	N	?	↑	N	32/37
DIVU AX,[BX]+	FE 8E BX AX	N	N	N	?	↑	N	33/38
DIVU AX,05H[BX]	FE 8F BX 05 AX	N	N	N	?	↑	N	32/37
DIVU AX,1234H[BX]	FE 8F BX 34 12 AX	N	N	N	?	↑	N	33/38
DIVUB AX,BL	FE 9C BL AX	N	N	N	?	↑	N	21
DIVUB AX,#05H	FE 9D 05 AX	N	N	N	?	↑	N	21
DIVUB AX,[BX]	FE 9E BX AX	N	N	N	?	↑	N	24/28
DIVUB AX,[BX]+	FE 9E BX AX	N	N	N	?	↑	N	25/29
DIVUB AX,05H[BX]	FE 9F BX 05 AX	N	N	N	?	↑	N	24/28
DIVUB AX,1234H[BX]	FE 9F BX 34 12 AX	N	N	N	?	↑	N	25/29

从表中可以看出，在除法指令中，目的操作数只能是寄存器，而源操作数可使用任一寻址方式。

3.4.6 “与”逻辑运算指令

1. “与”运算指令的功能和助记符

“与”指令用于完成两个字节或两个字的“与”逻辑运算，其助记符为AND，“与”指令中可由两个或三个操作数。

2. “与”指令的操作

“与”逻辑运算的操作为：若指令中有两个操作数，则目的操作数(左)和源操作数(右)按位对应相“与”，其结果存入目的操作数；若指令中有三个操作，则两个源操作数按位对应相“与”，其结果存入目的操作数，两个源操作数保持不变。例如：

```
ANDB    AL,BL          ;AL←AL ∧ BL
AND     AX,BX,CX       ;AX ← BX ∧ CX
```

3. “与”逻辑运算指令表

表3－13为“与”逻辑运算指令表。

表 3-13 "与"逻辑运算指令表

指令	机器码	标志位影响						状态周期
		Z	N	C	V	VT	ST	
AND AX,BX	60 BX AX	Y	Y	0	0	N	N	4
AND AX,#1234H	61 34 12 AX	Y	Y	0	0	N	N	5
AND AX,[BX]	62 BX AX	Y	Y	0	0	N	N	6/12
AND AX,[BX]+	62 BX AX	Y	Y	0	0	N	N	7/13
AND AX,05H[BX]	63 BX 05 AX	Y	Y	0	0	N	N	6/12
AND AX,1234H[BX]	63 BX 34 12 AX	Y	Y	0	0	N	N	7/13
AND AX,BX,CX	40 CX BL AX	Y	Y	0	0	N	N	5
AND AX,BX,#1234H	41 34 12 BX AX	Y	Y	0	0	N	N	6
AND AX,BX,[CX]	42 CX BX AX	Y	Y	0	0	N	N	7/13
AND AX,BX,[CX]+	42 CX BX AX	Y	Y	0	0	N	N	8/14
AND AX,BX,05H[CX]	43 CX 05 BX AX	Y	Y	0	0	N	N	7/13
AND AX,BX,1234H[CX]	43 CX 34 12 BX AX	Y	Y	Y	0	0	N	8/14
ANDB AL,BL	70 BL AL	Y	Y	0	0	N	N	4
ANDB AL,#05H	71 05 AL	Y	Y	0	0	N	N	4
ANDB AL,[BX]	72 BX AL	Y	Y	0	0	N	N	6/11
ANDB AL,[BX]+	72 BX AL	Y	Y	0	0	N	N	7/12
ANDB AL,05H[BX]	73 BX 05 AL	Y	Y	0	0	N	N	6/11
ANDB AL,1234H[BX]	73 BX 34 12 AL	Y	Y	0	0	N	N	7/12
ANDB AL,BL,CL	50 CL BL AL	Y	Y	0	0	N	N	5
ANDB AL,BL,#05H	51 05 BL AL	Y	Y	0	0	N	N	5
ANDB AL,BL,[CX]	52 CX BL AL	Y	Y	0	0	N	N	7/12
ANDB AL,BL,[CX]+	52 CX BL AL	Y	Y	0	0	N	N	8/13
ANDB AL,BL,05H[CX]	53 CX 05 BL AL	Y	Y	0	0	N	N	7/12
ANDB AL,BL,1234H[CX]	53 CX 34 12 BL AL	Y	Y	0	0	N	N	8/13

从表中可以看出,在"与"逻辑运算指令中,目的操作数只能是寄存器,而源操作数可使用任一寻址方式。

3.4.7 "或"逻辑运算指令

1. "或"运算指令的功能和助记符

"或"指令用于完成两个字节或两个字的"或"逻辑运算,其助记符为 OR。"或"指令中无三个操作数的情况。

2. "或"指令的操作

"或"指令中的操作情况为:目的操作数(左)和源操作数(右)按位对应相"或",其结果存入目的操作数。例如:

```
ORB    AL,BL    ;AL←AL ∨ BL
OR     AX,BX    ;AX ← AX ∨ BX
```

3. "或"逻辑运算指令表

表 3-14 为"或"逻辑运算指令表。

表 3－14 “或”逻辑运算指令表

指　　令	机器码	标志位影响						状态周期
		Z	N	C	V	VT	ST	
OR AX,BX	80 BX AX	Y	Y	0	0	N	N	4
OR AX,#1234H	81 34 12 AX	Y	Y	0	0	N	N	5
OR AX,[BX]	82 BX AX	Y	Y	0	0	N	N	6/12
OR AX,[BX]+	82 BX AX	Y	Y	0	0	N	N	7/13
OR AX,05H[BX]	83 BX 05 AX	Y	Y	0	0	N	N	6/12
OR AX,1234H[BX]	83 BX 34 12 AX	Y	Y	0	0	N	N	7/13
ORB AL,BL	90 BL AL	Y	Y	0	0	N	N	4
ORB AL,#05H	91 05 AL	Y	Y	0	0	N	N	4
ORB AL,[BX]	92 BX AL	Y	Y	0	0	N	N	6/11
ORB AL,[BX]+	92 BX AL	Y	Y	0	0	N	N	7/12
ORB AL,05H[BX]	93 BX 05 AL	Y	Y	0	0	N	N	6/11
ORB AL,1234H[BX]	93 BX 34 12 AL	Y	Y	0	0	N	N	7/12

从表中可以看出,在“或”逻辑运算指令中,目的操作数只能是寄存器,而源操作数可使用任一寻址方式。

3.4.8 “异或”逻辑运算指令

1.“异或”运算指令的功能和助记符

“异或”指令用于完成两个字节或两个字的“异或”逻辑运算,其助记符为 XOR,“异或”指令中无三个操作数的情况。

2.“异或”指令的操作

“异或”指令中的操作情况为:目的操作数(左)和源操作数(右)按位对应相“异或”,其结果存入目的操作数。例如:

```
XORB   AL,BL     ;AL←AL ⊕ BL
XOR    AX,BX     ;AX ← AX ⊕ BX
```

3.“异或”逻辑运算指令表

表 3－15 为“异或”逻辑运算指令表。

表 3－15 “异或”逻辑运算指令表

指　　令	机器码	标志位影响						状态周期
		Z	N	C	V	VT	ST	
XOR AX,BX	84 BX AX	Y	Y	0	0	N	N	4
XOR AX,#1234H	85 34 12 AX	Y	Y	0	0	N	N	5
XOR AX,[BX]	86 BX AX	Y	Y	0	0	N	N	6/12
XOR AX,[BX]+	86 BX AX	Y	Y	0	0	N	N	7/13
XOR AX,05H[BX]	87 BX 05 AX	Y	Y	0	0	N	N	6/12
XOR AX,1234H[BX]	87 BX 34 12 AX	Y	Y	0	0	N	N	7/13
XORB AL,BL	94 BL AL	Y	Y	0	0	N	N	4
XORB AL,#05H	95 05 AL	Y	Y	0	0	N	N	4
XORB AL,[BX]	96 BX AL	Y	Y	0	0	N	N	6/11
XORB AL,[BX]+	96 BX AL	Y	Y	0	0	N	N	7/12
XORB AL,05H[BX]	97 BX 05 AL	Y	Y	0	0	N	N	6/11
XORB AL,1234H[BX]	97 BX 34 12 AL	Y	Y	0	0	N	N	7/12

从表中可以看出,在"异或"运算指令中,目的操作数只能是寄存器,而源操作数可使用任一寻址方式。

3.5 跳转和调用指令

跳转与调用指令也称为程序控制命令,其作用是改变程序执行的方向。在一般情况下,程序按顺序逐条执行,但有时并非如此,当程序出现分支时,即需用到跳转指令。当程序需要调用子程序时,便会用到调用指令。

3.5.1 无条件跳转指令

1. 无条件跳转指令的功能和助记符

无条件跳转指令的功能是使程序的执行产生无条件跳转,即在执行无条件指令后,程序不再顺序执行,而是转移至某一存储单元(这一存储单元的地址称为转移的目的地址),执行该单元开始存储的一段程序。

无条件指令共有三种,长跳转指令 LJMP(Long Jump)、短跳转指令 SJMP(Short Jump)和间接跳转指令 BR。

(1)在汇编指令中,长跳转指令和短跳转指令只有一个操作数,且该操作数用一个字符串表示,此字符串称为标号。标号用以代表某一指令所在存储器单元的地址号,即标号实质上是符号地址,跳转指令中的标号就是表示转移的目标地址。

(2)间接跳转指令也只有一个操作数,该操作数以间接寻址寄存器表示,这意味着间址寄存器中存放的是转移的目的地址。

(3)长跳转指令与短跳转指令的区别在于程序转移的范围的大小不同。长跳转指令可使程序的执行转移至存储空间的任一单元(即跳转的范围为 64K 的空间),而短跳转指令只能使程序在 -1024 ~ +1023 这一 2K 的范围内转移。

2. 跳转指令的操作

(1)长跳转指令。长跳转指令的目的地址可以使整个地址空间的任一地址,这一目的地址由程序计数器 PC 给出。该指令的操作就是形成目标的之后赋予 PC,从而造成跳转。其具体的操作过程是将长跳转指令结果处至目标地址处的距离加到当前的 PC 值上。在机器指令中,这一距离用 16 位偏离量的形式给出,偏移量为无符号数,用 disp-low 表示其低字节,disp-hi 表示其高字节。指令机器码的格式为:E7　disp-low　disp-hi 。例如:

```
LJMP     LOOP1        ;PC ← PC + disp
```

在这一指令中,字符串 LOOP1 为标号,它代表转移的目标地址,其与该指令机器码中的偏移量 disp(为 16 位,由 disp-low 和 disp-hi 两个字节组成)相对应。此指令执行后,程序转移至标号为 LOOP1 的指令所在的存储单元处。

长跳转指令的偏移量的计算:

$$disp = [\text{目标地址} - (\text{转移指令所在的地址} + 3)]_{\text{取低16位}}$$

(2)短跳转指令。短跳转指令的操作与长跳转指令相类似,只是其跳转范围为 -1024 ~ +1023,则偏移量为 11 位有符号数。偏移量可以是正值(向后转移),也可以是负值(向前转移),在机器码中偏移量用补码表示。

短跳转指令的机器码为两个字节,其格式为:00100 × × × disp-low ,其中 disp-low 为偏移量的低8位，×××为偏移量的高三位。例如：

SJMP　　LOOP　　；PC ← PC + disp

短跳转指令的偏移量的计算：

$$disp = [目标地址-(转移指令所在的地址+2)]_{取低11位}$$

注意：短跳转指令的11位偏移量用补码表示。

(3)间接跳转指令。间接跳转指令的操作是将指令中地址指针（为任一字寄存器）的内容赋予程序计数器PC，使程序无条件转向地址指针所指示的存储单元。例如：

BR　　[AX]　　；PC ← (AX)

BR　　[24H]　　；PC ← (24H)

若第二条指令中即寄存器24H的内容为2880H，则执行指令后，程序便转向2880H单元。

3.5.2　子程序调用与返回指令

1. 子程序调用与返回指令的功能和助记符

这组指令用在程序执行的过程中，调用另一称为子程序的程序段。子程序的调用指令也是使程序的执行发生跳转，但和跳转指令不同，在跳转执行子程序完毕后，CPU将执行调用指令后的下一条指令，这一过程称为子程序的返回，由子程序返回指令实现。

调用指令有两种，它们是长调用指令和短调用指令，助记符分别为LCALL和SCALL。另外，MCS-96系列单片机的指令系统中有一条软件陷阱指令，其助记符为TRAP，它供INTEL公司的开发工具使用，用户不可使用。

返回指令只用一条，其助记符为RET。

(1)长调用指令和短调用指令的汇编指令和机器码的格式与长跳转、短跳转指令的格式相类似，其操作数都只有一个。在汇编指令中，操作数用标号表示；在机器码中，则用偏移量表示，标号为目的地址，偏移量为跳转的距离。

(2)返回指令无操作数。

(3)返回指令用于子程序的结尾处，即子程序的最后一条指令必须是返回指令。

2. 子程序调用和返回指令的操作

(1)长调用指令。长调用指令的操作过程分为两步：首先将程序计数器PC的当前内容（即返回地址）压入堆栈，而后将指令中的偏移量与当前值相加赋予PC，从而跳转至子程序处。偏移量是16位无符号数，目标地址可以使整个存储空间中任一单元。例如：

LCALL　SUBA　　；(SP)←PC，SP←SP-2，PC←PC + disp

长调用指令的机器码为三个字节，其格式是：EF　disp-low　disp-hi。

长调用指令中偏移量的计算：

$$disp = [目标地址-(长调用指令所在地址+3)]_{取低16位}$$

(2)短调用指令。短调用指令的操作过程与长调用指令相似，但有两点不同：一是短调用指令的机器码为两个字节，二是其偏移量为11位的有符号数，即跳转范围为-1024～+1023，这一点与短跳转指令相类似。例如：

SCALL　SUBA　　；(SP)←PC，SP←SP-2，PC←PC + disp

短调用指令的机器码为两个字节，其格式是：28～2F　disp-low。

短调用指令中偏移量的计算：

$$disp = [目标地址-(短调用指令所在地址+2)]_{取低11位}$$

注意:短调用指令中 11 位偏移量用补码表示。

(3)返回指令。返回指令的操作是:将堆栈顶部的两个字节弹出至程序计数器 PC 且堆栈指针 SP 加 2。通常情况下,栈顶两个字节中的内容是执行调用指令时压入堆栈中予以保存的子程序的返回地址,因此执行返回指令后,CPU 将从子程序返回至调用指令后面的一条指令处开始往下执行程序。返回指令的操作可表示为:

RET ;PC←(SP),SP←SP+2

(4)软件陷阱指令。软件陷阱指令的操作与调用指令相似,但它是一种特殊的调用指令,称为中断调用,其所调用程序的地址位于 2010H 单元之中。2010H 单元称为中断矢量。该指令的操作可表示为:

TRAP ;(SP)←PC,SP←SP-2,PC←(2010H)

此指令执行后,存放于 2010H 单元之中的子程序地址被赋予 PC,程序即转向该子程序地址处。

3. 跳转、调用和返回指令表

表 3-16 为跳转、调用和返回指令表。

表 3-16 跳转、调用和返回指令表

指令	机器码	标志位影响						状态周期
		Z	N	C	V	VT	ST	
LJMP Cadd	EF disp-low disp-hi	N	N	N	N	N	N	4
SJMP Cadd	20~27 disp-low	N	N	N	N	N	N	8
BR [AX]	E3 AX	N	N	N	N	N	N	8
LCALL Cadd	EF disp-low disp-hi	N	N	N	N	N	N	13/18
SCALL Cadd	28~2F disp-low	N	N	N	N	N	N	13/18
RET	F0	N	N	N	N	N	N	12/18
TRAP	F7	N	N	N	N	N	N	21/26

3.5.3 条件跳转指令

1. 条件跳转指令的功能

条件跳转指令就是依据一定的条件实现程序的转移。转移条件是 PSW 中的条件标志位的设置情况,即标志位在满足某种条件时程序产生跳转,否则将顺序执行下一条指令。

(1)条件跳转指令用于实现分支程序,正是它使计算机具备判断能力,即对问题按不同的情况进行不同的处理。

(2)由于这种指令时按标志位的设置情况进行判断而实现跳转的,所以在用此类指令之前必须使用能使某个标志位按预想进行设置的指令,编程者应对各种指令对标志位的影响做到心中有数。

(3)条件跳转指令共有 16 条,均为两个字节的指令。它们的汇编指令中的操作数为标号,机器码中的操作数均为 8 位的有符号的偏移量,其取值范围为 -128 ~ +127。

(4)条件跳转指令的机器码中的偏移量的计算为:

$$disp = [\text{目的地址} - (\text{条件跳转指令所在地址} + 2)]_{\text{取低8位}}$$

注意:条件跳转指令中的 8 位偏移用补码表示。

2. 条件跳转指令的操作

(1)判进位标志跳转指令

判进位标志跳转指令的操作是根据进位标志位C的情况来进行的。

JC —— 若进位标志位C=1时,将偏移量与PC值相加形成目标地址,实现跳转;否则顺序执行下一条程序。

JNC —— 若进位标志位C=0时,将偏移量与PC值相加形成目标地址,实现跳转;否则顺序执行下一条程序。

例如:

```
JC      LOOP      ;若C=1,则PC←PC+disp;若C=0,PC←PC+2
JNC     LOOP1     ;若C=0,则PC←PC+disp;若C=1,PC←PC+2
```

(2)判零标志跳转指令

判零标志跳转指令的操作是根据零标志位Z的情况来进行的。注意当Z=1时表示操作结果为0。

JE —— 若零标志位Z=1时,将偏移量与PC值相加形成目标地址,实现跳转;否则顺序执行下一条程序。

JNE —— 若零标志位Z=0时,将偏移量与PC值相加形成目标地址,实现跳转;否则顺序执行下一条程序。

例如:

```
JE      LOOP      ;若Z=1,则PC←PC+disp;若Z=0,PC←PC+2
JNE     LOOP1     ;若Z=0,则PC←PC+disp;若Z=1,PC←PC+2
```

(3)判溢出标志位跳转指令

判溢出标志跳转指令的操作是根据溢出标志位V的情况来进行的。

JV —— 若溢出标志位V=1时,将偏移量与PC值相加形成目标地址,实现跳转;否则顺序执行下一条程序。

JNE —— 若溢出标志位V=0时,将偏移量与PC值相加形成目标地址,实现跳转;否则顺序执行下一条程序。

例如:

```
JV      LOOP      ;若V=1,则PC←PC+disp;若V=0,PC←PC+2
JNV     LOOP1     ;若V=0,则PC←PC+disp;若V=1,PC←PC+2
```

(4)判溢出陷阱标志跳转指令

判溢出陷阱标志跳转指令的操作是根据溢出陷阱标志位VT的情况来进行的。

JVT —— 若溢出陷阱标志位VT=1时,将偏移量与PC值相加形成目标地址,实现跳转;否则顺序执行下一条程序。

JNVT —— 若溢出陷阱标志位VT=0时,将偏移量与PC值相加形成目标地址,实现跳转;否则顺序执行下一条程序。

例如:

```
JVT     LOOP      ;若VT=1,则PC←PC+disp;若VT=0,PC←PC+2
JNVT    LOOP1     ;若VT=0,则PC←PC+disp;若VT=1,PC←PC+2
```

(5)判粘位标志跳转指令

判粘位标志跳转指令的操作是根据粘位标志位ST的情况来进行的。

JST —— 若粘位标志位 ST = 1 时，将偏移量与 PC 值相加形成目标地址，实现跳转；否则顺序执行下一条程序。

JNST —— 若粘位标志位 ST = 0 时，将偏移量与 PC 值相加形成目标地址，实现跳转；否则顺序执行下一条程序。

例如：

```
JST     LOOP     ;若 ST = 1，则 PC←PC + disp；若 ST = 0，PC←PC + 2
JNST    LOOP1    ;若 ST = 0，则 PC←PC + disp；若 ST = 1，PC←PC + 2
```

(6)判负标志跳转指令

判负标志跳转指令的操作是根据负标志位 N 的情况来进行的。由于负标志是根据操作结果的最高位(D7 或 D15 位)进行设置，即 D7 位(或 D15 位)为 1 时，N = 1；否则 N = 0，因此这对指令用于对有符号数运算结果的判断。

JGE —— 若负标志位 N = 0 时，将偏移量与 PC 值相加形成目标地址，实现跳转；否则顺序执行下一条程序。由于 N = 0 意味着前面的操作结果的最高位为 0，即操作结果是大于或等于 0 的数，或两个数比较时目的操作数大于源操作数，因此该指令也称为大于或等于则跳转的指令。

JLT —— 若负标志位 N = 1 时，将偏移量与 PC 值相加形成目标地址，实现跳转；否则顺序执行下一条程序。由于此指令是在操作结果为负的情况下，即两数比较时目标操作数小于源操作数，因此也称为小于则跳转指令。

(7)同时判负标志和零标志跳转指令

同时判负标志和零标志跳转指令是根据 N 标志和(或)Z 标志的设置情况进行操作，也用于对有符号数运算结果的判断。

JGT ——若负标志 N = 0 且零标志 Z = 0，即操作结果非负且大于零时则跳转，否则顺序执行下一条指令。由于是在目的操作数恒大于源操作数的情况下跳转，因此又称为大于则跳转指令。

JLE ——若 N = 1 或 Z = 1，即操作结果为负或等于 0 时则跳转，否则顺序执行下一条指令。此指令又称为小于或等于则跳转指令。

(8)同时判进位标志和零标志跳转指令

同时判进位标志和零标志跳转指令是根据 C 标志和(或)Z 标志的设置情况进行操作。这对指令用于对无符号数运算结果的判断。

JH ——若进位标志 C = 0 且零标志 Z = 0，即两无符号数比较时(做减法)，目的操作数大于源操作数时则跳转，否则顺序执行下一条指令。由于是在目的操作数高于源操作数的情况下跳转，因此又称为高于则跳转指令。

JNH ——若 C = 1 或 Z = 1，即两无符号数比较时(做减法)，目的操作数小于或等于源操作数时则跳转，否则顺序执行下一条指令。因此又称为不高于则跳转指令。

3. 条件跳转指令表

表 3 – 17 为条件跳转指令表。

表3-17 条件跳转指令表

指令	条件	机器码	标志位影响						状态周期	
			Z	N	C	V	VT	ST	不跳转	跳转
JC	C=1	DB disp	N	N	N	N	N	N	4	8
JNC	C=0	D3 disp	N	N	N	N	N	N	4	8
JH	C=1 且 Z=0	D9 disp	N	N	N	N	N	N	4	8
JNH	C=0 或 Z=1	D1 disp	N	N	N	N	N	N	4	8
JE	Z=1	DF disp	N	N	N	N	N	N	4	8
JNE	Z=0	D7 disp	N	N	N	N	N	N	4	8
JV	V=1	DD disp	N	N	N	N	N	N	4	8
JNV	V=0	D5 disp	N	N	N	N	N	N	4	8
JGE	N=0	D6 disp	N	N	N	N	N	N	4	8
JLT	N=1	DE disp	N	N	N	N	N	N	4	8
JVT	VT=1	DC disp	N	N	N	N	0	N	4	8
JNVT	VT=0	D4 disp	N	N	N	N	0	N	4	8
JGT	N=0 且 Z=0	D2 disp	N	N	N	N	N	N	4	8
JLE	N=1 或 Z=1	DA disp	N	N	N	N	N	N	4	8
JST	ST=1	D8 disp	N	N	N	N	N	N	4	8
JNST	ST=0	D0 disp	N	N	N	N	N	N	4	8

3.5.4 位测试并跳转指令

1. 位测试并跳转指令的功能和助记符

位测试并跳转指令可以对寄存器阵列中任一寄存器的任一位进行测试后实现程序的跳转。位测试并跳转指令体现了 MCS-96 系列单片机的"位处理"功能,它们给计算机应用于控制目的提供了极大的便利。

这组指令有两条基本指令,一是测试位为零时则跳转的指令,其助记符为 JBC;另一条是测试位为 1 则跳转的指令,其助记符为 JBS。

(1)位测试并跳转指令的机器码均为三个字节,其中第一个为操作码,后两个为操作数。操作数占两个字节:一个字节是被测试的 8 位寄存器的地址号,另一个字节为偏移量。

(2)该组指令中跳转的目的地址的形成与条件跳转指令一样,由 PC 的当前值与偏移量相加而成,偏移量为带符号的 8 位数,取值范围为 -128~127,其计算方法为:

$$disp = [\text{目的地址} - (\text{位测试并跳转指令所在地址} + 3)]_{\text{取低8位}}$$

注意:位测试并跳转指令中的 8 位偏移量用补码表示。

(3)位测试并跳转指令的汇编指令中的操作数为三个,从左到右分别为被测寄存器、被测寄存器位和跳转的目标地址(用标号表示)。

2. 位测试并跳转指令的操作

(1)位为 0 则跳转指令。若被测位的值为 0 则跳转,否则顺序执行下一条指令。例如:

```
JBC   AH,6,TAB1     ;若 AH 的 D6 =0,则 PC←PC + disp
                     否则 PC←PC +3
JBC   30H,2,TAB1    ;若 30H 的 D2 =0,则 PC←PC + disp
                     否则 PC←PC +3
```

注意:每一寄存器的最低位的编号为 0。

(2)位为 1 则跳转指令。若被测位的值为 1 则跳转,否则顺序执行下一条指令。例如:

JBS　AH,6,TAB1　　;若 AH 的 D6 = 1,则 PC←PC + disp,
　　　　　　　　　　否则 PC←PC + 3

JBS　30H,2,TAB1　　;若 30H 的 D2 = 1,则 PC←PC + disp,
　　　　　　　　　　否则 PC←PC + 3

3. 位测试并跳转指令表

表 3 - 18 为位测试并跳转指令表。

表 3 - 18　位测试并跳转指令表

指　令	机器码	标志位影响						状态周期	
		Z	N	C	V	VT	ST	不跳转	跳　转
JBC　AL,0,Cadd	30　AL　disp	N	N	N	N	N	N	5	9
JBC　AL,1,Cadd	31　AL　disp	N	N	N	N	N	N	5	9
JBC　AL,2,Cadd	32　AL　disp	N	N	N	N	N	N	5	9
JBC　AL,3,Cadd	33　AL　disp	N	N	N	N	N	N	5	9
JBC　AL,4,Cadd	34　AL　disp	N	N	N	N	N	N	5	9
JBC　AL,5,Cadd	35　AL　disp	N	N	N	N	N	N	5	9
JBC　AL,6,Cadd	36　AL　disp	N	N	N	N	N	N	5	9
JBC　AL,7,Cadd	37　AL　disp	N	N	N	N	N	N	5	9
JBS　AL,0,Cadd	38　AL　disp	N	N	N	N	N	N	5	9
JBS　AL,1,Cadd	39　AL　disp	N	N	N	N	N	N	5	9
JBS　AL,2,Cadd	3A　AL　disp	N	N	N	N	N	N	5	9
JBS　AL,3,Cadd	3B　AL　disp	N	N	N	N	N	N	5	9
JBS　AL,4,Cadd	3C　AL　disp	N	N	N	N	N	N	5	9
JBS　AL,5,Cadd	3D　AL　disp	N	N	N	N	N	N	5	9
JBS　AL,6,Cadd	3E　AL　disp	N	N	N	N	N	N	5	9
JBS　AL,7,Cadd	3F　AL　disp	N	N	N	N	N	N	5	9

3.5.5　循环控制指令

1. 循环控制指令的功能和助记符

在程序中,常有某一段程序需反复执行多次,这样的程序段称为循环程序。循环控制指令用于控制循环程序的执行次数(即循环次数)。循环控制指令只有一条,其操作码助记符为 DJNZ。

(1)循环控制程序的执行次数由一个 8 位寄存器控制,即预先将循环次数置于指定的寄存器内,这一寄存器称为循环控制寄存器。

(2)由于循环控制寄存器为 8 位,因此最大的循环次数为 256 次。注意,若需循环 256 次,则应将循环控制寄存器的初值设为 0。

(3)循环控制指令实质上是条件跳转指令,其跳转的距离由偏移量给定。偏移量为 8 位的有符号数,其计算方法为:

$$disp = [\text{目的地址} - (\text{循环控制指令所在地址} + 3)]_{\text{取低8位}}$$

注意:循环控制指令中的 8 位偏移用补码表示。

(4)循环控制指令的汇编指令中的操作数有两个,一个是循环控制寄存器(左),另一个是目标地址(用标号表示)。

2. 循环控制指令的操作

循环控制指令的操作情况为:该指令每执行一次,循环控制寄存器的内容便自动减 1,若结果不为 0,则跳转至目表地址处进行下一轮循环;否则顺序执行下一条指令。例如:

```
DJNZ   CL,TAB2      ;CL←CL－1,若CL≠0,则PC＝PC＋disp
                     否则PC←PC＋3
```

3. 循环控制指令表

表3－19为循环控制指令表。

表3－19 循环控制指令表

指 令	机器码	标志位影响						状态周期	
		Z	N	C	V	VT	ST	不跳转	跳 转
DJNZ AL,Cadd	E0 AL disp	N	N	N	N	N	N	5	9

3.6 单寄存器指令

在MCS－96系列单片机的指令系统中,有一类指令的操作数只有一个,且此操作数为寄存器,称为单寄存器指令。从功能上看,这类指令实质上分别属于算术逻辑运算指令和传送指令。

3.6.1 增1和减1指令

1. 增1和减1指令的功能和助记符

增1指令的功能是使寄存器操作数加1,减1指令的功能是使寄存器操作数减1。

增1指令操作码的助记符为INC,减1指令操作码的助记符为DEC。

(1)增1指令、减1指令中的寄存器可以为字节型寄存器,也可以为字型寄存器。

(2)增1和减1指令执行后将对有关的标志位产生影响。

(3)增1和减1指令的机器码均为两个字节。

2. 增1、减1指令的操作

增1指令执行后,寄存器中的内容增1,影响标志位;减1指令执行后,寄存器中的内容减1,并影响标志位。例如:

```
INC    AX    ;AX ← AX＋1
INCB   AL    ;AL ← AL＋1
DECB   AL    ;AL ← AL－1
```

3.6.2 求补和求反指令

1. 求补和求反指令的功能和助记符

求补指令用于将寄存器操作数变换为补码;求反指令则对寄存器操作数进行求反运算。求补指令的助记符为NEG,求反指令的助记符为NOT。

(1)求补和求反指令中的寄存器可以为字节型寄存器,也可以为字型寄存器。

(2)求补和求反指令执行后将对有关的标志位产生影响。

(3)求补和求反指令的机器码均为两个字节。

2. 求补和求反指令的操作

求补指令的操作相当于用0减去寄存器的值,从而得到原数的补码。求反指令则是将寄存器中操作数按位求反。例如:

NEGB BH ;BH ← 0－BH

NOT AX ;AX ← $\overline{AX}$

3.6.3 清零指令

1. 清零指令的功能和助记符

清零指令用于将寄存器置0。无论寄存器内原数据为何值,执行清零指令后,寄存器的内容都置0。其助记符为CLR,执行清零指令后将影响有关的标志位。

2. 清零指令的操作

清零指令的操作就是将0送入制定的寄存器。例如:

```
CLR    AX    ;AX ← 0000H
CLRB   BL    ;BL ← 00H
```

3.6.4 扩展指令

1. 扩展指令的功能和助记符

扩展指令用于将寄存器操作数予以扩展。扩展方式有两种,既可将字节型数扩展为字型数,也可将字型数扩展为双字型数。扩展指令的助记符为EXT。

(1)扩展指令的功能与数据类型变换指令中的带符号扩展指令的功能相类似,只是除了能将字节型数扩展为字型数外,还可将字型数扩展为双字型数。

(2)扩展指令常用于除法运算中,如根据需要将被除数扩展为16位数或32位数。

(3)扩展指令的机器码为两个字节,其执行后将对有关的标志位产生影响。

(4)使用扩展指令时,应注意操作数的定位规则。

2. 扩展指令的操作

对字节数进行扩展时,是将操作数低位字节的符号位扩展至高位字节;对字型数进行扩展时,是将操作数低位字的符号位扩展至高位字。例如:

```
EXTB   AX    ;若 AL.7 = 1,则 AH←0FFH;若 AL.7 = 0,则 AH←00H
EXT    AX    ;若 AXL.15 = 1,则 AXH ← 0FFFFH;若 AXL.15 = 0,则 AXH ← 0000H
```

3.6.5 单寄存器指令表

表3-20为单寄存器指令表。

表3-20 单寄存器指令表

指令	机器码	标志位影响						状态周期
		Z	N	C	V	VT	ST	
CLR AX	01 AX	1	0	0	0	N	N	4
CLRB AL	11 AL	1	0	0	0	N	N	4
NOT AX	02 AX	Y	Y	0	0	N	N	4
NOTB AL	12 AL	Y	Y	0	0	N	N	4
NEG AX	03 AX	Y	Y	Y	Y	↑	N	4
NEGB AL	13 AL	Y	Y	Y	Y	↑	N	4
DEC AX	05 AX	Y	Y	Y	Y	↑	N	4
DECB AL	15 AL	Y	Y	Y	Y	↑	N	4
EXT AX	06 AX	Y	Y	0	0	N	N	4
EXTB AL	16 AL	Y	Y	0	0	N	N	4
INC AX	07 AX	Y	Y	Y	Y	↑	N	4
INCB AL	17 AL	Y	Y	Y	Y	↑	N	4

3.7 移位指令

MCS－96系列单片机的指令系统中有四种移位指令：左移指令、逻辑右移指令、算术右移指令以及规格化指令等。这些指令均是对寄存器中的数进行移位操作。

3.7.1 左移指令

1. 左移指令的功能和助记符

左移指令用于将寄存器中的操作数向左移位，每移一位，右面便补充一个0。左边移出之位进入标志位C。其操作码助记符为SHL，其中SH为Shift(移位)的缩写，L为Left(向左)的缩写。

(1)左移指令中有两个操作数，目的操作数(左)为存放需移位之数的寄存器，源操作数(右)用于指定需移位的次数。

(2)目的操作数只能是寄存器，用于存放需移位的数。这一寄存器可以是字节型或字型寄存器，也可以是双字型寄存器，相应的操作码助记符分别为SHLB、SHL和SHLL。

(3)源操作数用于指定左移的次数。源操作数可以是寄存器(只能为字节型)，也可以是立即数。若源操作数为寄存器，则称为间接移位，此时最大的移位次数为31次(对应的十六进制数为1FH)。存放移位次数的寄存器只能用地址为18H～0FFH这一区域中的通用寄存器；若源操作数为立即数，则称为直接移位，立即数的取值范围为0～15，因此，此时最大移位次数为15次。

(4)左移指令均为三字节指令，指令执行后将对有关的标志位产生影响。

(5)某数左移一次，相当于该数作了一次乘2的算术运算。因此，乘2运算可用左移指令来实现。

2. 左移指令的操作

左移指令执行时，按源操作数规定的次数将目的操作数向左移位，每左移一位，则右边的D0位用一个0填充，每次移出的位进入进位标志位C。指令的执行时间(T状态数)为7＋count个T，其中count为移位的次数。一个字节的左移操作如图3－4所示。

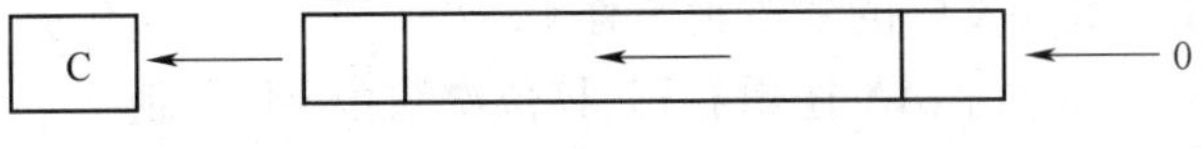

图3－4 逻辑左移指令的操作

例如：

```
SHLB   AH,BL    ;将AH左移,移位次数由BL控制
SHL    BX,#0CH  ;将BX内的数左移12次
SHLL   AX,BL    ;将双字AX左移,移位次数由BL控制
```

3.7.2 逻辑右移指令

1. 逻辑右移指令的功能和码助记符

逻辑右移指令用于将寄存器中的操作数向右移位，每移一位，左面便补充一个0。右边移

出之位进入标志位 C。其操作码助记符为 SHR,其中 SH 为 Shift(移位)的缩写,R 为 Right(向右)的缩写。

(1)逻辑右移指令中有两个操作数,目的操作数(左)为存放需移位之数的寄存器,源操作数(右)用于指定需移位的次数。

(2)目的操作数只能是寄存器,用于存放需移位的数。这一寄存器可以是字节型或字型寄存器,也可以是双字型寄存器,相应的操作码助记符分别为 SHRB、SHR 和 SHRL。

(3)源操作数用于指定左移的次数。源操作数可以是寄存器(只能为字节型),也可以是立即数。若源操作数为寄存器,则称为间接移位,此时最大的移位次数为 31 次(对应的十六进制数为 1FH)。存放移位次数的寄存器只能用地址为 18H ~ 0FFH 这一区域中的通用寄存器;若源操作数为立即数,则称为直接移位,立即数的取值范围为 0 ~ 15,因此,此时最大移位次数为 15 次。

(4)逻辑右移指令均为三字节指令,指令执行后将对有关的标志位产生影响。对粘位标志 ST 的影响为:指令开始执行时,ST 标志清零,随后若有 1 移入 C 标志而再移出是,ST 标志即置 1。

(5)某数右移一次,相当于该数作了一次除 2 的算术运算。因此,除 2 运算可用右移指令来实现。

2. 逻辑右移指令的操作

逻辑右移指令执行时,按源操作数规定的次数将目的操作数向右移位,每右移一位,则左边的 D7 位用一个 0 填充,每次移出的位进入进位标志位 C。指令的执行时间(T 状态数)为 7 + count 个 T,其中 count 为移位的次数。对字节寄存器进行能够逻辑右移的操作如图 3 - 5 所示。

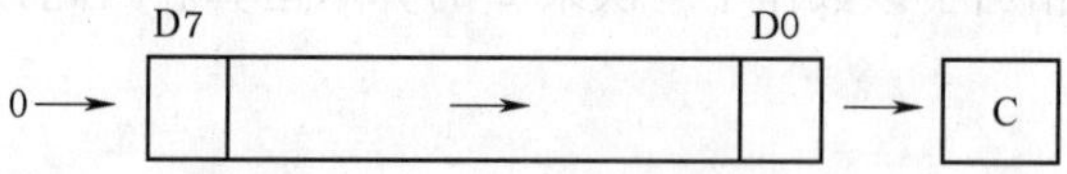

图 3 - 5　逻辑右移指令的操作

例如:

```
SHRB   AL,BL     ;将 AH 逻辑右移,移位次数由 BL 控制
SHR    BX,#0CH   ;将 BX 内的数逻辑右移 12 次
SHRL   AX,BL     ;将双字 AX 逻辑右移,移位次数由 BL 控制
```

3.7.3　算术右移指令

1. 算术右移指令的功能和助记符

算术右移指令是保持符号位不变的右移指令,若被移位数的最高位为 0,则每次右移时,左边以 0 填充;若被移位数的最高位为 1,则每次右移时,左边以 1 填充。算术右移指令操作码助记符为 SHRA。

(1)算术右移指令的操作数为两个,操作数的情况与左移指令、逻辑右移指令指令相同。

(2)算术右移指令执行时,将对有关的标志位产生影响,其中对 ST 标志的影响与逻辑右移指令相同。

(3)算术右移指令的机器码为三字节。

2. 算术右移指令的操作

算术右移指令执行时，对目的操作数按源操作数规定的次数算术右移，每移出一次，左边以原数的符号位填充，右边移出位进入进位标志位C。对字节寄存器进行一次算术右移的操作如图3－6所示。

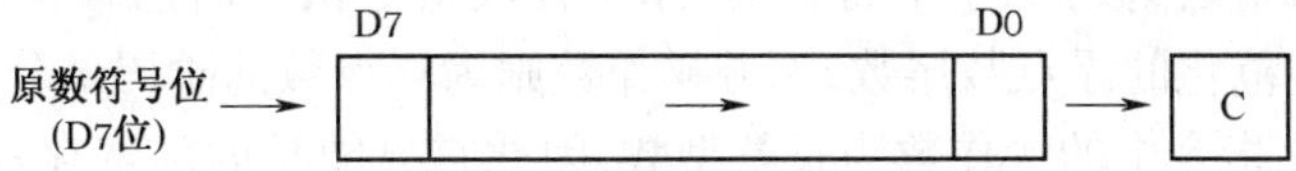

图3－6 算术右移指令的操作

例如：

SHRAB AH,#04H ;将AH算术右移4次

SHRA AX,BL ;将AX内的数算术右移，移位次数由BL控制

SHRAL AX,BL ;将双字AX算术右移，移位次数由BL控制

3.7.4 移位指令表

表3－21为移位指令表。

表3－21 移位指令表

指令	机器码	标志位影响						状态周期
		Z	N	C	V	VT	ST	
SHR AX,#count	08 count AX	Y	0	Y	0	N	Y	7＋count
SHL AX,#count	09 count AX	Y	?	Y	Y	↑	N	7＋count
SHRA AX,#count	0A count AX	Y	Y	Y	?	N	Y	7＋count
SHRL AX,#count	0C count AX	Y	?	Y	0	N	Y	7＋count
SHLL AX,#count	0D count AX	Y	?	Y	Y	↑	N	7＋count
SHRAL AX,#count	0E count AX	Y	Y	Y	0	N	Y	7＋count
SHRB AL,#count	18 count AL	Y	0	Y	0	N	Y	7＋count
SHLB AL,#count	19 count AL	Y	?	Y	Y	↑	N	7＋count
SHRAB AL,#count	1A count AL	Y	Y	Y	0	N	Y	7＋count
SHR AX,BL	08 BL AX	Y	?	Y	0	N	Y	7＋count
SHL AX,BL	09 BL AX	Y	?	Y	Y	↑	N	7＋count
SHRA AX,BL	0A BL AX	Y	Y	Y	0	N	Y	7＋count
SHRL AX,BL	0B BL AX	Y	?	Y	0	N	Y	7＋count
SHLL AX,BL	0C BL AX	Y	?	Y	Y	↑	N	7＋count
SHRAL AX,BL	0A BL AX	Y	Y	Y	?	N	Y	7＋count
SHRB AL,BL	18 BL AL	Y	?	Y	0	N	Y	7＋count
SHLB AL,BL	19 BL AL	Y	?	Y	Y	↑	N	7＋count
SHRAB AL,BL	1A BL AL	Y	Y	Y	0	N	Y	7＋count

3.7.5 规格化指令

1. 规格化指令的功能和码助记符

规格化指令的操作对象是32位长整型数，它用于对这种操作数规格化，也就是把一个非规范浮点数的尾数规范化。所谓尾数规范化是指使浮点数的位数之最高位为1。规格化指令操作码助记符为NORMAL。

(1)规格化指令将浮点数尾数规范化是用移位(向左移位)的方法实现的，因此规格化指令实际上属于移位类指令。

(2)规格化指令主要和浮点数的运算配合使用。由于浮点数运算适合于数值范围变化较大的数据处理系统,比定点数运算更为实用。

(3)规格化指令的操作数为两个,其中第一操作数(目的操作数)为长整型数,即需规格化的数;第二操作数(源操作数)为字节寄存器,用于存放指令执行后已移位的次数。指令执行后,目的操作数为规范化的浮点数尾数,而源操作数则为浮点数的阶码部分。

(4)由于规格化指令中的操作数为长整型数,因此它只能是内部寄存器阵列中的寄存器,其地址应符合长整型数的编码规则。

2. 规格化指令的操作

执行规格化指令时,使长整型操作数左移,直至最高位为1时止。如果移位31次后,最高为仍为0(这表明此操作数为0),则停止操作并且将Z标志置1,实际移位次数存放在第二操作数中。例如:

NORMAL　BX,CL　;双字节寄存器BX中的数左移,直至最高为1时停止,或移位31次后,最高为仍为0,则操作停止,且将Z标志置1,移位次数存入CL中。

3. 规格化指令表

表3-22为规格化指令表。

表3-22　规格化指令表

指　令	机器码	标志位影响						状态周期
		Z	N	C	V	VT	ST	
NORMAL　AX,BL	0F　BL　AX	Y	?	0	N	N	N	8 + count

3.8　专用控制指令

专用控制指令用于完成一些特定的控制操作,例如对某些标志位置位或清除的指令,使系统复位的值指令等。

3.8.1　标志位控制指令

1. 标志位控制指令的功能和助记符

标志位控制指令有三条,只作用于进位标志C和溢出陷阱标志VT两个标志位,这些指令控制这两个标志位置1或清0。进位标志位C值1指令的助记符为SETC;进位标志位清0指令的助记符为CLRC;溢出陷阱标志清0指令的助记符为CLRVT。

2. 标志位控制指令的操作

SETC指令执行后,进位标志位C置1;CLRCC指令执行后,进位标志位C置0;CLRVT指令执行后,溢出陷阱标志位VT置0。

3.8.2　中断控制指令

1. 中断控制指令的功能和助记符

中断控制指令用于控制是否允许内部中断调用。这组指令有两条,一条是开中断指令,其助记符为EI;另一条是关中断指令,其助记符为DI。

（1）MCS－96终端系统的控制是通过对中断开关位PSW.9位的操作来实现的，即EI指令和DI指令直接作用于PSW.9位。

（2）EI指令也称为中断允许指令；DI指令也称为禁止中断指令。

（3）EI指令和DI指令均为单字节指令，它们执行后不影响标志位。

2. 中断控制指令的操作

EI指令执行后，使PSW.9＝1，表示允许内部中断调用；DI指令执行后，使PSW.9＝0，表明禁止一切中断调用。

3.8.3　复位指令和空操作指令

1. 复位指令和空操作指令的功能和助记符

复位指令使系统产生复位操作，其助记符为RST；空操作指令不产生任何操作，空操作指令有两条，其助记符分别为NOP和SKIP。

（1）复位指令将产生与硬件复位电路同样的复位操作过程，这表明执行该指令就是所谓的用软件的方法使系统复位。

（2）两条空操作指令的功能完全相同，它们执行时均不产生具有实际意义的具体操作。两者唯一的差别是：NOP为单字节指令，而SKIP为双字节指令，且第二个字节为任意值，不起任何作用。

（3）空操作指令在程序中起两个方面的作用：一是用于短暂延时（每执行一条空操作指令需耗时4T）；二是用于填充空闲的存储单元。

2. 复位指令及空操作指令的操作

（1）复位指令执行后，产生复位操作，使引脚拉成低电平，并持续两个状态周期，将PSW初始化为0；将I/O寄存器置为初始值，并置PC值为2080H等，然后程序从2080H单元开始执行。

（2）NOP指令和SKIP指令不进行任何操作，只是执行时需耗时4个状态周期，然后执行下一条指令。

3.8.4　专用控制指令表

表3－23为专用控制指令表。

表3－23　专用控制指令表

指　　令	机器码	标志位影响						状态周期
		Z	N	C	V	VT	ST	
CLRC	F8	N	N	0	N	N	N	4
SETC	F9	N	N	1	N	N	N	4
EI	FB	N	N	N	N	N	N	4
DI	FA	N	N	N	N	N	N	4
CLRVT	FC	N	N	N	N	0	N	4
NOP	FD	N	N	N	N	N	N	4
RST	FF	0	0	0	0	0	0	16
SKIP	00　××	N	N	N	N	N	N	4

3.9 伪 指 令

3.9.1 伪指令的概念

伪指令是专门用于汇编的指令,它的作用是为汇编规定格式,提出具体的汇编要求。如指定程序存放的起始地址,确定数据存放的位置,规定汇编何时结束等。由于这种指令仅供汇编程序使用,并不像汇编指令那样产生目标代码供 CPU 执行,故称为伪指令。

1. 不同的指令系统有不同的汇编软件,即使同一指令系统也可有多种版本的汇编程序,每一种汇编程序都会有自己特点的一套伪指令,因此在使用某种汇编软件时需要注意熟悉它所规定使用的伪指令。

2. 伪指令格式和汇编指令格式相类似,一般可认为是由操作码和操作数组成。这里所说的操作码是借用汇编指令中的术语,它用于规定汇编软件所完成的操作。

3. 伪指令由编程人员用于编写的源程序中,按照需要可置于程序的任意部位。它的用法与汇编指令相类似。

4. 尽管伪指令为汇编软件所用,但在手工汇编时,伪指令仍可派上用场,即可仿照机器汇编用伪指令来规定手工汇编的格式和要求。因此在编写源程序时,无论采用机器汇编还是手工汇编,均应注意合理使用伪指令。

3.9.2 MCS-96 指令系统的部分常用伪指令

1. ORG 伪指令

ORG 伪指令用于规定源程序存放的起始地址。其格式为:

ORG　地址号

例如 ORG　2080H 表示用户的源程序应从 2080H 单元开始存放。

2. EQU 伪指令

EQU 称为符号赋值伪指令,用于将一数值赋予某指定的字符串,其格式为:

字符串　EQU　常数值

例如 LOOP1　EQU　2806H,表示程序中出现的字符串“LOOP1”的值为 2806H。

在实际编程时,为方便起见,常用该伪指令为寄存器命名,即将某寄存器的地址号赋予某特定字符,在程序中,该字符便可为寄存器名使用,例如:

```
AX   EQU   20H      ;将20H单元定义为AX寄存器
```

3. DB 伪指令

DB 伪指令为定义字节伪指令,其用于将指定的字节数据装入特定的存储单元,其格式为:

[标号] DB　数据 1,数据 2,……

伪指令中的标号可有可无。例如:

```
       ORG   2800H
START:DB   24H,86H
```

这两条指令均为伪指令,汇编的结果是:在 2800H 和 2801H 两个单元中分别存入数据 24H,86H。

4. DW 伪指令

DW 称为定义字型数据伪指令,其功能及格式与 DB 伪指令相类似,只是 DW 定义的每一数据均为 16 位的二进制数。例如：

```
        ORG  2800H
START：DW   24H,3286H
```

这两条指令均为伪指令，汇编的结果是：在 2800H 及 2801H 两个单元中分别存入数据 00H,24H；在 2803H 和 2804H 两个单元中分别存入数据 32H,86H。

5. DC 伪指令

DC 为定义字符串伪指令，其功能是将指定的字符（串）对应的 ASCII 码装入相应的存储单元，其格式为：

DC ‘字符（串）1’，‘字符（串）2’，……

指令中的操作数可以是单个字符，也可以是字符串，且每一字符（串）需用单引号‘ ’。例如：

```
ORG    2340H
DC       ‘A’，‘?’，‘#’，‘XYZ’
```

该 DC 伪指令共有四个操作数，其中前三个为单字符，第四个为字符串。这两条指令汇编后，将指定的六个字符对应的 ASCII 码 41H,3FH,23H,58H,59H,5AH 按顺序装入 2340H ~ 2345H6 个存储单元。

6. END 伪指令

END 为汇编结束伪指令，其功能是告诉汇编软件，用户的源程序至此结束，汇编也应结束，该指令无操作数。

本章小结

本章主要介绍了 MCS－96 系列单片机的指令系统，主要包含以下几个知识点：

1. 指令是规定计算机执行特定操作（例如加、减运算等）的命令，CPU 就是根据指令来指挥和控制计算机各部分协调地动作，完成规定的操作。计算机的指令系统是该计算机所能执行的全部指令的集合。MCS－96 的汇编指令和机器指令都由操作码和操作数两部分组成。但是，机器码指令和汇编指令中操作数的排列正好是相反的。

若汇编指令为：

操作码　目的操作数，第二操作数，第一操作数（设为字）

则相应的机器码指令为：

操作码　第一操作数低字节，第一操作数高字节，第二操作数，目的操作数

2. MCS－96 系列单片机的指令系统所涉及的操作数共有字节型操作数、字型操作数、位型操作数、短整型操作数、整型操作数、双字型操作数、长整型操作数七种类型。位于寄存器或存储器单元中的操作数需数据根据类型按照一定的规则存放，如有些操作数只能存放在寄存器中，有些操作数的有效地址必须是偶数地址等，这称为操作数的定位规则。

3. 在 MCS－96 系列单片机中有一个存放标志位，其作用类似于状态标志寄存器的器件，称为程序状态字。它用于存放反映 CPU 算术和逻辑运算或某些操作结果的某些特征。寄存器 PSW 的每一位均和操作结果产生的某种特征相对应，称为状态标志位（简称为标志位）。

4. MCS－96 系列单片机中堆栈是向下生长的，因此每次进栈操作后，堆栈指针的值将减

2,即由 SP 变为 SP - 2;每次退栈操作后,堆栈指针的值将加 2,即由 SP 变为 SP + 2。MCS - 96 单片机寄存器阵列中的 18H 和 19H 两个单元被指定为堆栈指针。但是这两个单元在系统未设堆栈的情况下也可作为一般寄存器使用。若系统需建立堆栈,则这两个单元只可用作堆栈指针,不可他用,且在系统初始化时应赋予其初值(即栈底值)。

5. MCS - 96 系列单片机指令系统中共有八种寻址方式,其中寄存器寻址方式、寄存器间接寻址方式、立即寻址方式、自动增量寻址方式、短变址寻址方式、长变址寻址方式六种为基本寻址方式,还有零寄存器寻址方式、堆栈指针寄存器寻址方式两种有基本寻址方式派生而出的寻址方式。

6. MCS - 96 系列单片机的所有指令共有 100 条,按功能可分为六大类:数据传送指令、算术和逻辑运算指令、跳转和调用指令、单寄存器指令、移位指令、专用控制指令。

7. 指令系统是计算机的软件基础知识,掌握和熟悉指令系统是十分重要的。学习中大家一定要牢固地掌握 MCS - 96 单片机指令的格式和寻址方式,并在此基础上理解各类型指令的操作过程和表达方式,为以后的学习打下牢固的基础。

复习思考题

1. 解释名词:指令、指令系统、汇编指令和机器码。
2. MCS - 96 系列单片机的汇编指令和机器码指令在排列顺序上有什么不同?
3. 8098 单片机指令的机器码最短和最长的指令各有几个字节?
4. 8098 单片机指令系统中的操作数有哪几种类型?各类型的操作数的定位规则各是怎样的?
5. 程序状态字的作用是什么?8098 单片机的 PSW 有什么特点?
6. VT 是什么标志?在执行指令过程中它是如何变化的?
7. 什么是寻址方式?8098 单片机有哪几种寻址方式?
8. 在 MCS - 96 系列单片机中寄存器间接寻址和自动增量寻址有什么异同?
9. 如何计算短变址寻址和长变址寻址的偏移量?
10. 零寄存器寻址有什么特点?它有什么用途?
11. 叙述下列指令的意义,并写出其对应的机器码。

(1)LD 20H,30H　　(2)LDB 20H,30H
(3)LD AX,[BX]　　(4)STB AL,[BX]
(5)PUSH [28] +　　(6)POP 24H[BX]
(7)ADDB 24H,#22H　　(8)ADDC AX,[CX]
(9)ADD 20H,30H,40H　　(10)SUB 20H,30H,40H
(11)SUBCB AH,[BX] +　　(12)MULU AX,CX,[BX] +

12. ST 指令有什么特点?写出寻址各种方式下 ST 指令形式?
13. 两操作数指令和三操作数指令各有什么特点?
14. PUSH 指令和 PUSHF 指令有什么异同?
15. 逻辑右移指令和算术右移指令有什么区别?
16. 如何计算状态周期 T 的值和指令的执行时间?

17. 如何计算相对转移指令的偏移量？
18. 跳转指令和调用子程序指令有什么不同？
19. 扩展指令和规格化指令各有什么特点？
20. 什么是伪指令？常用的伪指令有哪些？各有什么功能？

第4章

汇编语言程序设计

【学习目标】

了解MCS－96单片机汇编语言的特点和结构；掌握汇编语言的程序设计方法；并通过几个典型例题的学习，熟悉顺序程序、循环程序、分支程序、子程序及查编程序的编程方法。

前面我们介绍了MCS－96系列单片机的指令系统，这些指令只有按工作任务的要求有序地编排为一段完整的程序，才能起到一定的作用，完成某一特定的任务。通过程序的设计、调试和执行又可以加深对指令系统的了解和掌握，从而也在一定程度上提高单片机的应用水平。

本章将主要介绍MCS－96系列单片机的汇编语言和一些常用的汇编程序的设计方法，并列举一些具有代表性的汇编语言程序实例，使大家了解汇编程序设计的一般方法。

4.1 概　　述

4.1.1 汇编语言的特点

一般而言，汇编语言是由助记符形式的指令与一定的语法规则相结合而成。每一条指令就是汇编语言的一条语句。汇编语言具有如下特点：

(1)助记符指令和机器码指令一一对应，所以用汇编语言编写的程序效率高，占用存储空间小，运行速度快，因此用汇编语言能编写出最优化的程序。

(2)使用汇编语言比使用高级语言困难。因为汇编语言是面向计算机的，汇编语言的程序设计人员必须对计算机硬件有相当深入的了解。

(3)汇编语言能直接访问存储器及接口电路，也能处理中断，因此汇编语言程序能直接管理和控制硬件设备。

(4)汇编语言缺乏通用性，程序不易移植。各种计算机都有自己的汇编语言，不同计算机的汇编语言之间不能通用。

4.1.2 汇编语言的语句格式

各种计算机汇编语言的语法规则是相同的，且具有相同的语句格式。一般说，汇编语言中一条语句通常由四部分组成，即：

[标号:]操作码 [操作数][;注释]

可以看出，一条汇编语句是由标号、操作码、操作数和注释四个部分组成，其中用方括号括起来的部分是可选择部分，可有可无，视具体情况而定。

1. 标号

标号是一条语句的名称,它实质上是语句的符号地址,即它是语句(指令)地址号的符号表示。有了标号,程序中的其他语句才能访问该语句。

(1)标号是由1~8个ASCII字符组成,但头一个字符必须是字母,其余字符可以是字母、数字或其他特定字符。

(2)不能使用汇编语言已经定义了的符号作为标号,如指令助记符、伪指令记忆符以及寄存器名称等。

(3)标号后便必须跟冒号(:)。

同一标号在一个程序中只能定义一次,不能重复定义。

(4)一条语句可以有标号,也可以没有标号。标号的有无取决于本程序中是否需要访问这条语句。

2. 操作码

操作码用于规定语句执行的操作内容,操作码是以助记符或伪指令助记符表示的,操作码是汇编指令格式中唯一不能空缺的部分。

3. 操作数

操作数用于给指令的操作提供数据或地址。在一条语句(指令)中,操作数可能是空白,也可能只有一个操作数,还可能包括两三个操作数,各操作数之间用逗号(,)分隔。MCS-96系列单片机的操作数可采用8种寻址方式。

(1)每条汇编指令可有2~3个操作数,操作数之间需用逗号分隔开;而伪指令和宏指令可以有三个以上的操作数,数目的多少由汇编软件规定,如某种汇编软件规定一条伪指令可带有1~16个操作数。

(2)操作数的类型有三种,即立即数、寄存器(包括字节寄存器、字寄存器和双字寄存器)和存储器地址。各类操作数的常用表达形式有6种:二进制数、十进制数、十六进制数、ASCII码、标号和表达式。

(3)虽然操作数不是语句的必要部分,如有些指令便无操作数,但是绝大多数指令都有操作数部分,因此熟悉各类指令的操作数类型、寻址方式及其表达形式是很重要的。

4. 注释

注释不属于语句的功能部分,它只是对语句的解释和说明,只要用分号(;)开头,就表明以后的部分是注释内容。

(1)注释部分对任何语句都不是必要的,因为它对机器代码及汇编过程不产生任何影响。但是对编程人员来说,在编程时加上注释却是非常重要的,因为这可以增强程序的可读性,并于对程序的理解和修改。

(2)注释部分应简明扼要地指明语句在程序中的内在含意,注明该语句在程序中的目的、意义和作用。编程时可对每一条语句都加上注释,也可以对完成某种基本运算或操作的几条语句(即一段程序)一起加上注释。

(3)注释可用英文,也可用中文书写,但要做到言简意赅。

4.1.3 编制汇编语言程序的一般步骤

1. 建立数学模型,确定算法

建立数学模型是编写程序的首要一步。所谓建立数学模型就是把需要计算机处理的问题数学化、公式化。在问题比较简单直观的情况下,可以不讨论数学模型的问题。对于比较复杂的问题,需要将具体的问题抽象成数学问题,就需要讨论数学模型的建立问题,甚至要用到高深的数学知识。

建立数学模型后,需要确定计算机的算法。所谓算法是指计算机处理问题的依据和准则。例如描述线性二阶动态电路的行为所建立的数学模型是二阶的常微分方程,而计算机求解微分方程有龙格－库塔法等多种算法。一般来说计算机的算法比较灵活,通常要选用逻辑简单、运算速度快、精度高且编程简单的算法用于程序设计。

2. 设计程序流程图

程序流程图是指用矩形框、菱形框、带箭头的线段即文字符号来表示设计思路、描述所用算法及具体内容的一种图形,可视为程序的图形表示。

(1)流程图可直观地反映程序的结构及各部分间的逻辑关系。流程图对于编制好的程序、阅读和理解以及修改程序都有很大的辅助作用。编写一些简单的程序的时候,画程序流程图并非必要,但编写较大型的程序时,编制程序流程图是十分重要和必要的。

(2)流程图的画法十分灵活,可详尽也可简单,根据具体的问题和编写者的习惯而定,但总的要求是能够较完整地反映程序系统的设计思路和具体结构,详略要得当。

(3)设计流程图时,一般是先设计系统流程图,即把整个设计任务分解为具有相对独立性的多个部分,每一个部分称为一个功能模块,而后再画出每一功能模块的流程图。这种对应于各个功能模块的流程图又称为程序框图。

程序流程图(图4－1)中所使用的各种图形符号如下:

(1)椭圆形框:用于表示程序的开始或结束,也称为开始、结束框。使用时在框内标注中文或英文的“开始”、“结束”等字样。

(2)矩形图框:用于说明一段程序的功能,也称为工作框。同时在框内用字符注明某段程序或某条指令的作用。

(3)菱形图框:用于进行条件判断以决定程序的走向,也称为判断框或逻辑框。使用时在框内注明判断的条件。

(4)圆形框:用来表示位于两处的程序框图之间的连接,也称为连接框。使用圆形框时在应予连接的两处程序框图中标注相同的数字。

(5)带箭头的线段:用于表示程序的流向。在流程图中用它来连接各种图框,以表明程序进行的顺序或可能的分支。

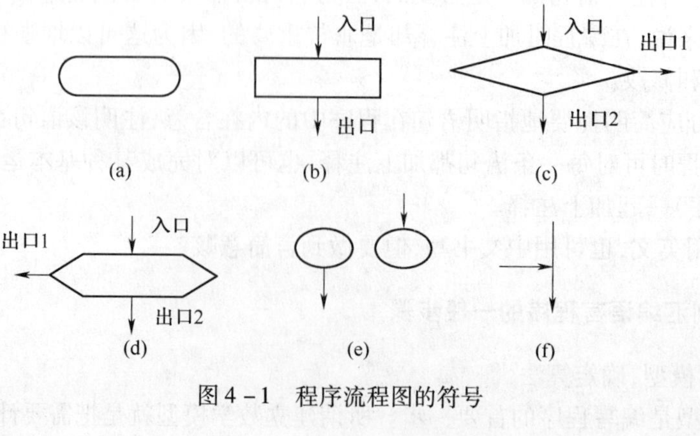

图4－1　程序流程图的符号

3. 安排寄存器和内存空间

在着手编制程序前，还应根据系统的需要，合理地安排各种数据及运算操作的中间和最后结果存放的地方，即对各个寄存器作适当分工，对存储器空间进行分配。比如确定共需使用多少寄存器、决定每个寄存器的具体用途、安排程序及数据存放的区域、考虑堆栈的容量及设置部位等。

4. 编制源程序

在完成了数学模型的建立、确定了计算机算法、设计好程序流程框图、安排好寄存器和存储空间后，就可以开始进行汇编语言源程序的编写工作。编程时应按照语法规则正确地使用汇编指令、伪指令和宏指令。

5. 上机调试并运行程序

在一般情况下，编写出的程序总会有许多的缺陷和错误，甚至是严重的错误，通常不能直接运行，而需要经过上机调试阶段。程序调试的目的是为了发现并纠正错误，因此它是程序设计的最后一个步骤，也是至关重要的一个步骤。

调试程序、纠正错误的方法很多，如将程序按功能模块分为几个部分分段上机运行，根据运行结果判断是否存在错误；也可以使用专用的调试程序进行测试；还可以利用微机开发装置的单步、断点等功能对程序进行检查。另外在使用汇编软件对源程序进行汇编、连接时也能发现错误。

经过调试后的程序便可一上机运行，在运行的过程中还可继续对程序进行检查、修改，使程序更加精炼、运行效率更高。

4.2　顺序程序设计

为了叙述问题比较方便，我们假设已经用伪指令定义了 AX、BX、CX 和 DX 等寄存器，且 AX 寄存器由 AL（低字节）和 AH（高字节）组成，BX 由 BL 和 BH 组成等，根据具体的寄存器定位规则还可以将 AX 等寄存器看成双字寄存器（32 位）。在以后的程序中将直接引用这些寄存器，在程序中不再予以定义。

4.2.1　顺序程序的概念

顺序程序是最简单的程序结构，在顺序程序中没有分支、循环，也不调用子程序。这种程序的特点：执行程序时是按顺序从头至尾一条一条地执行指令。顺序程序也称为简单程序，它是最基本的程序形式。

4.2.2　顺序程序设计举例

【例 4-1】字节加法。将存放于 3000H 和 3001H 两个单元中的无符号数相加，结果存入 3002H 单元。设和仍为 8 位数。

【解】这是编写一个简单的两数求和程序，两个需相加的操作数均存放在存储器中。由于 MCS-96 指令系统中无直接将存储器中的两数相加的指令，因此应将一个操作数先取出送至内部寄存器后再做加法。程序流程图如图 4-2 所示。

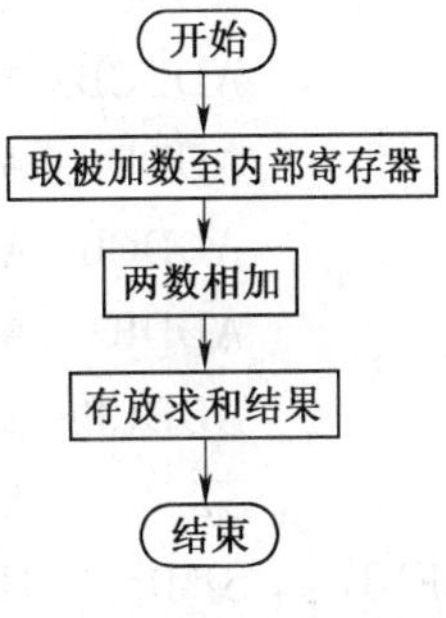

图 4-2　两数相加程序的流程图

```
        ORG     2080H
START:  LDB     20H,3000H[0]    ;取一个加数送 20H
        ADDB    20H,3001H[0]    ;求和,和存入 20H
        STB     20H,3002H[0]    ;和存入 3002H 单元
HERE:   SJMP    HERE            ;原地循环,等待
        END                     ;汇编结束伪指令
```

程序的第一条伪指令指示程序代码从 2080H 单元开始存放。程序的前三条指令均有两个操作数,且寻址方式相同,都是目的操作数采用寄存器寻址方式,源操作数采用零寄存器寻址方式。

第五条指令是一条跳转至本身的短跳转指令,表示程序将反复循环地执行该指令,仿佛程序暂停于此。因为 MCS－96 指令系统中没有暂停指令,执行该指令与暂停指令的效果相同。

一般而言,同一任务可用不同的程序或不同的指令来实现。如例 4－1 的求和运算也可用下面的程序来实现。

```
        ORG     2080H
START:  LD      24H,#3000H      ;设置地址指针
        LDB     24H,[24H]+      ;取被加数
        ADDB    20H,[24H]+      ;求和
        STB     20H,[24H]       ;和存放至 3002H
HERE:   SJMP    HERE            ;原地循环
        END
```

在这段程序中,指令中的操作数的寻址方式使用了寄存器寻址、寄存器间址寻址和自动增量寻址等寻址方式。

【例 4－2】单字节求和。将存于 3400H～3403H 四个单元中的无符号数相加,其和存入 3500H 单元。

【解】虽然此例题也是单字节求和,但与例 4－1 不同之处有:一是需进行四个数的连续相加;二是题中未指明和仍未 8 位数,因此必须考虑两个数相加后的进位,一般情况下,求和的结果要用两个单元存放。程序流程图如图 4－3 所示。

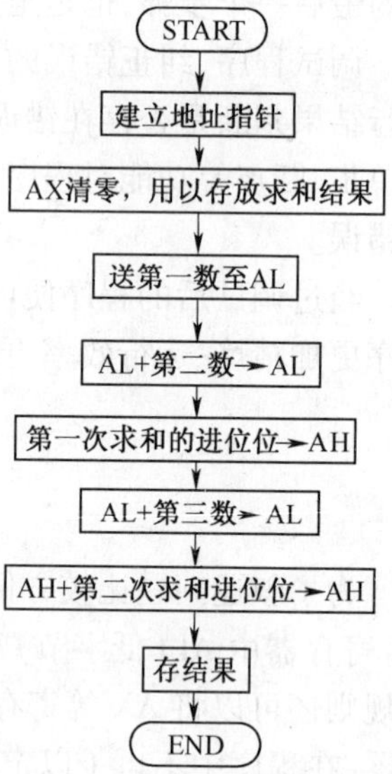

图 4－3　例 4－2 的程序流程图

```
        ORG     2080H
START:  LD      BX,#3400H       ;建立地址指针
        XOR     AX,AX           ;AX 清零,以便存放运算结果
        LDB     AL,[BX]+        ;AL←(3400H),BX＝3401H
        ADDB    AL,[BX]+        ;AL←AL＋(3401H),BX＝3402H
        ADDCB   AH,#00H         ;加第一次求和的进位位
        ADDB    AL,[BX]+        ;AL←AL＋(3402H),BX＝3403H
        ADDCB   AH,#00H         ;加第二次求和的进位位
        ADDB    AL,[BX]         ;AL←AL＋(3403H)
        ADDCB   AH,#00H         ;加第三次求和的进位位
        ST      AX,3500H[0]     ;结存存至 3500H 单元
HERE:   SJMP    HERE
        END
```

程序中的字寄存器 AX 用于存放运算的结果。异或指令 XOR AX,AX 的目的是将寄存器 AX 清零,显然也可以使用清零指令 CLR AX 替代。指令 ADDCB AL, #00H 是将加法运算可能产生的进位计入 AH 单元中。注意根据操作数的定位规则,运算的结果保存在字寄存器 AX 的 AL(低位字节)和 AH(高位字节),执行指令 ST AX,3500H[0]后,和将存入3500H(存放低位字节)和 3501H(存放高位字节)两个单元中。

本例题也可以采用字寄存器相加的方式来完成。程序如下:

```
        ORG     2080H
STAR:   LCR     AX              ;AX 清零
        LCR     BX              ;BX 清零
        LDB     AL,3400H[0]     ;取第一个加数
        LDB     BL,3401H[0]     ;取第二个加数
        ADD     AX,BX           ;AX←AX + BX
        LDB     BL,3402H[0]     ;取第三个加数
        ADD     AX,BX           ;AX←AX + BX
        LBD     BL,3403H[0]     ;取第四个加数
        ADD     AX,BX           ;AX←AX + BX
        ST      AX,3500H[0]     ;和存入 3500H 和 3501H
HERE:   SJMP    HERE
        END
```

【例 4-3】双字加法。已知 AX、BX 寄存器中存放有一个无符号双字,其中 AX 中为高 16 位,BX 中为低 16 位。另一个双字存放在存储器的 3010H~3013H 单元中。现将两个双字相加,结果存放于3020H 开始的单元中。

【解】MCS-96 指令系统中没有双字加法的指令,因此双字加法需通过两次字加法操作来完成,且因考虑每次相加所产生的进位。相加后的结果需用5 个字节存放。在程序中用6 个字节存放结果。程序流程图如图 4-4 所示。

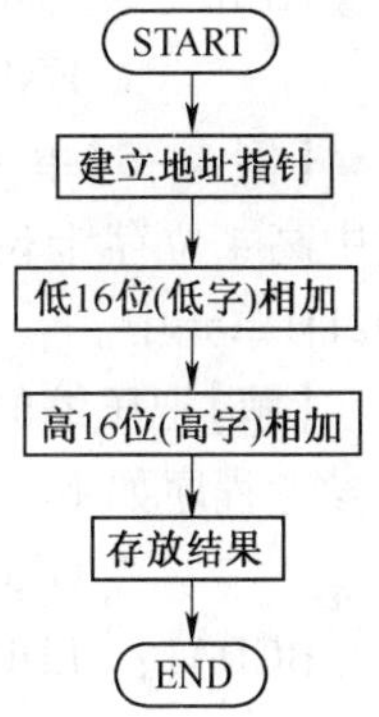

图 4-4 例 4-3 的双字加法程序流程图

```
        ORG     2080H
SZJIF:  LD      CX,#3010H       ;设置地址指针,指向加数的低位字
        LD      DX,#3020H       ;设置地址指针,指向结果的存放地址
        ADD     BX,[CX]+        ;两低位字相加
        ST      BX,[DX]+        ;存低位字相加之和
        ADDC    AX,[CX]         ;高位字相加,考虑进位位
        ST      AX,[DX]+        ;存放高位字之和
        LD      BX,#0000H       ;BX 清零
        ADDC    BX,#00H         ;BX←高位字之和的进位
        ST      BX,[DX]         ;存高位字之和的进位
HERE:   SJMP    HERE
        END
```

程序中使用了 CX 和 DX 两个地址指针,即 CX 指向存放加数的存储器单元,DX 指向存放

和的地址单元。

【例 4 - 4】拆字。在 3020H 单元中存放有一个压缩的 BCD 码数。将该数的个位数(低 4 位)存入 3021H 单元的低 4 位;该数的十位数(高 4 位)存入 3022H 单元的低 4 位,且 3021H 和 3022H 单元的高 4 位均为零。

【解】题目要求将一个压缩的 BCD 码拆分成两部分后分别存放于两个存储单元中,在 LED 显示程序中常常使用。程序的流程图如图 4 - 5 所示。

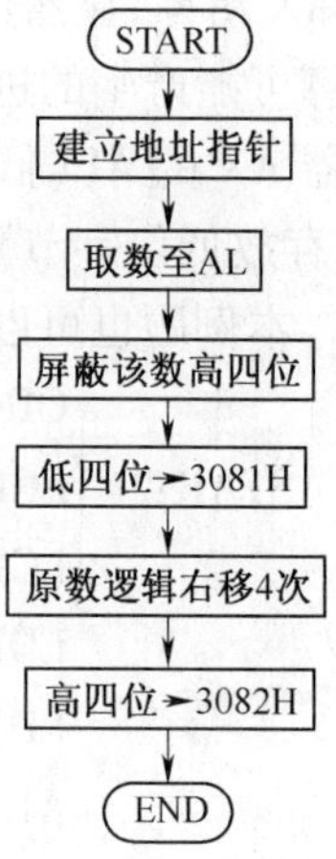

图 4 - 5　例 4 - 4 的拆字程序流程图

```
        ORG     2080H
DISPA:  LD      BX,#3020H       ;设置地址指针
        LDB     AL,[BX]+        ;取数,压缩的 BCD 码
        LDB     AH,AL           ;AH←AL,保存 BCD 码数
        ANDB    AL,#0FH         ;屏蔽高 4 位
        STB     AL,[BX]+        ;3021H←AL,存个位数
        SHRB    AH,#04H         ;AH←AH 逻辑右移 4 位
        STB     AH,[BX]         ;3022H←AH,存高 4 位
HERE:   SJMP    HERE
        END
```

【例 4 - 5】单字节压缩 BCD 码转换成二进制码。假设在 3020H 存有一个压缩的 BCD 码,其中高 4 位存十位数(d1),低 4 位存个位数(d0)。现要求将其转换为纯二进制码并存入 3021H单元中。

【解】把压缩的 BCD 码转换成二进制码的算法为:$(d1d0)_{BCD} = d1 \times 10 + d0$。实现该算法的参考程序如下:

```
        ORG     2080H
BCDA1:  LDB     AL,3020H[0]     ;取 BCD 码装入 AL
        LDB     AH,AL           ;保存 BCD 码
        ANDB    AL,#0FH         ;屏蔽高 4 位
        SHRB    AH,#04H         ;AH 逻辑右移 4 位
        MULB    AH,#0AH         ;AH←d1 ×10
        ADDB    AL,AH           ;AL←d1 ×10 + d0
        STB     AL,3021[0]      ;保存转换结果
HERE:   SJMP    HERE
        END
```

4.3　分支程序设计

4.3.1　分支程序的概念

所谓分支程序是具有两个或两个以上流程的程序。也就是说,在程序运行时,CPU 并非按顺序逐条执行指令,而是在程序的某处(称为分支点)根据一定的条件产生跳转,去执行另一处的程序段。

分支程序通常由条件转移指令来实现,也可以由位测试并跳转指令实现。分支点实际上就是一条条件转移指令。这种指令的特点是,若条件成立,则程序发生转移,否则顺序执行下一条指令。

4.3.2　单重分支程序

单重分支程序是只有一个分支的程序,这是最简单的分支程序,程序中的分支点由一条条件转移(或位测试并转移)指令构成。

【**例4-6**】判断无符号数的大小。设在3080H和3081H单元中分别存放有一个无符号的8位数,试比较它们的大小,并将较大的数置于3080H单元之中,较小的数置于3081H单元中。

【**解**】程序设计的思路是,用比较指令比较两个数的大小,若3080H单元中的数大于3081H单元中的数,则两单元的内容不变,否则两单元中的数互换。程序流程图见图4-6所示。

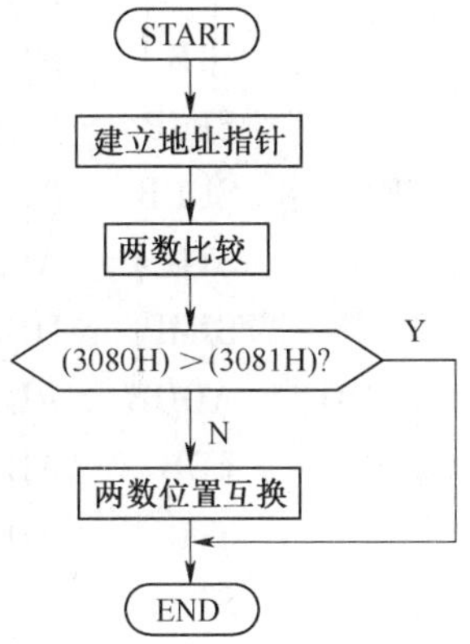

图4-6　例4-6的程序流程图

```
        ORG     2080H
COMP1:  LD      BX,#3080H       ;建立地址指针
        LDB     AL,[BX]+        ;取第一个数
        CMPB    AL,[BX]         ;两数比较
        JC      HERE            ;若(3080H)≥(3081H)则跳转
        LDB     AH,[BX]         ;第二数送AH暂存
        STB     AL,[BX]         ;小数→3081H单元
        STB     AH,3080H[0]     ;大数→3080H单元
HERE:   SJMP    HERE
        END
```

程序中将3080H和3081H单元中的数分别称为第一个数和第二个数。比较指令实际上就是做减法运算,其影响标志位。应该特别注意,对于减法运算,有借位时C=0,无借位时C=1,因此使用了条件转移指令JC。

4.3.3　多重分支程序

由两个或两个以上分支的程序称为多重分支程序。

【**例4-7**】在3400H和3401H单元中存放有两个无符号的8位数,现比较它们的大小。若两者相等,则将3402H单元置零;若3400H单元中的数大于3401H单元中的数,则3402H单元存放01H,且在3403H中存放两数之差;否则3402H置FFH,且将两数之和置于3403H单元中(设两数之和仍为8位数)。

【**解**】本例的问题中,需要处理三种情况,程序将出现两个分支,这就是一个多重分支程序的设计。程序流程图见图4-7。

```
        ORG     2080H
TEST7:  LD      BX,#3400H       ;建立地址指针
        LDB     AL,[BX]+        ;AL←(3400H),BX←BX+1
        CMPB    AL,[BX]         ;比较两数
        JE      SETZE           ;若两数相等,则转移至SETZE
```

```
        JNC     TADD            ;若(3400H) < (3401H),转移至 TADD
        SUBB    AL,[BX] +       ;AL←(3400H) - (3401H)
        LDB     AH,#01H
        STB     AH,[BX] +       ;(3402H)←01H
        STB     AL,[BX]         ;(3403H)←两数之差
        SJMP    HERE
SETZE:  SUBB    AL,[BX] +       ;AL←00H
        STB     AL,[BX]         ;(3402H)←00H
        SJMP    HERE
TADD:   ADDB    AL,[BX] +       ;两数相加
        LDB     AH,#0FFH
        STB     AH,[BX] +       ;(4302H)←0FFH
        STB     AL,[BX]         ;(3403H)←两数之和
HRER:   SJMP    HERE
        END
```

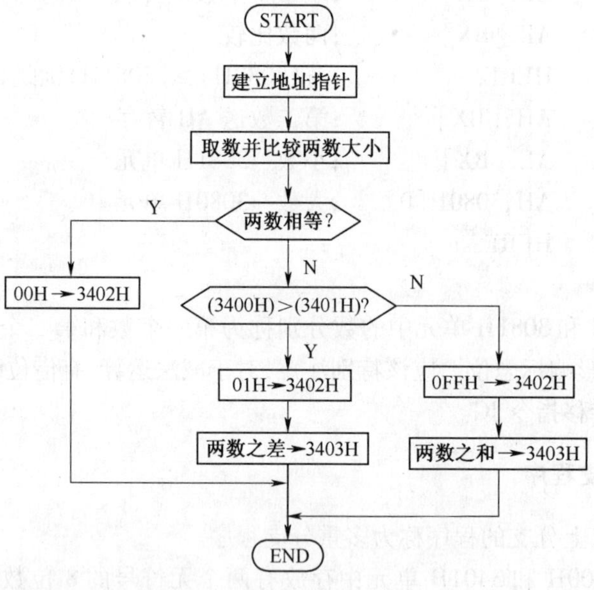

图 4 - 7　例 4 - 7 的程序流程图

4.4 循环程序设计

4.4.1 循环程序的概念

在解决一些问题的过程中,常常有许多重复或相同的步骤,在软件中就表现为一组指令要反复执行多次。若按顺序程序进行设计,则这些相同的指令就要重复书写多次,使程序变得十分冗长,并占用过多的存储单元,造成存储空间的浪费。若把这些需要重复执行的指令按一定的格式编写成一段相对独立的程序段并反复执行,将大大简化程序的书写,节省内存单元,这

种程序就称为循环程序。

虽然循环程序的最大优点是使程序变得简练,从而节省存储空间,但也仅限于此,循环程序并不能节省执行时间。而且,由于循环程序结构上的需要,增加了许多必不可少的环节,就使它的执行速度比顺序程序还要稍微慢一些。

循环程序也是一种最基本、最常见的程序结构形式,它有多种编写方法,且它的编写具有较强的技巧性。

4.4.2 循环程序的一般结构

循环程序有多种形式,但它们的基本结构是相同的,一般由四个部分组成。

1. 初始化部分

初始化部分的作用是为程序循环作准备,包括设置循环计数器、建立地址指针以及设置一些变量的初值等工作。

2. 循环体部分

循环体部分是循环程序的主体,由需要反复执行的那部分指令组成,其中也包括对地址指针的修改等指令,它完成循环的基本工作任务。

3. 循环控制部分

循环控制部分的作用是实现对循环的判断和控制,决定是否进行下轮循环还是结束循环。

4. 结束部分

循环结束部分的任务是处理程序运行的结果,如将运算结果送往内存单元存放或将结果输出显示等。

4.4.3 一般循环程序的设计

若循环程序的循环体中不再包含循环程序,即为单循环程序,也称为一般循环程序。如果在循环体中还包含有循环程序,那么这种现象称为循环嵌套,这样的循环程序就称为二重循环程序或三重以至多重循环程序。

在多重循环程序中,只允许外重循环嵌套内重循环,而不允许循环体相互交叉。另外,也不允许从循环程序的外部跳入循环程序的内部。

1. 用计数器控制循环的程序

这种循环程序的循环次数由一个称为计数器的寄存器加以控制。在程序的初始化部分应给该计数器赋初值,即把循环次数送入计数器。

【例4-8】将内存连续100个单元中存放的无符号8位数相加,该组数据的起始地址为3400H,相加的结果存放于3500H和3501H两个单元。

【解】用字寄存器CX作为地址指针,其初值为数据组的起始地址3400H。由于100个无符号8位数相加的最大值不会超过16位,因此每次相加的和均可存放于字寄存器AX中。为控制循环次数,用BL寄存器作为计数器,其初值为循环次数63H。程序流程图如图4-8所示。

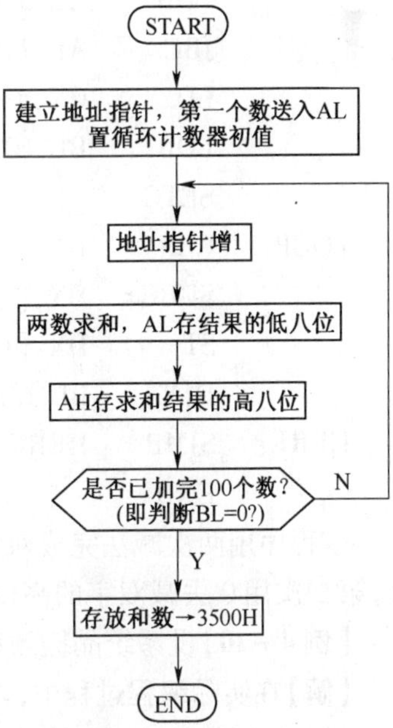

图4-8 例4-8的程序流程图

```
ORG     2080H
START:  CLRC                    ;进位标志位 C 清零
        LD      CX,#3400H       ;建立地址指针
        LDB     AH,#00H         ;AH 清零,准备存放和的高 8 位
        LDB     AL,[CX]+        ;第一个数送入 AL,地址指针增 1
        LDB     BL,#63H         ;设置循环次数
LOOP:   ADDB    AL,[CX]+        ;两数相加,地址指针增 1
        ADDCB   AH,#00H         ;加进位位
        DJNZ    BL,LOOP         ;判是否加完 100 个数,若否,则转移
        ST      AX,3500H[0]     ;保存求和结果
HERE:   SJMP    HERE
        END
```

程序中设置计数器 BL 的初值为 63H 即十进制数 99,这是因为 100 个数相加,需进行 99 次两个数的求和运算。AX 的低字节 AL 存放和的低 8 位数,高字节 AH 存放和的高 8 位数,且 AH 的最后结果是每次求和后进位位的叠加,因此用了指令 ADDCB AH,#00H。在程序的初始化部分用指令 CLRC 将进位标志 C 清零,为后面的加进位位做准备。

【例 4-9】求双字的补码。设有一个双字(长整型数)存放在 3000H 单元中,求它的补码并存放回原单元。

【解】在 MCS-96 的指令系统中,只有字节型和字型数的求补指令,若对双字求补,则需编制一段程序来完成。正数的补码与原码相等,负数求补码的算法有多种:一种是根据补码的定义,对需求补码的数 X 进行"变反加 1"的运算;另一种算法是根据算式(X)补 = (0 - X)进行计算,即用数 0 减去 X,在不计及最高位借位的情况下,所得之差即为所要求的结果。

```
        ORG     2080H
        LDB     AL,3004H        ;双字的最高字节送入 AL
        JBC     AL,7,HERE       ;若为正数,则跳转
        LD      CX,#3000H       ;建立地址指针
        LDB     BL,#02H         ;设置循环次数
        SETC                    ;进位标志置 1,为第一次减法做准备
LOOP:   CLR     DX              ;被减数 0→DX
        SUBC    DX,[CX]         ;DX←(0 - 低位字)
        ST      DX,[CX]+        ;回送结果
        DJNZ    BL,LOOP
HERE:   SJMP    HERE
        END
```

该程序用两次减法完成对双字的求补运算,第一次用 0 去减双字的低位字(低 16 位)部分,第二次用 0 去减双字的高位字(高 16 位)部分。两次减法用循环程序完成。

【例 4-10】设系统晶振频率为 12 MHz,试编制延时 1 ms 的延时程序。

【解】在实际编程过程中,常常需要在处理两个不同的任务之间加入一段时间间隔,称之为延时。可用软件的方法产生延时,即 CPU 执行一段程序。该段程序执行时,除消耗一定的时间外,并不做其他有实际意义的工作,这样的一段程序称为延时程序。延时程序通常主要由

空操作指令组成,并用循环程序实现,延时的长短与系统的晶振频率、循环次数有关。

```
        ORG     2080H
START:  LDB     AL,#0EBH        ;设置循环次数
LOOP:   NOP                     ;延时4T
        NOP                     ;延时4T
        DJNZ    AL,LOOP
HERE:   SJMP    HERE
```

该程序中 AL 中存放延时 1 ms 所需的循环次数,即 AL 作循环计数器用。延时 1 ms 的任务由循环执行中间的三条指令完成,循环次数由这三条指令执行所需的时间(状态周期数)决定。NOP 指令的执行时间为 4 T,DJZD　AL,LOOP 指令执行的时间为 9 T,循环一次需耗时为 17 T。当晶振频率为 12 MHz 时,状态周期为 $T=\frac{1}{4\text{M}}=0.25\ \mu\text{s}$,因此循环次数的计算如下:

$$K=\frac{1\ \text{ms}}{17\ T}=\frac{1\ \text{ms}}{17\times 0.25\ \mu\text{s}}=235=\text{EBH}$$

注意,执行指令 LDB　AL,#0EBH 需要 4 T 的时间,即 1 μs。执行上述延时程序时会产生 1 μs的误差。所以软件延时时会产生一定的误差,但只要能保证足够的精度,还是可以使用的。

2. 按问题的条件控制循环的程序

这类程序的循环次数由实际问题给定的特定条件予以控制。

【例 4-11】数据查找。从内存单元 3400H 开始的连续 100 个单元中存放有一串 8 位数据,先需从中找出第一个数值为 20H 的数据,若找到则将其地址送 3500H,否则将 3500H 置为 00H。

【解】这是一个从一个数据串中查找特定数据的程序。这个特定数据便可以作为控制循环次数的条件。程序流程图如图 4-9 所示。

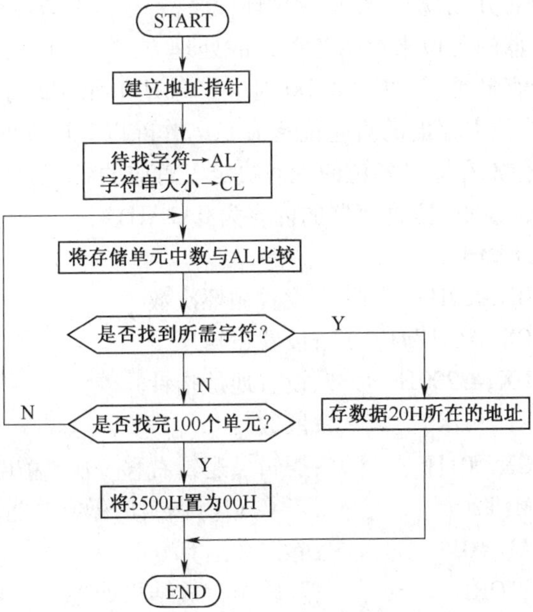

图 4-9　例 4-11 的程序流程图

```
        ORG     2080H
START:  LD      BX,#3400H       ;建立地址指针,指向数据串的首地址
        LDB     CL,#64H         ;CL←数据个数
        LDB     AL,#20H         ;AL←待查找的数据
LOOP:   CMPB    AL,[BX]+        ;判断是否找到第一个 20H
        JE      SEDADD          ;已找到,转移
        DJNZ    CL,LOOP         ;未找完 100 个单元,继续查找
        STB     CL,3500H[0]     ;(3500H)←00H
        SJMP    HERE
SEDADD: DEC     BX              ;地址指针减 1
        ST      BX,3500H[0]     ;存放 20H 所在单元的地址号
HERE:   SJMP    HERE
```

在这一程序中需要考虑两种情况,一是在数据串中至少有一个数据为 20H,找到第一个 20H 后,就可结束循环,而后将存放此数据单元的地址号送 3500H 和 3501H 单元存放。二是在此数据串中无数据 20H,这就需在查找完整个数据串后才能结束循环,并将 3500H 置零。这样,该程序实际上用两种方式控制循环,即由问题的条件控制循环和用计数器控制循环。

3. 用逻辑尺控制分支的循环程序

许多实际任务需用带分支的循环程序来完成,在某些情况下,在循环过程中实现分支无一定的规律可循,这时可考虑使用所谓的"逻辑尺"来控制分支程序。

【例 4-12】从 3200H 单元开始存放有 16 个无符号的 8 位数,现需要将其中的 3201H、3203H、3204H、3209H、320BH 等单元中的数据乘以 2。其余单元中的数据除以 2 后仍存回原单元。假设各单元的数值处理后仍为单字节数。

【解】例题中需要处理 16 个数据,且数据的处理按两种方式进行,或者乘以 2 或者除以 2。可以看出,处理方式的分布并无规律,要写成循环程序,若按常规方法处理将十分困难。为此,我们可用一个 16 位寄存器的各位来控制各单元的处理方式。具体的做法是:将该 16 位寄存器的各位按顺序与 16 个存储单元对应,如 D0 对应 3200H 单元,D1 对应 3201H 单元……若作乘以 2 运算处理,则该 16 位寄存器的对应位置为 1;若作除以 2 运算处理,则该 16 位寄存器的对应位置为 0。这个 16 位寄存器的各位的状态决定了对应的各存储单元的处理方式,称之为"逻辑尺"。对于本例题,"逻辑尺"寄存器的内容为 0A1AH。

```
        ORG     2080H
        LDB     BL,#10H         ;设置循环次数
        LD      CX,#0A1AH       ;设置逻辑尺
        LD      DX,#3200H       ;设置地址指针
LOOP:   LDB     AL,[DX]         ;取数
        SHR     CX,#01H         ;逻辑尺逻辑右移一次,输出位送 C
        JC      MLT2            ;若 C=1,则转移,做乘法运算
        SHRB    AL,#01          ;除以 2 运算
        SJMP    STORE           ;跳转至存放结果处理
MLT2:   SHLB    AL,#01          ;乘以 2 运算
STORE:  STB     AL,[DX]         ;存放运算结果
```

```
          INC     DX                ;修改地址指针,指向下一单元
          DJNZ    BL,LOOP           ;判是否处理完,若未完则转移
HERE:     SJMP    HERE
          END
```

在程序中,将逻辑尺用逻辑右移指令逐位移入进位标志 C 中,对 C 进行判断,若 C = 1 则作乘以 2 运算处理;若 C = 0 则作除以 2 运算处理。乘以 2 和除以 2 运算分别用左移和逻辑右移指令来实现,可以节省程序的运行时间。

4.4.4　多重循环程序

【例 4 – 13】是编写延时 0.1 s 的程序。

【解】在例 4 – 10 中,我们编写了延时 1 ms 的程序,显然,若需延时 0.1 s,只需将该程序循环执行 100 次便可。程序流程图如图 4 – 10 所示。

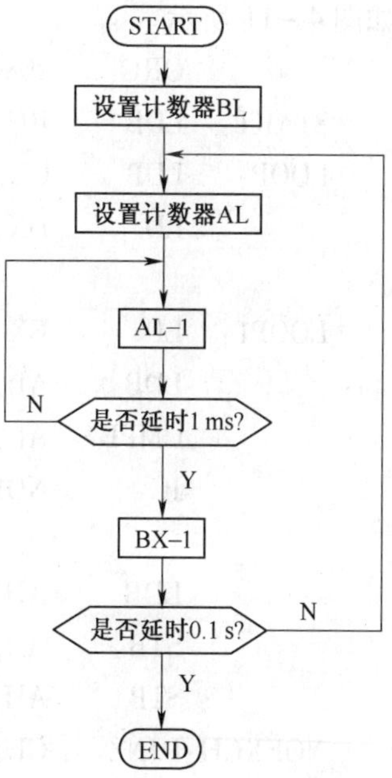

图 4 – 10　例 4 – 13 的程序流程图

```
          ORG     2080H
STRT:     LDB     BL,#64H       ;设置外循环的循环次数
LOOP:     LDB     AL,#0EAH      ;设置内循环的循环次数
LOOP1:    NOP                   ;延时 4 T
          NOP                   ;延时 4 T
          DJNZ    AL,LOOP1      ;是否延时 1 ms,若否,转移至内循环
          DJNZ    BL,LOOP       ;是否延时 0.1 s,若否,转移至外循环
HERE:     SJMP    HERE
          END
```

这是一个简单而典型的多重循环(二重循环)程序,其内循环实现 1 ms 延时,外循环实现 0.1 s 的延时。AL 用作内循环计数器,BL 用作外循环计数器。通常也将内循环称为小循环,外循环称为大循环。

【例 4 – 14】数据排序。将从 3200H 单元开始连续存放的 100 个单元中的无符号数按降序(从大到小的顺序)排列,从新排序后的数据仍存放在原来的内存区域中。

【解】数据排序的方法很多,现以冒泡法为例,说明降序排序的算法和编程方法。

冒泡法是一种相邻数比较、互换的排序方法,因其过程类似水中气泡上浮,故称为冒泡法。程序执行时从前向后进行相邻数比较,如果数据的大小次序与要求不符时(逆序),就将两个数据互换,否则为正序不互换。为进行降序排序,应通过这种相邻数互换方法,使大数向前移,小数向后移。如此从前向后进行一次冒泡(相邻数互换),就会把最小的数换到最后;再进行一次冒泡,就会把次小数排在倒数第二的位置……

设有 N 个数,相邻两数比较、互换 $N-1$ 次后,数据串中的最小数已被换到数据串的最后一个单元中,这样依次比较相邻两单元数据的过程可以用一个循环程序来完成。执行一次这个循环程序,只完成了一次冒泡,只能保证将最小的数换到最后一个单元(降序排序),并不能保证整个数据串按降序排列,因此还需进行下一次冒泡,即将上述的循环程序再执行一次。如此重复执行 $N-1$ 次,便可将整个数据串按降序排列好。

由此可见,整个排序过程需用二重循环程序完成,其中内循环是依次比较相邻两单元中数

据的大小,循环次数为 $N-1$ 次;外循环是重复执行内循环,循环的次数也是 $N-1$ 次。按这种思路,可设计程序流程图如图 4-11 所示。

```
         ORG     2080H
START:   LDB     BL,#63H      ;设置外循环次数
LOOP:    LDB     CL,#63H      ;设置内循环次数
         LD      DX,#3200H    ;设置地址指针,指向
                               数据串的首地址
LOOP1:   LD      EX,DX        ;保存地址指针
         LDB     AL,[DX]+     ;取数
         CMPB    AL,[DX]      ;比较相邻两数
         JC      NOEXCH       ;若 AL≥(DX),则不
                               交换
         LDB     AH,[DX]      ;相邻两单元的数互换
         STB     AL,[DX]
         STB     AH,[EX]
NOEXCH:DJNZ     CL,LOOP1     ;若内循环未结束,则
                               返回
         DJNZ    BL,LOOP      ;若外循环未结束,则
                               返回
HERE:    SJMP    HERE
         END
```

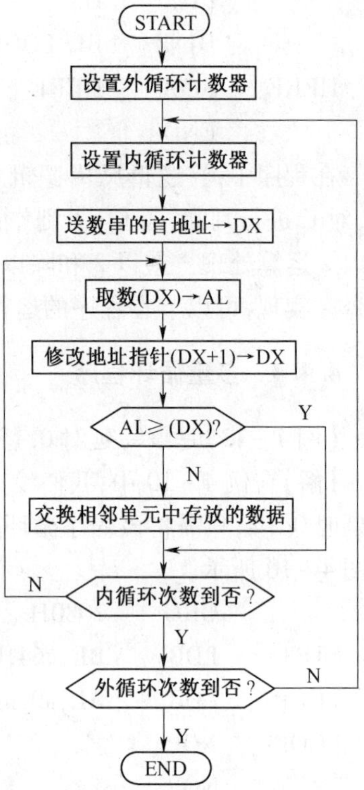

图 4-11　冒泡法排序的程序流程图

根据冒泡排序程序的执行过程,有两个问题需要说明:

1. 由于每次冒泡都从前向后排定了一个小数(降序排列),因此每次冒泡所需进行的比较次数都递减 1。如有 N 个数参加排序,则第一次冒泡需比较 $N-1$ 次,第二次需比较 $N-2$ 次……但实际编程时,有时为了简化程序,往往把各次冒泡的比较次数都固定为 $N-1$ 次。

2. 对于 N 个数,理论上说应该进行 $N-1$ 次冒泡才能完成排序,但实际上有时不到 $N-1$ 次就已经排好。判断排序是否完成的最简单的方法,就是看各次冒泡中有无发生数据交换,如果有数据交换,说明排序还没有完成;若无数据交换,说明排序已经完成。为此,可在程序中用以寄存器设置标志,其初值为 1,在每轮内循环中若进行了数据交换,则标志仍为 1 保持不变;若未进行数据交换,则将标志清 0。在新一轮内循环开始之前先检查此标志,如果发现其为 0,则说明排序已经完成,结束程序的运行。如此处理后,在一些情况下可减少外循环的次数,进一步提高程序的运行效率。

4.5 子程序设计

4.5.1 子程序的概念

1. 子程序的概念

子程序是一个相对的概念。在程序设计过程中,经常会遇到在程序的不同部位需进行相同的操作或运算的情况,若按常规方法去处理,就需要将某些指令段重复编写若干次,这势必

增大程序量，占用过多的存储空间。而使用子程序就可以解决这一问题。在程序中多次出现的程序指令按一定的格式编写成相对独立的程序段，在需要用到这段程序的地方用一条所谓的调用指令来代替它，即一条指令相当于这段程序的作用。这样一段相对独立的程序称为“子程序”，调用它的程序则对应地称为主程序。

使用子程序的最大优点是简化了程序的书写工作量，节省了存储空间，但并不能减少程序的运行时间。

2. 子程序的调用与返回

子程序被主程序调用，具体实现由调用指令（CALL 指令）与返回指令（RET 指令）完成。在 MCS－96 指令系统中，调用子程序的指令用两条：长调用指令 LCALL 指令和短调用指令 SCALL 指令。LCALL 指令的调用范围使整个内存空间，SCALL 的调用范围是以调用指令所在单元为中心的－1 024～＋1 023 这一区域，共 2 K 的内存空间。返回指令的作用是使程序的运行由子程序返回到主程序。

CPU 执行调用指令时，分为几个步骤：首先将主程序的断点地址（也称为返回地址，即调用指令下一条指令的地址）压入堆栈，而后将子程序的地址赋给程序计数器 PC，则程序的执行转向子程序。子程序执行结束时，CPU 执行返回指令，将原堆栈中的断点地址出栈，送回程序计数器 PC，程序的运行返回主程序，继续执行调用指令后面的程序。

子程序的调用过程如图 4－12 所示。

（1）子程序嵌套：一段子程序调用另一段子程序称为子程序嵌套。实际使用时可使用多重子程序嵌套。图 4－13（a）是二重子程序嵌套示意图。

（2）子程序递归调用：自称调用其本身的过程称为子程序递归调用，如图 4－13（b）中的虚线所示。

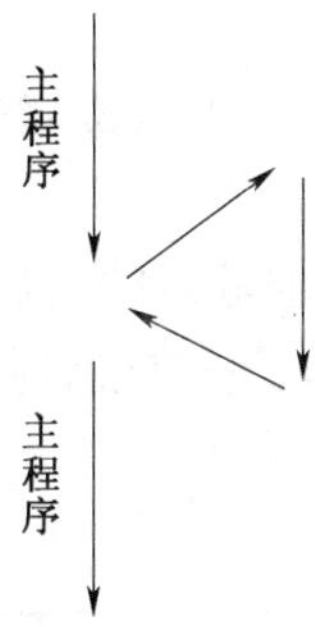

图 4－12　子程序调用示意图

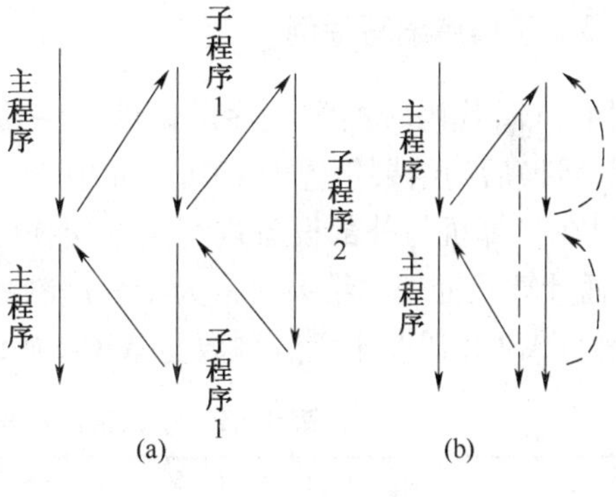

图 4－13　子程序嵌套及递归调用示意图

4.5.2　子程序设计要点

1. 第一条指令前必须具有标号

子程序第一条指令前的标号可看成是子程序的子程序名，在主程序中作为调用指令的操作数，实现子程序的调用。

2. 子程序的最后应以返回指令（RET）结尾

RET 指令的作用是将断点地址送至 PC，保证正确返回主程序。

3. 在主程序中设置堆栈

堆栈主要是为子程序调用和中断操作而设计的。堆栈的功能有两个:保护断点和保护现场。因为计算机在执行子程序调用操作和执行中断服务,最终都要返回主程序。因此在计算机转去执行子程序或中断服务之前,必须考虑其返回的问题。为此应预先把主程序的断点保护起来,为程序的正确返回做准备。

4. 力求使子程序简练、高效、实用

由于子程序的执行次数较多,对子程序的编写有较高的要求。应努力使子程序尽量简练,占用字节数少,所使用的寄存器和内存空间单元少,执行速度快。在编写子程序时应精心推敲,反复修改。

5. 对子程序加以说明

由于子程序用于被各种程序调用,它具有共享性,为了便于使用者稳妥地调用,应对子程序加以完整清晰的说明。这些说明包括:

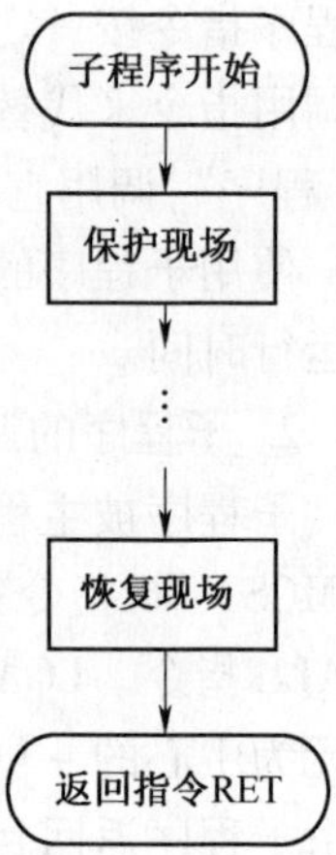

图 4-14 子程序的一般结构

(1)子程序的程序名,子程序的功能。

(2)子程序的入口地址。

(3)子程序所使用的寄存器和内存单元。

(4)子程序入口参数:调用前需要提供的数据、状态和提供方式。

(5)子程序出口情况:处理的结果置于何处,有关寄存器及存储单元的内容变化情况等。

(6)对复杂的或特殊的子程序应举例说明调用方法。

(7)对重要的子程序给出调用一次所需的运行时间。

子程序的一般结构如图 4-14 所示。

4.5.3 子程序编写举例

【例 4-15】代码转换子程序。试编写一个子程序,将 40H 单元中的十六进制数转换为 ASCII 码,转换后的结果仍置于 40H 单元中。

【解】在计算机与外部设备进行信息交换时,如显示器和打印机要求输入的信息是 ASCII 码形式,而计算机处理的结果通常为十六进制数。这样在数据送至外部设备之前,应将十六进制数转换为 ASCII 码。十六进制数与 ASCII 码的对应关系如表 4-1 所示。

表 4-1 十六进制数与 ASCII 码的对应关系

HEX	0	1	2	3	4	5	6	7	8	9	A	B	C	D	E	F
ASCII	30H	31H	32H	33H	34H	35H	36H	37H	38H	39H	41H	42H	43H	44H	45H	46H

由表中可看出,十六进制数 0 ~ 9 只要加上 30 和就可以得到相对应的 ASCII 码 30H ~ 39H;十六进制数 A ~ F 只要加上 37H 就可以得到相对应的 ASCII 码 41H ~ 46H。

;子程序名:HEXACS

;功能:将 40H 单元中的十六进制数转换为 ASCII 码

;调用地址:3060H

;入口:待转换的十六进制数在 40H 单元

;出口:转换后得到的 ASCII 码仍置于 40H 单元中

;使用寄存器:40H

```
          ORG     3060H
HEXASC:   CMPB    40H,#0AH       ;待转换的书与0AH比较
          JNH     MADD30         ;若(40H)<0AH,则转移
          ADDB    40H,#37H       ;作加37H处理
          SJMP    FANHUI
MADD30:   ADDB    40H,#30H       ;作加30H处理
FANHUI:   RET
```

【例4-16】从3200H开始的连续12个单元存放着三个无符号双字数据,将此三个数求补后分别存入从3300H开始的单元中。每次求补运算后将计数器DH增1。

【解】将双字求补运算编写为子程序而在主程序调用它。编写的主程序和子程序如下:

```
                 ORG           2080H
MAIN:     LD     SP,#0080H     ;建立堆栈
          LD     BX,#3200H     ;建立地址指针,指向第一个双字的低字
          LD     CX,#3300H     ;建立指针以存放求补结果
          CLR    DH            ;清计数器
          SCALL  DOUCOM        ;第一个双字求补
          INCB   DH            ;计数器加1
          SCALL  DOUCOM        ;第二个双字求补
          INCB   DH            ;计数器加1
          SCALL  DOUCOM        ;第三个双字求补
          INCB   DH            ;计数器加1
HERE:     SJMP   HERE

          ORG    #3000H
DOUCOM:   PUSHF                ;保护现场
          PUSH   AX            ;保护现场
          LD     DL,#02H       ;设置减法计数器
          SETC                 ;进位标志置1,为减法做准备
LOOP:     LD     AX,#00H
          SUBC   AX,[BX]       ;求补运算
          ST     AX,[CX]+      ;存求补结果
          DJNZ   DL,LOOP
          POP    AX
          POPF

          ORG    3200H
          DW     …
```

双字求补程序作为一个子程序,主程序对它进行三次调用,完成三个双字的求补运算。从整个程序的运行过程分析,可看了解子程序是如何设计的和主程序是如何调用子程序的。

为了说明基本的概念，在子程序中使用了堆栈技术保护和恢复现场。尽管在本例中，保护和恢复现场似乎并非必要。应特别注意堆栈操作是“先进后出”，进栈和出栈的顺序应安排好。

*4.6　查表程序设计

4.6.1　查表程序的概念

在数据处理和实时控制中，查表是一种重要而常用的技术。从广义上讲，所谓查表是指已知变量 X，通过查表找表格求得函数值 $f(X)$。查表程序的作用是从实现设计并予于存储的表格中查询到所需要的某个数据。

查表程序的特点是能较方便、快捷地找到所需的数据，但表格会占用一定的内存，这意味用牺牲存储空间来换取时间和速度。

4.6.2　查表程序的设计要点

1. 合理安排表格的地址

在编好表格后，将其置于内存中，尤其注意内存的地址选择，这一地址指的是表格的起始地址，也称为表的首地址。在查表技术中，基地址加上所找数据(作为偏移量)在表格中的序号(或称为索引值)，表示答案的地址值。显然，地址值应和答案有着直接的对应关系。

2. 恰当地组织数据表格，选择适当的查表方法

在一般情况下，表格中数据按序存放于内存中的某一区域中，有时为了便于快速查找也可将数据分为两块或若干块存放。比如数据为双字，可将其一分为二，低位字部分和高位字部分分别存放于两块不同的区域，查找时一并找出。查表方法视表格形式而定，可灵活选择。

4.6.3　查表程序举例

【例4-17】已知某数存于3200单元，数的范围是0~15，编写查表程序求其平方值，并将其平方值送入3201H单元中。

【解】首先编制平方值表格，将0~15的平方值依次分别送入3300H开始的内存中，这一表格占用了3300H~330FH共16个单元的区域。用BX作为查表指针，将表首地址3300H置入BX中，又将3200H单元中的待求数送入寄存器AX中，并作为偏移量加到BX中。此时BX中的内容便是答案所在的单元的地址号。例如数6的平方值位于3306H单元中，将表首地址3300H与数06H相加即可得到这一地址号。

```
         ORG    3300H
SQUTAB:  DB     00H,01H,04H,09H,10H,19H,24H,31H
         DB     40H,51H,64H,79H,90H,A9H,C2H,D1H
CALSQU:  LD     BX,#3300H     ;BX←平方值表首地址
         LD     CX,#3200H     ;CX←待求数字地址
         ADDB   BL,[CX]+      ;偏移量加在表首址的低8位
         LDB    AL,[BX]       ;取平方值
         STB    AL,[CX]       ;存结果
HERE:    SJMP   HERE
```

程序中的加法指令是得到带球数的平方之所在内存单元的地址号，该语句也可改为传送指令 LDB　BL，[CX]+，这因为平方值表起始地址的低8位为00H，若非如此，就只能用加法指令。

【例4-18】对分检索法。有序表格共有10个数据：02H、06H、11H、22H、28H、34H、55H、64H、82H、88H，存放在从3400H开始的内存单元之中，现需从中找出数64H，若找到则将3420H置为0FFH，否则置为00H。

【解】对分检索的前提是数据已经排好序，以便与按对分原则取数进行关键字比较，具体过程是：取数组中间位置的数与关键字比较，如果相等则检索成功。如果取数大于关键字，则下次对分检索的范围是从数据起点到本次取数。如果取数小于关键字，则下次对分检索的范围是从本次取数到数据区终点。依此类推，逐次缩小检索范围，直到最后。

对分检索可以减少检索次数，大大提高检索速度。但对分检索是一种递归算法，具体实现时首先要确定检索范围，范围的起点是0，而终点是把最后一个数的序号加1，这样才能使最后一个数也在有效地检索范围之内，因为在程序中对分序号是通过起点与终点相加，然后除以2取整而得到的。

对分检索的程序流程图如图4-15所示。

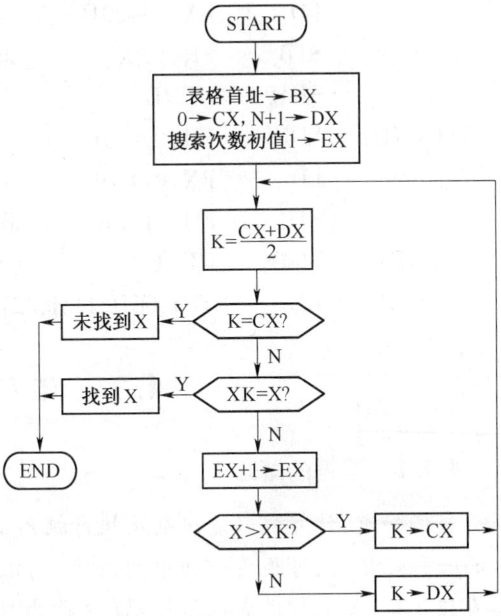

图4-15　对分搜索法的程序流程图

```
            ORG     2080H
FINTAB:     LD      CX,#00H         ;置查找区域的下限
            LD      DX,#0BH         ;置查找区域的上限
            LD      EX,#01H         ;置查找次数初值
            LDB     FL,#64H         ;置检索值X=64H(关键字)
LOOP:       LD      BX,#3400H       ;置表格首地址
            LD      AX,CX           ;AX←下限初值
            ADD     AX,DX           ;AX=下限+上限
            SHR     AX,#01H         ;AX←K=(下限+上限)/2
            LD      GX,AX           ;暂存K值
            CMP     AX,CX           ;K与下限值比较
            JE      SETZER          ;相等，则未找到，转移
            DEC     AX              ;AX←K-1
            ADD     BX,AX           ;得到中间项XK的地址号
            CMPB    FL,[BX]         ;XK和检索值比较
            JE      FOUND           ;相等则找出，转移
            JNH     GREAT           ;XK大于检索值则跳转
            LD      CX,GX           ;XK小于检索值，修改区间下限
```

```
         INC     EX              ;查找次数增1
         SJMP    LOOP            ;跳转,做下一次检索
GREAT:   LD      DX,GX           ;修改区间上限值
         INC     EX              ;查找次数增1
         SJMP    LOOP            ;跳转,做下一次检索
SETZER:  LDB     FH,#00H
         LD      BX,#3420H
         STB     FH,[BX]         ;未找出检索值,将3420和置为00H
         SJMP    HERE
FOUND:   LDB     FH,#0FFH
         LD      BX,#3420H
         STB     FH,[BX]         ;找出检索值,将3420和置为FFH
HERE:    SJMP    HERE
TABLE:   DB      02H,06H,11H,22H,28H,34H,55H,64H,82H,88H
```

4.7 汇编及汇编过程

4.7.1 汇编的概念

我们知道,计算机只能识别及执行机器语言即二进制代码,汇编语言知识为编程方便而引入的一种记忆符,可视为一种中间语言,用汇编语言编写的程序(也称为源程序)并不能被机器直接执行,必须翻译成机器代码(也称为目标程序),才能在计算机中运行。这种将汇编程序翻译成机器代码的过程称为汇编。

汇编可用手工完成,也可用专用的软件由机器自动完成。

4.7.2 手工汇编

汇编指令和机器指令之间有着一一对应的关系,这种对应关系列于机器的指令系统表中。所谓手工或就是用查指令表的方法,将源程序中的汇编指令翻译成机器码并装入指定的内存单元中。

手工汇编的最大优点是:系统在不需要另加软件及硬件支持的情况下就能完成汇编过程,可节省系统的投资,但缺点时工作量大,且容易出错。因此手工汇编一般只用于初学者学习汇编过程或程序较小的情况下。

4.7.3 手工汇编的步骤

手工汇编可按下列步骤进行:

1. 反复修改源程序,确保程序正确无误。

2. 查阅指令系统表,将程序中的汇编指令逐一翻译为机器码。翻译过程中,注意将每一指令的首地址写出。

3. 翻译完毕后,检查、核对源程序和机器码,修改错误。特别注意核对转移地址(偏移量)计算的准确性。

4. 按程序规定的起始地址,将目标程序代码逐一用键盘输入至内存空间。

5. 运行机器代码程序并检验运行结果。若有错误则表明源程序或手工汇编过程有误,需

再检查源程序和目标代码程序，直到程序运行无误。

【例5-19】用手工汇编下列汇编源程序。

【解】手工汇编就是根据源程序查表，将各指令的机器码找出来。

地址	机器码	标号	指令	注释
			EQU AX,20H	
			EQU BX,22H	
			EQU CX,24H	
			ORG 2080H	
2080H	A1003424	START:	LD CX,#3400H	;建立地址指针
2084H	B10021		LDB AX,#00H	;AH清零
2087H	B22524		LDB AL,[CX]+	;AL←第一个数,AX←AX+1
208AH	B16322		LDB BL,#63H	;设置计数器初值
208DH	F8		CLRC	;进位标志清零
208EH	762520	LOOP:	ADDB AL,[CX]+	;两数相加
2091H	B50021		ADDCB AH,#00H	;加进位位
2094H	E022F7		DJNZ BL,LOOP	;未加完100个数,转移
2097H	C301003520		ST AX,3500[0]	;存求和结果
209CH	27FE	HERE:	SJMP HERE	
			END	

在汇编过程中，应注意以下几点：

(1)在机器码中将寄存器用地址号表示。本例题中，用伪指令定义AX为20H，BX为22H，CX为24H。

(2)使用间址寻址和自动增量寻址方式时，注意寄存器地址号的区别，前者使用偶地址，后者使用奇地址。

(3)程序中有两处转移指令，均须计算地址偏移量，注意偏移量的计算方法。

4.7.4 机器汇编与汇编程序

机器汇编就是将汇编过程在计算机中通过特定的软件程序自动完成。这种将汇编语言程序翻译为目标代码的程序称为汇编程序。机器汇编能大大减少程序设计人员的工作量并减少出错的可能性。因此在设计应用系统时，尤其是程序量较大时大都采用机器汇编的方法。

机器汇编必须在一定的软件和硬件环境条件下才能进行。首先必须有针对特定机器语言系统的汇编程序(汇编软件)，其次还要有配备屏幕显示器(CRT)和打印机的系统机。

机器汇编的一般步骤如下：

1. 编写源程序并进行修改。
2. 将源程序通过系统机键盘输入装有汇编程序的计算机。
3. 启动汇编程序进行汇编。若源程序有错 则软件通过屏幕显示器提示给编程人员。
4. 按照屏幕的提示对程序进行修改，在进行汇编，直至汇编通过并形成目标程序为止。
5. 汇编通过对源程序并不意味着程序本身不存在错误只能说明源程序不存在语法错误。程序是否符合任务的要求，需要看目标程序运行的结果。若运行结果不正确，则说明源程序存在错误，也能够继续修改程序，再进行汇编，直到运行结果符合任务的要求。

本 章 小 结

本章介绍了汇编语言程序设计的基础知识，主要包括以下几个知识点：

1. 一条汇编语句是由标号、操作码、操作数和注释 4 个部分组成，其中用操作码是必不可少的，其他部分可有可无，视具体情况而定。

2. 编制汇编语言程序的一般步骤是：(1)建立数学模型，确定算法；(2)设计程序流程图；(3)安排寄存器和内存空间；(4)编制源程序；(5)上机调试并运行程序。

3. 顺序程序是最简单的程序结构，在顺序程序中没有分支、循环，也不调用子程序。这种程序的特点：执行程序时是按顺序从头至尾一条一条地执行指令。顺序程序也称为简单程序，它是最基本的程序形式。

4. 所谓分支程序是具有两个或两个以上流程的程序。也就是说，在程序运行时，CPU 并非按顺序逐条执行指令，而是在程序的某处(称为分支点)根据一定的条件产生跳转，去执行另一处的程序段。分支程序通常有条件转移指令来实现，也可以由位测试并跳转指令实现。分支点实际上就是一条条件转移指令。这种指令的特点是，若条件成立，则程序发生转移，否则顺序执行下一条指令。分支程序有单重分支程序和多重分支程序。

5. 循环程序就是把在程序中需要重复执行的指令按一定的格式编写成一段相对独立的程序段并反复执行，简化程序的书写，节省内存单元。虽然循环程序的最大优点是使程序变得简练，从而节省存储空间，但也仅限于此，循环程序并不能节省执行时间。而且，由于循环程序结构上的需要，增加了许多必不可少的环节，就使它的执行速度比顺序程序还要稍微慢一些。循环程序有多种形式，但它们的基本结构是相同的，一般由初始化部分、循环体部分、循环控制部分、结束部分等四个部分组成。

6. 在程序中多次出现的程序指令按一定的格式编写成相对独立的程序段，在需要用到这段程序的地方用一条所谓的调用指令来代替它，即一条指令相当于这段程序的作用。这样一段相对独立的程序称为“子程序”，调用它的程序则对应地称为主程序。在 MCS－96 指令系统中，调用子程序的指令用两条：长调用指令 LCALL 指令和短调用指令 SCALL 指令。LCALL 指令的调用范围使整个内存空间，SCALL 的调用范围是以调用指令所在单元为中心的－1024～＋1023 这一区域，共 2K 的内存空间。返回指令的作用是使程序的运行由子程序返回到主程序。

7. 查表程序的特点是能较方便、快捷地找到所需的数据，但表格会占用一定的内存，这意味用牺牲存储空间来换取时间和速度。编制查表程序时应当注意合理安排表格的地址和恰当地组织数据表格，选择适当的查表方法。

8. 计算机只能识别及执行机器语言即二进制代码，汇编语言知识为编程方便而引入的一种记忆符，可视为一种中间语言，用汇编语言编写的程序(也称为源程序)并不能被机器直接执行，必须翻译成机器代码(也称为目标程序)，才能在计算机中运行。这种将汇编程序翻译成机器代码的过程称为汇编。汇编可用手工完成，也可用专用的软件由机器自动完成。

复习思考题

1. 将存储单元2800H和2801H单元的内容互换。

2. 将存储单元3020H的低四位放入3022H单元的高四位中，将3021H单元中的低四位放入3022H单元的低四位中。

3. 存储单元3200H和3201H中分别存放有无符号8位数，比较其大小，并将小者存入3202H单元中。

4. 将存储单元3300H中的D1、D3、D4和D6位取反，其他位不变，处理结果存入3301H单元中。

5. 统计2100H单元中无符号数的各位状态为“1”的个数是奇数还是偶数。若是奇数则将2101H单元置为01H；若为偶数，则将2101H单元清零。

6. 将从3020H单元开始连续存放的100个字型无符号数相加，所得结果存放于3300H单元之中。

7. 设有六个无符号的双字型数据(32位)连续存放在从2200H开始的存储单元中，将它们相加后，和数存放在2300H开始的单元中。

8. 在从3200H开始的存储单元中存放有16个无符号8位数，它们的平均数并存放在3300H单元中。

9. 将自然数0～100按序存放在从2200H开始的存储单元中。

10. 统计一个数据组(8位)中负数的个数。设数据组的程度为100，其起始地址为2400H。将统计结果存放在2300H单元中。

11. 将从2305H开始的20个单元中的数据全部下移5个单元。

12. 找出存放于2170H开始的连续100单元中8位无符号数的最大者，结果存于2160H单元中。

13. 找出存放于2170H开始的连续100单元中16位无符号数的最大者，结果存于2160H单元中。

14. 找出存放于2400H开始的连续100单元中8位无符号数的最小者，结果存于2300H单元中。

15. 求存放于2400H开始的连续20单元中16位无符号数的平均值，结果存于2300H单元中。

16. 已知从2170H开始的连续存放有100单元中8位无符号数，试编写升序排序程序，结果存于原单元中。

17. 将3200H开始的有200个字节的源数据区，每隔一个单元送到4000H开始的数据区。在目的数据区中，每隔两个单元写一个数据。如遇回车(0DH)则传送结束。

18. 编写延时0.5 s的延时子程序。

19. 编写将存放于AX和BX中的有符号双字求和，结果存放于CX中的子程序。

20. 编写程序：(1)将自然数0～100的平方值送入从2200H的单元存放，构成平方值表格；(2)已知$0 \leqslant X \leqslant 100$，查表求$X$的平方值，查表结果存入2800H单元中。

第5章

中断技术与定时器的应用

【学习目标】

本章介绍 MCS－96 单片机的中断系统和定时器。了解中断的概念、中断的响应过程、中断优先级和中断技术的应用；了解定时器的特征、功能和基本的应用。

中断技术是计算机的一项重要技术。单片机的中断技术有效地解决了资源共享的问题，使单片机的功能有了很大的提高，尤其是在实时控制系统中，由于中断技术的应用，使得控制效果更为完善。

定时器是用作计数、定时功能的器件。在计算机应用系统中，经常要求实现定时控制、延时操作和对外部事件计数，这些功能既可用软件也可用硬件来实现。但软件实现需占用 CPU 的时间，而用定时器来实现则不占用或少占用 CPU。

5.1 中断技术概述

5.1.1 中断的概念

中断是一项重要的计算机技术，这一技术在单片机中得到了充分继承和应用。其实，中断现象不仅在计算机中存在，就是在我们的日常生活中也同样存在。请看下面的例子：

你在看书——电话铃响了——你在书上做个记号，走到电话旁——你拿起电话和对方通话——门铃响了——你让打电话的对方稍等一下——你去开门，并在门旁与来访者交谈——谈话结束，关好门——回到电话机旁，拿起电话，继续通话——通话完毕，挂上电话——从做记号的地方起继续看书。

这就是一个典型的中断现象。从看书到接电话，是一次中断过程，而从打电话到与门外来访者谈话，则是在中断过程中发生的又一次中断，即所谓的中断嵌套。为什么会发生上述的中断现象呢？因为你在一个特定的时刻，面对这三项任务：看书、打电话和接待来访者。但一个人又不可能同时完成三项任务，因此你只好采用中断的方法，根据任务的轻重缓急，穿插着去做。

此种现象也可能出现在计算机中，因为通常计算机只有一个 CPU，但在运行程序的过程中，可能会出现诸如数据输入、数据输出或特殊情况处理等其他的事情要 CPU 去完成，对此，CPU 也只能采用停下一个任务去处理另一个任务的中断方法去解决。

把这种方法上升到计算机理论，就是一个资源（CPU）面对多项任务，但由于资源有限，因此可能出现资源竞争的局面，即几项任务来争夺一个 CPU。而中断技术就是解决资源竞争的有效方法。可以使多项任务共享一个资源（CPU），所以中断技术实质上就是一个资源共享技术。

更为具体地说，中断就是指由于某种原因（如外部设备要求进行输入数据操作等）CPU中断正在执行的程序而转去执行为另一事件服务的程序，在服务程序执行完毕后再返回继续执行原暂时被中止的程序，如图5-1所示。简而言之，中断就是指在运行程序的过程中插入另一段程序运行。程序的中断处称为断点。

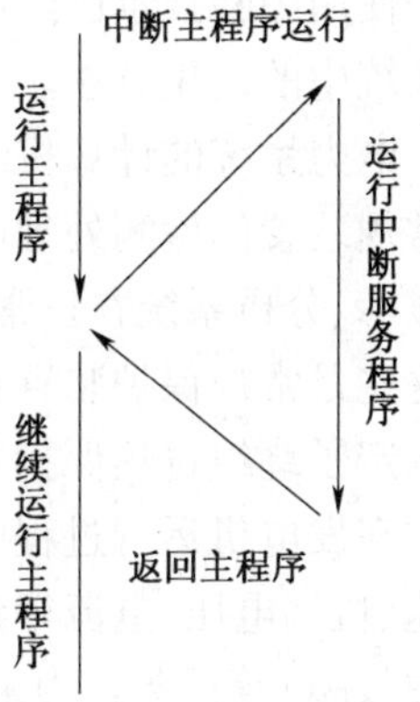

图5-1　中断的运行示意图

中断概念和子程序的概念非常相似，都是在程序运行的过程中插入运行另一段程序，但两者有着重要的区别。中断的发生一般是随机的，不可在程序中预先安排，CPU事先并不知道；而子程序的运行是由程序预先安排好的，调用部位是确定的。另外，中断的发生受程序外部因素的控制，而子程序的调用不受外部因素的影响。

基于资源共享原理上的中断技术，在计算机中得到了广泛的应用。中断技术能实现CPU与外部设备的并行工作，提高CPU的利用率以及数据的输入/输出效率；中断技术也能对计算机运行过程中突然发生的故障做到及时发现并进行自动处理：如硬件故障、运行错误及程序故障等；中断技术还能使我们通过键盘发出请求，随时对运行中的计算机进行干预，而不必先停机处理，然后重新开机，等等。

在单片机中，中断技术主要用于实时控制。所谓实时控制，就是要求计算机能及时地响应被控制对象提出的分析、计算和控制等请求，使被控制对象保持在最佳工作状态，以达到预定的控制效果。由于这些控制参数的请求都是随机发出的，而且要求单片机必须作出快速响应并及时处理，因此，只有靠中断技术才能实现。

5.1.2　中断技术的优点

中断作为计算机技术中一个基本而重要的概念，有着非常广泛的应用。中断技术有如下的优点：

1. 应用中断技术可以解决CPU与I/O设备工作速度不协调的矛盾，提高CPU的工作效率。

2. 应用中断技术可实现CPU与多个外部设备并行工作。在CPU启动各外部设备工作后，便可处理其他事务，若有某个外部设备需要CPU为其服务，则该设备向CPU发出请求信号（也称中断申请），CPU将停止当前正在进行的工作，转去为外部设备服务，服务完毕后再返回执行主程序。若有另一个外设提出申请，CPU将再次中断主程序的运行去为此外设服务。这样就实现了CPU与多个外设并行工作，CPU和外设的工作效率都得到了提高。

3. 可用于实时控制，及时处理各类故障。当系统中控制对象的控制条件满足时，便向CPU提出中断请求，CPU随即从其他任务中转向去为控制对象服务。中断技术特别为处理故障问题提供了一种极为有效的手段。当系统中发生某种意想不到的故障问题时，如出现运算溢出，读写错误，电源掉电等情况时，通过CPU的中断技术可使其得到迅速处理。若采用常规的查询方法，则由于故障的出现是随机的且一般情况下故障类型难以预料，因而难以得到及时处理。

5.1.3 实时控制系统中中断技术的应用

在实时控制系统中引入中断技术不仅是重要的,而且也是必要的。事实上在微机控制系统中使用中断技术已经成为一种常规手段。下面通过实际应用举例说明中断的概念在实时控制系统中的运用方法。

电力系统的计算机继电保护装置已逐步取代了常规的继电保护设备。计算机保护不仅具有常规装置的检测处理电力系统中故障的能力,而且具有数据采集系统的功能,可记录、打印或显示、分析系统在正常和故障情况下的运行状态,还能做到一台计算机完成多种保护任务,而这些是常规保护装置难以做到的或根本无法做到的。例如用一台计算机同时实现同步发电机的定子绕组过热保护和单相接地保护,保护系统的一种构成方案的工作情况如下:

在发电机运行过程中,若不出现故障,计算机在主程序中完成发电机运行工况(如频率、转速、机端电压、电流等参数)的记录、显示、分析以及系统自检(检查计算机系统本身的硬件、软件故障)等任务。为采集运行参数并发现发电机故障,利用计算机系统中的硬件定时器产生定时中断,及间隔一段固定的时间,由硬件定时器向 CPU 发出中断申请,CPU 随即由主程序转向中断服务程序,在中断服务程序中通过 A/D 转换采集有关的运行参数并根据采集的数据由故障判断依据判断是否有故障情况发生。若未出现异常情况,则由中断服务程序返回主程序;若出现故障则立即转向处理程序进行适当的处理,或处理过电压故障,或处理单相接地故障,完成预定的保护任务。

应注意的是,这一系统中 CPU 的中断并不是由故障本身产生的,而是由系统需要采集发电机运行工况这一原因而引起中断,且定时产生中断。这是因为 CPU 需不断了解发电机的工作情况,从而能及时发现可能出现的故障。由于数据采集及故障判断并不需要占用两次中断之间的全部时间(这一时间也称为采样间隔),这样,在正常的情况下,CPU 就能利用采样间隔中故障判断以外的时间,由中断服务程序返回执行主程序,从而提高了 CPU 的效率,使得计算机既能实现保护功能又能完成其他任务。

事实上这种中断技术的应用也完全适用于一般的实时控制系统。

5.1.4 中断源及其优先级的概念

1. 中断源

随着中断技术的发展,中断请求不仅可由 I/O 设备发出,也可由程序安排产生,前者称为外部中断,后者则称为内部中断或软件中断。能引起中断的外部设备和内部原因就叫做中断源。

外部中断源按其性质可分为两类。

一类是非屏蔽中断,又称为不可屏蔽中断。这类中断请求一旦产生,在任何情况下,CPU 都必须无条件地响应,无论 CPU 正在执行何种任务都不能对这种中断置之不理。所谓非屏蔽是指 CPU 对中断不能用软件的办法加以禁止。非屏蔽中断常用于处理一些特别紧急的系统故障情况,如电源掉电、运算溢出、设备损坏等。

另一类是可屏蔽中断。对这类中断请求,CPU 可根据具体情况决定是否予以响应,或者说如果 CPU 正在处理更为重要的事物,则这种中断申请可搁置一边,暂时不予处理。可屏蔽是指 CPU 对中断请求可用软件的方法加以禁止(屏蔽)。

一般来说,在一个系统中既有非屏蔽中断,也有可屏蔽中断,需设置哪一类中断完全由设计人员根据情况确定。显而易见，可屏蔽中断方式由于其给 CPU 提供了对中断的选择权，因而使中断技术的应用具有极大的灵活性。

2. 中断优先级

在中断技术中，中断优先级是一个重要的概念。对一个系统而言，中断源往往有许多个，这样就可能出现下述两种情况：一是有若干个中断源同时提出中断申请；二是 CPU 正在为某一中断源服务，执行其中断服务程序过程中另有中断源提出了中断申请。在第一种情况下，CPU 必须选择首先为哪一中断服务；而在第二种情况下，CPU 需决定是否应中断正在服务的中断服务程序去为另一个中断源服务。为解决这些问题，就要用到中断优先级的概念。所谓中断优先级，是指一个中断系统中各中断源重要程度的高低顺序，中断优先级也称为中断优先权。中断优先级高的中断请求将优先获得 CPU 的响应。

当一个系统中有两个或两个以上的中断源时，必须依照各中断源在系统中的地位为其安排优先级，这样才能保证中断系统正常有序地工作。

3. 中断优先级的确定

中断优先级的确定可有三种方法。

(1) 软件确定优先级

用程序设定的方法决定各中断源的优先级，其实质是用软件查询的办法安排中断的优先级，最先被查询的中断源其优先级别最高，最后查询的中断源优先级别最低。在接口中设置一个中断寄存器并赋予其地址号，该寄存器的每一位存放一个中断源的中断请求信号。每当 CPU 接到中断请求时，即按编程人员事先安排的顺序，逐一查询该寄存器的各位，确定是哪一中断源发出了申请，查询后便转入相应的中断服务程序。

例如某系统有三个中断源外设 1、外设 2 和外设 3，且安排外设 1 的优先级最高，外设 3 的优先级最低，则 CPU 用查询法处理中断的过程可用图 5－2 说明。

假设外设 2 和外设 3 同时提出了中断申请，CPU 将首先查询是否外设 1 提出了中断请求，若不是，则查询外设 2，随即转入外设 2 的中断服务程序，服务程序完毕后由查询外设 3，再为外设 3 服务。

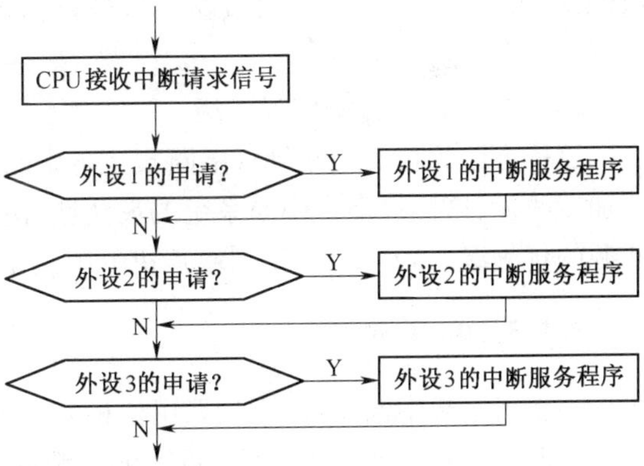

图 5－2　软件查询法响应中断的流程图

用软件确定中断优先权的优点是硬件电路十分简单，但该方法有以下缺点：一是即便某外设未有中断请求，CPU 也需对其进行查询，这一查询其实并无必要；二是只要有一个中断源发出了中断申请，CPU 就必须将所有的中断源状态查询一遍，这是因为 CPU 事先无法确认到底是有一个还是有多个中断源有中断请求；三是在优先级高的中断源未提出中断请求时，级别低的中断请求不能得到 CPU 的立即响应。这些缺点使得采用软件查询法的中断系统的工作效率低下。该方法通常只用于中断源较少且对 CPU 响应中断的速度要求不高的场合。

(2) 硬件确定优先级

用所谓的硬件排队电路确定中断源的优先级。常用的硬件排队电路有链式排队电路和优先权编码排队电路。图 5－3 便是一种链式排队电路，其工作原理说明如下：

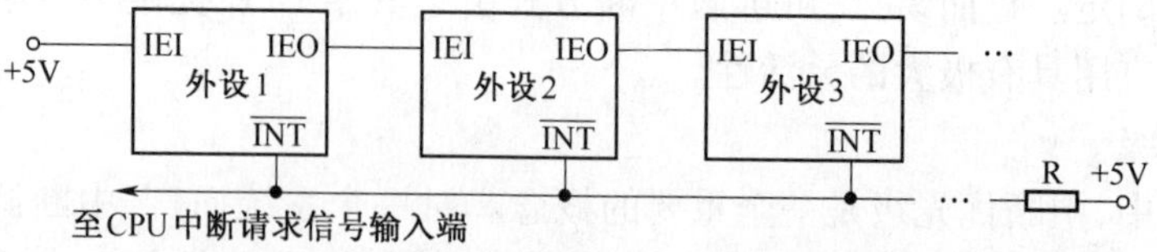

图 5－3　一种链式中断优先级排队电路

在这种电路中，一个外设的中断请求是否能得到响应，完全取决于其中断请求信号能否送至 CPU。每一外设的中断逻辑电路均有 IEI，IEO 和$\overline{\text{INT}}$三根信号线，IEI 为中断允许输入端，IEO 为中断允许输出端，$\overline{\text{INT}}$为中断请求信号输出端。$\overline{\text{INT}}$为低电平有效，其连接于 CPU 的中断请求信号输入端。该电路的特点是，在一个外设输出中断请求信号（即$\overline{\text{INT}}$端变为低电平）时，其 IEI 端必须为高电平，且 IEO 端变为低电平（这由每一个外设的内部中断逻辑电路保证）；当一外设的 IEI 端为低电平时，其 IEO 端也必为低电平；若一外设的 IEI 为高电平时，而它又无中断请求时，则其 IEO 端为高电平。

由图可见，外设 1 的 IEI 端直接连接于 +5 V 电源，这样，在任何情况下，只要它有中断请求，其$\overline{\text{INT}}$端就会变为低电平，同时其 IEO 端变为低电平，而外设 2 的 IEI 端与外设 1 的 IEO 连接，于是外设 2 即便有了中断请求，也会因其 IEI 端为低电平而被封锁与内部，即它的中断请求被屏蔽。同样的道理，外设 3 及其他外设的中断请求也被屏蔽。若外设 2 的 IEI 端也为高电平，即外设 2 也有中断请求，其$\overline{\text{INT}}$端输出低电平，IEO 端也为低电平，这样就封锁了其后面各外设的中断请求。

显而易见，各外设的中断优先级取决于它们在链式电路中的位置，外设 1 的优先级最高，外设 2 次之，外设 3 再次之……

硬件排队电路的特点是，在任何情况下都能保证优先级别高的中断请求能得到 CPU 的迅速响应。缺点是增加了接口电路的复杂性，且各外设的优先级一经排定，若需变动就较为困难，即灵活性较差。

（3）软、硬件结合确定优先级

这一方法的特点是用硬件电路规定各中断源的优先级，但这一优先级顺序可用软件的方法加以改变，这样提高了中断系统的灵活性，使设计人员能根据系统的实际需要任意改动各中断源的优先级。MCS－96 系列单片机的中断系统就是采用这种方法。

5.1.5　中断嵌套

一个可屏蔽中断系统，无论采用何种方法确定中断优先级，都应做到两点，一是当多个中断源同时提出中断申请时，优先级高的中断源的请求将首先得到响应；二是 CPU 响应某个中断源中断请求的过程中，若有级别更高的中断申请，CPU 应中断正在执行的中断服务程序，予以响应，待高级别的中断服务完成后，再执行被挂起来的中断服务程序。这种高级别的中断申请打断正在进行的低级别的中断服务的过程称为中断嵌套，也称为多重中断。中断嵌套的概念和子程序嵌套的概念极为相似，实际上，从软件的角度看，两者的过程基本相同。图 5－4 为多重中断嵌套示意图。

设某系统有三个外设，中断优先级的高低顺序为外设 1、外设 2 和外设 3。若外设 3 首先提出中断请求并被 CPU 响应，在其中断服务程序被执行的过程中，外设 2 提出了中断申请，于是 CPU 中断对外设 3 的服务而转入外设 2 的服务程序。随之外设 1 又要求 CPU 服务，则 CPU

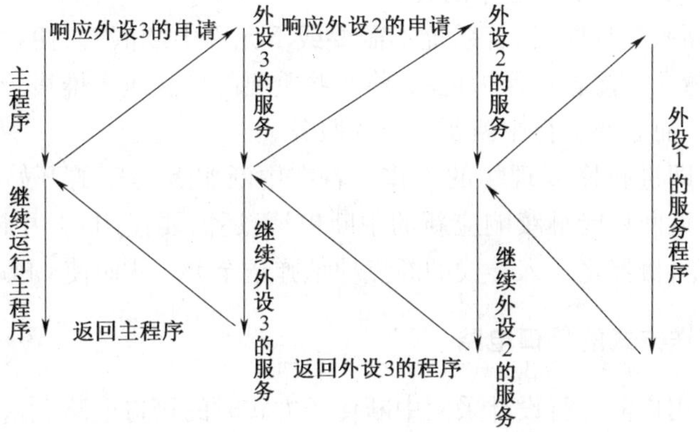

图5-4　多重中断嵌套示意图

立即予以响应,挂起外设2的中断服务程序而去为外设1服务。在外设1的服务过程完成后,CPU再依次返回外设2和外设3的服务程序,最后返回执行主程序。

5.1.6　中断响应的条件

一个中断源的可屏蔽中断申请能否被CPU响应,取决于以下条件:

1. 当前无非屏蔽中断申请或无非屏蔽中断源的服务过程,这是因为一旦有非屏蔽中断请求,CPU必须无条件地响应,且非屏蔽中断服务程序的执行在任何情况下都不容被打断。从这个意义上讲,非屏蔽中断在中断系统中具有最高的优先级。

2. 系统处于开中断状态或者已用程序设定的办法开放了中断。可屏蔽中断是能用软件的方法加以禁止的,若被禁止,则中断源即使提出了中断申请,CPU也不予理会。在CPU的指令系统中,均设有所谓的"开中断"和"关中断"指令(在MCS-96单片机中,分别是EI和DI指令),它们的作用就是用来开放(即允许)或禁止(即屏蔽)系统的可屏蔽中断。这两条指令相当于中断系统的总开关,欲使一个中断源的中断申请能被CPU响应,就需要使用"开中断"指令。

3. 该中断源的优先级别高于同时提出中断申请或CPU正在执行服务的中断源。这是因为系统的中断优先级将保证CPU首先响应优先级高的中断申请,而暂时屏蔽中断优先级低的中断申请。

5.1.7　中断响应的过程

若一个中断源的中断响应的条件得到满足,CPU将响应其中断申请而为之服务。这一过程简要说明如下:

1. CPU响应中断后,立即中止正在运行的程序,并将断点地址自动压入堆栈保存,以便中断返回时取回。

2. 获得中断服务程序的入口地址,即通过某种方式将中断服务程序的第一条指令的地址号(称为入口地址)赋予PC,以使CPU进入中断服务程序。不同的微机有着不同的获取入口地址的方法。在MCS-96单片机中,是由中断向量获得中断服务程序的入口地址。所谓中断向量是指存放中断服务程序入口地址的存储单元。每一中断源均对应一中断向量,全部的中断向量在存储器的某一区域构成一个有序的表格,称之为中断向量表。机器自动地将中断向量中的入口地址送入 PC,实现了程序的转移。

3. CPU 进入中断服务程序后,若系统不需要或不允许中断嵌套,便要用“关中断”指令屏蔽可能产生的中断请求。接着是保护现场,将一些重要的信息压入堆栈予以保护,以便后面能正确地返回主程序。而后便进行中断所需要的服务。

4. 服务完毕后,即进行恢复现场的工作。若在中断服务程序的开始使用了“关中断”指令,为使系统在中断返回后能继续响应新的中断申请,还需要使用“开中断”指令。最后是执行一条中断返回指令,机器将压入堆栈的断点地址弹送至 PC,从而使 CPU 返回主程序。

5.1.8 中断传送方式的接口电路

在许多情况下,用户需自行设计采用中断传送方式时的接口电路。这种接口电路,除了具有地址译码和数据传送的功能之外,还应有下列功能:

1. 中断请求功能,即能够发出中断请求信号,且该信号要保持至 CPU 响应中断,而在中断响应后,这一信号应予以撤销。这一功能由一个中断请求触发器完成。

2. 中断屏蔽功能,即可由软件来控制中断请求信号是否能送至 CPU。这是因为实际系统中往往有多个中断源,为增加控制的灵活性,可在接口中设置一个中断屏蔽触发器,使 CPU 能用它在一定的情况下屏蔽或允许中断源的中断请求。中断屏蔽触发器的状态由控制端口控制。

3. 优先权选择功能,即由硬件排队电路来决定中断源的优先权。这一功能由链式优先排队电路予以实现。

图 5-5 为一采用中断传送方式的输入设备的接口电路原理图。其工作过程简单说明如下:

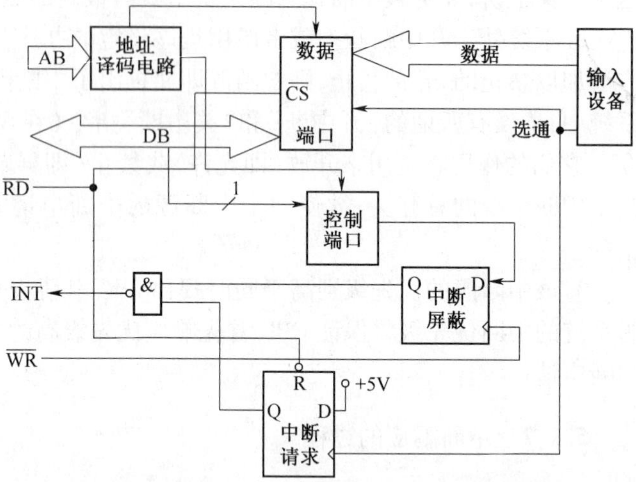

图 5-5 采用中断传送方式的输入接口电路

输入设备准备好数据后,即发出选通信号,该信号一方面把数据存入数据端口寄存器,一方面是中断请求触发器输出置“1”。若 CPU 此时允许该中断源的申请,则通过地址译码器选中控制端口,同时发出“写”($\overline{WR}$)信号,然后由数据总线输出一位的控制信号到控制器端口并送至中断屏蔽器。$\overline{WR}$信号和控制信号使中断屏蔽其输出为“1”,这意味着 CPU 开放了中断,于是该外设的中断请求信号就能送到 CPU 的中断申请信号输入端$\overline{INT}$端子(低电平有效),CPU 随即响应中断,由其他任务转向该输入设备服务。CPU 又通过地址译码器选中数据端口,并发出“读”($\overline{RD}$)信号,此信号一方面打开数据端口的三态门,使寄存器中的数据通过数据总线进入 CPU,完成数据输入的操作,另一方面输送至中断请求触发器的 R 端,使 Q=0,从而清除了此前一直保持的中断请求信号($\overline{INT}$端于是变为高电平)。这样便完成了一次中断输入的过程。

5.2　MCS－96 单片机的中断系统

5.2.1　MCS－96 单片机中断系统的结构框图

MCS－96 单片机(典型机型 8096/8098 单片机)的终端系统的结构框图如图 5－6 所示。

当一个或多个中断源发出中断申请时,跳变检测器将中断请求信号记录在中断悬挂寄存器中,若门电路是开放的(该门电路由 PSW.9 和中断屏蔽寄存器控制),则中断申请可进入优先权编码器,由其选择优先级别最高的中断源,通过中断发生器请求 CPU 响应中断。

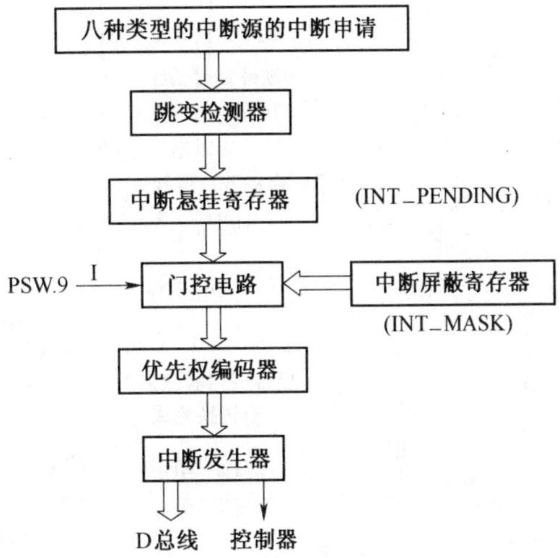

图 5－6　8096/8098 单片机中断系统框图

5.2.2　8096/8098 单片机的中断源

8096/8098 单片机的中断系统有较多的中断源。由于非屏蔽中断 NMI 留给了 INTEL 的开发系统,用户不可用,因而供用户使用的中断源全部属于可屏蔽中断。8096/8098 单片机的中断有 8 个类型,可分为两大类:2 种外部中断和 6 种内部中断。其中每一种中断类型又包括一个或多个中断源。这样 8096/8098 单片机的中断源可多达 20 个。图 5－7 是中断源的示意图。

1. 外部中断包括外中断和 HIS.0 两类中断。所谓外部中断是指来自单片机芯片外部的中断请求信号所产生的中断。由图可看出,外部中断的申请信号可由芯片外的 EXTINT、ACH.7 和 HIS.0 三个引脚输入。内部中断包括串行中断等 6 类中断。所谓内部中断是指由芯片内部的 I/O 部件所产生的中断。

2. 除了 HIS.0 和 A/D 转换完成 2 类中断外,其余 6 类中断均对应多种激活方式,即各类中断均有多个中断源,是哪一个中断源由开关加以控制。

如外中断 EXTINT 对应两个中断源,由 IOC1.1(即 I/O 控制寄存器 1 的 D1 位)选择;若 IOC1.1＝1,选择 ACH.7(A/D 转换通道 7),若 IOC1.1＝0,则选择 EXETINT 引脚;又如软件定时器中断包括有 6 个中断源,这 6 个中断源全部为 HSO 部件所触发的内部事件,这些事件是否允许中断由 HSO_COMMAND.4 决定等。

3. 每类中断源均由硬件编码电路规定了其在中断系统中的优先级,且每类中断源都有中断向量与之对应,在中断向量中存入的是用户确定的中断服务程序的入口地址,只要中断系统是开放的,则任何一个中断源发出的申请都将使程序转移至中断向量的内容所决定的起始地址去执行中断服务程序。

各类中断源的优先级及其向量地址如表 5－1 所示。

4. 对于有多个中断源的中断类型,在进入中断服务程序后还需查询状态寄存器来判断是哪一个中断源请求了中断,这种由硬件实现中断而由软件来判断各中断源的状态是 8096/8098 单片机中断系统的一大特点。

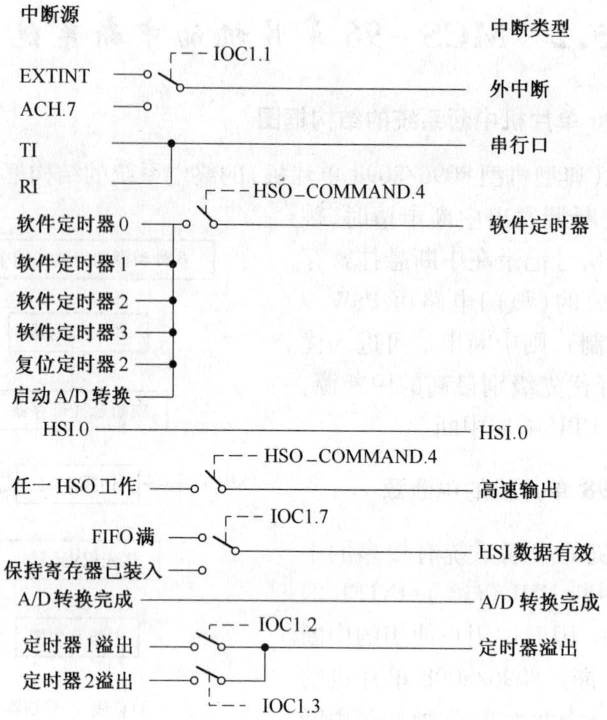

图5-7　8096/8098单片机中断源简图

表5-1　8096/8098单片机中断源的中断向量及优先级

中　断　源	中断向量地址	优　先　级
软件中断	2010H	用户不可用
外中断	200EH	7
串行中断	200CH	6
软件定时器中断	200AH	5
HIS.0中断	2008H	4
高速输出中断	2006H	3
高速输入中断	2004H	2
A/D转换完成中断	2002H	1
定时器溢出中断	200FH	0

5.虽然已经由硬件电路安排了各中断类型的优先级,但这种优先级的顺序可由软件加以改变,这也是该中断系统的一大特点。

6.在程序设计中,若需安排某个中断源实现中断,则应将其对应的中断向量初始化,即把中断服务程序的首地址填入相应的中断向量中。

7.896/8098单片机的中断系统中,还有一种软件中断,由TRAP指令启动,其中断向量为2010H和2011H。这种软件中断与非屏蔽中断一样,已经留给了INTEL的开发系统,用户一般不能使用。

5.2.3　8096/8098单片机的中断控制

对一个中断源的中断申请,CPU可根据系统的情况,用软件的方法决定何时响应或不予响应,这就是所谓的中断控制问题。

1. 中断悬挂寄存器(INT_PENDING)

这是特殊功能寄存器 SFR 中的一个 8 位寄存器，地址为 09H，其各位的定义如图 5－8 所示。

D7	D6	D5	D4	D3	D2	D1	D0
外中断	串行口	软件定时器	HSI.0	HSO事件	HSI数据有效	A/D转换结束	定时器溢出

图 5－8 中断悬挂寄存器和中断屏蔽寄存器各位的定义

(1)该寄存器的各位与 8 类中断一一对应，且排列与中断优先级的顺序一致。

(2)这个寄存器的作用是登记各类中断源的中断申请，即中断系统中跳变检测器检测到某个中断原有中断请求时，便将该寄存器其中的相应位置“1”。

(3)CPU 在任何时刻都能对其进行访问，可按字节寻址的方法对它读或写。通过读，可知哪些中断源已发出中断申请；通过写，可人为地设置一个中断申请或清除某个中断申请。这为编程人员调试中断系统软件带来了极大的方便。

(4)在对其进行写操作，修改其中的某一位时，注意不可影响其他位的状态。通常使用逻辑运算指令。如：

```
ANDB  INT_PENDING,#11101111B     ;清除 HSI.0 中断
ORB   INT_PENDING,#10000000B     ;设置外中断申请
```

(5)当某中断申请被 CPU 响应后，对应的位即被清除(置零)。

2. 中断屏蔽寄存器(INT_MASK)

INT_MASK 也是特殊功能寄存器 SFR 中的一个 8 位寄存器，其地址为 08H。其各位的定义与 INT_PENDING 寄存器相同，如图 5－8 所示。

(1)INT_MASK 寄存器的作用是用于开放或屏蔽某类中断源的中断。若某位为 1，则开放对应的某类中断，若某位为 0，则禁止该对应类的中断。

(2)INT_MASK 寄存器的内容由软件予以设置，这一点与 INT_PENDING 不同，即它的各位状态与中断源是否有中断申请无关。

(3)INT_MASK 寄存器各位的状态只控制对应的中断是否能被 CPU 响应，即使 INT－MASK 的某位被置零，当该位对应的中断源提出中断申请时，INT_PENGING 的相应位仍被置 1。

(4)INT_MASK 寄存器是程序状态字 PSW 的低字节(低 8 位)，因此 PUSHF 和 POPF 指令将同时保护或恢复中断屏蔽寄存器及其他标志位的状态。

(5)使用 EI 混合 DI 指令不会影响 INT_MASK 寄存器的内容。

3. 中断允许标志 I

中断允许标志 I 是程序状态字 PSW 的 D9 位(PSW.9)，它是中断系统的总开关，由 EI 和 DI 指令控制。EI 指令使 PSW.9＝1，所有屏蔽位为 1 的中断均开放；DI 指令使 PSW.9＝0，所有的中断均被屏蔽。

当使用 PUSHF 指令时，一方面将 PSW 的内容进栈，一方面是 PSW 本身被清除，即执行 PUSHF 指令后，PSW.9＝0，这意味着将禁止全部的中断。

4. 中断控制的实现

在 8096/8098 单片机中，对一个中断源中断申请的控制与 INT_PENDING 和 INT_MASK 两

个寄存器以及 PSW.9(I 标志)有关。

(1)当某个中断源发出中断申请后,INT_PENDING 中的相应位自动置1,若 CPU 未能响应这一中断申请,则该中断请求将一直悬挂。一旦中断被响应,该位将立即予以清除。除了机器按上述情况对该寄存器的各位自动置位或清零外,还能通过软件对该寄存器进行读和写,即可以人为地设置或清除某个中断源的中断申请。

(2)INT - MSAK 寄存器的各位控制对应的中断源的中断申请能否继续传递,它相当于各中断源的支路开关,该寄存器的内容只能由程序来设定。

(3)I 标志是中断请求信号通路的总开关。它若是断开,则任何中断申请都不能被 CPU 响应。

由此可见,欲使一个中断的中断申请能被 CPU 有效地响应,应保证做到以下三点:

(1)使用 EI 指令,使 PSW.9 = 1。

(2)在程序中使用指令 IDB INT_MASK,#立即数,使 INT_MASK 寄存器中相应的位置 1。

(3)这一中断源的优先级别高于同时提出中断申请的其他中断源的优先级。

5.2.4 8096/8098 单片机中断响应的过程

在中断响应的条件满足且无中断嵌套的情况下,则一次完整的中断处理的过程为:

CPU 响应中断后,中断悬挂寄存器中的相应位即被清零,随之 PC 值(断点地址)自动压入堆栈,中断向量中的入口地址被赋予 PC,CPU 转去执行中断服务程序。在中断服务结束后,堆栈中的断点地址弹回 PC,恢复现场,CPU 返回主程序。

5.2.5 中断响应的时间

在 8096/8098 单片机中,从中断源发出中断请求到 CPU 执行中断服务程序的第一条指令,其间需要一定的时间。这一时间的长短与下述三个因素有关:

1. 与提出中断时正在执行的一条指令的情况有关。若产生中断请求的时刻离正在执行的指令结束时刻不到 4 个 T(状态周期),则该指令结束后,此中断不会被马上响应。这是因为在一条指令结束前 4 个 T 时,CPU 已经开始了下一条指令的取指操作。因此,只有在下一条指令执行完后才能响应中断。

2. 与按中断向量调用中断服务程序的时间有关。从响应中断到按规定的中断向量调用中断服务程序,这一过程需要 21 个 T,若堆栈设在片外的 RAM 中,则需要增加 3 个 T。

3. 与 CPU 正在执行的指令的类型有关。在执行下述 6 条指令时,中断请求需等到在执行下一条指令后才能予以响应。这些指令是:EI(开中断)、DI(禁止中断)、PUSHF(标志入栈)、POPF(标志出栈)、SIGND(进行带符号的乘除运算的前缀指令)、TRAP(软件陷阱)。其中后两条指令不供用户使用。

根据上面的分析,可以得到 CPU 响应中断的最短时间和最长时间。

最短时间:$21T + 4T = 25T$

最长时间:$4T + 43T + 21T + 3T = 71T$

其中最长时间的计算考虑了几种极端的情况:中断请求在一条指令执行结束不到 $4T$ 的时间时产生,且下一条指令又是执行时间最长的 NORML 指令(需时 $43T$);另外,系统的堆栈设置在片外 RAM 中,这样调用时间需要增加 $3T$。

5.2.6 中断禁区的概念

所谓中断禁区是指某一程序段的运行过程中不允许中断，这一程序段即称为中断禁区。在某种情况下，中断服务过程和该段程序需共享某个数据（如寄存器），若处理不当，就将引起错误。试看下例：

设有程序段为：

```
LDB   BL,INT_PENDING      ;清除 A/D 转换中断
ANDB  BL,#0FDH
STB   BL,INT_PENDING
```

该段程序的作用是清除INT_PENDING中的D1位，即撤销A/D转换完成的中断申请。假定执行LEDB指令时，INT_PENDING = 0FH，此时若允许并发生定时器溢出的中断，则INT_PENDING的D0位即被清除。但在中断返回后，继续执行程序的结果又使INT_PENDING的D0位为1，使得INT_PENDING的内容为0DH，而不是实际应有的0CH，这相当于人为地又设置了一次定时器溢出中断。这是因为中断过程和这段程序共用INT_PENDING寄存器的缘故。为避免造成这种错误的结果，需形成中断禁区，即在运行这段程序的过程中，不允许中断响应，方法是使用指令对“DI、EI”或“PUSHF、POPF”。对上述程序段，使用DI和EI形成中断禁区的程序如下：

```
DI
LDB   BL,INT_PENDING      ;清除 A/D 转换中断
ANDB  BL,#0FDH
STB   BL,INT_PENDING
EI
```

5.3 MCS－96单片机的中断优先级控制

5.3.1 8096/8098单片机中断优先级排队的特点

8096/8098单片机的中断系统的硬件优先级排队电路为各类中断源制定了优先级，但又可以用软件编程加以重组或改变。这种优先级有下列特点。

1. 硬件排队电路并不能保证各中断源的优先级

这是因为在某个中断源的中断请求被CPU响应后，INT_PENDING中相应的位即被清零，这意味着正在被服务的中断源不能参加有新的中断请求后的优先权的比较，如果没有采用一定的措施，就会造成优先级别高的中断服务被级别低的中断申请所打断的后果。

例如：外中断（优先级最高）和定时器溢出中断（优先级最低）同时产生中断请求时，在系统已开放中断的情况下，外中断的申请将首先被CPU所响应。进入其中断服务程序后，定时器溢出的中断申请又被优先权编码电路加以比较，由于INT_PENDING中对应外中断的位已经被清零，这时参与优先级比较的仅有定时器溢出中断，因而外中断的服务过程被打断，CPU转向定时器溢出的中断服务程序，直到定时器中断服务完毕后，才返回为外中断继续服务。

由此可知，在多个中断源提出中断申请的情况下，事实上最先得到完整服务的将是优先级级别最低的中断源，优先级最高的中断源的中断服务反而要等到最后才能完成。这也说明，优先级最高级别的中断实质上变成了优先级最低的级别。

2. 可采用软、硬件结合的方法实现特定的优先级顺序

虽然硬件排队电路不能保证按指定优先级的高低顺序，实现中断嵌套，但可采用一定的软件措施来实现设计人员所预想的优先级排队顺序。

5.3.2 实现预定的优先级排队顺序的软件措施

为实现特定的中断优先级顺序，须在软件上采用相应的措施。

1. 实现硬件规定的优先级顺序

硬件电路规定的优先级顺序如表 5－1 所示。也就是：外中断的优先级最高，而定时器溢出中断的优先级别最低。实现硬件所规定的这种优先级有两种含义：一是在多个中断提出中断申请时，CPU 优先响应优先级别最高的请求；二是高级别的申请可中断低级别的服务过程，但反之则不可。其具体做法是：

（1）首先在主程序中设置 INT_MASK，执行指令 LDB　INT_MASK，#0FFH，使其内容全为 1。以开放全部的中断，使任一中断源或多个中断源提出中断申请时，CPU 全不能予以响应。

（2）在每一中断服务程序的开始便执行 DI 或 PUSHF 指令，禁止所有的中断，而后将 INT_MASK 寄存器中优先级低于本次中断的所有位清零，而高于本次中断的所有位置 1，在执行 EI 指令开放中断。如此操作之后，在该中断服务程序执行的过程中，低级别的中断不可能实行中断嵌套，而高级别的中断则可以。在中断服务程序的结尾处，应再次将 INT_MASK 寄存器置为 FFH，以便使 CPU 在返回主程序后能再次响应任何中断。这样就保证了硬件所规定的中断优先权顺序。

例如：在 HSO 中断服务程序的开始和结束处所需使用指令，保证硬件规定的中断优先级能正常发挥作用。

```
INT_HSO:PUSHF
        LDB   INT_MASK,#0F0H
        EI
        …
        …
        POPF
        RET
```

PUSHF 的作用是保护 PSW 的内容并关中断开关；由于 HSO 事件中断对应 INT_MASK 寄存器中的 D3 位，因此 LDB　INT_MASK，#0F0H 指令的作用是只允许高于 HSO 事件的中断；POPF 指令的作用是恢复 PSW，这样也使 INT_MASK＝0FFH，因为在主程序中原已将 FFH 送入该寄存器。

2. 不允许任何中断打断正在运行的中断服务程序

这种情况和中断禁区有些相似，做法比较简单。在进入中断服务程序后便关中断（使 PSW.9＝0），直到中断服务程序结束时才开放中断。例如：

```
INTSUB:PUSHF(或 DI)
       …
       …
       POPF(或 EI)
       RET
```

PUSHF 指令使 PSW.9 =0,从而禁止了所有中断。在中断服务程序的运行过程中不准开放中断,直到程序结束。这样就保证了任何中断申请都不能打断正在进行的服务过程。

3. 使任意的中断源成为最高级别

这是指用户安排特定的中断源的中断申请能够打断任何中断服务程序而实现中断嵌套,保证在任何情况下这一指定的中断源都能得到优先的服务。具体的做法是,在每一中断服务程序的开始先关总中断,而后设置 INT_MASK,只开放设定为最高级别的中断。

假定制定"A/D 转换结束中断"能够中断任何服务过程,则外中断的中断服务程序的设计如下:

```
EXTINT:PUSHF                    ;关总中断
       LDB   INT_MASK,#02H      ;只允许 A/D 转换结束中断
       EI                       ;开总中断
       …
       …
       …
       POPF
       RET
```

4. 任意安排个中断源的优先级

可根据系统的实际需要,重新安排各中断源的优先级,使之不同于硬件所规定的中断优先级。具体的做法是在每一中断服务程序的开始即关中断,然后对 INT_MASK 进行设置,只开放预定的该级别的中断。假设需设定优先级由高到低的顺序依次为:定时器溢出中断、外中断、A/D 转换结束中断,则对应的三个中断服务程序可设计如下:

```
TIMERV:PUSHF                    ;定时器溢出的中断服务程序
       …
       …
       …
       POPF
       RET
EXTINT:PUSHF                    ;外中断服务程序
       LDB   INT_MASK,#01H      ;只开放定时器溢出中断
       …
       …
       …
       POPF
       RET
EXTINT:PUSHF                    ;A/D 转换结束中断服务程序
       LDB   INT_MASK,#81H      ;开放定时器溢出中断及外中断
       …
       …
       …
       POPF
       RET
```

在 A/D 转换结束的中断服务程序中开放了定时器溢出中断和外中断,则这两类中断均可打断该程序的运行;在外中断的中断服务程序中只开放了定时器溢出中断;而在定时器溢出的中断服务程序的运行中则禁止任何中断,这样就保证了预定的中断嵌套的实现。

*5.4 中断系统软件的设计要点

5.4.1 中断系统软件设计的一般方法

若用户系统中有中断需要处理,则在进行中断系统的软件设计时应完成两个方面的工作。

1. 在主程序中完成对中断系统的初始化

所谓初始化就是为实现有效中断而进行的准备工作。这些工作包括以下几个方面的内容:

(1)设置堆栈。因为中断时断点地址被保护于堆栈之中,另外为实现中断后的正确返回,需采取保护现场的措施,所保护的对象(如寄存器、存储器单元之中的内容)一般也是送入堆栈,因此必须设置堆栈。所谓设置堆栈是指建立堆栈指针,即把栈底地址送入 SP 中(在 8098 单片机中为 SFR 中的 18H、19H 两个单元)。

(2)选择中断源。在 8096/8098 单片机中,每类中断源对应多种激活方式,即每类中断有多个中断源。到底是哪一个中断源,需由“开关”加以选择,这种“开关”是某个特殊功能寄存器中的某一位。如外中断包括 EXTINT 引脚和 ACH.7 引脚输入的中断,由 IOC.1 进行选择,当 IOC.1 =1 时选择 ACH.7 引脚,当 IOC.1 =0 时选择 EXTINT 引脚。

(3)设置中断向量。每一类中断均对应一个中断向量,必须将中断服务程序的入口地址送入中断向量,以使 CPU 在中断时进入中断服务程序。

(4)清除中断悬挂寄存器。在系统复位时,INT_PENDING 的状态是不定的,为避免虚假中断源的登记,需在初始化时对该寄存器予以清除。

(5)开放中断。欲实现中断,须在主程序中开放中断,包括用 EI 指令开放总中断和设置 INT - MASK 的特定位来开放指定的中断。

2. 编写中断服务程序

中断服务程序一般由四个部分组成。

(1)保护现场。在大多数情况下,中断服务程序和主程序共用一些数据资源,如寄存器或存储器单元。为了不致造成返回时的错误,一般须在中断服务程序的开始采取保护现场的措施。保护现场通常采用两种方法,一是使用堆栈技术,把需要保护的内容压入堆栈;二是利用未使用的寄存器。由于 8096/8098 单片机具有 232 个寄存器,选择的余地较大,有时可在中断服务程序中尽量不使用主程序已用的寄存器,这样可不必保护现场或简化保护现场的操作。

(2)中断优先级的安排。如果系统中有多个中断源,则应根据系统任务的要求,采取适当的方法进行中断优先级的排队,以实现特定的中断嵌套。

(3)中断服务。这是中断服务程序的主体部分,用于完成特定的中断源的服务任务。

(4)恢复现场和返回。在中断服务程序的结尾处,应恢复被保护的现场,程序的最后必须是 RET 指令,以便返回主程序。

5.4.2　中断系统软件设计时应注意的一些问题

1. PUSHF、EI 及 DI 指令的用法

PUSHF 指令通常用作中断服务程序的第一条指令，具有两个作用。一是保护 PSW 的内容(包括条件标志和 INT_MASK)，二是使 PSW.9 = 0，即 I 标志为零，意味着禁止所有的中断，相当于使用了 DI 指令。因此，若希望实现中断嵌套，则需在中断服务程序中用 EI 指令再开中断。

DI 指令清除 I 标志，如希望重要的程序在运行时不被打断，则应使用 DI 指令。应注意 DI 和 EI 指令的配合使用，即无论在主程序或中断服务程序中使用 DI 指令后，若希望 CPU 响应中断，则需在恰当的地方使用 EI 指令开放中断。

2. 堆栈设置问题

在设计中断系统程序时，有必要设立堆栈。堆栈可建立在片内 RAM 中，也可以设置在片外 RAM 中。若堆栈的容量较大，则需要置于外部 RAM 中。当然对外部 RAM 的操作比对内部 RAM 的操作在速度上要慢得多。另外，在对堆栈进行操作时，务必遵守"先进后出"的原则，即数据在压入堆栈和弹出堆栈时在顺序上正好是相反的。应随时注意堆栈顶部的变化情况，以避免错误操作。

3. 在中断服务程序中设置查询和延时环节

进行实时控制时，有时外部的现场干扰信号会引起虚假的中断。另外，用按钮、开关或继电器发出中断请求时，由于接触点的抖动可能会发生一次操作引起多次中断的现象。上述问题及可用硬件电路，也可采取软件措施加以解决。通常采用的方法是在中断服务程序中增加查询或延时的环节，通过延时避开触点的抖动，通过查询判断是否为干扰产生的非法中断或是多余的中断。在确认是有效的中断请求后再进行实质性的中断服务，否则返回主程序。

4. 注意系统的中断开放情况

在单片机进行复位操作后，PSW 被清除，系统的中断是关闭的。若希望 CPU 响应中断，则需用 EI 指令开放中断。另外，在执行某些操作后，中断系统的开放情况会发生变化。如不能确定中断开放的情况，就应该使用 DI 和 EI 指令予以确定。

*5.5　中断系统编程举例

5.5.1　用软件产生中断

INT_PENDING 寄存器用于登记中断源的中断申请，该寄存器可读可写。因此可用 INT_PENDING认为地设置一个中断，即用软件模拟产生一个中断，这为用户在不需要用硬件实际产生一个中断的情况下编制、调试中断系统软件带来了很大的方便。

【例 5-1】用软件产生一个 A/D 转换结束中断，并在 P2.0 和 P2.5 引脚上各接一个 LED 观察程序的运行情况。其中 P2.0 引脚上的 LED 显示 INT_PENDING中对应 A/D 转换结束中断的 D6 位的变化情况，而接于 P2.5 引脚的 LED 显示是否已运行中断服务程序。

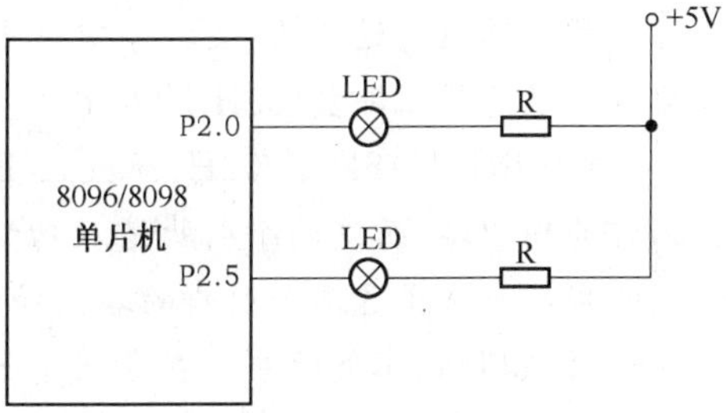

图 5-9　例 5-1 的硬件电路示意图

【解】观察程序运行的 LED 的连接如图 5-9 所示

示。

程序清单：

```
         ORG   2080H
MAIN：   LD   SP,#80H                    ;设置堆栈
         LD   AX,#2100H                  ;A/D 转换结束中断程序的入口地址
         ST  AX,2002H[0]
         LDB  INT_PENDING,#02H           ;设置中断
         LDB  INT_MASK,#02H              ;允许 A/D 转换结束中断
         LDB  IOC1,#00H                  ;设置输出
         LDB  PORT2,#21H                 ;两个 LED 灭
         EI                              ;开中断
         NOP
LOOP：   SCALL  DETIME
         LDB  PORT2,#01H                 ;P2.0 的 LED 灭
         SCALL  DETIME
         LDB  PORT2,#00H                 ;P2.0 的 LED 亮
         SJMP  LOOP
         ORG  2100H
INT_AD： PUSHF                           ;A/D 转换结束中断服务程序
         LDB  PORT2,#01H                 ;P2.5 的 LED 亮
         SCALL  DETIME
CHECK：  JBS  INT_PENDING,1,CHECK        ;查询 INT_PENDING 的 D1
         LDB  PORT2,#00H                 ;若 D1 =0,则 P2.0 的 LED 亮
         POPF
         RET
DETIME： LDB  BL,#0AH                    ;延时子程序
   DT1： LD CX,#0FFFFH
   DT2： DEC CX
         JNE  DT2
         DJNZ  BL,DT1
         RET
         END
```

该程序的运行过程为：主程序中对中断系统初始化，首先建立堆栈，送中断服务程序的入口地址。然后将立即数#02H 送入 INT_PENDING 寄存器，从而设置了一个 A/D 转换结束中断，接着向 INT_MASK 送#02H，开放 A/D 转换结束中断由于程序中要使用 P2.0 和 P2.5 两个引脚作为输出端，而这两个引脚是双功能的，由 IOC1 中的相应位控制，因此需向 IOC1 中设置相应的数据来选择这两个引脚的输出功能。在此之前，中断总开关是关断的，因此即使设置了中断请求，CPU 也不能响应。在应用了 EI 指令后，CPU 执行一条空操作指令后便能响应中断而转入中断服务程序。

进入中断服务程序后，向端口 2 置数#01H 使 P2.0 的 LED 亮，该 LED 亮表明已进入中断

服务程序。接着判断 INT_PENDING 是否已被清除,若清除则使 P2.5 的 LED 亮。然后便返回主程序,返回主程序的标志是 P2.0 的 LED 循环不已地熄灭—亮灯。

5.5.2　中断优先级的改变及中断嵌套

【例 5-2】用软件的方法产生 HSI.0 和 A/D 转换结束中断。要求后者的优先级高于前者,即 HIS.0 的中断服务程序能被 A/D 转换结束所中断。仍然用接于 P2.0 和 P2.5 的 LED 观察程序的运行情况,如图 5-9。

【解】　程序清单为:

```
          ORG  2080H
MAIN:     LD   SP,#00C0H              ;设置堆栈
          LD   AX,#2100H              ;送 HIS.0 中断的入口地址
          ST   AX,2008H[0]
          LD   AX,#2200H              ;送 A/D 转换结束中断入口地址
          ST   AX,2002H[0]
          LDB  IOC1,#00H              ;选择 P2.0 和 P2.5 输出
          LDB  INT_PENDING,#12H       ;设置两个中断
          LDB  INT_MASK,#12H          ;设置中断允许
          EI                          ;开中断
          LDB  PORT2,#21H             ;P2.0 和 P2.5 的 LED 灭
          LDB  BH,#00H                ;设置标志
HERE:     JBC  BH,0,HERE
LOOP:     LD   PORT2,#00H             ;P2.0 和 P2.5 的 LED 亮
          SCALL  DETIME               ;调用延时子程序
          LD   PORT2,#20H             ;P2.5 的 LED 灭
          SCALL  DETIME
          SJMP  LOOP
          ORG  2100H
INTHSI0:  PUSHF                       ;保护现场及关中断
          EI                          ;开中断
          LDB  INT_MASK,#02H          ;开放 A/D 转换结束中断
          NOP
          SCALL  DETIME
          POPF
          RET
          ORG 2200H
INT_AD:   PUSHF
          LD   PORT2,#20H             ;P2.0 的 LED 亮
          LDB  BH,#01H                ;设置标志
          SCALL  DETIME
          POPF
```

```
            RET
DETIME:     LDB   BL,#0AH                        ;延时子程序
   DT1:     LD   CX,#0FFFFH
   DT2:     DEC   CX
            JNE   DT2
            DJNZ  BL,DT1
            RET
            END
```

在主程序中,用向 INT-PENDING 置数的方法设置产生 HIS.0 中断和 A/D 转换结束中断。开中断后,CPU 按硬件规定的优先级首先进入 HIS.0 的中断服务程序,因在 HIS.0 的服务程序中又开放了 A/D 转换结束中断,则 CPU 又立刻转向 A/D 转换结束的中断服务程序,服务完毕后返回 HIS.0 的服务程序,最后返回主程序。这样就实现了中断嵌套。

5.5.3 改变中断返回的地址

在中断服务程序结束后,有时并不希望返回至原断点地址处,而是转移至另一地址执行其他的程序,这就需要改变返回的地址。由于 RET 指令执行时,总是将栈顶的内容弹送至 PC 以实现返回,所以只要在中断服务程序的 RET 指令之前改变栈顶的内容就可以达到改变返回地址的目的。

【例 5-3】 在一个系统中设置外中断,中断请求信号从 ACH.7 引脚输入。要求在其中断服务程序结束后不返回主程序,而是跳转至另一程序段运行,使接于 P2.0 引脚的 LED 闪烁。

【解】这一系统的硬件连接如图 5-10 所示。在 ACH.7 引脚接一开关,在其闭合时产生一个由高变低的单脉冲跳变信号,以模拟中断请求信号。

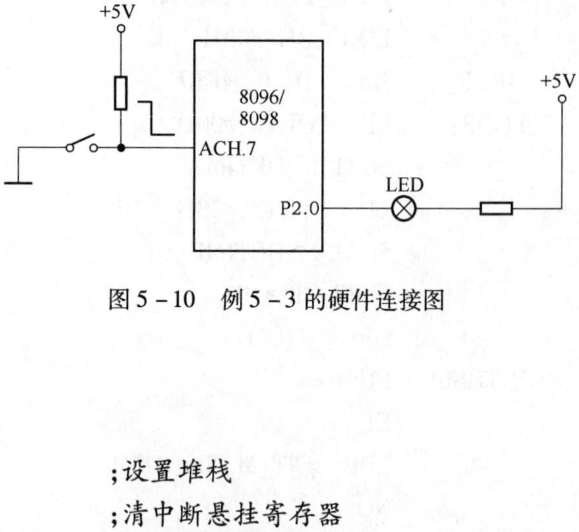

图 5-10 例 5-3 的硬件连接图

按题目的要求编写程序如下:

```
            ORG   2080H
MAIN:       LD   SP,#0060H                       ;设置堆栈
            CLRB  INT_PENDING                    ;清中断悬挂寄存器
            LD   AX,#2100H                       ;送中断服务程序入口地址
            ST   AX,200EH[0]
            LDB  IOC1,#02H                       ;选择 ACH.7 引脚
            LDB  INT_MASK,#80H                   ;开放外中断
            EI                                   ;开总中断
HERE:       SJMP  HERE                           ;等待中断
            ORG   2100H
INTACH7:    PUSHF
            LD   AX,#2200H[0]
```

```
            ST   AX,[SP]            ;改变堆栈中的返回地址
            RET
            ORG  2200H
JPLED:      LD   PORT2,00H          ;P2.0 的 LED 亮
            SCALL  DETIME           ;调用延时子程序
            LD   PORT2,01H          ;P2.0 的 LED 灭
            SCALL  DETIME
            SJMP  JPLED
DETIME:     LDB  BL,#0AH            ;延时子程序
   DT1:     LD   CX,#0FFFFH
   DT2:     DEC  CX
            JNE  DT2
            DJNZ  BL,DT1
            RET
            END
```

在主程序中对中断系统初始化，清除 INT－PENDING 并开放外中断，然后程序暂停等待中断。当开关合上时，ACH.7 引脚上产生一个跳变脉冲信号，该模拟中断信号使 CPU 进行外中断的服务。在 ACH.7 的中断服务程序结尾处改变栈顶的内容，则 RET 指令执行后，CPU 并不返回主程序，而是跳转至 2200H 处。

5.6　MCS－96 单片机的定时器

MCS－96 单片机的内部有 3 个硬件定时器，其中两个 16 位定时器 T1(TIMER1)、T2(TIMER2)和一个 16 位特殊定时器——监视定时器 WDT(WATCHDOG TIMER)。T1 和 T2 定时器主要在高速输入 HIS 和高速输出 HSO 中用作记录事件的时间基准，或作为硬件定时器使用。而监视定时器 WDT 则能够有效地监视单片机的运行，当 MCS－96 单片机软件在运行中出现某种异常时，监视定时器能够自动地将系统复位，使程序重新运行。

5.6.1　定时器 T1

定时器 T1 实质上就是一个 16 位的计数器，其计数脉冲来自芯片内部的时钟发生电路。每 8 个状态周期(在晶振频率为 12 MHz 时，$8T=8\times\frac{1}{4}=2\ \mu s$)定时器 T1 的值增加 1，并循环计数。T1 主要用作实时时钟，来与其他事件同步。在 8098 芯片中，它可以作为高速输入 HSI 和高速输出 HSO 部件的时间基准。

定时器 T1 的运行是独立的，它的计数不受任何时间的干预，没有中止和启动操作，在芯片上电工作后，它就不停地循环计数。每当定时器 T1 计数为满值(FFFFH＝65 535)时产生一次溢出。当晶振频率为 12 MHz 时，两次溢出的时间间隔为 $65\,535\times2\ \mu s\approx131\ ms$。定时器 T1 溢出时便将 IOS1.5 置 1，同时可触发一个中断，事实上，定时器 T1 的溢出是 8096/8098 单片机的中断源之一。

定时器 T1 的计数值在任何时刻均能读出，但计数过程中不可改写。定时器 T1 的计数值

存放在特殊功能寄存器 SFR 的 0AH 和 0BH 中,用 TIMER1(LO)和 TIMER1(HI)表示,定时器 T1 的值只能按字读而不能按字节读。

当且仅当系统复位时,定时器 T1 才复位。所谓复位是指定时器停止计数并回零,且在完成复位后继续计数。

5.6.2 定时器 T2

定时器 T2 也是一个 16 位的计数器,它的计数脉冲信号来自 HSI.1 引脚,因此它实际上是一个外部事件计数器。当 HSI.1 引脚有跳变(正跳变或负跳变)时,定时器 T2 的计数值加 1。当定时器 T2 计数满溢出时,能触发一个中断,同时使 IOS.4 置 1,定时器 T2 的溢出时间取决于外部脉冲的周期。与定时器 T1 相同的是,定时器 T2 的数值在任何时刻均能读出,但不能写入,它的计数值存放在 FSR 的 0CH 和 0DH 单元,分别用 TIMER2(LO)和 TIMER2(HI)表示,定时器 T2 的值也只能按字读取。8096/8098 单片机要求 IOC0.7 =1 时,才允许定时器 T2 对 HSI.1 引脚上的脉冲计数。HIS.1 引脚跳变的最小时间间隔必须大于 8*T*。

定时器 T2 有 4 种复位方式:(1)系统复位(RESET 复位);(2)将 IOC0.1 置 1;(3)触发 HSO 部件的 0EH 通道,即将 HSO_COMMAND寄存器中的低 4 位置为 1110B(0EH),使定时器 T2 复位;(4)在 IOC0.3 =1,IOC0.5 =1 时,用 HSI.0 引脚输入正跳变信号。

定时器 T2 复位的方案可用图 5 – 11 说明。

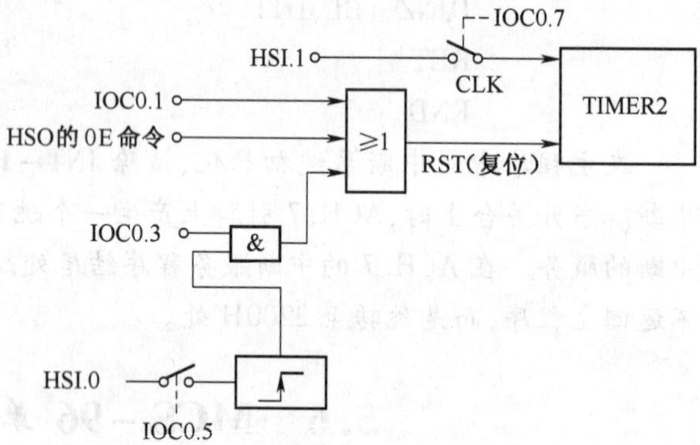

图 5 – 11 8098 单片机 T2 的时钟源和复位信号

5.6.3 定时器 T1 和 T2 的中断

定时器 T1 和定时器 T2 溢出时均可产生中断请求,两者的中断属于定时器溢出中断。定时器溢出中断在 8096/8096 单片机的中断系统中属 0 级中断,即优先级最低的中断,其中断向量为 2000H。

定时器 T1 溢出中断时,将 IOS1.5 置 1;定时器 T2 溢出中断时,将 IOS1.4 置 1,因此可通过查询 IOSC1 寄存器的状态得知是哪一个定时器产生了中断。定时器 T1 或定时器 T2 的溢出中断是否被允许,分别由 IOC1.2 和 IOC1.3 控制,若允许某个定时器溢出的中断,则应在 IOC1 寄存器相应的位置 1。

通过查询 IOS1 寄存器的状态可了解是哪个定时器产生了溢出中断申请,但应注意,直接读(如用 LDB　AL,IOS1 指令)或间接读(如用 JBS IOS1.5,CADD 指令)将使该寄存器中与时间有关的标志位 IOS1.0 ~ IOS1.5(共六位)清零。因此在读取此寄存器之前,一般应将其内容予以保护,通常的做法是将 IOS1 的内容复制于某一寄存器中,如用指令 LDB　AL,IOS1,这样做虽然也破坏了 IOS1 的内容,但其全部信息已转存于 AL 寄存器中,可通过测试 AL 寄存器各位的情况了解 IOS1 中的现行状态。还可在硬件或软件定时器中断发生后使用如下指令:

```
LDB   IOS1_IMAGE,#00H
ORB   IOS1_IMAGE,IOS1
```

上述指令执行后,IOS 的内容被保存于 IOS1_IMAGE 寄存器中,再对 IOS1 进行测试时就不必担心其信息会被破坏了。IOS1_IMAGE 寄存器称为映像寄存器单元。

5.6.4　定时器溢出中断的产生与控制过程

一个硬件定时器的溢出中断申请如能被 CPU 有效响应,则其过程如下:

1. 定时器 T1 或 T2 溢出时,将 IOS1 中的相应溢出标志位置 1。当使 IOC1.2 = 1 时,定时器 T1 可发出溢出中断申请;当使 IOC1.3 = 1 时,定时器 T2 可发出溢出中断申请。

2. 定时器溢出中断申请产生后,INT_PENDING 寄存器的 D0 位置 1,即定时器溢出中断申请予以登记。

3. 若 INT_MASK 的 D0 位被置 1,则定时器溢出中断被允许。

4. 使用开中断指令 EI 后,PSW.9 = 1,中断系统开放,若当前无其他的中断(因其优先级最低),定时器溢出中断的申请即被 CPU 响应。

5. CPU 由中断向量(2000H 和 2001H)取出用户实现放置的入口地址,便转入定时器溢出的中断服务程序运行。

6. 若系统中同时开放有定时器 T1 和 T2 的中断,则在进入中断服务程序后,必须查询 IOS1.5 或 IOS1.4(只需查其中之一便可,因为非此即彼),明确是哪一个定时器溢出后再进行后续相应的处理。

*5.7　定时器的应用

5.7.1　定时器 T1 的应用举例

【例 5-4】设系统的时钟晶振频率为 12 MHz,利用定时器 T1 的溢出中断产生 1s 的延时,此后转入其他程序。

【解】设系统的时钟晶振频率为 12 MHz,则定时器的计数值为 1 时对应的时间是 $8T$,即 2 μs,定时器 T1 两次溢出的时间间隔为 131 ms,则实现 1 s 的延时需定时器 T1 产生中断的次数为 $\frac{1}{0.131} \approx 8$ 次。程序设计如下:

```
           ORG 2080H
MAIN:      LD   SP,#0060H               ;设置堆栈
           CLRB   INT_PENDING           ;清中断悬挂寄存器
           LDB   INT_MASK,#01H          ;允许定时器溢出中断
           LDB   IOC1,#04H              ;允许 T1 溢出中断
           LD   AX,#2100H               ;置 T1 中断服务程序的入口地址
           ST   AX,2000H[0]
           LDB   BL,#08H                ;设 BL 为中断次数计数器
           CLRB   CL                    ;清 CL,CL 作延时时间到标志
           EI                           ;开中断
HRER:      JBC   CL,HERE                ;测试时间到标志
           SJMP   OTHER                 ;1s 延时后,转入其他程序
           ORG   2100H
```

```
INT_T1:  DJNZ  BL,RETUN
         ORB  CL,#01H              ;延时到,置标志位
         DI                        ;关中断
RETUN:   RET
         ORG 3000H
OTER:    …                         ;延时1s后转入其他程序
         …
```

【例5-5】用定时器T1测量脉冲的宽度。设系统的时钟晶振频率为12 MHz,脉冲信号从P0.4引脚输入。

【解】测量脉冲信号的脉冲宽度,最好的办法是用HSI部件实现,但也可以利用定时器T1的溢出中断来进行。设脉冲的上跳变时刻送入AX中,下跳变时刻送入BX中,用CX记录定时器溢出的次数。

由图5-12可知,脉冲宽度为:

$T_d = a + b + n$ 次中断对应的时间

其中a为上跳沿的时刻与第一次中断的时间间隔,b为最后一次与下跳沿时刻的时间间隔,且

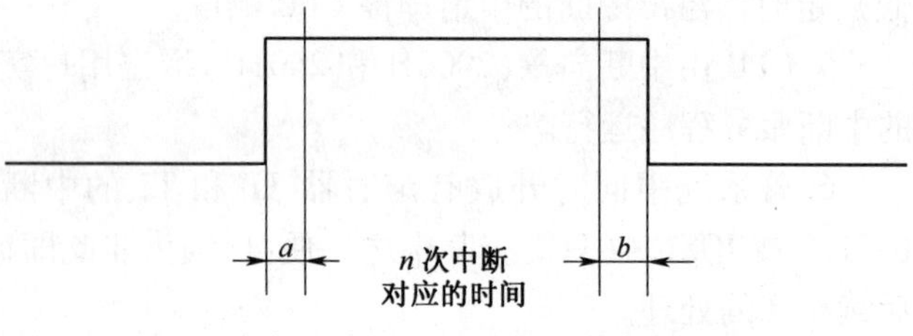

图5-12　例5-5脉冲宽度计算示意图

$a = (5\,536 - AX) \times 2\ \mu s$

$b = BX \times 2\ \mu s$

因此中断对应的时间为:$(n-1) \times 65\,536 \times 2\ \mu s$

因此,脉冲宽度为:

$T_d = (5\,536 - AX) \times 2\ \mu s + BX \times 2\ \mu s + (n-1) \times 65\,536 \times 2\ \mu s$

$\quad = (BX - AX + CX \times 65\,536) \times 2\ \mu s$

程序设计如下:

```
         ORG  2080H
START:   LD  SP,#00C0H             ;设置堆栈
         LDB  INT_MASK,#01H        ;允许T1溢出中断
         LD  DX,#3000H             ;送中断服务程序入口地址
         ST  DX,2000H[0]
DH:      JBC  PORT0,4,DH           ;检测是否为上跳沿
         LD  AX,TIMER1             ;上跳沿时刻送AX
         LDB  IOC1,#04H            ;允许T1溢出中断
         CLRB INT_PENDING          ;清中断悬挂寄存器
         CLR  CX                   ;清中断次数计数器
         EI                        ;开中断
DL:      JBC  PORT0,4,DL           ;检测脉冲下跳沿
         LD  BX,TIMER1             ;下跳沿时刻送BX
         DI                        ;关中断
         SJMP  CULPW               ;转计算脉冲宽度的程序
```

```
         ORG   3000H
INT_T1:  INC   CX                        ;对 T1 溢出次数计数
         RET
         ORG 3020H
CULPW:   …                               ;计算脉冲宽度程序
         …
```

5.7.2　定时器 T2 的应用举例

定时器 T2 是一个外部事件计数器，其基本作用是对外部输入的脉冲进行计数，计数脉冲从 HSI.1 引脚输入，且脉冲的正、负跳变均使定时器 T2 的计数值加 1。

【例 5－6】利用定时器 T2 对外部事件计数。假设系统的晶振频率为 12 MHz，用接于 P0.4 的开关启动和停止计数。

【解】控制计数的开关的连接如图 5－13 所示。设用 AX 存放计数值。

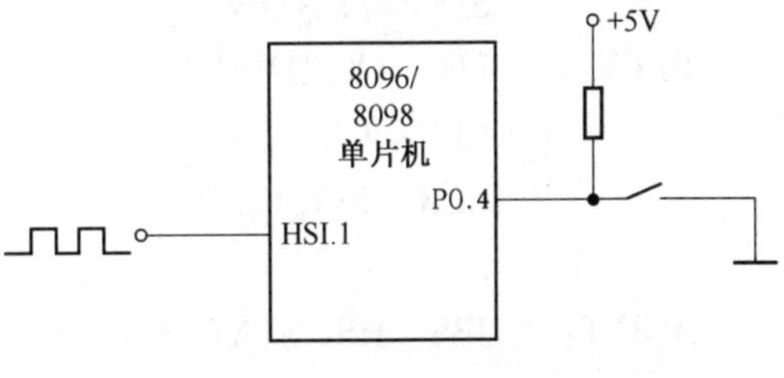

图 5－13　例 5－6 控制计数的开关的连接

程序设计如下：

```
         ORG   2080H
BEGIN:   JBS   PORT0,4,BEGIN             ;开关闭合后开始计数
         LDB   IOC0,#86H                 ;将 HSI.1 作时钟源并复位
COUN:    LD    AX,TIMER2                 ;送计数值
         JBC   PORT0,4,COUN              ;若 P0.4 =0，则继续计数
NEXT:    …                               ;处理计数结果
```

在计数开始前，应用指令选择 HSI.1 作为外部脉冲的输入端，且使定时器 T2 复位。计数前，开关中断，合上时即开始计数；当开关再次打开时则停止计数，进行对计数结果的处理。

【例 5－7】用定时器 T1 和 T2 测量开关闭合时抖动的时间及抖动的次数。

【解】在一个应用系统中，通常要设一些开关，用以对某些过程加以控制或进行数据设置操作等。机械开关在开、闭操作时，通常会产生抖动，其抖动的波形如图 5－14 所示。本例题说明如何用定时器 T1 和 T2 对抖动过程进行测量。

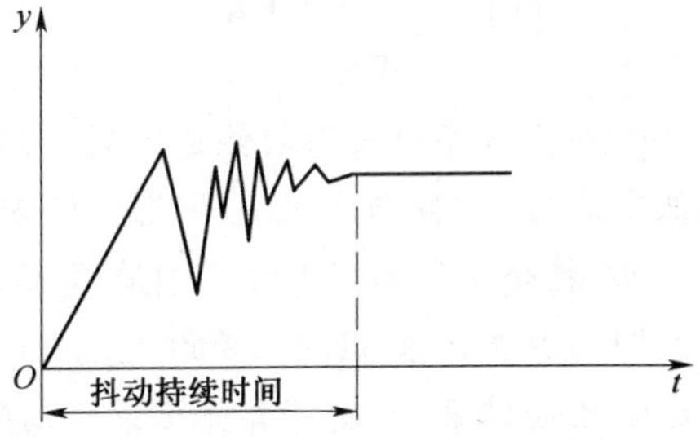

图 5－14　例 5－7 开关抖动波形示意图

将开关接于 HSI.1 引脚。在程序中，用定时器 T1 记录开关抖动的时间，若第一次抖动的时间存入 AX，最后一次抖动的时间存入 BX，定时器 T1 中断的次数记录于 CX 中，则抖动的持续时间为：

$$T_d = [BX - AX + CX \times 65\,536] \times 2\ \mu s$$

用定时器 T2 记录开关抖动的次数，由于开关抖动的正负跳变均使定时器 T2 计数，因此开关的抖动次数应为 T2 的值加 1 再除以 2，所得抖动次数送入 EX 中。

程序如下：

```
          ORG  2080H
MAIN:     LD   SP,#0080H              ;设置堆栈
          LD   INT_MASK,#01H          ;允许定时器溢出中断
          LD   EX,#20C0H              ;送 T1 中断程序入口地址
          ST   EX,2000H[0]
          LDB  IOC1,#04H              ;允许 T1 溢出中断
          LDB  IOC0,#86H              ;用 HSI.1 作 T2 的时钟源并复位
T2LOW:    JBS  HSI_STATUS,1,RECT1     ;检测开关上跳沿
          SJMP T2LOW
RECT1:    LD   AX,TIMER1              ;第一次抖动时间送 AX
          CLR  CX                     ;清 T1 中断计数器
          CLR  INT_PENDING            ;清中断悬挂寄存器
          EI                          ;开中断
AGINT:    JBS  HSI_STATUS,1,AGINT     ;开关为低电平吗?
LOOPT2:   LD   DX,CX                  ;T1 溢出次数送 DX
          LD   BX,TIMER1              ;最后一次到抖动时间送 BX
          LD   EX,TIMER2              ;T2 计数值送 EX
          LDB  FL,#0FFH
T2HI:     JBS  HSI_STATUS,1,LOOPT2    ;判断是否为最后一次抖动
          DJNZ FL,T2HI
          INC  EX
          SHR  EX,#01H                ;求开关抖动次数并存入 EX
CULTIE:   …                           ;计算开关抖动时间
          ORG  20C0H
T1OV:     INC  CX                     ;记录 T1 溢出次数
          RET
```

在主程序中采用软件延时的办法检测开关的最后一次抖动，当 HSI.1 引脚的电平每次由低变高后(即抖动一次)，即记录定时器 T1 和 T2 的值。而后通过标号为 T2－HI 的语句及 DJNZ 指令反复判断 HSI.1 引脚是否出现低电平，若出现低电平则表明又发生了一次抖动，则立即转移再记录 T1 和 T2 的值。若连续循环检测多次后该引脚仍是高电平，则可以认定抖动过程已经结束，于是计算并记录抖动的次数和抖动持续的时间。

【例 5－8】编写一个程序实现定时器 T1 和 T2 均产生中断。

【解】为实现定时器 T2 的溢出中断，需从 HSI.1 引脚输入计数脉冲，为此通过程序在 P2.5 引脚输入一脉冲，并将此脉冲从 HSI.1 引脚输入，如图 5－15 所示。为了观察程序的运行，在 P2.5 引脚接一个 LED，当定时器 T1 中断时，LED 亮；当定时器 T2 中断时，LED 灭。

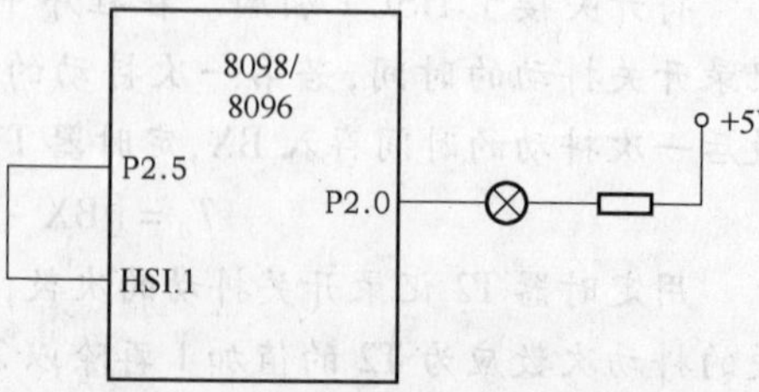

图 5－15　例 5－8 硬件连接图

程序如下：

```
        ORG   2080H
START:  LD  SP,#00C0H                   ;设置堆栈
        CLRB  INT_PENDING               ;清中断悬挂寄存器
        LDB  INT_MASK,#01H              ;允许定时器溢出中断
        LDB  IOC1,#0CH                  ;允许 T1 和 T2 中断
        LD  AX,#3000H                   ;送中断服务程序入口地址
        ST  AX,2000H[0]
        LDB  IOC0,#08H                  ;HSI.1 为 T2 的时钟源并复位
        EI                              ;开中断
PULSE:  ORB  PORT2,#21H                 ;P2.5 产生脉宽 2 μs,周期 6 μs 的
                                        脉冲,作为 T2 的时钟输入
        NOP
        ANDB  PORT2,#0DFH
        NOP
        SJMP  PULSE
        ORG  3000H
INTTOV: LDB  BL,IOS1                    ;暂存 IOS1 的内容于 BL
        JBS  BL,5,T1OV                  ;查 IOS1.5,若为 1,则 T1 溢出
T2OV:   ANDB  PORT2,#0FFH               ;LED 灭
        SJMP  RETUN
T1OV:   ANB  PORT2,#00H                 ;LED 亮
        JBS  BL,4,T2OV                  ;查是否还有 T2 溢出
RETUN:  RET
```

在主程序运行时，标号 PULSE 处的四条语句产生脉宽为 2 μs，周期为 6 μs 的脉冲(因 ORB、NOP 指令的执行时间均为 $4T$，对应 $8T$ 即 2 μs 的高电平，而 ANDB、NOP 和 SJMP 指令的执行时间分别为 $4T$、$4T$ 和 $8T$，对应 $16T$ 即 4 μs 的低电平)，该脉冲由输入至 HSI.1 引脚作为 T2 的外时钟。进入中断服务程序后，显然主程序的运行被中断，HSI.1 引脚无脉冲输入，只有再次返回主程序后，T2 又开始计数。在中断服务程序中，还考虑了 T1 和 T2 同时溢出这一特殊情况。

*5.8 监视定时器 WDT

监视定时器 WDT(WATCHDOG TIMER)实质上是一个 16 位计数器，它的时钟来自 MCS－96 单片机的内部时钟产生电路。监视定时器被自动启动后，无法用软件的方法使其停止工作。

5.8.1 监视定时器的特征

监视定时器也是一个 16 位的计数器，和定时器 T1 相似，它的计数脉冲来自单片机的内部时钟产生电路，当 WDT 被启动后，每一个状态周期其值自动增加 1。当计数器计满溢出(需耗

时 64 kT，若系统时钟频率为 12 MHz，大约为 16.4 ms）时，既要把$\overline{RESET}$引脚拉至低电平，并保持两个状态周期，从而使单片机系统复位，并重新初始化。

监视定时器 WDT 是 8096/8098 单片机中一个特殊的硬件定时器。它不作为一般意义上的硬件定时器使用，而是用于监视系统的软件运行是否正常。当 WDT 被启动后，如果系统由于某种干扰导致程序运行紊乱时，它将迫使系统自动复位，使单片机从 2080H 单元开始执行程序。这样监视定时器 WDT 可使系统从瞬时故障中自动恢复。

监视定时器 WDT 的工作需要靠软件启动，具体的方法是向 WATCHDOG 寄存器（特殊功能寄存器 SFR 中的 0AH 单元）连续写入“1EH”和“0E1H”。若需将监视定时器 WDT 清零，也是连续写入“1EH”和“0E1H”。连续写两次是为了防止意外清零。当监视定时器 WDT 被启动工作后，无法用软件的方法使其停止工作。而且 WATCHDOG 寄存器的内容只能写入，不能读出。

5.8.2 用 WDT 监视系统软件工作情况的原理

监视定时器 WDT 的主要作用是监视系统软件的工作是否正常，其工作原理简要说明如下：

监视定时器 WDT 开始工作后，经过 64 000 个状态周期的时间便产生溢出使系统复位，若每个不到 64 000T 的时间就会使其清零，则它永远不会溢出，自然系统就不会发生复位的情况。据此，在程序中启动监视定时器 WDT 后，采用定点（约间隔 15 ms，即小于 16 ms 的时间）使其清零的方法，WDT 不会溢出，系统软件正常工作。一旦由于某种干扰导致软件运行错误时，可能会使某次对 WDT 清零的指令得不到执行而使 WDT 产生溢出，系统将进行复位操作，程序从 2080H 单元开始运行，从而一方面使操作人员得知系统的运行出现了错误，另一方面系统的运行也从瞬时故障中得以恢复，系统失效的时间小于 16 ms。

5.8.3 关于系统软件保护的若干问题

计算机应用系统在工作时会遇到各种干扰，如工作现场的电磁干扰及计算机系统内部电路的噪声等，这些干扰可能导致系统总线紊乱或程序计数器状态的改变而使系统软件运行产生错误。因此必须采取一定的抗干扰措施。具体的方法可从硬件和软件两个方面予以考虑。

可采用下列软件保护措施：

1. 利用监视定时器 WDT。在程序中启动 WDT 工作并定点使其清零（时间间隔小于其溢出时间），这一方法可在一定程度上起到保护系统软件正常运行的作用，但仅此还不够，还需考虑其他方法。

2. 在未使用的存储单元中填入指定的某些指令。软件运行出错的一种情况是程序无序跳转至并未置放程序代码的存储区域中，为此可在未用的存储单元之中填写空操作指令 NOP 及周期性地使用转移至出错处理程序的跳转指令。一旦出现问题，CPU 便会执行出错处理程序。也可以用复位指令 RST 代替跳转指令，程序运行紊乱后，执行 RST 指令使得系统复位，CPU 从 2080H 单元开始重新运行系统软件，可使系统能很快地从故障中恢复至正常。

3. 采用软件和硬件相结合的方法。由于 RST 指令的代码为 0FFH，因此可在单片机的数据总线 D0 ~ D7 接上 8 个上拉电阻，在出现 CPU 对未使用存储空间访问时，这些上拉电阻将使数据总线呈现高电平，等同于代码 0FFH，使 CPU 自动地执行 RST 指令而导致系统复位。

5.8.4　监视定时器 WDT 的应用

在系统中若需要使用 WDT，只需要向 WATCHDOG 寄存器单元(SFR 的 0AH 单元)连续写入 1EH 和 0E1H 就可以。

【例 5 -9】编写一程序启动监视定时器 WDT 工作，并通过设在 P2.0 的 LED 观察 WDT 的工作情况。

【解】　程序清单：

```
          ORG   2080H
START:    CMP   AX,#0AABBH              ;检测标志单元，判断是否发生过 WDT 的溢出
          JNE   SETWDT
LOOP:     LDB   PORT2,#01H              ;P2.0 的 LED 灭
          SCALL   TIME                  ;调用延时子程序
          LDB   PORT2,#00H              ;P2.0 的 LED 亮
          SCALL   TIME
          SJMP   LOOP
TIME:     LDB   BL,#0AH                 ;延时 3s 的子程序
DT1:      LDB CX,#0FFFFH
DT2:      DEC   CX
          JNE   DT2
          DJNZ   BL,DT1
          RET
SETWDT:   LD   AX,#0AABB                ;用 AX 作标志单元
          LDB   PORT2,#00H              ;P2.0 的 LED 亮
          LDB   WATCHDOG,#1EH           ;设置或启动 WDT
          LDB   WATCHDOG,#0E1H
THERE:    SJMP SETWDT
```

在程序中，用 AX 寄存器作标志单元，以判断 WDT 是否已溢出。程序开始运行时，由于 AX 尚未置入标志(为 AABBH)，因此程序立即转移至标号 SETWDT 处，将标志送入 AX，并点亮 LED，而后向 WATCHDOG 单元连续送入 1EH 和 0E1H 两个立即数，WDT 即被启动。随后程序进入循环，反复进行向 WATCHDOG 单元置数的操作及 WDT 不断被清零，显然这种操作是在间隔不到 16 ms 的情况下进行的 WDT 不会溢出，依旧是系统不会复位，此时 LED 一直亮着。

若将最后一条指令中的标号 SETWDT 改为 THERE，则由于 WDT 清零的指令得不到执行而导致 WDT 的溢出，系统及被复位，程序又从 2080H 单元开始执行，此时由于先前 AX 已被置入标志，因而程序不会再跳转至 SETWDT 处，程序的运行将使 LED 闪烁。

从上述过程可以看出，LED 发光并且不闪烁是 WDT 启动且不溢出的正常情况，而 LED 闪烁则表明 WDT 已经溢出而使得系统复位，使 LED 闪烁的程序可视为系统软件运行出现紊乱的出错处理程序。

本章小结

本章重点介绍中断技术和定时器的应用。

1. 基于资源共享原理上的中断技术，在计算机中得到了广泛的应用。中断技术能实现CPU与外部设备的并行工作，提高CPU的利用率以及数据的输入/输出效率；中断技术也能对计算机运行过程中突然发生的故障做到及时发现并进行自动处理。应用中断技术可以解决CPU与I/O设备工作速度不协调的矛盾，提高CPU的工作效率；应用中断技术可实现CPU与多个外部设备并行工作；应用中断技术可用于实时控制，及时处理各类故障。

2. 随着中断技术的发展，中断请求不仅可由I/O设备发出，也可由程序安排产生，前者称为外部中断，后者则称为内部中断或软件中断。能引起中断的外部设备和内部原因就叫做中断源。外部中断源按其性质可分为两类，一类是非屏蔽中断，又称为不可屏蔽中断。

3. 当一个系统中有两个或两个以上的中断源时，必须依照各中断源在系统中的地位为其安排优先级，这样才能保证中断系统正常有序地工作。中断优先级的确定可有软件确定优先级、硬件确定优先级，软、硬件结合确定优先级三种方法。高级别的中断申请打断正在进行的低级别的中断服务的过程称为中断嵌套，也称为多重中断。

4. 中断响应的过程。CPU响应中断后，立即中止正在运行的程序，并将断点地址自动压入堆栈保存，以便中断返回时取回。获得中断服务程序的入口地址，即通过某种方式将中断服务程序的第一条指令的地址号（称为入口地址）赋予PC，以使CPU进入中断服务程序。不同的微机有着不同的获取入口地址的方法。在MCS－96单片机中，是由中断向量获得中断服务程序的入口地址。所谓中断向量是指存放中断服务程序入口地址的存储单元。每一中断源均对应一中断向量，全部的中断向量在存储器的某一区域构成一个有序的表格，称之为中断向量表。机器自动地将中断向量中的入口地址送入PC，实现了程序的转移。服务完毕后，即进行恢复现场的工作。

5. MCS－96系列单片机的中断有8个类型，可分为两大类：2种外部中断和6种内部中断。其中每一种中断类型又包括一个或多个中断源。这样8096/8098单片机的中断源可多达20个。

6. 对一个中断源的中断申请，CPU可根据系统的情况，用软件的方法决定何时响应或不予响应，这就是所谓的中断控制问题。MCS－96单片机的中断控制由中断悬挂寄存器（INT_PENDING）、中断屏蔽寄存器（INT_MASK）、中断允许标志I来控制。

7. 若用户系统中有中断需要处理，则在进行中断系统的软件设计时应完成两个方面的工作：(1)在主程序中完成对中断系统的初始化；(2)编写中断服务程序。

8. 所谓初始化就是为实现有效中断而进行的准备工作。这些工作包括以下几个方面的内容：设置堆栈；选择中断源；设置中断向量；清除中断悬挂寄存器；开放中断。

9. 中断服务程序一般由保护现场、中断优先级的安排、中断服务、恢复现场和返回四个部分组成。

10. MCS－96单片机的内部有3个硬件定时器，其中两个16位定时器T1（TIMER1）、T2（TIMER2）和一个16位特殊定时器——监视定时器WDT（WATCHDOG TIMER）。T1和T2定时器主要在高速输入HIS和高速输出HSO中用作记录事件的时间基准，或作为硬件定时器使用。而监视定时器WDT则能够有效地监视单片机的运行，当MCS－96单片机软件在运行中出现某种异常时，监视定时器能够自动地将系统复位，使程序重新运行。

11. 定时器 T1 实质上就是一个 16 位的计数器，其计数脉冲来自芯片内部的时钟发生电路。定时器 T1 的运行是独立的，它的计数不受任何时间的干预，没有中止和启动操作，在芯片上电工作后，它就不停地循环计数。定时器 T1 的计数值在任何时刻均能读出，但技术过程中不可改写。当且仅当系统复位时，定时器 T1 才复位。所谓复位是指定时器停止计数并归零，且在完成复位后继续计数。

12. 定时器 T2 也是一个 16 位的计数器，它的计数脉冲信号来自 HSI.1 引脚，因此它实际上是一个外部事件计数器。当 HSI.1 引脚有跳变（正跳变或负跳变）时，定时器 T2 的计数值加 1。当定时器 T2 计数满溢出时，能触发一个中断，同时使 IOS.4 置 1，定时器 T2 的溢出时间取决于外部脉冲的周期。与定时器 T1 相同的是，定时器 T2 的数值在任何时刻均能读出，但不能写入，它的计数值存放在 FSR 的 0CH 和 0DH 单元，分别用 TIMER2（LO）和 TIMER2（HI）表示，定时器 T2 的值也只能按字读取。8096/8098 单片机要求 IOC0.7 = 1 时，才允许定时器 T2 对 HSI.1 引脚上的脉冲计数。HIS.1 引脚跳变的最小时间间隔必须大于 $8T$。

定时器 T2 有 4 种复位方式：(1) 系统复位（RESET 复位）；(2) 将 IOC0.1 置 1；(3) 触发 HSO 部件的 0EH 通道，即将 HSO_COMMAND 寄存器中的低 4 位置为 1110B（0EH），使定时器 T2 复位；(4) 在 IOC0.3 = 1，IOC0.5 = 1 时，用 HSI.0 引脚输入正跳变信号。

13. 定时器 T1 和定时器 T2 溢出时均可产生中断请求，两者的中断属于定时器溢出中断。定时器溢出中断在 8096/8096 单片机的中断系统中属 0 级中断，即优先级最低的中断，其中断向量为 2000H。

14. 监视定时器也是一个 16 位的计数器，和定时器 T1 相似，它的计数脉冲来自单片机的内部时钟产生电路，当 WDT 被启动后，每一个状态周期其值自动增加 1。当计数器计满溢出（需耗时 64 000T，若系统时钟频率为 12 MHz，大约为 16.4 ms）时，既要把引脚拉至低电平，并保持两个状态周期，从而使单片机系统复位，并重新初始化。监视定时器也是一个 16 位的计数器，和定时器 T1 相似，它的计数脉冲来自单片机的内部时钟产生电路，当 WDT 被启动后，每一个状态周期其值自动增加 1。当计数器计满溢出时，既要把引脚拉至低电平，并保持两个状态周期，从而使单片机系统复位，并重新初始化。

复习思考题

1. 什么是中断方式？中断方式与查询方式比较有什么特点？
2. 什么是中断优先级？什么是中断嵌套？
3. 确定中断优先级有哪些方法？
4. 什么是非屏蔽中断和可屏蔽中断？
5. 简述 MCS－96 单片机中断响应的过程。
6. 8096/8098 单片机有哪些类型的中断源？
7. 在 MCS－96 单片机中，INT_PENDING 寄存器和 INT_MASK 寄存器的作用是什么？应该如何设置？
8. 如何使中断允许标志 I 置位和清零？
9. 在 8096/8098 单片机中，CPU 响应中断应具备哪些条件？

10. 什么是中断服务程序中的保护现场和恢复现场？

11. 如何改变中断的返回地址？

12. 用软件产生外中断，且在中断服务程序中使 BX 寄存器中的内容加 1。是编写最简单的初始化主程序和中断服务程序。

13. 试用中断方式编写一程序，改变 PSW 的内容，使原 PSW 的内容加上 AX 寄存器的内容后再送回 PSW。

14. MCS－96 单片机中有哪些硬件定时器资源？

15. 定时器 T1 有哪些特征？它的时钟源是什么？在什么情况下，定时器 T1 复位？

16. 定时器 T1 溢出时会出现什么情况？

17. 定时器 T2 有哪些特征？它的时钟源是什么？在什么情况下，定时器 T2 开始工作？

18. 定时器 T2 的时钟源是什么？如何使定时器 T2 复位？

19. 如何区分定时器 T1 和 T2 的中断请求？

20. 编写一个利用定时器 T1 延时 2 s 的子程序。

21. 监视定时器 WDT 有哪些特征？它的时钟源是什么？

22. 如何启动监视定时器 WDT 工作和清零？

23. 系统软件保护有哪些常用的措施？

第6章 串行通信

【学习目标】

本章主要介绍了 MCS－96 串行通信接口相关知识。全面了解串行通信接口的基本概念，RS－485 通信总线应用连接；掌握串行总线 RS－232－C 基本知识、应用方法，MCS－96 串行通信接口工作方式，串行波特率初始化参数计算和初始化程序编写；领会 MCS－96 串行通信接口应用实例，增强串行通信系统开发能力。

6.1 串行接口

6.1.1 串行通信接口基本概念

串行通信是指在单根导线上将二进制数据一位一位顺序传送。它与并行通信相比，所用的传输线很少，因此特别适合远距离数据传送。很显然，在相同的时钟频率下，串行传输的数据速率要比并行传输慢很多倍。

6.1.2 串行通信的同步方式

在传输数字信号时，在接收端必须有与数据位脉冲具有相同频率的时钟脉冲逐位将数据读入寄存器。为了正确读入数据，时钟脉冲上升沿必须作用在数据位脉冲稳定之后，通常是数据位脉冲的中间时刻。也就是说对时钟脉冲相位还有要求。这种在接收端使数据位与时钟脉冲在频率和相位上一致的机制称同步。实现这种同步的技术称为同步方式。根据接收端获取同步参考信号的不同方法，串行通信中同步方式可分为字符同步方式和位同步方式。

1. 字符同步方式

字符同步方式又称起止式同步方式或异步传输方式。它以字符为单位进行传输。发送端每发一个字符之前先发送一个同步参考信号，接收端根据同步参考信号产生出与数据位同步的时钟脉冲。这样，在发送端和接收端之间，每个字符都要同步一次。发送端在发送一个字符的串行数据前加 1 位起始位，1 个字符，在字符之后加 1 位校验位（可选）和 1～2 位的停止位。起始位是低电平，停止位是高电平。当发送端没有准备好下一个字符时，发送端的输出一直保持高电平。开始时起始位的下降沿就是同步参考信号。

由于每一个字符都要重新同步一次。字符之间的时钟频率误差不会积累，接收一个字符期间不会发生数据位与时钟不同步。在字符同步方式中，通信双方必须事先约定一致的时钟频率、传输字符的长度，是否要校验以及校验的方式，停止位的位数等。即双方对通信接口初始化。字符同步方式的实现比较简单，但其传输速率不能太高，编码效率也比较低，每个字符要附加 2 ~ 3 位冗余信息，它的编码效率不大于 0.8。由于这种传输方式下字符之间的间隔是任意的，发送方准备一个字符就可以发送一个字符，因此又称为异步传输方式。

2. 位同步方式

位同步方式，即在发送端对每位数据位都带有同步信息。在发送端可以附加发送与数据位同步的时钟脉冲，在接收端恢复这个时钟脉冲来读入数据，这样就没有必要再附加冗余信息了，从而提高了传输的效率，但要附加一条传输时钟脉冲的通信线路。这不但要增加通信线路的建设投资和维护费用，而且会由于线路的不同分布参数和数据信号及时钟脉冲的不同频率造成数据和时钟脉冲的不同畸变和相移，可能导致接收端不能正确接收数据。

6.1.3 串行数据传送方式

因为串行通信是数据一位一位地被传送，在串行通信中，数据传送有三种方式：单工方式、半双工方式和全双工方式。

1. 单工方式

在这种方式下，只允许数据按一个固定的方向传送，比如 A 与 B 通信，A 只能发送，称为发送器；B 只能接收，称为接收器。数据只能由 A 传送给 B，不能从 B 传送给 A。

2. 半双工方式

在这种方式下，数据既可以由 A 传送给 B，也可以由 B 传送给 A。因此 A 和 B 既可以是发送器又可以是接收器，通常称为收发器。但是由于 A 和 B 之间只有一根传输线，所以在同一时刻只能一个方向传送，不能同时双向传输。因此，在同一时刻要么 A 发送 B 接收，要么 B 发送 A 接收。

3. 全双工方式

在 A、B 之间有两条数据线，使 A 与 B 两端均可同时工作在收发状态，数据可以由 A 发送给 B，也可以由 B 发送给 A。与半双工方式相比，对每个站来讲都有发送器和接收器，由于有两条线路，用不着切换，因而传送速率可成倍增加。

6.1.4 波特率和比特率

在数据传送方式确定后，到底以多大的速率发送和接收数据，这也是串行通信面临的重要的问题之一。它不但取决于计算机本身的处理速率，更重要的是取决于串行通信接口芯片的速率。

串行通信是一位一位传送的。衡量传送数据快慢的单位有波特率和比特率。所谓波特率是指单位时间内载波变化的次数，单位是 Baud/s；所谓比特率是指每秒传送二进制数据的位数，单位是位/秒（bit/s）。两相调制（单个调制状态对应一个二进制位）的比特率等于波特率。

6.1.5 常用外部串行通信总线

1. RS - 232 - C 总线

RS - 232 - C 总线是美国电子工业协会 EIA（Electronic Industry Association）制定的一种串行物理接口标准。RS 是英文 Recommended Standard 的缩写即推荐标准，232 为标识号，C 表示修改次数。RS - 232 - C 总线标准设有 25 条信号线，包括一个主通道和一个辅助通道，在多数情况下，主要使用主通道，对于双工通信，仅需几条信号线就可以实现，如一条发送线、一条接收线及一条地线。RS - 232 - C 总线标准规定的数据传输速率为 50、75、100、150、300、600、

1200、2400、4800、9600、19200 Baud/s。RS－232－C 总线标准规定，驱动器允许有 2500pF 的电容负载。通信距离将受此电容限制，例如，采用 150 pF/m 的通信电缆时，最大通信距离为 15 m；若每米电缆的电容量减小，通信距离就可以增加。

传输距离短的另一个原因是 RS－232－C 是单端信号传送，必然会存在共地噪声和不能抑制的共模干扰等问题，因此一般用于 20 m 以内的通信。

RS－232－C 总线标准最初是为远程通信连接数据终端设备 DTE（Data Terminal Equipment）与数据通信设备 DCE（Data Communication Equipment）而制定的。因此这个标准的制定，并没有考虑计算机系统的应用需求，这个标准的一些规定与计算机系统是不一致的，甚至是互相矛盾的。但目前它又广泛地用于计算机接口与终端或外设之间的近端连接。

（1）RS－232－C 电气特性

1）信号逻辑电平

在 TXD 和 RXD 上：

逻辑 1（MARK）＝－3～－15 V

逻辑 0（SPACE）＝＋3～＋15 V

在 RTS、CTS、DSR、DTR 和 DCD 等控制线上：

信号有效（接通，ON 状态，正电压）＝＋3～＋15 V

信号无效（断开，OFF 状态，负电压）＝－3～－15 V

对于数据（信息码）：逻辑“1”（传号）的电平低于－3 V，逻辑“0”（空号）的电平高于＋3 V；对于控制信号：接通状态（ON）即信号有效的电平高于＋3 V，断开（OFF）即信号无效的电平低于－3V，也就是当传输电平的绝对值大于＋3 V 时，电路可以有效地检查出来，而介于－3～＋3 V之间的电压无意义，低于－15 V 或高于＋15 V 的电压也认为无意义，因此，在实际工作中，应保证电平在±（3～15）V 之间。

2）信号电平转换

RS－232－C 与 TTL 转换：前者用正负电压表示逻辑状态，而后者以高低电平表示逻辑状态。因此，为了能够同计算机接口或终端的 TTL 器件连接，必须在 RS－232－C 与 TTL 之间进行电平和逻辑关系的转换。实现这种转换可用分立元件实现，也可用集成电路芯片实现。常用芯片 MC1488、SN75150 芯片可完成 TTL 到 RS－232－C 电平的转换，而 MC1489 和 SN75154 可实现 RS－232－C 到 TTL 电平的转换；MAX232 芯片可以完成 TTL 和 RS－232 电平相互转换。

（2）RS－232－C 机械特性

RS－232－C 总线标准规定了 25 针的连接器，见图 6－1。并且规定在 DTE 一端的插座为插针型，在 DCE 一端的插座为插孔型。

（3）RS－232－C 功能特性

RS－232－C 总线标准接口有 25 条线，4 条数据线、11 条控制线、3 条定时线、7 条备用线和未定义线，常用的只有 9 条，见图 6－1，介绍如下：

1）联络控制信号线

数据装置准备好（Data Set Ready－DSR）——有效时（ON）状态，表明 Modem 处于可以使用的状态。

数据终端准备好（Data Terminal Ready－DTR）——有效时（ON）状态，表明数据终端可以使用。这两个信号有时连接到电源上，上电立即有效。这两个设备状态信号有效，只表示设备本身可用,并不说明通信链路可以开始进行通信了,能否开始进行通信要由下面的控制信号决定。

请求发送(Request To Send - RTS)——用来表示 DTE 请求 DCE 发送数据,即当终端要发送数据时,使该信号有效(ON 状态),向 MODEM 请求发送。它用来控制 MODEM 请求发送。它用来控制 MODEM 是否进入发送状态。

允许发送(Clear To Send - CTS)——用来表示 DCE 准备好接收 DTE 发来的数据,是对请求发送信号 RTS 的响应信号。当 MODEM 已准备好接收终端传来的数据,并向前发送时,使该信号有效,通知终端开始沿发送数据线 TXD 发送数据。

接收信号检出(Received Line Detected - RLSD)——用来表示 DCE 已接通通信链路,告知 DTE 准备接收数据。当本地的 MODEM 收到由通信链路另一端(远地)的 MODEM 送来的载波信号时,使 RLSD 信号有效,通知终端准备接收,并且由 MODEM 将接收下来的载波信号解调成数字数据后,沿接收数据线 RXD 送到终端。此线也叫数据载波检出(Data Carrier Detection - DCD)线。

振铃指示(Ringing Indication - RI)——当 MODEM 收到交换台送来的振铃信号时,使用该信号(ON 状态),通知终端已被呼叫。

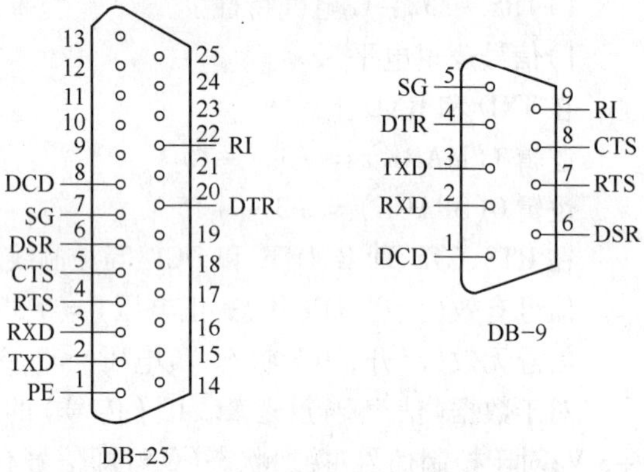

图 6-1　RS-232-C 接口常用引脚图

2)数据发送与接收线

发送数据(Transmitted Data - TXD)——通过 TXD 线终端将串行数据发送到 MODEM,(DTE—DCE)。

接收数据(Received Data - RXD)——通过 RXD 线终端接收从 MODEM 发来的串行数据,(DCE—DTE)。

3)地线有 SG、PG 两根线——信号地和保护地信号线,无方向。

(4)RS-232-C 接口的连接方式

RS-232-C 接口既可以用于同步通信,也可以用于异步通信。当传输距离较远时,两个数据终端设备通过 MODEM 相连。但当距离较近时,不需要 MODEM,就成了两个 DTE 通过 RS-232-C 直接相连。这时只需要用一条通信电缆就能连接两个数据终端设备。下图给出异步通信时的没有 MODEM 的两种连接方法。

图 6-2 是一种最简单的连接方法,只要任何一方自身请求发送(RTS)有效和数据终端就绪 DTR 有效,即可实现发送和接收。由于没有状态线互联,要在软件中考虑两端的同步问题。当接收端还没有将前一个字符从接收器读出,而后一个字符又来到时,可能会丢失前一个字符,从而导致通信错误。

图 6-3 接线方法是按照 RS-232-C 总线标准定义的控制 MODEM 的规则进行引脚连接的,双方的 DTE 仍以为与自己一侧的 DCE 通信,其实双方都跳过了 DCE,而实现异步通信。它具有明确且简捷的握手信号关系,具体表现在以下几个方面:

1)一方的 DSR(数据设备就绪)下 RI(振铃指示)相接并与对方的 DTR(数据终端就绪)互连。这意味着当一方 DTR 有效,另一方 RI 即有效,则呼叫产生,并应答响应,同时又使 DSR 有效,即数据设备就绪。因此,只要双方 DTE 准备就绪,便同时为双方的 DCE 准备就绪,尽管实际上双方 DCE 并不存在。

2)一方的 RTS(请求发送)与 CTS(清除发送)相接并与对方的 DCD(载波检测)互连。任何一方提出发送请求(RTS 有效)均立即允许发送(CTS 有效),同时使对方的 DCD 有效,即检测到载波信号,表明数据通道已建立。因此,只要双方 DTE 请求发送,也同时为双方的 DCE 准备好接收,即允许 DTE 发送。

3)双方的 TXD 与 RXD 互连。只要上述两项准备就绪,双方即可进行双工传输。

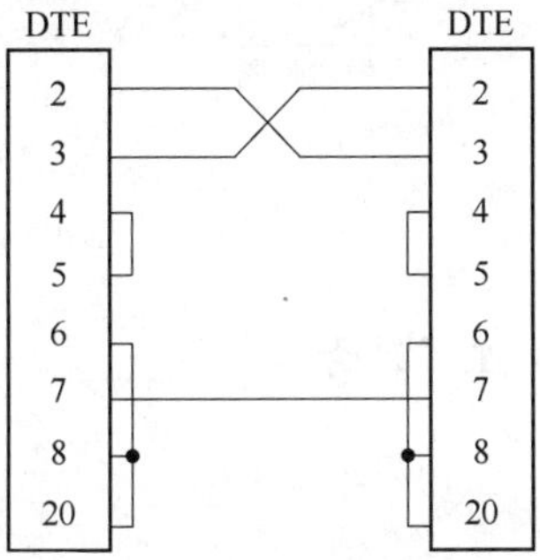

图6-2 RS-232-C接口连接方式一

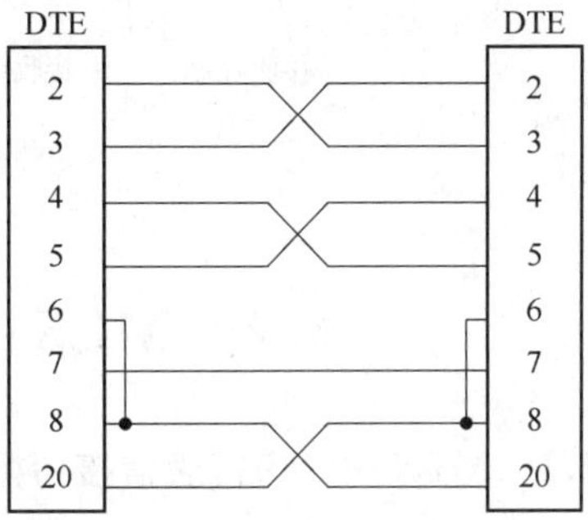

图6-3 RS-232-C接口连接方式二

2. RS-485 总线

RS-232-C 接口标准只适用于两台设备之间的连接。在要求通信距离为几十米甚至到上千米时,更广泛的采用 RS-485 串行总线标准。它是工业领域广泛采用的 ISO/OSI 模型物理层标准协议之一。

RS-485 采用平衡发送和差分接收,因此具有抑制共模干扰的能力。加上总线收发器具有高灵敏度,能检测低至 200 mV 的电压,故传输信号能在千米以外得到恢复。RS-485 采用半双工工作方式,任何时候只能有一点处于发送状态,因此,发送电路必须由使能信号加以控制。RS-485 用于多点互联时非常方便,可以节省许多信号线。应用 RS-485 可以联网构成分布式系统,它允许最多并联 32 台驱动器和 32 台接收器。

RS-485 主要的性能:

(1)机械特性

采用 RS-232/RS-485 连接器(如 ADAM4520)将 PC 串口 RS-232 信号转换成 RS-485 信号,或接入 TTL/RS-485 转换器(如 MAX485)将 I/O 接口芯片 TTL 电平信号转换成 RS-485 信号,进行远距离高速双向串行通信。

(2)电气特性

信号采用负逻辑,+2 ~ +6 V 表示“0”,-6 ~ -2 V 表示“1”,二线双端半双工差分电平发送与接收,无公共地线,能有效克服共模干扰、抑制线路噪声,传输距离达 1.2 km,最高数据传输速率可达 10 Mbit/s(<40 m)。

(3)功能特性

网络媒体采用双绞线、同轴电缆或光纤,安装简便,电缆数量、连接器、中继器、滤波器使用数量较少(每个中继器可延长线路 1.2 km),网络成本低廉。RS-485 总线的数据链路协议,除有的采用符合 ISO 高级数据链路控制协议(High Data Link Control,HDLC)的数据链路处理器件或专有接口器件执行外,多数是参照 HDLC 或其他一些标准自行定义而成。

图6-4 是 RS-485 的接口电路原理图,对发送器和接收器增加了控制信号,当设备不发

送和不接收时可以通过控制线关闭其发送器或接收器。为了避免信号冲突,任何时候在连接线上只允许一个发送器处于发送状态。

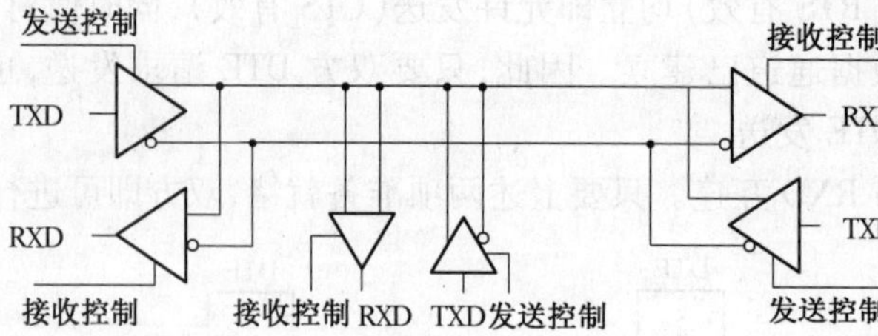

图 6-4　RS-485 接口图

6.2　MCS-96 串行口的工作方式

6.2.1　MCS-96 串行通信接口概述

MCS-96 有一个与 8051 兼容的全双工串行通信接口。

1. 串行通信相关的引脚:

P2.0——串行口的发送端 TXD(输出),受控于 IOC1.5。

P2.1——串行口的接收端 RXD(输入),无需特殊控制。

P2.3——定时器 2 的输入脚 T2CLK,受控于 IOC0.7,确定串行通信波特率的外部时钟输入脚。

2. 串行通信相关的控制字/状态特殊寄存器

(1)串行口控制 SP_CON/状态寄存器 SP_STAT

通过对串行口控制/状态寄存器(图 6-5)的编程设定其工作模式。地址为 11H,这个寄存器有些特殊,高 3 位(11H.5~11H.7)显示状态,只能读不能写,符号名为 SP_STAT;低 5 位(11H.0~11H.4)用于串行口的控制,只能写不能读,符号名为 SP_CON。它有一个单独的波特率发生器专供串行口使用,故 HIS、HSO 和定时器的功能不受影响。

(2)波特率寄存器 BAUD_RATE(0EH)

读时为口 0 的输入值;写时为串行口的波特率设置数。波特率设置数是一个 16 位的二进制数,故在写入时一定先写入低 8 位,再写入高 8 位。对高 8 位的最高位(即第 16 位)为"1"时,波特率时钟为片内时钟(XTAL1);为"0"时则为 T2CLK 输入时钟。因此波特率设置数最大为 32768。

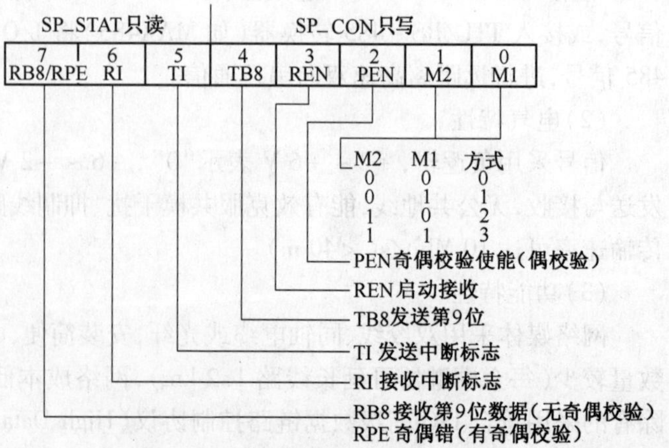

图 6-5　串行通信接口控制/状态字

(3)串行口缓冲器 SBUF(07H)

读的时候为串行口的接收缓冲器(SBUF(RX))和写的时候为

发送缓冲器(SBUF(TX))。

(4)串行通信中断有关SFR

1)中断屏蔽寄存器INT_MASK(08H)

串行口中断对应该字的第6位,若该位为“1”时,该中断是被允许的,若为“0”,该中断是被禁止的。

2)中断申请寄存器INT_PENDING(09H)

串行口中断对应该字的第6位,若该位为“1”时,产生串行口中断,若为“0”,没有产生该中断。

3)程序状态字PSW.9

通常中断服务程序的第一条指令是DI或PUSHF。DI禁止所有中断;PUSHF除了把PSW压入堆栈之外,同时把PSW清除。其实中断屏蔽字寄存器是PSW的低位字节,即PSW.0～PSW.7。

6.2.2　MCS－96串行通信接口工作模式

下面介绍MCS－96串行通信接口的4种工作模式:

1.模式0

模式0是移位寄存器模式,主要是借助于移动寄存器将串行数据和并行数据进行互换,借用串行口扩展并行口的数量。在这种模式下,串行数据流的接收或者发送均由RXD脚完成,数据流的格式是低位的前高位在后,每一时钟周期移动一位。移位时钟由TXD脚发出。

串行口模式0的时序关系见图6－6。

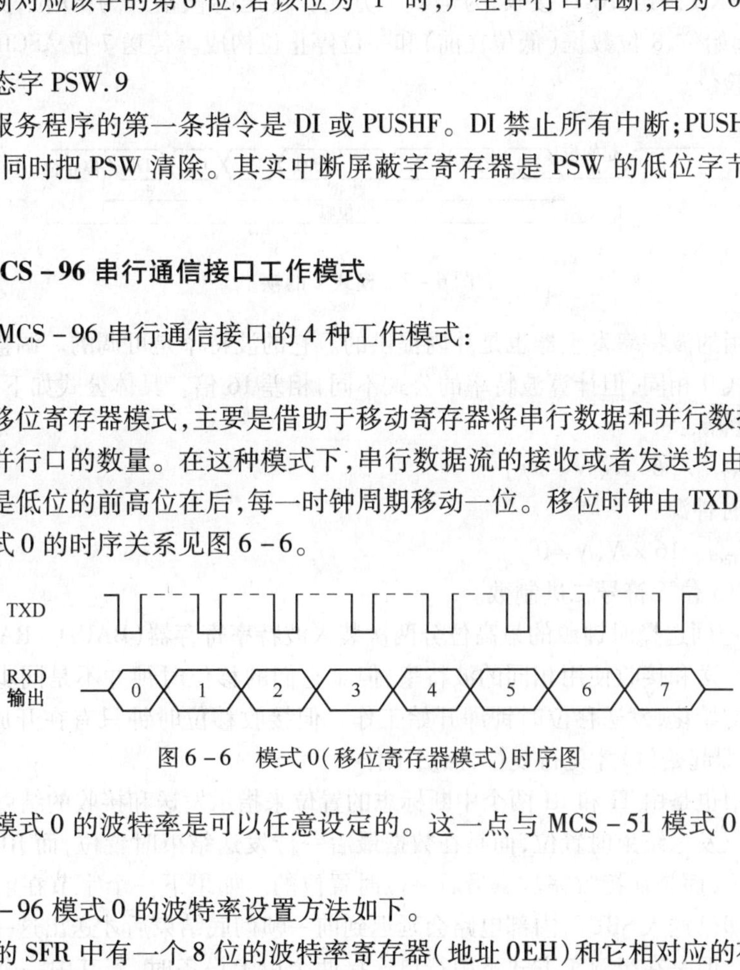

图6－6　模式0(移位寄存器模式)时序图

MCS－96模式0的波特率是可以任意设定的。这一点与MCS－51模式0的固定波特率不同。

关于MSC－96模式0的波特率设置方法如下。

MCS－96的SFR中有一个8位的波特率寄存器(地址0EH)和它相对应的有一个16位的波特率发生器。作为波特率发生器的时钟源有二,即晶体振荡器的XTAL1脚上的信号或T2CLK脚上的外部时钟信号。波特率寄存器的最高位用于选择这两个时钟源中的一个。该位为“1”是XTAL1,为“0”是T2CLK。波特率寄存器的其余15位所表示的无符号N与波特率的关系如下:

$$\text{XTAL1 时钟源:波特率} = f_{\text{XTAL1}}/[4\times(N+1)]\quad ,N\neq0$$

$$\text{T2CLK 时钟源:波特率} = f_{\text{T2CLK}}/N\quad ,N\neq0$$

向波特率寄存器送入16位数据时,应根据先写入低字节后写入高字节的原则分两次完成。

选用模式0应先向11H写入00H,发送时只要REN＝0,TI＝0即置为发送状态,再将数据写入SBUF即自然发出。在RI＝0的情况下,将REN置“1”或使REN产生上升沿将开始接收。

只要将 REN 清“0”，接收即行停止。为了避免接收不希望的数据或接收不完整的数据，应先清 REN 再清 RI。用中断驱动接收时，应注意软件清 REN 和 RI 的次序。用程序清接收时，应查看中断申请寄存器的 RI 是否为 1，以确定数据接收的结束。特别注意：P2.0 脚用作 TXD 时应先将 IOC1.5 置 1；SP_STAT 寄存器一经读出，RI 和 TI 就被清除。

2. 模式 1

模式 1 由 TXD 发送，RXD 接收，为全双工方式。传送的帧格式为 10 位，见图 6－7，它由一位“0”电平起始位、8 位数据（低位在前）和一位停止位构成。传送 7 位 ASCII 码时。可利用第 8 位传送校验位。

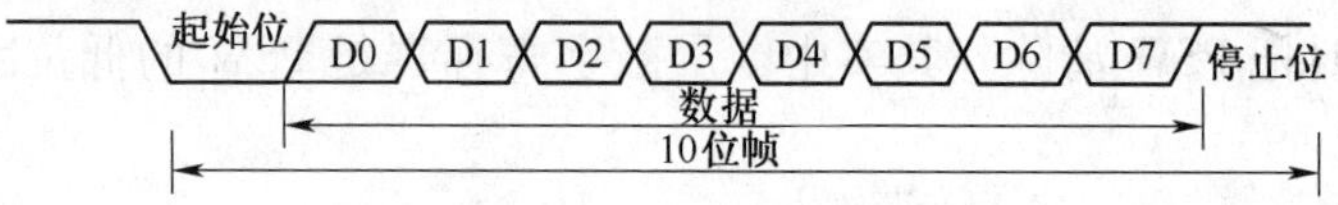

图 6－7　模式 1 的帧

模式 1 所用的波特率发生器也是片内提供的。它的波特率是可调的。调整的方法和时钟源的选择与模式 0 相同，但计算波特率的公式不同，相差 16 倍。具体公式如下：

XTAL1 时钟源：

波特率 $=f_{XTAL1}/[64\times(N+1)]$

T2CLK 为时钟源：

波特率 $=f_{T2CLK}/16\times N, N\neq 0$

其中 N 为 15 位无符号二进制数。

上述 N 值连同选择时钟源的最高位分两次装入波特率寄存器（BAUD－RATE）。

模式 1 的发送和接收使用相同的波特率，但是它们的移位时钟并不是同步进行的。波特率发生器一经初始化，发送移位时钟即开始工作。但接收移位时钟只有在开放后并收到“1”→“0”的跳变（即起始位）才先行复位，然后工作。

在模式 1 中也是由 TI 和 RI 两个中断标志的置位来指示发送和接收的结束。应当说明 TI 并不是在停止位发送结束时置位，而是在数据最后一位发送结束时置位，而 RI 并不是在接收完停止位就置位，而是在接收完数据最后一位时置位的。如果下一个字节在前一帧的停止位尚未发送完毕即已送入 SBUF，内部电路会延迟到前一帧彻底结束后才送出这一帧。接收时不会有类似问题。但是在半双工方式下串行口连接两个以上设备时，若其中一个接收设备的处理器在 RI 置位后未等待一位时间即行发送，由于线路停止位被挤掉，其他连在线路上的接收设备可能会产生差错。

要工作在模式 1，应先向 SP_CON 寄存器（地址 11H）写入 01H，并将 IOC1.5 置“1”，使 P2.0 作为 TXD 使用。

只要 REN＝0 和 TI＝0，向 SBUF 写入即可发送。先令 REN＝1 再清 RI 即可以接收。模式 1 可使用 PEN 控制位（SP_CON.2），若置 PEN＝“1”，则数据的第 8 位为偶校验位。这时校验出错可由 SP_STAT.7 自动置“1”来指明。

3. 模式 2

模式 2 为 11 位帧格式，由 TXD 发送，RXD 接收。11 位帧由 1 位“0”电平的起始位，8 位数据位（低位在前），可编程第 9 数据位和 1 位“1”电平的停止位组成。在发送时，可通过控制寄存器中的 TB8 对第 9 位赋“1”或“0”,TB8 的内容发送完毕即被自动清除。在接收到一帧后,RI 并非必然置位。它根据第 9 位的内容而定,若为“1”则 RI 置位;若为“0”,RI 并不置位。这种模式下不能用 PEN 位进行自动的奇偶校验。它通常与模式 3 一起用在多机系统中。

为此,使用模式 2 应向 SP_CON(地址 11H)设置为 02H,并将 IOC1.5 置“1”,使用 P2.0 作为 TXD 使用。

模式 2 的帧格式见图 6-8。

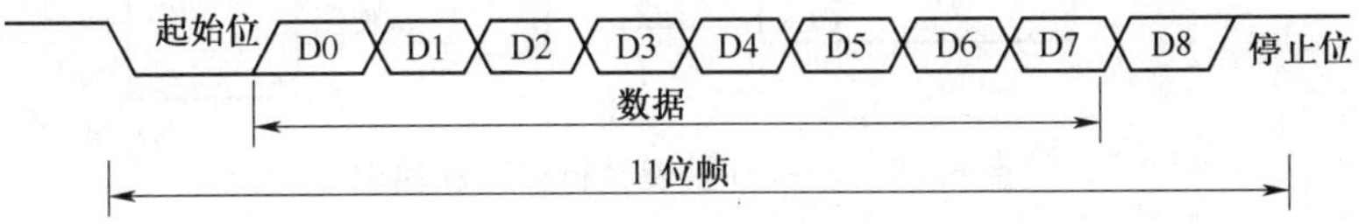

图 6-8 模式 2 的帧

4. 模式 3

通过 TXD 和 RXD 发送或接收 11 位帧的串行数据,帧的格式与模式 2 一样。可以用 TB8 对第 9 位赋值,但若 PEN = 1,则第 9 位成奇偶校验位。在接收时,不论第 9 位是 1 还是 0,总能够激活中断。

模式 1、2、3 波特率的计算方法相同。

表 6-1 列出了模式 0、1、2、3 下,XTAL1 上加 10、11、12 兆赫兹晶体时,波特率和相应的波特率寄存器内容,以及波特率的误差值。用表中波特率寄存器值按上面的公式进行计算时,应注意最高位“8”(16 进制数)不是数值,而是输入选择位。

表 6-1 不同 XTAL1 频率下波特率常数

XTAL1 频率	波特率	波特率常数		百分误差(%)
		模式 0	模式 1、2、3	
12 MHz	9600	8138H	8013H	+2.4
	4800	8271H	8026H	-0.16
	2400	84E2H	804DH	-0.16
	1200	89C4H	809BH	-0.16
	300	A710H	8270H	0.00
11 MHz	9600	8011H	8011H	+0.54
	4800	8023H	8023H	+0.54
	2400	8047H	8047H	+0.54
	1200	808EH	808EH	-0.16
	300	823CH	823CH	+0.01
10 MHz	9600	800FH	800FH	-1.7
	4800	8020H	8020H	+1.38
	2400	8040H	8040H	-0.16
	1200	8081H	8081H	-0.16
	300	8208H	8208H	+0.03

6.3 串行口应用

6.3.1 串行口扩展准双向并行口

图 6-9 是串行口模式 0 的应用实例。

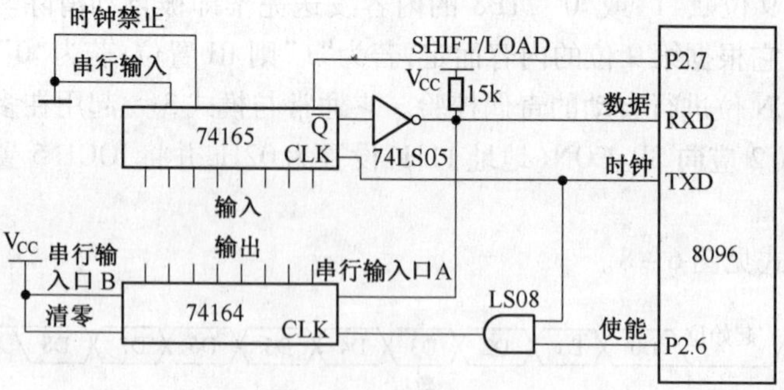

图 6-9 模式 0 扩展并行输入和输出

1. 串行口扩展并行输出原理与编程实例

当向外部并行输出数据时，采用 74LS164 串入并出移位寄存器，数据由 RXD 脚送出。送给 74LS164 的移位时钟都由 TXD 脚输出。74LS164 没有像 74LS165 那样的控制脚，故增加 74LS08 将时钟和控制发送的 P2.6 逻辑与之后加到 74LS164 的时钟脚。控制口的为低电平时数据进入 74 LS164，变高时禁止。

下面程序从 74LS165 输出一个字节。

```
        SP          EQU     18H
        SP_CON      EQU     11H
        SP_STAT     EQU     11H
        SBUF        EQU     07H
        BAUD        EQU     0EH
        BAUD_LOW    EQU     01H
        BAUD_HIGH   EQU     80H
        TEMP        EQU     60H
        XDATA_1     EQU     80H
        IOC1        EQU     16H
        P2          EQU     10H
        ORG         4000H
        LD          SP,#0C0H
        DI
        ORB         IOC1,#20H
        LDB         BAUD,#BAUD_LOW
        LDB         BAUD,#BAUD_HIGH
        LDB         SP_CON,#00H

        PUSHF
        LDB         TEMP,#00H
        ORB         P2,#40H
LOOP2:  ORB         TEMP,SP_STAT
        JBC         TEMP.5,LOOP2
```

```
          LDB        DATA_1,SBUF
          ANDB       TEMP,#0BFH
          ANDB       P2,#BFH
          POPF
```

2. 串行口扩展并行输入原理与编程实例

外部并行数据输入经过74LS165并入串出连接到RXD脚。送给74LS165都由TXD脚输出。为控制接收,将74LS165的SHIFT/LOAD脚接到8096的P2.7 I/O脚。该I/O脚输出低电平时,将外部并于数据装入74LS165,高电平时进入移位输出的数据到RXD。由于74LS165是反码输出,故接入反相器74LS05。

下面程序从74LS165输入一个字节。

```
          SP          EQU        18H
          SP_CON      EQU        11H
          SP_STAT     EQU        11H
          SBUF        EQU        07H
          BAUD        EQU        0EH
          BAUD_LOW    EQU        01H
          BAUD_HIGH   EQU        80H
          TEMP        EQU        60H
          XDATA_1     EQU        80H
          IOC1        EQU        16H
          P2          EQU        10H

          ORG         4000H
          LD          SP,#0C0H
          DI
          ORB         IOC1,#20H
          LDB         BAUD,#BAUD_LOW
          LDB         BAUD,#BAUD_HIGH
          LDB         SP_CON,#08H

          PUSHF
          LDB         TEMP,#00H
          ORB         P2,#80H
          ANDB        P2,#07FH
          ORB         P2,#80H
LOOP2:    ORB         TEMP,SP_STAT
          JBC         TEMP.6,LOOP2
          LDB         DATA_1,SBUF
          ANDB        TEMP,#0BFH
          POPF
```

6.3.2 MCS－96 单片机和 PC 机的串行通信

在现代工业控制中,通常采用 PC 机作为上位机与下层的实时控制与监测设备进行通信。现场数据必须通过一个数据收集器传给上位机,同样上位机向现场设备发命令也必须通过数据收集器。

我们在开发一个集散控制系统的项目时,采用了 PC 机(主机)和多台单片机(从机)构成,主机主要实现人机对话并且控制从机,从机主要从事实验数据的采集和接收来自主机的命令。

我们选用 MAX232 作为电平转换和收发器连接 PC 机和单片机。

MAX232 芯片是 MAXIM 公司生产的低功耗、单电源 RS－232 发送/接收器。适用于各种 EIA －232E 和 V·28/ V·24 的通信结果。MAX232 芯片内部有一个电源电压变换器,可以把输入的 ＋5V 电压变成 RS－232C 输出电平所需 ±10V 电压,所以采用此芯片接口的串行通信系统只要单一的 ＋5V 电源就可以。MAX232 外围需要四个电容 C1 、C2 、C3 、C4 ,是内部电源转换所需电容。其取值均为 1μF/ 25V 。宜选用但电容并且应尽量靠近芯片。C5 为 011μF 的去耦电容。MAX232 的引脚 T1IN、T2IN、R1OUT、R2OUT 为接 TTL/ CMOS 电平的引脚。引脚 T1OUT、T2OUT、R1IN、R2IN 为接 RS －232 电平的引脚。因此 TTL/ CMOS 电平的 T1IN、T2IN 引脚应接 MCS －96 的串行发送引脚 TXD;R1OUT、R2OUT 应接 MCS －96 的串行接收引脚 RXD。与之对应的 RS －232C 电平的 T1OUT、T2OUT 应接 PC 机的接收端 RD;R1IN、R2IN 应接 PC 机的发送端 TD。

采用 MAX232 接口的硬件电路图如图 6－10 所示。现选用一路发送/接收。因为 MAX232 具有驱动能力,所以不需要外加驱动电路。

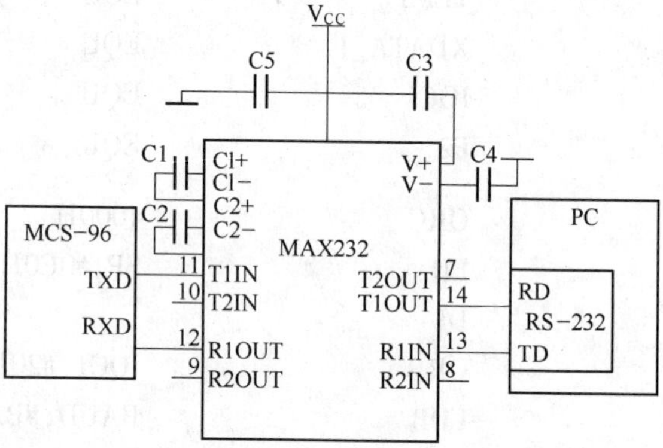

图 6－10 MAX32 连接原理图

单片机部分编程如下。

程序的功能为:80C196 单片机采用串行口模式 1 ,波特率为 9 600。数据帧格式为:一位起始位,8 位数据位,一位停止位。进行串行通信前要对串行中进行初始化,设置波特率和串行口工作模式。设波特率为 9 600 Baud/s ,晶振为 12 MHz,通过查表 6.1,波特率寄存器的值为 8013 H。

初始化程序如下:

```
SP          EQU     18H
SP_CON      EQU     11H
SP_STAT     EQU     11H
SBUF        EQU     07H
BAUD        EQU     0EH
BAUD_LOW    EQU     13H
BAUD_HIGH   EQU     80H
IOC1        EQU     16H

ORG         4300H
```

```
LD      SP,#0C0H
DI
ORB     IOC1,#20H
LDB     TEMP,#20H
LDB     BAUD,#BAUD_LOW
LDB     BAUD,#BAUD_HIGH
LDB     SP_CON,#09H
```

*6.3.3 基于模式2和模式3的多机通信

本实例为主从式多机通信系统实施方案。连接原理如图6－11所示。

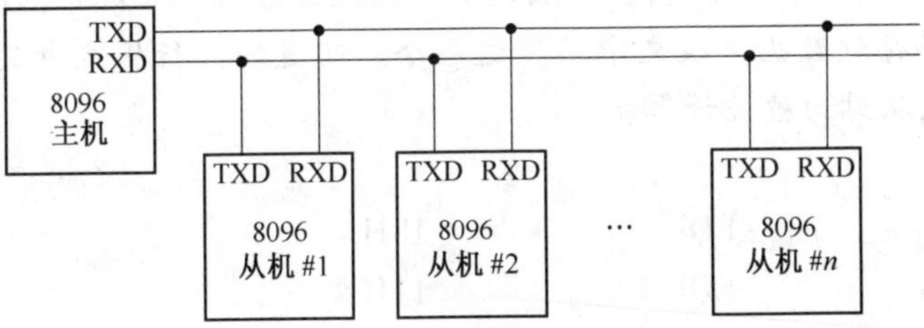

图6－11 主从多机连接原理图

1. 主从多机通信的过程：

(1)一个主站，多个从站。主站设置为模式3，各从站均设置为模式2。由主站先发出地址帧，地址帧的特点是第九位数据为“1”，其余8位数据可指定为接收站的站地址。因此最多可以有256个从站。各从站接收到地址帧后，因为RB8＝1，可利用中断方式中断各自的CPU，将送来的站地址与自身地址相比较，若地址相同，则将自己改为模式3。若地址不相符则仍为模式2。

(2)主站改发数据/命令帧，数据/命令帧的特点是TB8设置为“0”。各从站均应采用中断方式进行接收，那么凡是模式2的从站拒收主站发出的数据/命令，只有改为模式3的从站能收到数据/命令。

(3)被主站用地址选中的从站在收到数据/命令后，还可以向主站回送数据/状态。回送数据/状态的最简单方法是立即回送，这时除本站之外，只有主站工作于模式3，回送的数据/状态只被主站接收。回送的数据/状态无需附加从站的地址，因为线路上没有竞争问题。如果不立即回送，就算以后在回送数据中可以附加地址使主站明白其来源，也可能出现几个从站竞争总线的问题，要很好地解决这个竞争问题是比较复杂和困难的。

(4)被主站用地址选中的从站在向主站回送完数据/状态之后即应将自己改回模式2，准备再一次被选中。

(5)主站在收到指定地址的从站发回的数据/状态之后即结束对这一从站的一次通信。接下去可以轮流与其他从站进行通信，一般主站可以定时地轮流与各从站通信一次。

(6)通信的数据格式。一般在通信中因为接通一次链路是不容易的，再者在从站较多的情况下，某一个从站获得一次通信到下一次通信要等待一段时间，所以应约定一个报文的格式，其中包容许多内容。主站发出的报文中，接收站的地址一定要有，占一个字节；为表明传送的是数据还是命令，或者是什么类型的命令，这些需增加属性字节进行明确；传送的数据可能固定长度也可能是可变长度,若采用可变长度的数据,还得增加表明长度的字节;然后才是数据本身;甚至一些应用要求加上CRC校验字节。当然报文的格式是根据具体应用的复杂程度而加以约定的。而向主站回送的报文格式,根据上述的分析在立即回送时可以不加地址字节,但可以包括返回的可变长度或者是固定长度的数据,以及传输的正误和通信设备的状态等。它们是根据应用的繁简而加以事先约定的。一般在主站中存放下行报文的存储单元叫下行缓冲区,存放上行(回送)报文的存储单元叫上缓冲区。在一主一从的点对点结构中上下缓冲区可以合而为一。在多点结构中上行,下行缓冲区应分开,并按从站的顺序排成数组形式。

(7)一般链路的开通一定要用中断驱动,开通后报文中字节的发送可以用查询方式。接收端依然采用中断方式。

下面的例子是一个一主一从的结构的主从系统,用以突出编程的主框架。在此基础上不难写出多点结构的各站程序。为简便起见,约定下行报文为四字节定长,第一字节为指定从站地址,其余三个字节存放数据。报文中不传送命令。回送的上行报文也约定为定长四字节。主站为控制计算机,从站为被控计算机。

主站程序:

```
        SP          EQU     18H
        SP_CON      EQU     11H
        SP_STAT     EQU     11H
        SBUF        EQU     07H
        BAUD        EQU     0EH
        BAUD_LOW    EQU     9BH      ;波特率为1 200 Baud/s
        BAUD_HIGH   EQU     80H      ;内部时钟频率为12 MHz
        PINT        EQU     09H      ;中断申请
        MINT        EQU     08H      ;中断屏蔽字
        INVEC       EQU     2000H    ;定时中断向量表地址
        INVEC1      EQU     200CH    ;串行口中断向量表地址
        REG         EQU     50H
        REG2        EQU     54H
        REG3        EQU     56H
        TBUF        EQU     5000H
        TEMP        EQU     60H
        TEMP1       EQU     0C0H
        IOC1        EQU     16H
        CHAR_1      EQU     70H      ;字符1,接收暂存
        CHAR_0      EQU     90H      ;字符0,发送暂存

        ORG         4500H
        LD          SP,#0C0H
        DI
        CLRB        PINT
        LDB         MINT,#41H
```

```
LDB         IOC1,#24H
LD          TEMP1,#T1V              ;定时器中断服务程序入口地址
ST          TEMP1,INVEC[0]
LD          TEMP1,#SERINT           ;串行口中断服务程序入口地址
ST          TEMP1,INVEC1[0]
LDB         TEMP,#20H
LDB         BAUD,#BAUD_LOW
LDB         BAUD,#BAUD_HIGH
LDB         SP_CON,#0BH             ;设置为模式3
LD          REG,#00H
LDB         REG2,REG3
EI
LOOP1:      SJMP LOOP1
```

子程序:

```
PUT_BUF:    LD      REG,#00H
            LDB     SP_CON,#1BH
LOOP3:      LDB     CHAR_0,TBUF[REG]
            CALL    PUT_CHAR
            INC     REG
            CMP     REG,#4H
            JNE     LOOP3
            LD      REG,#00H
            RET
```

接收从机一个字节,并装入到 CHAR_1 中的子程序:

```
GET_CHAR:   ORB     TEMP,SP_STAT
GET_CHAR1:  JBC     TEMP.6,GET-CHAR
            ANDB    TEMP,#0BFH
            LDB     CHAR_1,SBUF
            RET
```

发送 CHAR_0 中的一个字节子程序:

```
PUT_CHAR:   ORB     TEMP,SP_STAT
            JBC     TEMP.5,PUT_CHAR
            LDB     SBUF,CHAR_0
            ANDB    TEMP,#0DFH
            RET
```

串行口中断服务程序:

```
SERINT:     PUSHF
            ORB     TEMP,SP_STAT
            JBC     TEMP.6,NO_CHAR
```

```
            CALL        GET_CHAR
            STB         CHAR_1,TBUF
            INC         REG
            CMP         REG,#4H
            JNE         NO_CHAR
            LD          REB,#00H
NO_CHAR:    POPF
            RET
```

定时器中断服务程序：

```
T10V:       PUSHF
            DJNZ        REG2,RETURN
            LDB         REG2,REG3
            CALL        PUB_BUF
RETURN:     POPF
            RET
```

主站完成的初始化内容为：设置堆栈指针，串行口初始化（芯片引脚功能切换，波特率设定，选择模式3，开放接收，SP_STAT映像初始化），中断系统初始化（填中断向量表，切换中断源输入电路，关中断，清PINT，解除串行口中断和定时器中断的屏蔽，开中断），上行缓冲区，下行缓冲区初始化。然后就地循环，模拟主程序运行，等待中断。

定时器1的中断服务程序为：程序的开始用PUSHF保存标志寄存器，结束时用POPF恢复标志寄存器。查询T1的中断溢出次数，次数没有满则返回；否则，给软件计数器重新赋值，然后调用PUT_BUF子程序把下行缓冲区中的4个字节的报文发送出去。注意，发第一字节时须先将TB8置1，按地址字节发出；其余字节TB8为0，按数据字节发出。发送时应控制总字节数为4。

串行口中断服务程序的主要任务是用中断方法将从站发回的4字节数据/状态予以接收并保存于上行缓冲区（本例上行和下行缓冲区重叠）中。每中断一次仅接收一个字节（当然也可以改为查询方式连续接收4字节。

从站程序（从站地址为01H）：

```
SP          EQU     18H
SP_CON      EQU     11H
SP_STAT     EQU     11H
SBUF        EQU     07H
BAUD        EQU     0EH
BAUD_LOW    EQU     9BH     ;波特率为1 200 Baud/s
BAUD_HIGH   EQU     80H     ;内部时钟频率为12 MHz
PINT        EQU     09H     ;中断申请
MINT        EQU     08H     ;中断屏蔽字
INVEC       EQU     2000H   ;定时中断向量表地址
INVEC1      EQU     200CH   ;串行口中断向量表地址
REG         EQU     50H
```

```
REG1        EQU     52H
REG2        EQU     54H
REG3        EQU     56H
TBUF        EQU     5000H
TEMP        EQU     60H
TEMP1       EQU     0A0H
IOC0        EQU     15H
IOC1        EQU     16H
CHAR_1      EQU     70H     ;字符1,接收暂存
CHAR_0      EQU     90H     ;字符0,发送暂存

ORG         4500H
LD          SP,#0C0H
DI
CLRB        PINT
LDB         MINT,#41H
LDB         IOC1,#24H
LD          TEMP1,#T1V          ;定时器中断服务程序入口地址
ST          TEMP1,INVEC[0]
LD          TEMP1,#SERINT       ;串行口中断服务程序入口地址
ST          TEMP1,INVEC1[0]
LDB         TEMP,#20H
LDB         BAUD,#BAUD_LOW
LDB         BAUD,#BAUD_HIGH
LDB         SP_CON,#0aH         ;设置为模式2
LD          REG,#00H
LDB         IOC2,#02H
LDB         REG2,REG3
EI
LOOP1:      SJMP LOOP1
```

从站向主站输出:

```
SPUTBUF:    LD      REG,#00H
LOOP2:      LDB     CHAR_0,TBUF(REG)
            CALL    PUT_CHAR
            INC     REG
            CMP     REG,#4H
            JNE     LOOP2
            RET
```

接收一个字节：

```
GET_CHAR：   ORB    TEMP,SP_STAT
GET_CHR1：   JBC    TEMP.6,GET-CHAR
             ANDB   TEMP,#0BFH
             LDB    CHAR-1,SUBF
             RET
```

子程序发送一个字节：

```
PUT_CHAR：   ORB    TEMP, SP_STAT
             JBC    TEMP.5,PUT_CHAR
             LDB    SUBF,CHAR_0
             ANDB   TEMP,#0DFH
             RET
```

串行口中断服务程序：

```
SERINT：     PUSHF
             ORB    TEMP,SP_STAT
             JBC    TEMP.6,NO_CHAR
             CALL   GET_CHR1
             CMPB   CHAR_1,#01H
             JNE    NO_CHAR
             LDB    SP_CON,#0BH        ;设为模式3,开始接收数据
             LD     REG,#00H
SLOOP：      STB    CHAR-1,TBUF(REG)
             INC    REG
             CMP    REG,#4H
             JE     PBUF
             CALL   GET_CHAR
             SJMP   SLOOP
PBUF：       CALL   SPUTBUF
             LDB    SP_CON,#0AH        ;设为模式2
NO_CHAR：    POPF
             RET
```

定时器1中断服务程序：

```
T1V：        PUSHF
             DJNZ   REG2,RETURN
             LDB    REG2,REG3
RETURN：     POPF
             RET
```

从站主程序进行如下的初始化：设堆栈，初始化串行口（芯片脚功能切换，置波特率，置模式2，开放接收，SP_STAT赋初值），中断系统初始化（切换中断源输入电路，为串行口中断和定时器1填写中断向量表，关中断，清PINT，解除上述中断的屏蔽位，开中断），作为计数器用的

定时器2初始化(切换输入时钟脚及软件复位,定时器1中断使能),及其他初始化(上行缓冲区和下行缓冲区指针置0等)。

串行口中断服务程序用PUSHF保存程序状态字到堆栈开始到POPF从堆栈中恢复程序状态字结束,首先查询RI置位,未置位则中断返回,置位则调用GET_CHR1子程序,与本站地址比较,若不相同则立即返回;否则,将模式2改为模式3,初始化指针后用查询RI的方法将报文中的4个字节放入本站的下行缓冲区中,然后转向主站发送报文PBUF,然后将其改为模式2,准备下一轮通信。

对于这段中断服务程序有两点说明:

(1)从CMPB CHAR_1,#01H到SJMP SLOOP一段程序是用查询RI置位的办法循环取得全部报文的。由于每次收到一个字节在RI置1的同时也得出了串行中断的申请,但因PUSHF指令关闭了总体中断而一直处于挂等状态,直到全部的报文收齐,回送内容发送完毕,中断返回主程序后执行了一条指令才得到响应,重新进入串行口中断服务程序,但进入后因RI为0,立即返回。然而这一空转一趟仍属必要,因为它将PINT中的串行口中断申请清除。

(2)在从站进入串行口中断服务程序并已将模式改为3后,主站又重新发来新的报文,或向其他从站发送报文,它都可以接收。这就会误把地址字节当作数据加以接收。解决办法之一是主站控制发送报文的间隔,在接收站未恢复模式2时,不要重新发送报文。方法之二是从站也可在进入模式3后每收一个字节查看一次TB8。

本章小结

串行通信是单片机应用系统中很常见的一种通信方式。通过串行接口和串行通信总线可以实现下位机与上位之间通信联络和主从多机系统。

本章首先介绍了串行通信所涉及的一些必需的基本概念,详细介绍了传输距离较近的RS-232-C串行总线的物理特性、电气特性、功能特性以及DB9接口连接方法。简明介绍了传输距离较远的RS-485串行总线的三大特性。

本章重点讨论了MCS-96串行口的引脚、与串行通信有关的特殊功能寄存器(SFR)以及这些SFR中与串行通信相关二进制位的含义。MCS-96串行通信的四种工作方式:方式0、1、2、3;不同工作方式下波特率设置,由于波特率可以用不同的时钟源(XTAL1和T2CLK)产生,因此在计算波特率参数时要分别考虑。

方式0下波特率参数计算:

$$\text{XTAL1 时钟源:波特率} = f_{\text{XTAL1}}/[4\times(N+1)] \quad ,N\neq 0$$

$$\text{T2CLK 时钟源:波特率} = f_{\text{T2CLK}}/N \quad ,N\neq 0$$

方式1、2、3波特率参数计算:

$$\text{波特率} = f_{\text{XTAL1}}/[64\times(N+1)]$$

$$\text{波特率} = f_{\text{T2CLK}}/16\times N \quad ,N\neq 0$$

其中N为15位无符号二进制数。

本章对串行口每一种工作方式给出一种典型应用实例,每个实例电路连接原理图,串行通信接口初始化程序部分,工作程序框架及程序分析。

复习思考题

1. 什么是异步串行通信？通信双方通信参数（速率、数据位数、校验方式和停止位数据）的设置可否不同？为什么？

2. 设串行通信的波特率为 2 400 Baud/s，8 个数据位，无校验，1 个停止位，问传完 m 字节的数据，最少需要多长时间？

3. MCS－96 在中断方式下进行串行通信时，涉及哪些 SFR？

4. MCS－96 串行通信时工作在模式 1，设 XTAL1 的频率为 10 MHz，当波特率为 19 200 Baud/s 时，计算波特率初始参数，并写出初始化程序。

5. 试设计一种基于 MCS－96 的多机串行通信异步帧格式，要求区分命令帧、数据帧，帧的长度可变，包含一种校验方法。

第 7 章

微机接口技术

【学习目标】

本章主要介绍单片机可以使用的人机交互接口和 D/A、A/D 转换接口。应了解人机交互接口的主要类型、基本结构原理以及在实践中的选择。

人机交互设备是操作人员与计算机交换信息的中介设备,通过人机交互设备,人与计算机之间建立联系。目前计算机使用越来越方便,人机交互的手段和方法也越来越灵活。

要使人机交互设备能够与计算机协调工作,必须提供这些设备与计算机的接口。

对于控制用计算机,在控制与测量系统中,输入输出过程常需要进行模拟量与数字量的转换,因此控制用微机也同样需要模/数(A/D)和数模/转(D/A)换设备。

7.1 显示器接口

说到微机的显示系统,我们首先想到的是显示器,但是实际上,显示系统是由显示器、显示适配器(显示卡)和显示驱动程序组成的。如图 7-1 所示。

显示接口卡从主机接收显示输出信号,经过处理和变换后输出。显示器从 VGA 显示卡的输出端口接收红、蓝、绿三色模拟信号及行同步信号和场同步信号,并对它们进行不同的处理后送到 CRT,这样才可以在屏幕上显示出字符和图像。

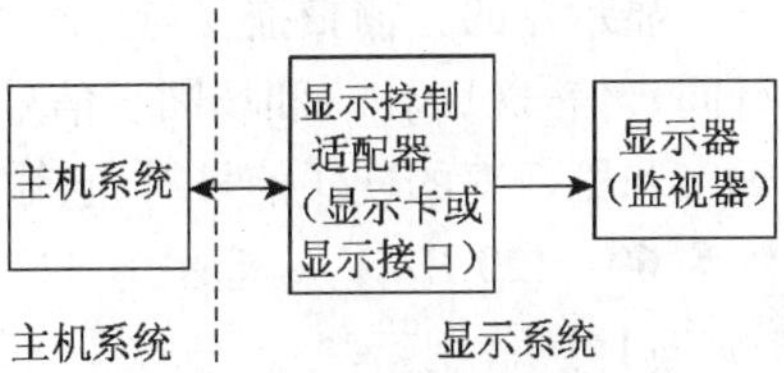

图 7-1 显示系统组成示意图

显示卡的性能指标,即输出的视频和同步信号的质量高低,决定着系统信息显示的最高分辨率和彩色深度,即画面的清晰程度和色彩的丰富程度。显示驱动程序是与显示卡一一对应的配套软件,它控制着显示卡的工作和显示方式的设置。显示器则负责将显示卡输出的高质量视频信号转换为高质量的屏幕画面。

7.1.1 CRT 显示器与接口

CRT 显示器是计算机常用的显示器,它是一种使用阴极射线管(Cathode Ray Tube)的显示器。阴极射线管主要有五部分组成:电子枪(Electron Gun),偏转线圈(Deflection coils),荫罩(Shadow mask),荧光粉层(Phosphor)及玻璃外壳。它是目前应用最广泛的显示器之一。

CRT 纯平显示器具有可视角度大、无坏点、色彩还原度高、色度均匀、可调节的多分辨率模式、响应时间极短等 LCD 显示器难以超过的优点。至今仍有相当广泛的应用。

微机系统的 CRT 显示器都是采用光栅扫描方式,光栅扫描又分为逐行扫描和隔行扫描两种。目前选用较多的15、17英寸显示器均已采用逐行扫描方式，水平扫描频率即行频上限为64 kHz甚至更高，垂直扫描频率即场频上限为90 Hz，甚至更高，这样的显示器能满足1 280×1 024或更高的分辨率。

就屏幕显示画面的点组织方式而言，显示方式有两种，即字符数字方式和全点寻址图形方式。

显示模式主要是指一屏能显示的点数和颜色数(包括一屏能显示的字符数)。常用的显示模式有CGA、EGA、VGA和SVGA(即TVGA)等等。典型的IBM指标是：CGA为320×200和8色，EGA为640×350和16色，VGA为640×480，SVGA为800×600、1 024×768、1 280×1 024和1 600×1 200等。目前的显示都采用VGA以上的显示模式，它们的同屏彩色数可在16、256、16 K、32 K、64 K、16 M（所谓真彩色）直到4 G中选择。

1. 显示系统的技术指标：

(1)CRT点距

点距(Pitch)是指CRT荧光屏上相邻像素的间距，也就是荫罩小孔的距离，单位是毫米(mm)。CRT显像管荧光屏内侧面上排列着红(R)、绿(G)、蓝(B)三原色荧光物质构成的像素。目前多数显示器的点距都是0.28 mm，也有0.26和0.24 mm的。显像管的物理分辨率由点距决定，点距越小，分辨率越高，图像越精细。

CRT显像管像素也有由RGB三色竖直条纹组成的，这就引出了栅距的概念。目前有的显示器的0.25 mm点距其实是栅距。

(2)显示器的分辨率

分辨率是衡量显示器性能的一个重要指标，它描述的概念是，屏幕上显示的两个点靠近到多小的距离还能分辨出是两个点，而不像是一个点。CRT显示器的分辨率由它的显像管的点距(Pitch)所决定。

(3)视频信号的行频和场频

显示器的光栅扫描要与显示卡同步工作，才能得到正确稳定的图像。为此，显示卡输出了行同步信号(Hsync)和场同步信号(Vsync)，去控制显示器的同步。当显示卡设置输出较高分辨率和刷新率的视频信号时，它输出的行和场同步脉冲信号的频率也随之变高。通常，场频范围为60~120 Hz，行频范围为32~94 kHz。

(4)屏幕刷新率

屏幕刷新率(Refresh Rate)是指每秒更新画面的帧数，刷新率也就是帧频，而对逐行扫描来说，也就是场频。刷新率低，屏幕就有闪烁感，容易造成眼睛疲劳。VESA组织于1997年规定逐行扫描场频85 Hz为无闪烁的标准场频，这是一条绿色标准。

(5)彩色深度和真彩色

显示效果的两大指标是分辨率和颜色数，彩色深度就是同一屏幕所能展现的最大颜色数。它可以直接以二进制数表示，也可以用代表点颜色数据的二进制位数表示。真彩色(True Color)是指由数字方式形成的同屏幕上的彩色数达到了近似模拟真实彩色效果的显示质量。

(6)视频信号带宽

视频带宽(Video Bandwidth)指的是显示卡输出视频信号的频谱宽度，它大体对应着每秒钟电子束扫描过的实际像素的总数，即所谓点频。又由于要把水平扫描和垂直扫描的回扫部分也折算进去，所以要再乘以一个估算数，取为1.2到1.5，这里且取1.4。因此视频带宽应等于：水平分辨率×垂直分辨率×场频×1.4，单位为MHz。

(7)显示器的带宽

显示器的带宽是指显示器能处理的视频信号的频带宽度,它取决于整个电路的通频带宽度。显示器的带宽指标越高,电路的高频性能越好,图像也就越清晰,但对元件、电路和工艺的要求也越高,价格也会相应提高。

(8)分辨率、刷新率与行频间的关系

从前面的介绍可知,设置的显示分辨率和刷新率越高,输出视频的行频也就越高,它们之间的关系是:行频 = 垂直分辨率(垂直线数) × 刷新率(场频)/0.93。

(9)显示分辨率、颜色数的设置对显示存储器的容量需求

显示卡上的显存的大小直接涉及它对高分辨率和高彩色深度的支持,因为显存至少应能存储一帧画面的数据。显存的计算公式为:显存 = 水平分辨率 × 垂直分辨率 × 颜色字节数。

(10)TCO标准

由瑞典专家联盟(TCO)提出的TCO标准,包括显示器的辐射和环保等多项指标,还对舒适、美观等多方面提出了严格的要求。

2. 显示原理

在计算机显示系统中,有字符和图形两种显示方式,过去的DOS界面就是字符显示方式,而现在的Windows界面就改为图形显示方式,因此显示卡也具有这两种工作方式,它们的原理是大不相同的。

(1)字符显示方式的原理

在这个方式下,屏幕上的每一个字符窗口都对应显示卡内存(VRAM)中的两个字节。其中偶字节称作字符代码,用于到字符发生器(RAM)中去查找与该字符代码相对应的字形(也叫字模)。奇字节称作字符属性代码,用于确定该字符窗口中字形的前景颜色、背景颜色和属性修饰。当前选用的某个"字形集"可以由主板的系统BIOS程序从ROM芯片的字库中调入到位平面。字符显示原理如图7-2所示。

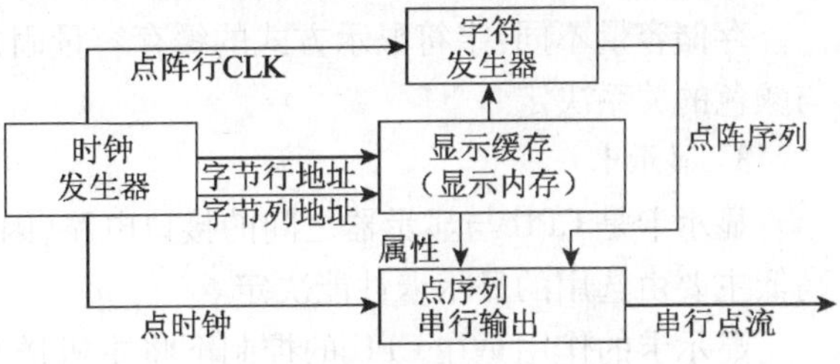

图7-2　字符显示接口原理图

VGA有8种以上的"字形集"可供选择,可以根据需要更换位平面中的"字形集",实现多种字形的变换。

(2)图形显示方式的原理

图形显示方式的原理与字符显示不同,屏幕上的每一个点直接同显存(VRAM)中的二进制数据相对应,按照每一个点所对应的二进制数的位数,来确定一个点可显示的彩色数。比如,每一个点以8位二进制数表示,则彩色数为256色,即屏幕上的每一个点的颜色都可以在256色中选1色。

标准EGA/VGA显示卡设置了调色板寄存器,对EGA来说是6位寄存器共16个,为EGA图形显示方式提供最多64种彩色和每次(同屏)可选择16种彩色的功能。而对VGA来说改为8位寄存器(其中位7和位6取自彩色选择寄存器的位3和位2)共16个,为VGA图形显示方式提供最多256种彩色和每次(同屏)可选择16种彩色的功能。进一步,VGA卡增加的DAC寄存器(彩色图表)为18位寄存器共256个,为VGA图形显示方式提供最多256 K种彩色和每次(同屏)可选择256种彩色的功能。图形显示接口原理如图7-3所示。

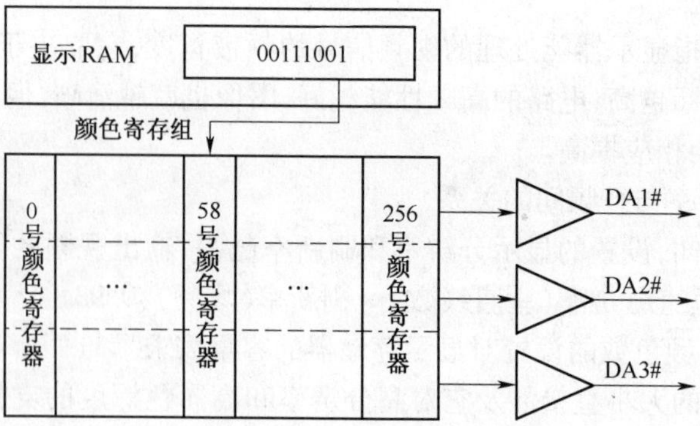

图 7-3　颜色寄存器工作原理图

显示卡显示点数或彩色数的增加,都需要显存(VRAM)容量的增加,也会增加显卡的成本。而在 VRAM 容量一定的情况下,提高画面的清晰度(即显示分辨率),就是增加屏幕显示点数,就要减少同屏显示彩色数,反之亦然。

(3)两种显示方式的比较

处理和访问的最小单位不同:字符显示方式访问的是刷新缓冲寄存器的字节;图形方式则按像素在刷新缓存中字节所在的位去访问。

处理和访问的属性数据不同:字符显示方式将属性作用于串/并转换器件上;图形方式则将属性数据作用于颜色编码器上。

存储容量不同:字符显示方式的缓存容量固定不变,而图形显示方式的容量不定,要由点与颜色的关系决定。

3. 显示卡

显示卡是 CPU 与显示器之间的接口电路,因此也称为显示适配器,PC 机显示系统性能的高低主要由选用的显示卡性能决定。

显示卡的作用是在 CPU 的控制下将主机送来的显示数据转换为视频和同步信号送到显示器,再由显示器形成屏幕画面。

CRT 显示器若以 VGA 方式显示,则相应的 VGA 显示接口适配器,将计算机输出的信号经过处理和变换后,将红、蓝、绿三色的模拟信号连同场同步信号、行同步信号一同送入 CRT 显示器,控制其偏转板,在屏幕上显示字符与图像。

在最初的 PC 机上,先后采用的是单色字符显示适配器 MDA(Monochrome Display Adapter)、单色图形适配器 Hercules、彩色图形适配器 CGA(Color Graphics Adapter)和增强图形适配器 EGA(Enhanced Graphics Adapter)等。典型的 CGA 显示卡的分辨率为 320×200,同屏 8 种颜色。EGA 显示卡的分辨率为 640×350,同屏 16 种颜色。这些显示卡的输出是数字脉冲信号,并且只能支持专配的显示器,没有互换性。

在 IBM PS/2 机上,采用了叫做视频图形阵列 VGA(Video Graphic Array)的显示卡,并得到广泛认可。VGA 的显示分辨率为 640×480,同屏 16 种颜色,至今它仍是 Windows 9x 的基本显示标准。VGA 卡的输出是模拟视频信号,其接口可以支持目前的各种显示器。

由于有了统一的标准和互换性,各个显示卡生产厂不断推出分辨率更高、颜色数更多的新型的显示卡,标准统称为 Super VGA 即 SVGA。也有得名于著名显示卡厂商 Trident 的 TVGA 标准。它们的典型分辨率有 800×600、1 024×768、1 280×1 024、1 600×1 200 等,颜色数为

256、16 K 直到 32 位真彩色。

由于 Windows 图形界面的出现和 3D 图形图像软件的迅速发展，对图形显示速度的要求越来越高，这就促使显示技术必须提高。除了改进显示驱动程序和提高显示系统总线速度外，最有效的办法就是采用专用图形图像处理器 DSP。目前的显示卡基本都是采用了图形图像处理器的 3D 图形加速卡。

显示卡由主机接口、显示器接口和功能电路组成。功能电路通常由显示控制器和显示存储器组成。视频适配器原理图如图 7-4 所示。

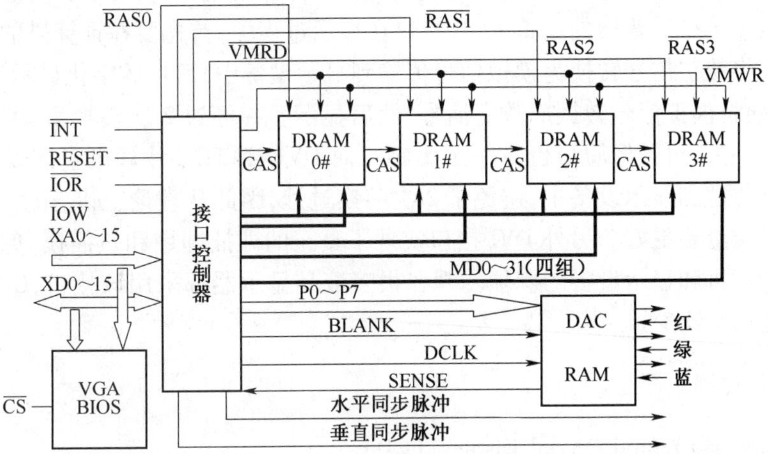

图 7-4　视频适配器示意图

显示控制器是显示卡的核心处理器芯片，它把主机送来的图像数据先转换为数字视频，再把数字信号转换(D/AC)为模拟视频信号，还要形成行、场同步信号。

显示存储器是显示卡的高速内存，又称为显示缓存，简称显存。它是双端口的存储器，可以在接收主机输入数据的同时输出数据。目前显示内存有 EDO、VRAM、SGRAM、WDRAM、MDRAM 和 RDRAM 等多种类型。

VGA BIOS 除了包含新视频方式的 BIOS 调用程序外，还有字符阵列码信息。在视频系统中，它是主机 CPU 与显示系统设备的重要接口。

DAC 用于供用户执行调色板选择功能调用，还具有转换显示数据的作用。

总线接口负责显示控制电路与系统主机的通信。

随着整机系统对显示性能要求的提高，显示卡在提高图形处理速度、提高分辨率、扩大显存、3D 加速和增加功能等方面不断改进。3D 图形加速对运算量、运算速度和显存容量的要求也很高，需要功能更强的处理器，需要 8、16、32 和 64MB 的显存，需要高速的 AGP 总线接口等。

4. PC 机与 CRT 显示器接口

显示适配器会设计为一块单独的电路接口板插在微机系统主板的扩展槽内，即我们通常所说的显卡，显卡通过相关接口与显示器连接即可。

显示器接口通常有 15 针 D-Sub 和 DVI 接口两种。

(1)15 针 D-Sub 输入接口

也叫 VGA 接口，CRT 彩显因为设计制造上的原因，只能接受模拟信号输入，最基本的包含

R\G\B\H\V(分别为红、绿、蓝、行、场)5 个分量,不管以何种类型的接口接入,其信号中至少包含以上这 5 个分量。大多数 PC 机显卡最普遍的接口为 D-15,即 D 形三排 15 针插口,其中有一些是无用的,连接使用的信号线上也是空缺的。除了这 5 个必不可少的分量外,最重要的是在 1996 年以后的彩显中还增加入 DDC 数据分量,用于读取显示器 EPROM 中记载的有关彩显品牌、型号、生产日期、序列号、指标参数等信息内容,以实现 WINDOWS 所要求的 PnP(即插即用)功能。

(2)DVI 数字输入接口

DVI(Digital Visual Interface,数字视频接口)是近年来随着数字化显示设备的发展而发展起来的一种显示接口。普通的模拟 RGB 接口在显示过程中,首先要在计算机的显卡中经过数字/模拟转换,将数字信号转换为模拟信号传输到显示设备中,而在数字化显示设备中,又要经模拟/数字转换将模拟信号转换成数字信号,然后显示。在经过 2 次转换后,不可避免地造成了一些信息的丢失,对图像质量也有一定影响。而 DVI 接口中,计算机直接以数字信号的方式将显示信息传送到显示设备中,避免了 2 次转换过程,因此从理论上讲,采用 DVI 接口的显示设备的图像质量要更好。另外 DVI 接口实现了真正的即插即用和热插拔,免除了在连接过程中需关闭计算机和显示设备的麻烦。现在很多液晶显示器都采用该接口,CRT 显示器使用 DVI 接口的比例比较少。

7.1.2 其他显示器

1. 液晶显示器(Liquid Crystal Display,LCD)

在目前微电脑的显示器中,液晶显示器数量仅次于 CRT 显示器。由于它的平板形、重量轻和低电压等特点,被普遍使用于笔记本电脑。有一种说法,平板显示器时代就是液晶平板显示器时代。

(1)液晶显示器与 CRT 显示器相比,具有如下特点:①低电压和小功耗。②体积小、重量轻和超薄平面。③分辨率高。④真实的彩色。⑤无辐射。⑥长寿命。⑦易于实现数字化和大批量自动化生产。⑧被动式显示。⑨亮度低、视角小、刷新速率低和价格高。

(2)液晶显示器的技术术语如下:

①屏幕尺寸:计算机所用的液晶显示器的尺寸也是指矩形屏幕的对角线长度的英寸数,有 12、13.3、14.1、15、17 和 18 英寸等。

②可视角度:也称为可视范围,是指在屏幕前能看清图像的最大偏移角度。LCD 的水平视角指标为 100°以上,垂直视角为 80°以上。

③分辨率:与 CRT 显示器不同,液晶显示器的实际显示分辨率与其固定数量的像素是严格对应的,只能设置一种最高分辨率,才能显示最佳图像。当设置为较低分辨率时,就会因为需要的像素减少而使图像变小。如果设置低分辨率为满屏幕,则画面质量会大大下降,甚至失真。

④像素间距:液晶显示器的实际显示分辨率与物理像素是严格对应的,因此对于尺寸和分辨率相同的液晶显示器,其像素间距指标是相同的。比如 15 寸 1 024×768 的液晶显示器,其像素间距都是 0.297 mm。

⑤屏幕刷新率:与 CRT 不同,液晶显示器的屏幕刷新率可以很低,因为它的像素的亮度和色度只有在画面内容改变时才需要改变。即使帧频很低,画面也不会闪烁。

⑥响应时间:在亮暗快速变化的信号驱动下,液晶显示器的像素点由亮变为暗或由暗变为

亮的时间叫做 LCD 的响应时间，这个指标通常为 50 ms 以下。因此对于快速变化和移动的图像，液晶显示器的反应迟钝，会产生图像消失或拖尾现象。

⑦亮度和对比度：液晶显示器的亮度也叫明视度，表示光源透射过液晶的强度，单位是每平方米烛光（cd/m^2），通常为 100 cd/m^2 以上。液晶显示器的对比度也是亮暗之比，即图像的反差，通常为 100:1 以上。

⑧坏点数：一个液晶显示器屏幕由几百万个液晶单元组成，如果个别薄膜晶体管损坏，该像素将永远是一个颜色，这就是一个坏点。一般来说，整个屏幕的坏点数不应超过 3。可以将屏幕亮度和对比度调到最大检查坏点，再调到最小检查坏点。

2. 等离子显示器

等离子显示器（PDP），可以实现 24 位真彩色和 256 级灰度的高质量显示，可以做成大到六七十英寸以上的彩色屏幕。它的彩色逼真，亮度和对比度高，视角广，可达到 160°，画面无闪烁现象。因此等离子体显示器是一种很有发展前景的彩色大屏幕超薄型平板显示器。

PDP 采用等离子管作为发光元件和显示屏幕的像素，大量等离子管排列在一起构成整个屏幕。在等离子管电极间加上高压后，封在两层玻璃之间的等离子管中的气体会产生紫外光，去激励平板显示屏上的红绿蓝三基色荧光点，产生一个彩色光像素。显然它是一种主动式发光显示器件。由各个独立的荧光像素综合而成的彩色图像鲜艳、明亮而清晰。

PDP 分为直流和交流两类，直流型 PDP 加在电极上的是直流电压，交流型 PDP 加在电极上的是交流电压，目前以交流型居多。

等离子显示器最突出的特点是超薄，并容易做到 40 英寸以上，厚度却不到 10 cm。

与 CRT 彩显相比，PDP 显示器的体积更小、重量更轻、无 X 射线辐射。由于 PDP 各个发光单元的结构完全相同，因此不会出现 CRT 显像管常见的图像几何畸变。PDP 屏幕亮度非常均匀，而不像 CRT 显像管中心亮四周暗。PDP 不受磁场影响，也不存在聚焦问题，它完全消除了 CRT 屏幕上某些区域聚焦不良的缺点。PDP 表面平直也使大屏幕边角处的失真和色纯度变化得到彻底改善。高亮度、大视角、全彩色和高对比度，都使图像更加清晰、色彩更加鲜艳。PDP 显示器很容易与大规模集成电路组合，结构紧凑，工艺简单易行，很适合现代化大批量生产。

由于等离子体显示器的每一个像素都独立发光，与 CRT 一支电子枪激励发光相比，其耗电量大为增加。一般可达 300 W 以上，热量大，需要在其背板上装上多组风扇散热。而 CRT 显示器的整机功耗不足 100 W。

与 LCD 液晶显示器相比，PDP 显示有亮度高、色彩还原性好、灰度丰富、动态画面响应迅速等优点。

PDP 平而薄的外形特别适合于壁挂式大屏幕电视、公共信息显示和大型自动监控系统。

7.2 键盘接口

键盘是由若干按键组成的开关矩阵，它是微型计算机最常用的、最基本的输入设备。用户可以通过键盘向计算机输入指令、地址和数据。

键盘按其按键的结构形式来分一般有机械式、电容式、电感式、磁感式、薄膜式和橡胶垫式等。其中最常用的是机械式和电容式键盘。其按键结构原理如图 7－5 所示。

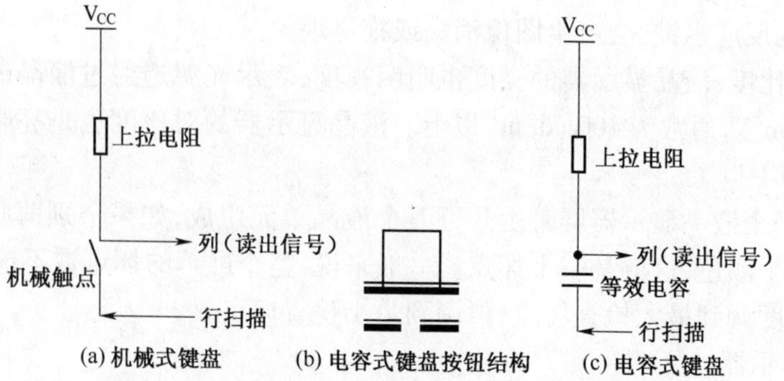

图 7－5　按键的结构形式

按照键值获取的方式，键盘有编码键盘和非编码键盘。

编码键盘就是指键盘本身带有实现接口功能所必需的硬件电路，不仅能自动检测到被按下的键，并且能够自动完成去抖、防串键功能，并能提供相应的键值。

非编码键盘则只简单提供按键开关的行列矩阵，键的识别、键码的编制以及与 CPU 的通信，都要由软件完成。一般单片机系统中采用非编码键盘，它具有结构简单，使用灵活等特点，因此被广泛应用于单片机系统。

7.2.1　按键开关的抖动问题

组成键盘的按键有触点式和非触点式两种，单片机中应用的一般是由机械触点构成的。在图 7－6 中，当开关 S 未被按下时，P1.0 输入为高电平，S 闭合后，P1.0 输入为低电平。由于按键是机械触点，当机械触点断开、闭合时，会有抖动动，P1.0 输入端的波形如图 7－6(b) 所示。这种抖动对于人来说是感觉不到的，但对计算机来说，则是完全可以感应到的，因为计算机处理的速度是在微秒级，而机械抖动的时间至少是毫秒级，对计算机而言，这已是一个“漫长”的时间了。前面我们讲到中断时曾有个问题，就是说按键有时灵，有时不灵，其实就是这个原因，你只按了一次按键，可是计算机却已执行了多次中断的过程，如果执行的次数正好是奇数次，那么结果正如你所料，如果执行的次数是偶数次，那就不对了。

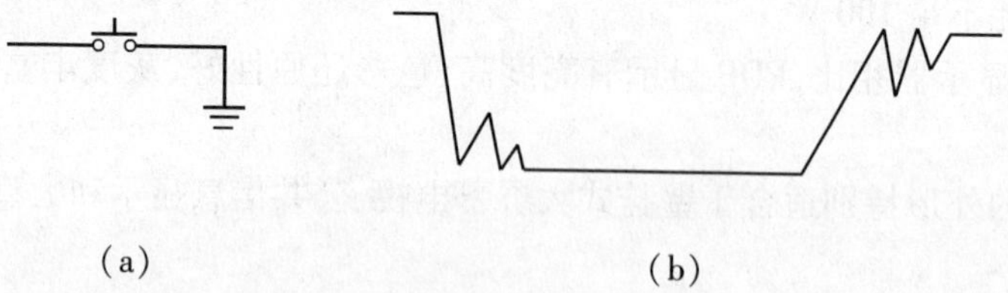

图　7－6

为使 CPU 能正确地读出 P1 口的状态，对每一次按键只作一次响应，就必须考虑如何去除抖动，常用的去抖动的方法有两种：硬件方法和软件方法。单片机中常用软件法，因此，对于硬件方法我们不介绍。软件法其实很简单，就是在单片机获得 P1.0 口为低的信息后，不是立即认定 S1 已被按下，而是延时 10 ms 或更长一些时间后再次检测 P1.0 口，如果仍为低，说明 S1 的确按下了，这实际上是避开了按键按下时的抖动时间。而在检测到按键释放后（P1.0 为高）

再延时5~10个ms,消除后沿的抖动,然后再对键值处理。不过一般情况下,我们通常不对按键释放的后沿进行处理,实践证明,也能满足一定的要求。当然,实际应用中,对按键的要求也是千差万别,要根据不同的需要来编制处理程序,但以上是消除键抖动的原则。

7.2.2 键盘与单片机的连接

1. 通过I/O口连接

将每个按键的一端接到单片机的I/O口,另一端接地,这是最简单的方法,如图7-7所示。对于这种键各程序可以采用不断查询的方法,功能就是:检测是否有键闭合,如有键闭合,则去除键抖动,判断键号并转入相应的键处理。

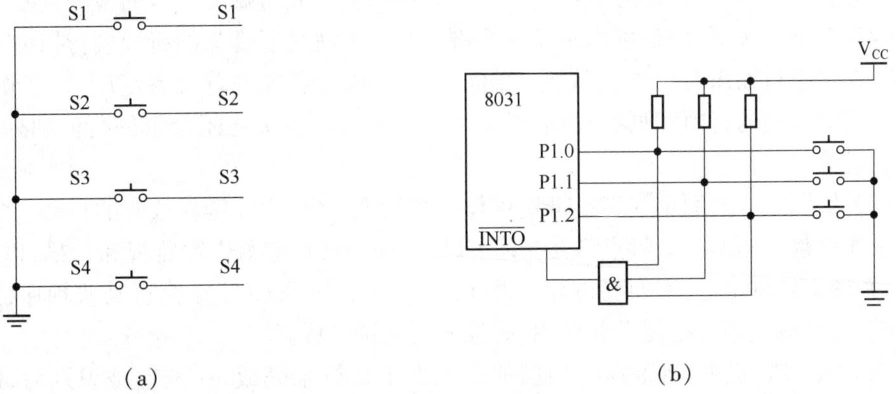

图7-7 线性键盘示意图

2. 矩阵式键盘接口技术及编程

(1)矩阵式键盘的结构与工作原理

在键盘中按键数量较多时,为了减少I/O口的占用,通常将按键排列成矩阵形式,如图7-8所示。在矩阵式键盘中,每条水平线和垂直线在交叉处不直接连通,而是通过一个按键加以连接。这样,一个端口(如P1口)就可以构成4×4=16个按键,比之直接将端口线用于键盘多出了一倍,而且线数越多,区别越明显,比如再多加一条线就可以构成20键的键盘,而直接用端口线则只能多出一键(9键)。由此可见,在需要的键数比较多时,采用矩阵法来做键盘是合理的。

矩阵式结构的键盘显然比直接法要复杂一些,识别也要复杂一些,上图中,列线通过电阻接正电源,并将行线所接的单片机的I/O口作为输出端,而列线所接的I/O口则作为输入。这样,当按键没有按下时,所有的输出端都是高电平,代表无键按下。行线输出是低电平,一旦有键按下,则输入线就会被拉低,这样,通过读入输入线的状态就可得知是否有键按下了。具体的识别及编程方法如下所述。

(2)矩阵式键盘的按键识别方法

确定矩阵式键盘上何键被按下介绍一种"行扫描法"。

行扫描法又称为逐行(或列)扫描查询法,是一种最常用的按键识别方法,如上图所示键盘,介绍过程如下。

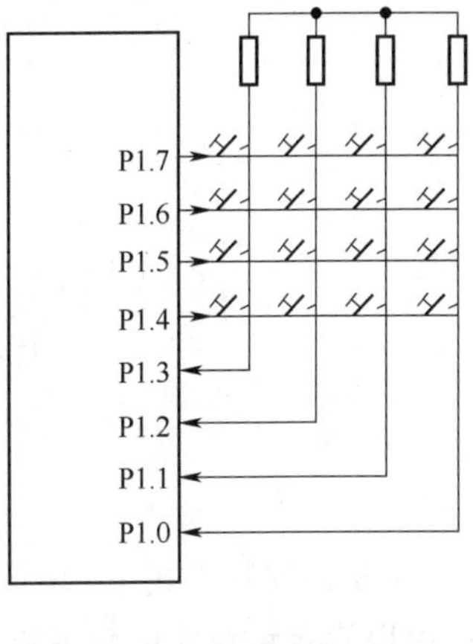

图7-8 矩阵式键盘连接图

首先判断键盘中有无键按下:将全部行线 Y0 ~ Y3 置低电平,然后检测列线的状态。只要有一列的电平为低,则表示键盘中有键被按下,而且闭合的键位于低电平线与 4 根行线相交叉的 4 个按键之中。若所有列线均为高电平,则键盘中无键按下。

其次判断闭合键所在的位置:在确认有键按下后,即可进入确定具体闭合键的过程。其方法是:依次将行线置为低电平,即在置某根行线为低电平时,其他线为高电平。在确定某根行线位置为低电平后,再逐行检测各列线的电平状态。若某列为低,则该列线与置为低电平的行线交叉处的按键就是闭合的按键。具体过程可以分为四步实现:

①检测当前是否有键被按下。检测的方法是 P1.4 ~ P1.7 输出全为“0”,读取 P1.0 ~ P1.3 的状态,若 P1.0 ~ P1.3 全为“1”,则无键闭合,否则有键闭合。

②去除键抖动。当检测到有键按下后,延时一段时间再做下一步的检测判断。

③若有键被按下,应识别出是哪一个键闭合。方法是对键盘的行线进行扫描。

④在每组行输出时读取行线值,若全为“1”,则表示这一行没有键闭合,否则有键闭合。由此得到闭合键的行值和列值,然后可采用计算法或查表法将闭合键的行值和列值转换成所定义的键值。

(3)为了保证键每闭合一次 CPU 仅作一次处理,必须去除键释放时的抖动

上述键盘工作的一个特点就是要求 CPU 必须经常对键盘进行监视和扫描,以检测有无键按下,并确定是哪个键,因而要占用大量 CPU 时间。如果 CPU 在执行某些程序,顾及不到键盘扫描,势必造成用户按键不起作用,好像机器死锁一样。

在 IBM - PC 机中,将键盘的扫描和识别由单片机来完成,在按键被识别后,键盘向 CPU 发出中断请求,同时把键码以串行方式送给 CPU。键盘控制电路如图 7 - 9 所示。

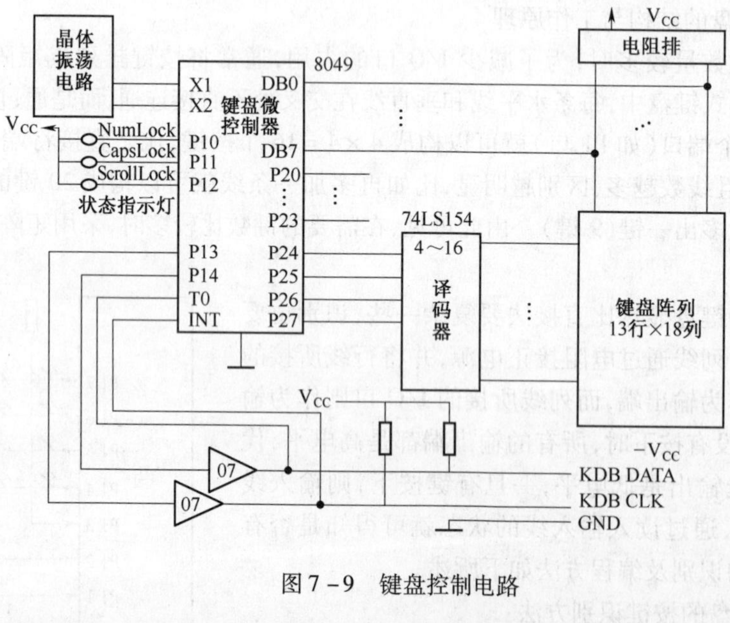

图 7 - 9 键盘控制电路

在此种控制方式下,BIOS 在内存低端的 BIOS 数据存储区开设一个键盘缓冲区,其作用如下:可以满足键盘实时输入要求;适应随机访问的应用要求;能容纳快速键盘输入要求。

在键值的选择设置中，对某些键或键的组合定义为单字节的ASCII码；对某些键或键的组合定义为双字节的扩展码；对某些键仅设置变量，反映其被按下或释放的状态；对某些键或键的组合产生特殊操作。

7.3 模/数和数/模转换接口

当计算机用于数据采集和过程控制的时候，采集对象往往是连续变化的物理量（如温度、压力、声波等），但计算机处理的是离散的数字量，因此需要对连续变化的物理量（模拟量）进行采样、保持，再把模拟量转换为数字量交给计算机处理、保存等。计算机的数字量有时需要转换为模拟量输出去控制某些执行元件，模/数转换器（ADC）与数/模转换器（DAC）用于连接计算机与模拟电路。为了将计算机与模拟电路连接起来，我们必须了解ADC和DAC的接口与控制。

7.3.1 D/A与A/D接口概述

一个包含A/D和D/A转换器的计算机闭环自动控制系统如图7－10所示。

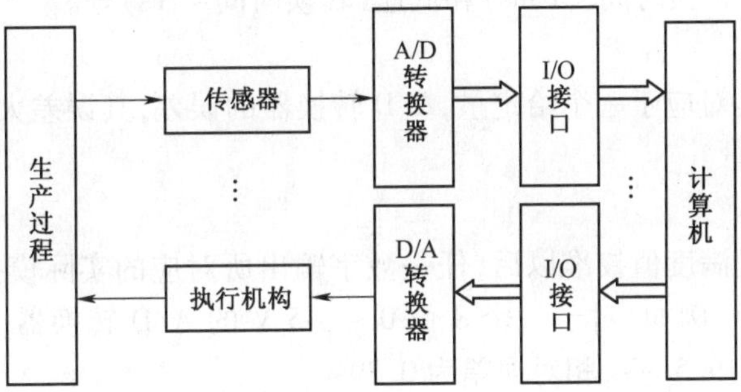

图7－10 典型的计算机自动控制系统

在图7－10中，A/D转换器和D/A转换器是模拟量输入和模拟量输出通路中的核心部件。在实际控制系统中，各种非电物理量需要由各种传感器把它们转换成模拟电流或电压信号后，才能加到A/D转换器转换成数字量。

一般来说，传感器的输出信号只有微伏或毫伏级，需要采用高输入阻抗的运算放大器将这些微弱的信号放大到一定的幅度，有时候还要进行信号滤波，去掉各种干扰和噪声，保留所需要的有用信号。送入A/D转换器的信号大小与A/D转换器的输入范围不一致时，还需进行信号预处理。

在计算机控制系统中，若测量的模拟信号有几路或几十路，考虑到控制系统的成本，可采用多路开关对被测信号进行切换，使各种信号共用一个A/D转换器。多路切换的方法有两种：一种是外加多路模拟开关，如多路输入一路输出的多路开关有：AD7501，AD7503，CD4097，CD4052等。另一种是选用内部带多路转换开关的A/D转换器，如ADC0809等。

若模拟信号变化较快，为了保证模数转换的正确性，还需要使用采样保持器。

在输出通道，对那些需要用模拟信号驱动的执行机构，由计算机将经过运算决策后确定的控制量（数字量）送D/A转换器，转换成模拟量以驱动执行机构动作，完成控制过程。

1. 模/数转换器(ADC)的主要性能参数

(1)分辨率

它表明 A/D 对模拟信号的分辨能力,由它确定能被 A/D 辨别的最小模拟量变化。一般来说,A/D 转换器的位数越多,其分辨率则越高。实际的 A/D 转换器,通常为 8、10、12、16 位等。

(2)量化误差

在 A/D 转换中由于整量化产生的固有误差。量化误差在 ±1/2 LSB(最低有效位)之间。

例如:一个 8 位的 A/D 转换器,它把输入电压信号分成 $2^8=256$ 层,若它的量程为 0 ~5 V,那么,量化单位 q 为:

$$q=\frac{\text{电压量程范围}}{2^n}=\frac{5.0\ \text{V}}{256}\approx 0.0195\ \text{V}=19.5\ \text{mV}$$

q 正好是 A/D 输出的数字量中最低位 LSB =1 时所对应的电压值。因而,这个量化误差的绝对值是转换器的分辨率和满量程范围的函数。

(3)转换时间

转换时间是 A/D 完成一次转换所需要的时间。一般转换速度越快越好,常见有高速(转换时间 <1 μs)、中速(转换时间 <1 ms)和低速(转换时间 < 1s)等。

(4)绝对精度

对于 A/D,指的是对应于一个给定量,A/D 转换器的误差,其误差大小由实际模拟量输入值与理论值之差来度量。

(5)相对精度

对于 A/D,指的是满度值校准以后,任一数字输出所对应的实际模拟输入值(中间值)与理论值(中间值)之差。例如,对于一个 8 位 0 ~ +5 V 的 A/D 转换器,如果其相对误差为 1 LSB,则其绝对误差为 19.5 mV,相对误差为 0.39% 。

2. 数/模转换器(DAC)的主要性能参数

(1)分辨率

分辨率表明 DAC 对模拟量的分辨能力,它是最低有效位(LSB)所对应的模拟量,它确定了能由 D/A 产生的最小模拟量的变化。通常用二进制数的位数表示 DAC 的分辨率,如分辨率为 8 位的 D/A 能给出满量程电压的 $1/2^8$ 的分辨能力,显然 DAC 的位数越多,则分辨率越高。

(2)线性误差

D/A 的实际转换值偏离理想转换特性的最大偏差与满量程之间的百分比称为线性误差。

(3)建立时间

这是 D/A 的一个重要性能参数,定义为:在数字输入端发生满量程码的变化以后,D/A 的模拟输出稳定到最终值 ±1/2 LSB 时所需要的时间。

(4)温度灵敏度

它是指数字输入不变的情况下,模拟输出信号随温度的变化。一般 D/A 转换器的温度灵敏度为 ±50 ppm/℃(ppm 为百万分之一)。

(5)输出电平

不同型号的 D/A 转换器的输出电平相差较大,一般为 5 ~10 V,有的高压输出型的输出电平高达 24 ~30 V。

*7.3.2　DAC0832 数/模转换器

DAC0832 是一种相当普遍且成本较低的数/模转换器。该器件是一个 8 位转换器，它将一个 8 位的二进制数转换成模拟电压，可产生 256 种不同的电压值，DAC0832 具有以下主要特性：①满足 TTL 电平规范的逻辑输入。②分辨率为 8 位。③建立时间为 1 μs。④功耗 20 mW。⑤电流输出型 D/A 转换器。

1. DAC0832 的内部结构与引脚图

图 7－11 给出了 DAC0832 的内部结构。图 7－12 给出了 DAC0832 的引脚图。

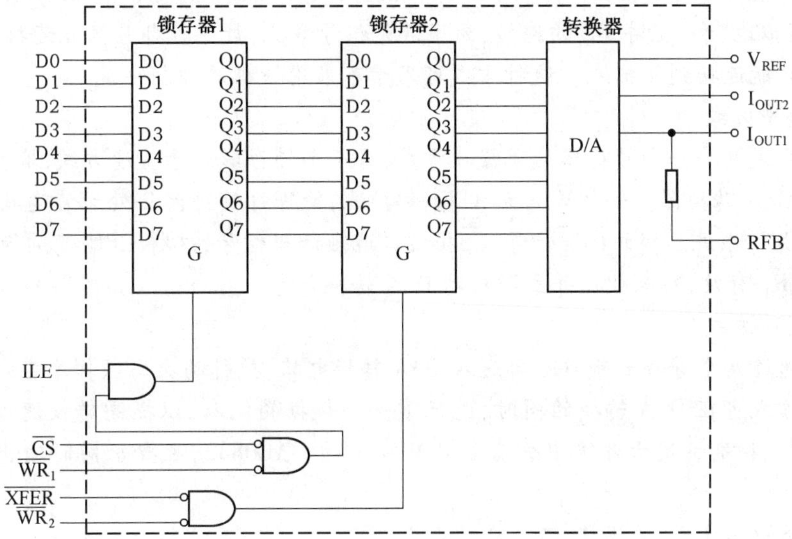

图 7－11　DAC0832 的内部结构

DAC0832 具有双缓冲功能，输入数据可分别经过两个锁存器保存。第一个是保持寄存器，而第二个锁存器与 D/A 转换器相连。DAC0832 中的锁存器的门控端 G 输入为逻辑 1 时，数据进入锁存器；而当 G 输入为逻辑 0 时，数据被锁存。

DAC0832 具有一组 8 位数据线 D0～D7，用于输入数字量。一对模拟输出端 I_{OUT1} 和 I_{OUT2} 用于输出与输入数字量成正比的电流信号，一般外部连接由运算放大器组成的电流/电压转换电路。转换器的基准电压输入端 V_{REF} 一般在 －10～＋10 V 范围内。

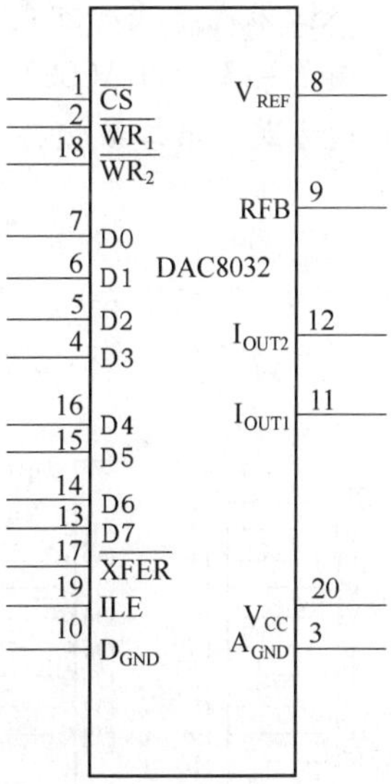

图 7－12　DAC0832 引脚图

各引脚的功能如下：

D0～D7：	8 位数据输入端
$\overline{CS}$：	片选信号输入端
$\overline{WR_1}$、$\overline{WR_2}$：	两个写入命令输入端，低电平有效
$\overline{XFER}$：	传送控制信号，低电平有效
I_{OUT1} 和 I_{OUT2}：	互补的电流输出端
RFB：	反馈电阻，被制作在芯片内，与外接的运算放大器配合构成电流/电压转换电路

V_{REF}:　　　　转换器的基准电压

V_{CC}:　　　　工作电源输入端

A_{GND}:　　　　模拟地,模拟电路接地点

D_{GND}:　　　　数字地,数字电路接地点

2. DAC0832 的工作模式

DAC0832 可工作在三种不同的工作模式。

(1)直通方式

当 ILE 接高电平,$\overline{CS}$,$\overline{WR_1}$、$\overline{WR_2}$ 和 $\overline{XFER}$ 都接数字地时,DAC 处于直通方式,8 位数字量一旦到达 D0 ~ D7 输入端,就立即加到 D/A 转换器,被转换成模拟量。在 D/A 实际连接中,要注意区分“模拟地”和“数字地”的连接,为了避免信号串扰,数字量部分只能连接到数字地,而模拟量部分只能连接到模拟地。这种方式可用于不采用微机的控制系统中。

(2)单缓冲方式

单缓冲方式是将一个锁存器处于缓冲方式,另一个锁存器处于直通方式,输入数据经过一级缓冲送入 D/A 转换器。如把$\overline{WR_2}$ 和$\overline{XFER}$都接地,使寄存锁存器 2 处于直通状态,ILE 接 +5V,$\overline{WR_1}$ 接 CPU 系统总线的$\overline{IOW}$信号,$\overline{CS}$接端口地址译码信号,这样 CPU 可执行一条 OUT 指令,使$\overline{CS}$和$\overline{WR_1}$ 有效,写入数据并立即启动 D/A 转换。

(3)双缓冲方式

即数据通过两个寄存器锁存后再送入 D/A 转换电路,执行两次写操作才能完成一次 D/A 转换。这种方式可在 D/A 转换的同时,进行下一个数据的输入,以提高转换速度。更为重要的是,这种方式特别适用于系统中含有 2 片及以上的 DAC0832,且要求同时输出多个模拟量的场合。

3. DAC0832 与 CPU 的连接

由于 DAC0832 内部含有数据锁存器,在与 CPU 相连时,使其可直接挂在数据总线上。DAC0832 采用单缓冲方式与 CPU 的连接如图 7 - 13 所示。

图 7 - 13 中,DAC0832 的第一级输入寄存器的 ILE、$\overline{CS}$和$\overline{WR_1}$ 处于有效电平状态,故工作于直通方式。第二级锁存器的$\overline{XFER}$与 GAL16V8 的输出译码相连,故一旦$\overline{XFER}$处于有效状态,DAC0832 便进行 D/A 转换并输出。这里 GAL16V8 用来对地址总线及$\overline{WR}$、M/$\overline{IO}$信号进行译码以产生 DAC0832 所需的$\overline{XFER}$信号,其 8 位 I/O 端口地址假定为 20 H。当 CPU 执行 OUT 20 H,AL 指令时,则数据总线 D0 ~ D7 的内容送入 DAC0832 中。

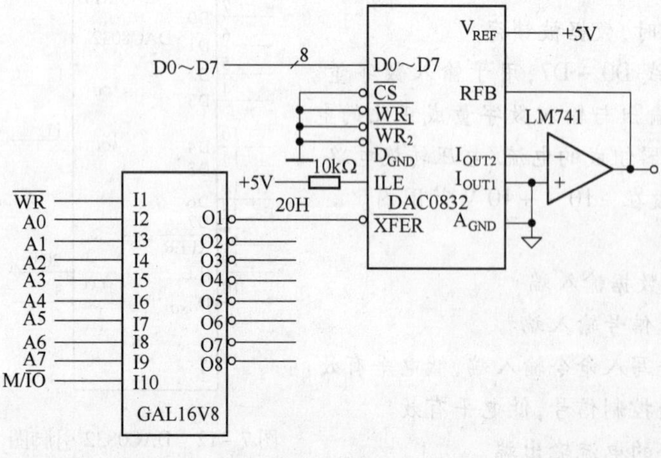

图 7 - 13　DAC0832 与 CPU 的连接

下面举例说明如何编写 D/A 转换程序。

【例7－1】编写DAC0832输出三角波的汇编程序，要求三角波的最低电压为0 V，最高电压为2.5 V，频率为654 Hz。

【解】三角波电压范围0～2.5 V，对应的数字量00 H～7 FH。三角波的下降部分，从7 FH减1，直到数字量降为00 H；上升部分则从00 H加1，直到7 FH。

相应的程序如下：

```
        MOV   AL,7FH         ;设2.5 V初值
DOWN:   LD    20 H,AL        ;输出模拟信号到端口20 H,三角波下降段
        DEC   AL             ;输出值减1
        CMP   AL,00H         ;输出值到达0 V?
        JNZ   DOWN           ;输出值未达到0 V,则跳到DOWN
UP:     LD    20 H,AL        ;输出模拟量到端口20 H,三角波上升段
        INC   AL             ;输出值加1
        CMP   AL,7FH         ;判别输出值是否到达2.5 V
        JNZ   UP             ;输出值未达到2.5 V则跳到UP
        JMP   DOWN           ;输出值达到2.5 V则跳到DOWN循环
```

本例中DAC0832输出的三角波，若8086的时钟频率为5 MHz，则可计算出该三角波的周期大约为1.53 ms，即频率约为654 Hz。如果要进一步降低三角波的频率（增大其周期），可在每次D/A转换之后加入适当的延时。

7.3.3　ADC0809模/数转换器

ADC0809是一种普遍使用且成本较低的、由National半导体公司生产的CMOS材料A/D转换器。它具有8个模拟量输入通道，可在程序控制下对任意通道进行A/D转换，得到8位二进制数字量。

1. ADC0809主要技术指标

(1)电源电压：　5 V

(2)分辨率：　8位

(3)时钟频率：　640 kHz

(4)转换时间：　100 μs

(5)未经调整误差：　1/2 LSB和1 LSB

(6)模拟量输入电压范围：0～5 V

(7)功耗：　15 mW

2. ADC0809转换器的内部结构图（图7－14）

3. ADC0809内部各单元的功能

(1)通道选择开关

八选一模拟开关，实现分时采样8路模拟信号。

(2)通道地址锁存和译码

通过ADDA、ADDB、ADDC三个地址选择端及译码作用控制通道选择开关。

(3)逐次逼近A/D转换器

包括比较器、8位开关树型D/A转换器、逐次逼近寄存器。转换的数据从逐次逼近寄存器传送到8位锁存器后经三态门输出。

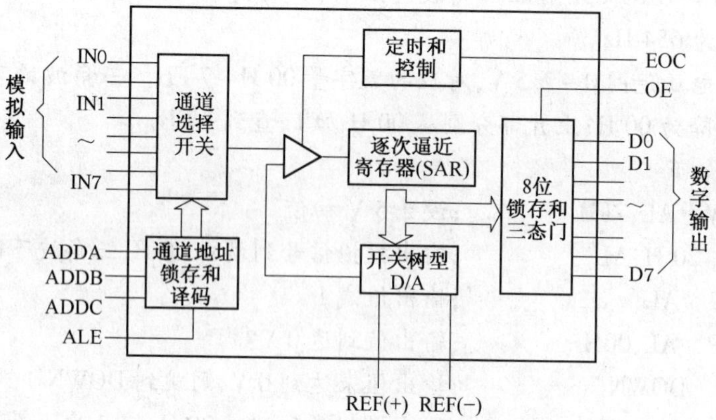

图 7－14　ADC0809 内部结构

(4)8 位锁存器和三态门

当输入允许信号 OE 有效时，打开三态门，将锁存器中的数字量经数据总线送到 CPU。由于 ADC0809 具有三态输出，因而数据线可直接挂在 CPU 数据总线上。

4. ADC0809 各引脚功能

图 7－15 给出了 ADC0809 转换器的引脚图。

(1)IN_0 ~ IN_7:8 路模拟输入通道。

(2)D0 ~ D7: 8 位数字量输出端。

(3)START:启动转换命令输入端，由 1→0 时启动 A/D 转换，要求信号宽度 >100 ns。

(4)OE:输出使能端，高电平有效。

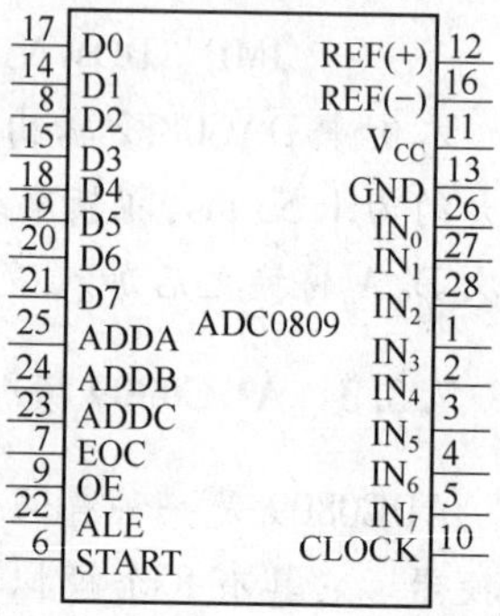

图 7－15　ADC0809 的引脚图

(5)ADDA、ADDB、ADDC:地址输入线，用于选通 8 路模拟输入中的一路进入 A/D 转换。其中 ADDA 是 LSB 位，这三个引脚上所加电平的编码为 000 ~ 111，分别对应 IN_0 ~ IN_7，例如，当 ADDC = 0，ADDB = 1，ADDA = 1 时，选中 IN_3 通道。

(6)ALE: 地址锁存允许信号。用于将 ADDA ~ ADDC 三条地址线送入地址锁存器中。

(7)EOC: 转换结束信号输出。转换完成时，EOC 的正跳变可用于向 CPU 申请中断，其高电平也可供 CPU 查询。

(8)CLK:时钟脉冲输入端，要求时钟频率不高于 640 kHZ。

(9)REF(+)、REF(−):基准电压，一般与微机接口时，REF(−)接 0V 或 −5 V，REF(+)接 +5 V 或 0 V。

5. ADC0809 与 CPU 的连接

ADC0809 与 CPU 的连接，主要是正确处理数据输出线(D0 ~ D7)，启动信号 START 和转换结束信号 EOC 与系统总线的连接。

图 7－16 给出了 ADC0809 与 CPU 的典型连接图。

图 7－16 中，地址线 A9 ~ A3 经 I/O 地址译码器形成端口地址 300 H ~ 307 H 及 308 H ~ 30FH 片选信号，地址线 A2 ~ A0 选择 8 路模拟量输入通道。CLK 信号可由系统时钟分频获得。ADC 的数据输出线与 CPU 的数据总线相连。当 CPU 执行输出到 300 H ~ 307 H 的 OUT 指令

时，300 H～307 H 和$\overline{IOW}$有效（均为低电平），或非门 2 输出高电平脉冲，加在 START 和 ALE 脚上，启动 A/D 转换，同时还将 A2～A0 的编码送入地址锁存器选择指定的输入通道上的模拟信号进行转换。EOC 引脚通过一个三态门接到数据总线中的 D7 构成一个状态口，它的 I/O 端口地址为 308 H。

下面举例说明如何编写 A/D 转换程序。

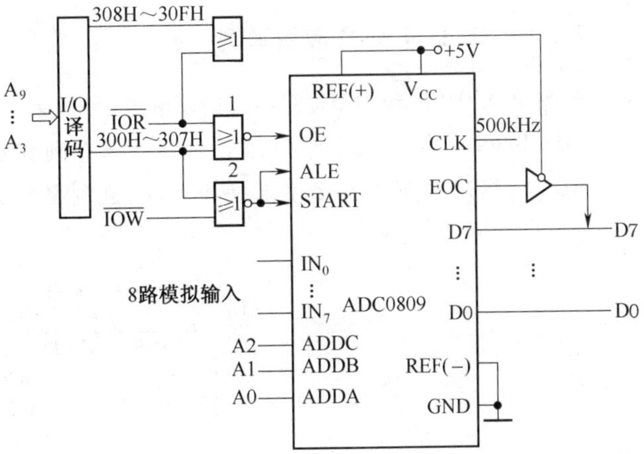

图 7－16　ADC0809 与 CPU 的连接图

【例 7－2】编写 A/D 转换程序，具体要求如下：

（1）顺序采样 IN_0～IN_7 八个输入通道的模拟信号；

（2）结果依次保存在 ADDBUF 开始的八个内存单元中；

（3）上述采样每隔 100 ms 循环一次。设 DELAY 是一延时 100 ms 子程序。

【解】（1）模拟输入通道 IN_0～IN_7 由 A0～A2 决定其端口地址，分别为 300 H～307 H，与$\overline{IOW}$相配合，可启动 ADC0809 进行转换；

（2）查询端口和读 A/D 转换结果寄存器的地址分别为：308 H 和 300 H。

相应的采集程序如下：

```
AD:     MOV   CX,0008H           ;通道计数单元 CX 赋初值
        MOV   DI, OFFSET ADDBUF  ;寻址数据区，结果保存在 ADDBUF 存储区
START:  MOV   DX,300H            ;取 IN0 启动地址
LOOP1:  LD    DX,AL              ;启动 A/D 转换，AL 可为任意值
        PUSH  DX                 ;保存通道地址
        MOV   DX,308H            ;取查询 EOC 状态的端口地址
WAIT:   IN    AL,DX              ;读 EOC 状态
        TEST  AL,80H             ;测试 A/D 转换是否结束
        JZ    WAIT               ;未结束，则跳到 WAIT 处
        MOV   DX,300H            ;取读 A/D 转换结果寄存器的端口地址
        IN    AL,DX              ;读 A/D 转换结果
        MOV[DI],AL               ;保存转换结果
        INC   DI                 ;指向下一保存单元
        POP   DX                 ;恢复通道地址
        INC   DX                 ;指向下一个模拟通道
        LOOP  LOOP1              ;未完，转入下一通道采样
        CALL  DELAY              ;延时 100 ms
        JMP   AD                 ;进行下一次循环采样，跳至 AD 处。
```

7.3.4 D/A 与 A/D 应用举例

使用 ADC0809 和 DAC0832 来捕获和重放语音信号。图 7－17 给出了相应的电路。本例要求 ADC0809 采样大约 1 秒钟语音信号并保存到相应存储单元，D/A 将此语音信号经扬声器重放 10 次，然后循环进行上述采样和重放，直到系统关闭。

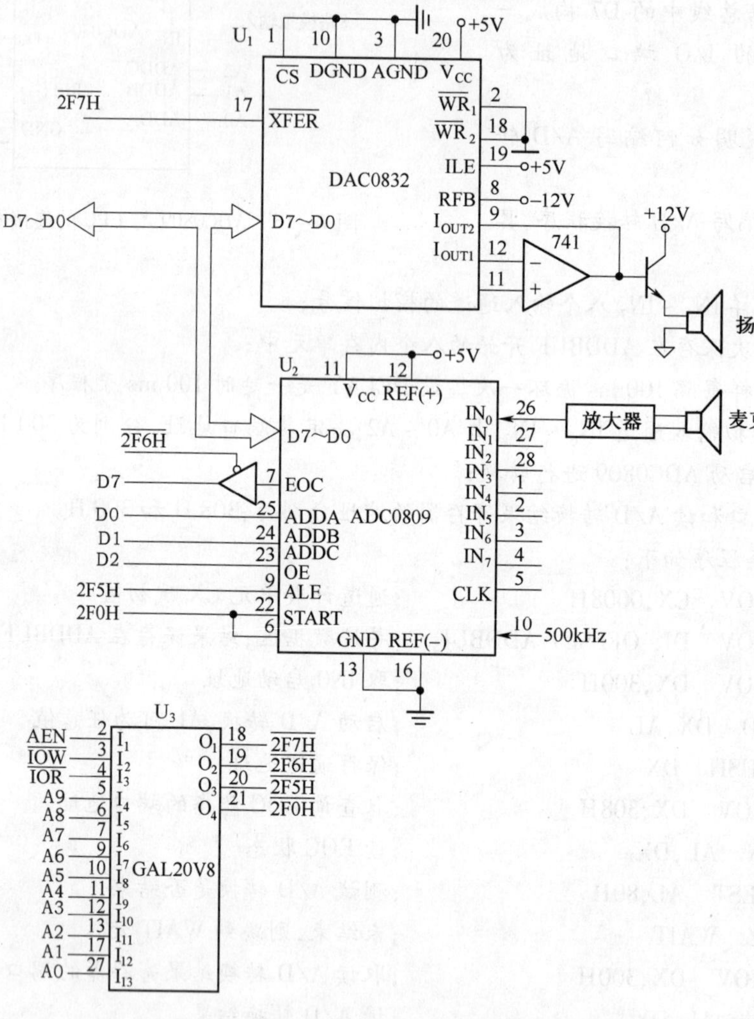

图 7－17 语音信号获取与重放电路图

分析：

(1) DAC0832 的 I/O 端口地址由 GAL20V8 译码产生的地址是 2F7H；ADC0809 的 EOC 状态查询地址为 2F6H；读 ADC0809 转换结果端口地址为 2F5H；启动 A/D 转换端口地址为 2F0H。这四个地址实际上是 GAL20V8 将地址线 A9～A0 分别与 $\overline{IOW}$、$\overline{IOR}$ 综合后得到的类似“片选”的控制信号，故它们可以直接连接到 DAC0832 和 ADC0809 的相应的引脚上。

(2) 该程序读大约 1s 语音信号，然后重放 10 次，重复此进程直到系统被关闭。语音信号被采样存储在 VOICE 存储区中，采样率为每秒钟采样 2048 次。设 DELAY 是延时 1/2048 秒的子程序，且数据段中已申请2048个单元给VOICE。

相应的程序如下：

```
START:   CALL READ               ;调用A/D采样语音子程序
         MOV CX,0AH              ;置为10次
LOOP1:   CALL WRITE              ;调用D/A放音子程序
         LOOP  LOOP1             ;重复放音10次
         JMP START               ;进入下一次循环
         READ  PROC  NEAR        ;A/D语音采样子程序
         MOV DI,OFFSET VOICE     ;寻址数据区
         MOV CX,0800H            ;装入计数器CX=2 048
READA:   MOV AL, 00H             ;选择IN0通道,D2=0,D1=0,D0=0
         MOV DX,2F0H             ;DX指向A/D转换启动端口地址
         LD DX,AL                ;启动A/D转换并选中IN0通道
         MOV DX,2F6H             ;寻址EOC状态端口地址
READB:   IN AL,DX                ;取EOC状态
         TEST AL,80H             ;测试是否转换结束
         JZ READB                ;未完,则等待
         MOV DX,2F5H             ;寻址数据端口
         IN AL,DX                ;取A/D转换结果
         MOV [DI],AL             ;存到数据区
         INC DI                  ;寻址下一个单元
         CALL  DELAY             ;等待1/2 048 s
         LOOP  READA             ;重复2 048次
         RET                     ;子程序返回
READ  ENDP
WRITE  PROC NEAR                 ;D/A语音重放子程序
         PUSH CX                 ;CX压入堆栈
         MOV DI,OFFSET VOICE     ;寻址数据区
         MOV CX,0800H            ;装入计数器
         MOV DX,2F7H             ;寻址DAC
WRITEA:  MOV AL,[DI]             ;从数据区取数据
         LD DX,AL                ;发送到DAC
         INC DI                  ;寻址下一个单元
         CALL DELAY              ;等待1/2 048 s
         LOOP WRITEA             ;重复2 048次
         POP CX                  ;CX弹出堆栈
         RET                     ;子程序返回
WRITE  ENDP
```

本 章 小 结

本章主要介绍了微型计算机系统中人机交互接口——键盘接口、显示器接口电路和输入输出过程中的 A/D、D/A 转换设备。着重介绍了不同功能结构的显示器采用的不同接口方式;介绍了键盘的键值采样、防抖、键值编码等接口问题;介绍了 A/D 和 D/A 转换接口的结构、集成转换芯片的性能参数、引脚、连接使用和基本编程等问题。本章的知识点主要有:

1. 显示器接口

介绍微型计算机系统使用的主要显示器及基本显示原理,介绍显示器的不同接口方式。通过学习,应当了解不同显示设备的特点,并掌握根据显示需要选择不同参数的显示设备和接口设备的方法。

2. 键盘接口

介绍基本的键值采样,输入和编码过程,了解线性键盘和矩阵式编码键盘的结构方法,掌握矩阵式键盘的接口技术。通过学习,应熟悉键盘采样、防抖和键值输入编码的过程,并掌握各设备之间的连接关系。

3. A/D 和 D/A 转换接口

介绍 A/D、D/A 接口的用途、主要性能参数、集成 ADC 和 DAC 芯片的功能、引脚特征和具体使用方法。通过学习,应当能够掌握 A/D、D/A 转换接口与其他微型计算机设备的连接关系,掌握集成芯片的引脚功能和基本连接,了解接口芯片的简单应用和编程方法。

复习思考题

1. 常用的显示器有哪些种类?
2. CRT 显示器的特点是什么? 说明 VGA 与 SVGA 的显示模式。
3. 显示卡的工作方式有哪两种? 分别说明。
4. 显示卡由哪些电路组成? 分别说明每部分的功能。
5. 液晶和等离子显示器的特点分别是什么?
6. 什么是矩阵式键盘,矩阵式键盘有什么优点?
7. 键盘如何防抖?
8. 模/数和数/模转换电路的功能分别是什么?
9. 说明 DAC0832 的内部结构与外部管脚功能。
10. DAC0832 的工作模式有几种? 简单说明。
11. 说明 ADC0809 的内部结构及每个模块的功能。
12. ADC0809 在与 CPU 连接时需要注意什么?

第8章 DSP 技术

【学习目标】

本章主要介绍 DSP 技术以及 DSP 芯片的结构与原理。应了解 DSP 在数字处理技术中的广泛应用;了解 DSP 的基本结构原理以及其在数字处理、铁道机车信号中的应用情况。

8.1 DSP 的组成和特点

DSP 含义之一是数字信号处理技术(Digital Signal Processing),另外一个含义是数字信号处理器,即 Digital Signal Processor。作为将模拟信号转换为数字信号,再对数字信号进行加工,并最终反馈解译回模拟数据格式的技术,DSP 技术深深影响了一个时代的生活。

第一片 DSP 器件是 1978 年 AMI 公司发布的 S2811。

1979 年 INTEL 公司推出的 Intel2920 是第一块脱离了通用型微处理器结构的 DSP 芯片。

最早具有商用价值的 DSP 芯片是美国德州仪器公司推出的第一代 DSP 芯片,处理速度只有 5MIPS 的 TMS32010。在此基础上,德州仪器公司在 TMS320 系列芯片上设置了符合 IEEE1149 的标准测试接口和控制器,通过标准测试接口和专用仿真器支持 DSP 的仿真和程序装入(下载),方便了 DSP 应用系统的开发。

我们生活在一个物理世界,每个人接触每件事情,都是一次模拟方式的物理行为,DSP 承担了人与数字化处理之间的沟通作用。DSP 具有广阔的应用前景:几乎所有汽车电子都基于 DSP 技术;包括手机、iPOD,电子乐器等与音频输出有关的东西都有 DSP 的身影;DSP 还应用在通信、图形/图像处理、仪器仪表技术、医疗保健、智能分析安全监控等方面。DSP 技术将使人类世界变得前所未有的安全、智能化和联网化。在未来,DSP 才是芯片无处不在构想的现实解决方案。

数字信号处理是利用计算机或专用处理设备,以数字形式对信号进行采集、变换、滤波、估值、增强、压缩、识别等处理,以得到符合人们需要的信号形式。

8.1.1 DSP 系统的组成方案

数字信号处理的实现方法一般有以下几种:

(1)在通用的计算机(如 PC 机)上用软件(如 Fortran、C 语言)实现;

(2)在通用计算机系统中加上专用的加速处理机实现;

(3)用通用的单片机(如 MCS-51、96 系列等)实现,这种方法可用于一些不太复杂的数字信号处理,如数字控制等;

（4）用通用的可编程 DSP 芯片实现。与单片机相比，DSP 芯片具有更加适合于数字信号处理的软件和硬件资源，可用于复杂的数字信号处理算法；

（5）用专用的 DSP 芯片实现。在一些特殊的场合，要求的信号处理速度极高，用通用 DSP 芯片很难实现，此时应用专用 DSP 芯片可实现 FFT、数字滤波、卷积、相关等算法的高速运算。这种芯片将相应的信号处理算法在芯片内部用硬件实现，无需进行编程。

在上述几种方法中，第（1）种方法的缺点是速度较慢，一般可用于 DSP 算法的模拟；第（2）种和第（5）种方法专用性强，应用受到很大的限制；第（2）种方法也不便于系统的独立运行；第（3）种方法只适用于实现简单的 DSP 算法；只有第（4）种方法才使数字信号处理的应用打开了新的局面。

1. 系统组成

图 8－1 所示为一个典型的 DSP 系统。图中的输入信号可以有各种各样的形式。例如，它可以是麦克风输出的语音信号或是电话线来的已调数据信号，可以是编码后在数字链路上传输或存储在计算机里的摄像机图像信号等。

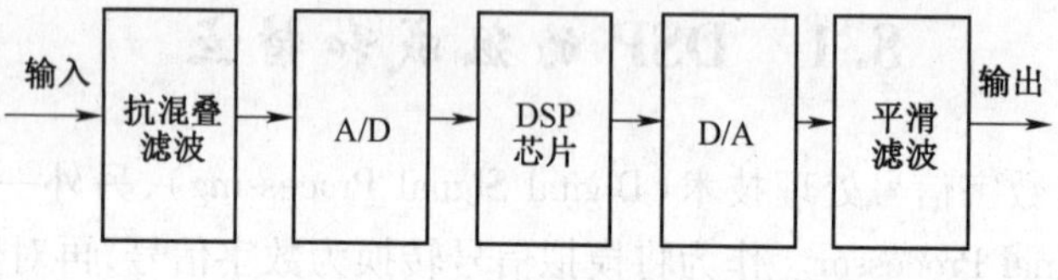

图 8－1 典型的 DSP 系统

输入信号首先进行带限滤波和抽样，然后进行 A/D（Analog to Digital）变换将信号变换成数字比特流。

DSP 芯片的输入是 A/D 变换后得到的以抽样形式表示的数字信号，DSP 芯片对输入的数字信号进行某种形式的处理，如进行一系列的乘累加操作（MAC）。数字处理是 DSP 的关键，这与其他系统（如电话交换系统）有很大的不同，在交换系统中，处理器的作用是进行路由选择，它并不对输入数据进行修改。因此虽然两者都是实时系统，但两者的实时约束条件却有很大的不同。最后，经过处理后的数字样值再经 D/A（Digital to Analog）变换转换为模拟样值，之后再进行内插和平滑滤波就可得到连续的模拟波形。

在典型的 DSP 系统中，DSP 芯片是对数字信号处理的核心部件，其处理速度和处理能力直接影响数字信号处理系统的效率。除此之外，A/D 和 D/A 转换的精度与速度也影响系统速度与质量。

2. 系统特点

（1）精度高

采用 DSP、A/D、D/A 来代替系统中的模拟网络，并有效地提高 A/D 和 D/A 部分的精度，将有效提高系统的整体精度。

（2）可靠性强

在数字系统中采用“0”、“1”代码，因此正常工作条件下，环境噪声一般不容易影响结果的正确性和准确性，并且 DSP 芯片的大规模集成电路远比分立元件构成的模拟电路故障率低。

(3)集成度高

在 DSP 系统中,由于采用高度集成产品,加上表面贴装技术,体积得以大幅度压缩,因此 DSP 系统可以广泛应用于体积要求很小的场合。

(4)接口方便

由于 DSP 系统与其他以现代数字技术为基础的系统或设备都是相互兼容的,与这样的系统接口远比与模拟系统接口方便。

(5)灵活性强

DSP 系统中的主要芯片都是可编程的,只要改变它们的软件,就可以实现不同的功能。同时由于产品具有在线可编程功能,也使得硬件更加简单。

(6)保密性好

由于 DSP 系统中的芯片具有良好的保密性能,因此由数字芯片构成的系统比模拟系统具有高度的保密性。

(7)时分复用

DSP 系统的另一个优点就是时分复用,即可以使用一个 DSP 系统分时处理几个通道的信号。这主要适用于两种场合:一种是信号的采样频率与 DSP 系统运算速度相比较低的场合;另一种是实时性要求不是很高的场合。

8.1.2 DSP 芯片

1. DSP 芯片的结构特征

为实现快速的数字信号处理,DSP 芯片采用了特殊的软硬件结构。DSP 芯片主要采用哈佛结构、流水线技术、硬件乘法器和特殊 DSP 指令。

(1)哈佛结构

哈佛结构是指将程序和数据存储在不同的存储器空间,对程序和数据进行独立编址,独立访问。且在 DSP 芯片中设置了数据和程序两套总线,使得取指令和执行能完全重叠运行,实现程序和数据传输的相互独立,大大提高了数据吞吐率和指令执行的速度。

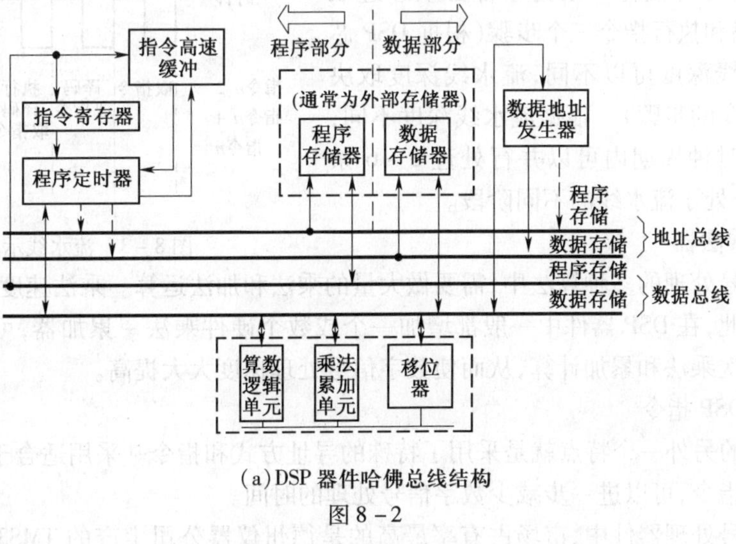

(a)DSP 器件哈佛总线结构

图 8-2

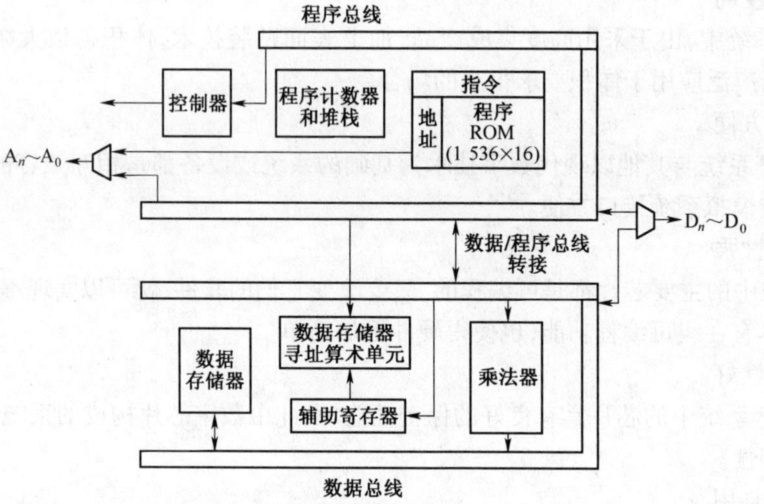

(b)改进的哈佛结构

图 8－2　哈佛结构

为进一步提高 CPU 的运行速度和芯片的灵活性，在较新的 DSP 芯片中，常采用改进的哈佛结构，改进的方案有三种：

第一种方案是允许数据存储在程序存储器中，并可以被算术指令直接使用；

第二种方案是将指令存储在高速缓存中，当执行此指令时，不需要再从程序/数据存储器中读取指令；

第三种方案是存储器块的改进结构，允许在一个存储周期内同时读取指令和两个操作数，具有更高的访问能力。

(2)流水线技术

DSP 芯片广泛使用流水线技术以提高处理能力。流水线指令执行结构实际上是利用了指令执行的特点，即每执行一条指令都必须经过取指令、指令译码和执行指令三个步骤(根据 DSP 芯片不同其流水线深度可以不同，流水线深度取决于执行一条指令的步骤)。根据流水线深度不同，处理器在一个时钟周期内可以并行处理 2～6 条指令，每条指令处于流水线的不同阶段。

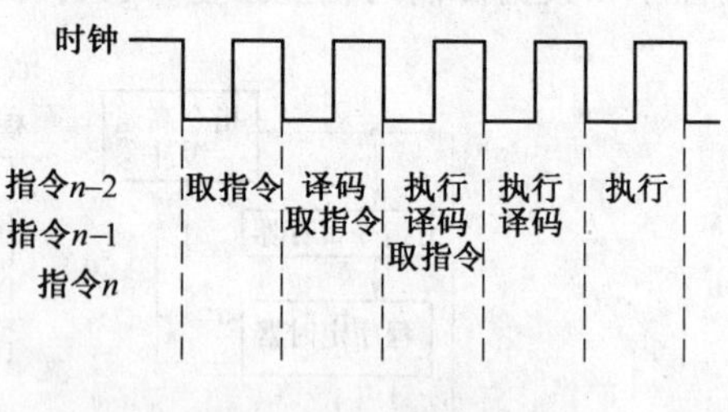

图 8－3　流水线示意图

(3)硬件乘法器

在数字信号处理的多种算法中，需要做大量的乘法和加法运算。乘法速度越快，数据处理能力越强。为此，在 DSP 器件中一般都增加一个或数个硬件乘法－累加器，可以在一个指令周期内完成一次乘法和累加计算，从而使数字信号处理速度大大提高。

(4)特殊 DSP 指令

DSP 芯片的另外一个特点就是采用了特殊的寻址方式和指令。采用适合于数字信号处理的寻址方式和指令，可以进一步减少数字信号处理的时间。

在数字信号处理器件中，市场占有率最高的是德州仪器公司生产的 TMS320 系列。该系列包括了定点、浮点和多处理器数字信号处理芯片，其体系结构适合于实时数字信号处理。

2. DSP芯片的分类

DSP芯片可以按照下列三种方式进行分类。

(1)按基础特性

这是根据DSP芯片的工作时钟和指令类型来分类的。如果在某时钟频率范围内的任何时钟频率上,DSP芯片都能正常工作,除计算速度有变化外,没有性能的下降,这类DSP芯片一般称为静态DSP芯片。例如,日本OKI电气公司的DSP芯片、TI公司的TMS320C2XX系列芯片属于这一类。

如果有两种或两种以上的DSP芯片,它们的指令集和相应的机器代码机管脚结构相互兼容,则这类DSP芯片称为一致性DSP芯片。例如,美国TI公司的TMS320C54X就属于这一类。

(2)按数据格式

这是根据DSP芯片工作的数据格式来分类的。数据以定点格式工作的DSP芯片称为定点DSP芯片,如TI公司的TMS320C1X/C2X、TMS320C2XX/C5X、TMS320C54X/C62XX系列,AD公司的ADSP21××系列,AT&T公司的DSP16/16A,Motolora公司的MC56000等。

以浮点格式工作的称为浮点DSP芯片,如TI公司的TMS320C3×/C4×/C8×,AD公司的ADSP21×××系列,AT&T公司的DSP32/32C,Motolora公司的MC96002等。

不同浮点DSP芯片所采用的浮点格式不完全一样,有的DSP芯片采用自定义的浮点格式,如TMS320C3×,而有的DSP芯片则采用IEEE的标准浮点格式,如Motorola公司的MC96002、FUJITSU公司的MB86232和ZORAN公司的ZR35325等。

(3)按用途

按照DSP的用途来分,可分为通用型DSP芯片和专用型DSP芯片。通用型DSP芯片适合普通的DSP应用,如TI公司的一系列DSP芯片属于通用型DSP芯片。

专用DSP芯片是为特定的DSP运算而设计的,更适合特殊的运算,如数字滤波、卷积和FFT,如Motorola公司的DSP56200,Zoran公司的ZR34881,Inmos公司的IMSA100等就属于专用型DSP芯片。

3. DSP芯片的选择

设计DSP应用系统,选择DSP芯片是非常重要的一个环节。只有选定了DSP芯片,才能进一步设计其外围电路及系统的其他电路。总的来说,DSP芯片的选择应根据实际的应用系统需要而确定。不同的DSP应用系统由于应用场合、应用目的等不尽相同,对DSP芯片的选择也是不同的。一般来说,选择DSP芯片时应考虑到如下诸多因素。

(1)DSP芯片的运算速度

运算速度是DSP芯片的一个最重要的性能指标,也是选择DSP芯片时所需要考虑的一个主要因素。DSP芯片的运算速度可以用以下几种性能指标来衡量:

①指令周期:即执行一条指令所需的时间,通常以ns(纳秒)为单位。如TMS320LC549-80在主频为80 MHz时的指令周期为12.5 ns;

②MAC时间:即一次乘法加上一次加法的时间。大部分DSP芯片可在一个指令周期内完成一次乘法和加法操作,如TMS320LC549-80的MAC时间就是12.5 ns;

③FFT执行时间:即运行一个N点FFT程序所需的时间。由于FFT运算涉及的运算在数字信号处理中很有代表性,因此FFT运算时间常作为衡量DSP芯片运算能力的一个指标;

④MIPS:即每秒执行百万条指令。如TMS320LC549-80的处理能力为80 MIPS,即每秒可

执行八千万条指令；

⑤MOPS：即每秒执行百万次操作。如 TMS320C40 的运算能力为 275 MOPS；

⑥MFLOPS：即每秒执行百万次浮点操作。如 TMS320C31 在主频为 40 MHz 时的处理能力为 40 MFLOPS；

⑦BOPS：即每秒执行十亿次操作。如 TMS320C80 的处理能力为 2 BOPS。

(2) DSP 芯片的价格

DSP 芯片的价格也是选择 DSP 芯片所需考虑的一个重要因素。如果采用价格昂贵的 DSP 芯片，即使性能再高，其应用范围肯定会受到一定的限制，尤其是民用产品。因此根据实际系统的应用情况，需确定一个价格适中的 DSP 芯片。当然，由于 DSP 芯片发展迅速，DSP 芯片的价格往往下降较快，因此在开发阶段选用某种价格稍贵的 DSP 芯片，等到系统开发完毕，其价格可能已经下降一半甚至更多。

(3) DSP 芯片的硬件资源

不同的 DSP 芯片所提供的硬件资源是不相同的，如片内 RAM、ROM 的数量，外部可扩展的程序和数据空间，总线接口，I/O 接口等。即使是同一系列的 DSP 芯片（如 TI 的 TMS320C54×系列），系列中不同 DSP 芯片也具有不同的内部硬件资源，可以适应不同的需要。

(4) DSP 芯片的运算精度

一般的定点 DSP 芯片的字长为 16 位，如 TMS320 系列。但有的公司的定点芯片为 24 位，如 Motorola 公司的 MC56001 等。浮点芯片的字长一般为 32 位，累加器为 40 位。

(5) DSP 芯片的开发工具

在 DSP 系统的开发过程中，开发工具是必不可少的。如果没有开发工具的支持，要想开发一个复杂的 DSP 系统几乎是不可能的。如果有功能强大的开发工具的支持，如 C 语言支持，则开发的时间就会大大缩短。所以，在选择 DSP 芯片的同时必须注意其开发工具的支持情况，包括软件和硬件的开发工具。

(6) DSP 芯片的功耗

在某些 DSP 应用场合，功耗也是一个需要特别注意的问题。如便携式的 DSP 设备、手持设备、野外应用的 DSP 设备等都对功耗有特殊的要求。目前，3.3V 供电的低功耗高速 DSP 芯片已大量使用。

(7) 其他

除了上述因素外，选择 DSP 芯片还应考虑到封装的形式、质量标准、供货情况、生命周期等。有的 DSP 芯片可能有 DIP、PGA、PLCC、PQFP 等多种封装形式。有些 DSP 系统可能最终要求的是工业级或军用级标准，在选择时就需要注意到所选的芯片是否有工业级或军用级的同类产品。如果所设计的 DSP 系统不仅仅是一个实验系统，而是需要批量生产并可能有几年甚至十几年的生命周期，那么需要考虑所选的 DSP 芯片供货情况如何，是否也有同样甚至更长的生命周期等。

在上述诸多因素中，一般而言，定点 DSP 芯片的价格较便宜，功耗较低，但运算精度稍低。而浮点 DSP 芯片的优点是运算精度高，且 C 语言编程调试方便，但价格稍贵，功耗也较大。例如 TI 的 TMS320C2××/C54×系列属于定点 DSP 芯片，低功耗和低成本是其主要的特点。而 TMS320C3×/C4×/C67×属于浮点 DSP 芯片，运算精度高，用 C 语言编程方便，开发周期短，但同时其价格和功耗也相对较高。

4. DSP 系统的运算量的确定

DSP 应用系统的运算量是确定选用处理能力为多大的 DSP 芯片的基础。运算量小则可以选用处理能力不是很强的 DSP 芯片，从而可以降低系统成本。相反，运算量大的 DSP 系统则必须选用处理能力强的 DSP 芯片，如果 DSP 芯片的处理能力达不到系统要求，则必须用多个 DSP 芯片并行处理。那么如何确定 DSP 系统的运算量以选择 DSP 芯片呢？下面我们来考虑两种情况。

(1)按样点处理

所谓按样点处理就是 DSP 算法对每一个输入样点循环一次。数字滤波就是这种情况。在数字滤波器中，通常需要对每一个输入样点计算一次。例如，一个采用 LMS 算法的 256 抽头的自适应 FIR 滤波器，假定每个抽头的计算需要 3 个 MAC 周期，则 256 抽头计算需要 256 × 3 = 768 个 MAC 周期。如果采样频率为 8 kHz，即样点之间的间隔为 125 μs，DSP 芯片的 MAC 周期为 200 ns，则 768 个 MAC 周期需要 153.6 μs 的时间，显然无法实时处理，需要选用速度更高的 DSP 芯片。表 8-1 示出了两种信号带宽对三种 DSP 芯片的处理要求，三种 DSP 芯片的 MAC 周期分别为 200 ns、50 ns 和 25 ns。从表中可以看出，对话带的应用，后两种 DSP 芯片可以实时实现，对声频应用，只有第三种 DSP 芯片能够实时处理。当然，在这个例子中，没有考虑其他的运算量。

表 8-1 用 DSP 芯片实现数字滤波

应用领域	采样率(kHz)	采样周期(μs)	256 抽头 LMS 滤波运算量(MAC 数)	每样点允许 MAC 指令数(200 ns)	每样点允许 MAC 指令数(50 ns)	每样点允许 MAC 指令数(25 ns)
话音	8	125	768	625	2500	5000
声频	44.1	22.7	768	113	453	907

(2)按帧处理

有些数字信号处理算法不是每个输入样点循环一次，而是每隔一定的时间间隔(通常称为帧)循环一次。例如，中低速语音编码算法通常以 10 ms 或 20 ms 为一帧，每隔 10 ms 或 20 ms 语音编码算法循环一次。所以，选择 DSP 芯片时应该比较一帧内 DSP 芯片的处理能力和 DSP 算法的运算量。假设 DSP 芯片的指令周期为 p(ns)，一帧的时间为 $\Delta\tau$(ns)，则该 DSP 芯片在一帧内所能提供的最大运算量为 $\Delta\tau/p$ 条指令。例如 TMS320LC549-80 的指令周期为 12.5 ns，设帧长为 20 ms，则一帧内 TMS320LC549-80 所能提供的最大运算量为 160 万条指令。因此，只要语音编码算法的运算量不超过 160 万条指令，就可以在 TMS320LC549-80 上实时运行。

8.1.3 TI 的 TMS320 系列芯片

TMS320 系列为德州仪器公司生产的 DSP 芯片。其系列芯片包括定点、浮点和多处理器数字信号芯片。在 TMS320 系列芯片中，TMS320C1、C2、C5、C54、C62、C64 为定点运算芯片；C3、C4、C67 为浮点运算芯片；C8 为多处理器芯片。

TI 的 DSP 产品可以分为三种不同指令集的三大系列，TMS320C2000、TMS320C5000 和 TMS320C6000，各系列有不同特点。

①TMS320C2000：为优化控制的最佳 DSP，该系列成本最低，涉及最广的数字化解决方案，成为家电、空调系统、厂房自动化系统、电机控制和电力电子设备控制的首选控制器。

②TMS320C5000：为最节能的 DSP。主要用于通信系统、IP、便携式信息系统。其工作电

压降至0.9 V,功耗降至0.05 mW/MIPS时,仍能保持高性能,因此广泛适用于个人便携产品。

③TMS320C6000:为性能最高、最快的DSP。其产品包括不同的性能级别,最高可达1.1 GHz。其高性能可以广泛的用于有线、无线宽带网络,组合MODEM,GPS导航系统、医学图像处理,语音识别,3D图形处理,数字音频广播等领域。

在三大系列中,TMS320C2×系列在工业控制系统中应用极为广泛。在铁路信号系统中,通用机车信号的接收信息处理就采用DSP芯片,在后续开发的一体化机车信号中仍然延续此方案。机车信号系统中,根据信号处理的需要,采用的为TMS320C2×、TMS320C3×系列芯片。

1. TMS320系列DSP命名

TMS320系列产品命名方法如图8-4所示。

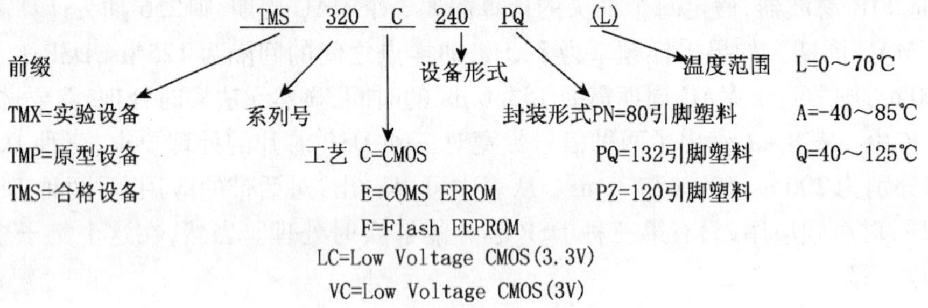

图8-4 TMS320系列产品命名方法

2. TMS320C2××系列芯片基本结构

C2××采用改进的哈佛结构,将程序存储器和数据存储器的总线分开,可以最大限度地提高处理能力。其器件主要包括三个主要的功能单元:2××DSP的CPU(或成为DSP内核),内部存储器和外围设备。所有C2××系列产品都具有相同的内核。

除上述功能单元外,C2××系列DSP还有几个系统级部件。这些部件包括外部存储器控制接口、器件复位、中断、数字输入/输出(I/O)、时钟产生、低功耗操作等。

3. C2××的总线结构

C2××的内部采用多组总线结构,将程序、数据读和写总线分开,构成6组16bit总线,如图8-5所示。

PAB…程序地址总线。它提供了访问程序存储区的地址。

DRAB…数据读地址总线。它提供了从数据存储器读取数据的地址。

DWAB…数据写地址总线。它提供了写数据存储器的地址。

PRDB…程序读总线。它载有从程序存储器读取的指令代码以及表格等信息等。并送到CPU。

DRDB…数据读总线。它将数据从数据存储器载送到中心算术逻辑单元(CALU)和辅助寄存器算术单元(ARAU)。

DWEB…数据写总线。它将数据载送至程序存储器和数据存储器。

一般情况下,总线的操作时序可以分为四个独立阶段:取指令、指令译码、取操作数和执行指令。独立的程序和数据地址总线允许同时访问程序指令和数据。独立的数据读地址总线和数据写地址总线使得CPU可以在同一个及其周期内读和写操作。这种并行机制可以在单个机器周期内完成一组算术、逻辑、位操作运算。

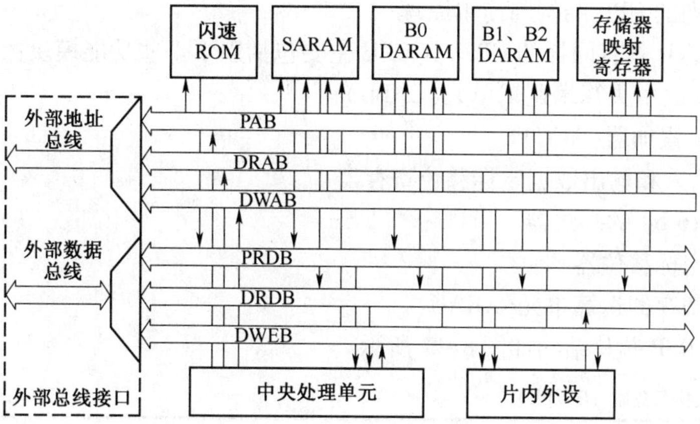

图 8-5 C2××系列总线结构

分开的总线可以实现总线操作时的四个独立阶段并行处理,实现四级流水线,极大地加快微处理器芯片的处理速度。DSP 芯片的结构原理图见图 8-6。

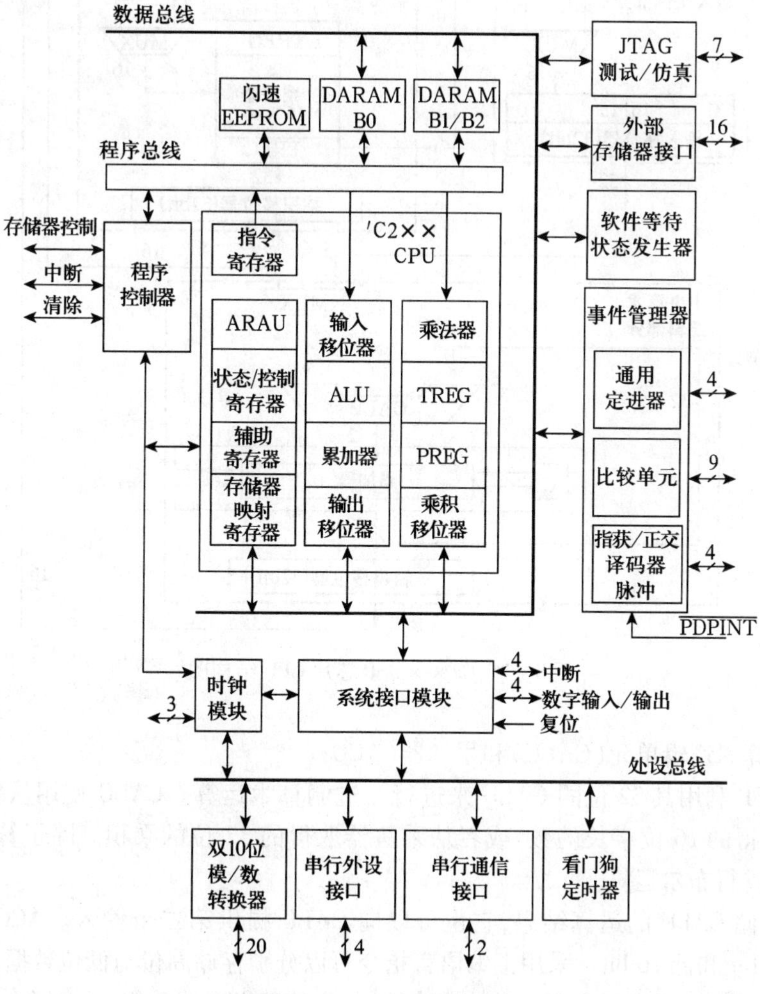

图 8-6 DSP 芯片结构图

4. C2××系列的CPU结构与简单原理

C2××的各芯片具有同样的CPU，其CPU主要包括以下一些功能模块：

- 一个32 bit的中央算术逻辑单元（CALU）
- 一个32 bit 累加器（ACC）
- CALU的输入和输出数据定标移位寄存器
- 一个16×16 bit的乘法器
- 一个乘积定标移位器
- 一个辅助寄存器运算单元（ARAU）

C2××系列DSP芯片结构如图8－7所示。

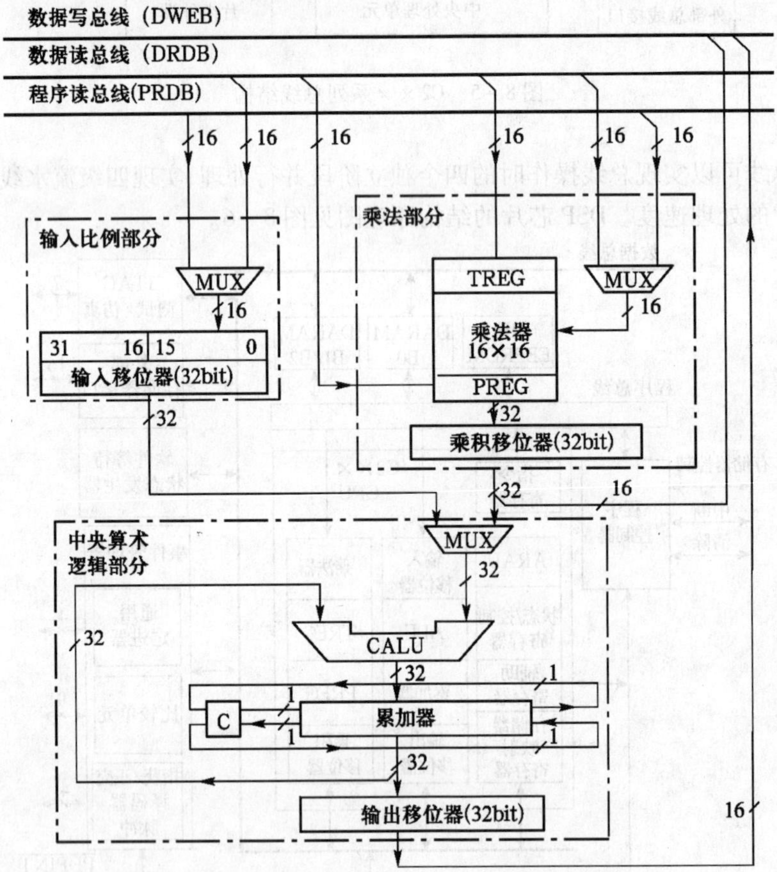

图8－7 C2××DSP芯片CPU结构图

（1）中央算术逻辑单元（CALU）和累加器（ACC）

C2××DSP利用其32位的CALU来进行二进制算术运算。CALU使用从数据存储器或指令中直接取得的16位字长的数，或者从乘法器取得的32位的乘积。除了算术运算之外，CALU还可以进行布尔运算。

累加器存储CALU的运算结果，它也可以向CALU提供第二个输入。ACC的宽度为32 bit，分为高16 bit和低16 bit。采用汇编语言指令可以分别存储高位与低位数据。

中央算术逻辑单元可以实现加减算术运算、与或等逻辑运算和位测试功能。

(2)定标移位器

C2××有三个 32 bit 的移位寄存器,可以作移位、bit 提取、扩展算术运算和溢出防止运算。

三个定标移位器分别是:

①输入数据定标移位器,该移位器将输入的 0~16 bit 的数据左移 16 bit,作为 CALU 的 32 bit 输入数据。

②输出数据定标移位器,该移位器将累加器里的结果输出到数据存储器之前左移 0~7bit,累加器里的数据保持不变。

③乘积定标移位器,乘积寄存器接受乘法器的输出。乘积移位器在乘积寄存器的数据输出到 CALU 之前对其作移位。乘积移位器具有四种移位模式,分别是不移位、左移 1 bit、左移 4 bit、右移 6 bit,分别完成乘/加运算、小数运算以及有理小数乘积等运算。

(3)乘法器

片内乘法器作 16×16 bit 二进制乘法,得到 32 bit 结果。与之相联的有 16 bit 暂时寄存器和 32 bit 乘积寄存器。使用乘法器、暂时寄存器和乘积寄存器,C2××就能有效地进行基本的 DSP 运算,诸如卷积、相关、滤波等。每次乘法的有效执行时间最短为一个指令周期,数字处理能力大大提高。

(4)辅助寄存器算术单元(ARAU)和辅助寄存器

辅助寄存器算术单元主要功能是与中央算术逻辑单元中进行从操作,并行地实现对 8 个辅助寄存器的算术运算。DSP 控制器的指令系统提供了丰富、灵活、有效的间接寻址方式的指令,这些间接寻址方式由 8 个辅助寄存器来实现。

在处理一条间接寻址的指令时,当前辅助存储器的内容用作访问数据存储器的地址。如果指令需要从数据存储器中读出,辅助存储器算术单元就把这个数据送到数据读地址总线,如果指令要向数据存储器写入,则将地址送到数据写地址总线。

除间接寻址外,辅助寄存器还有其他用途,如:支持条件分支、调用和返回;作为暂存单元;作为软件计数器使用。

(5)状态寄存器

DSP 的 CPU 中有两个状态寄存器 ST0 和 ST1,它们含有状态和控制位,可以被保存到数据存储器,或从数据存储器加载。常用的指令有装载状态寄存器和存储状态寄存器。另外利用相关指令可以设置和清除这两个寄存器的许多位,进行位操作。ST0 和 ST1 可以用于子程序中保存恢复机器状态。

5. C2××存储器和 I/O 空间

C2××的存储器分为 4 个独立可选择的空间:64 K 字的程序空间、64 K 字的本地数据空间、32 K 字的全局数据空间和 64 K 字的 I/O 空间。这些空间构成了 224 K 字的地址范围。DSP 采用独立程序存储器、数据存储器和 I/O 空间,它们可以有相同的地址,而它们的访问用控制线来区分。全局数据空间用于和其他处理器共享数据或用作附加的数据空间。

C2××包含有助于提高系统性能和集成度的大量片内存储器以及可用于外部存储器和 I/O 器件的宽范围地址。片内存储器可以实现高速、经济和低功耗的存储,外部存储器接口可以扩展 DSP 的存储空间。

(1)程序存储器

DSP 控制器可以使用片内程序存储器,也可以使用片外程序存储器,用引脚 MP/MC 决定，当该管脚为低电平时，使用片内程序存储器，当该管脚为高电平时，使用片外程序存储器。程序存储器的使用分配示意图见图 8－8。

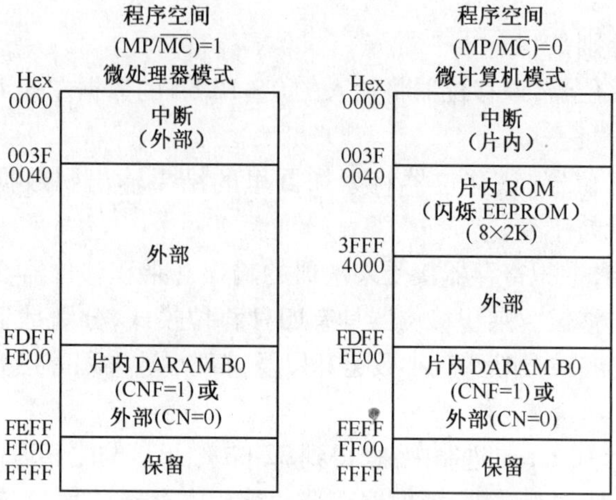

图 8－8　程序空间分配示意图

如果片内程序存储器不够用需要外部扩展程序存储器时，外部存储器的地址线、数据线与 DSP 控制器的地址线、数据线相连。应当注意的是当两者处理速度不一致时，需要插入等待状态以匹配两者的速度。等待周期可以自动插入，也可以由外部逻辑控制。

（2）数据存储器

数据存储器可以分为局部数据存储器和全局数据存储器。局部数据存储器也可以分为片内和片外，DSP 控制器对局部数据存储器的寻址可以采用 16 位地址进行访问，也可以按页面进行访问。64 K 字的数据空间可以分为 512 个数据页，每个数据页内有 128 个字。利用地址高 9 位决定访问的数据页，用地址低 7 位决定每页偏移量，即具体的数据字。数据存储空间分配示意图见图 8－9。

DSP 控制器访问片内存储器芯片时，$\overline{\text{DS}}$和$\overline{\text{STRB}}$处于高阻状态，访问外部扩展数据存储器时，$\overline{\text{DS}}$作为扩展芯片片选信号。这里同样存在 DSP 控制器和外部存储器芯片在处理速度上的匹配问题。数据存储器扩展接线图见 8－10。

DSP 控制器除有局部数据存储器之外，还有一个全局数据存储器，用以保存与其他处理器公用的数据，或者作为一个附加的数据空间。全局存储器可以与局部数据存储器使用一个物理存储器，也可以是独立的。若全局数据存储器与局部数据存储器使用一个物理存储器，需要用全局存储器分配寄存器和存储器地址区分；若使用的是不同的物理存储器，则其地址有 32K 字是重叠的，需要用全局数据存储器分配寄存器和总线请求$\overline{\text{BR}}$有效共同实现。地址复用示意图见 8－11。

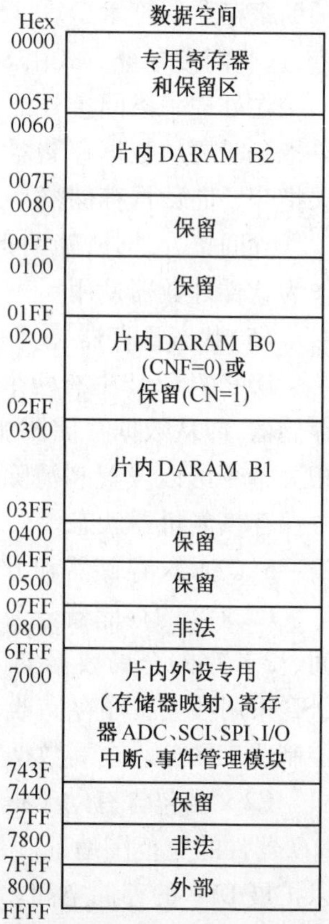

图 8－9　数据空间分配示意图

(3)I/O 空间

所有 I/O 空间，包括外部 I/O 端口和片内 I/O 寄存器都可以用 IN 和 OUT 指令访问。当执行 IN 和 OUT 指令时，信号 IS 将有效，可以作为外设接口的片选信号。访问外部并行 I/O 端口与访问程序、数据存储器复用相同的地址和数据总线。

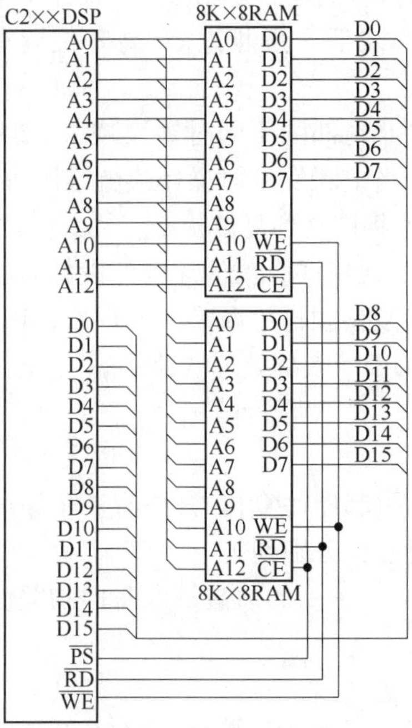

图 8-10 数据存储器扩展接线图

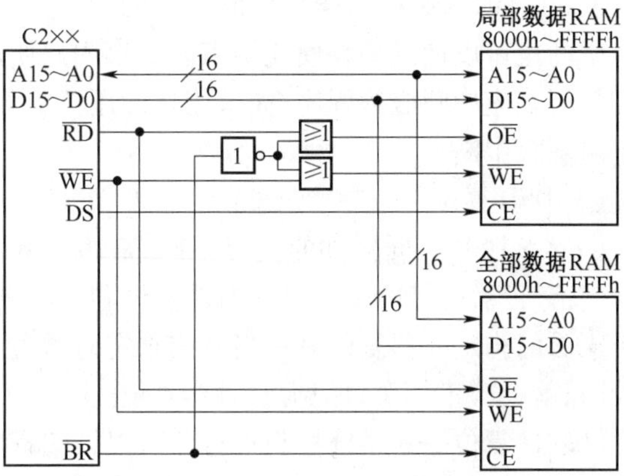

图 8-11 局部和全局数据存储器扩展地址复用示意图

6. DSP 运行控制

(1)程序控制

程序控制即控制程序的执行顺序。通常程序流是顺序的，C2 × ×还支持程序转移到非顺序的地址并在新地址处顺序执行指令。

在 DSP 中，利用多路选择器决定程序地址，即程序执行顺序主要来源有六个方面，即程序顺序操作；空操作；从子程序或中断服务程序返回；执行表或块移动指令时；转移 、调用指令和中断；转移指令 BACC 和调用指令 CALA。在 C2 × ×可以实现子程序嵌套，最多 8 级。

DSP 程序地址的产生与大多数单片机相同，只是增加了微堆栈结构，另外，堆栈结构也有特点。

C24 ×具有 8 级深度的硬件堆栈，当子程序调用或中断发生，程序地址产生逻辑把堆栈用于存储返回地址，即返回地址被自动的装入栈顶。堆栈也可以用于保存数据或做其他存储用途，但是用于此用途时堆栈溢出不会有任何错误提示。

在 C2 × ×中，在执行块操作或表操作等某些指令之前，程序地址产生逻辑使用微堆栈存储返回地址，即：将被取出的下一条指令的地址(返回地址)。微堆栈是 16 位宽，一级深，其操作对用户是不可见的，只能被程序地址产生逻辑使用，也不允许用户对微堆栈进行存储操作。

(2)时钟模块与低功耗方式

DSP 的时钟模块为整个器件提供各种时钟频率。DSP 时钟模块可以产生三个时钟信号，

CPU 时钟、系统时钟和看门狗时钟。CPU 时钟是系统提供的最高时钟频率,用于 DSP 内部的所有存储器以及所有直接连接 CPU 总线的设备;系统时钟提供所有连接到外设总线的外设时钟,外设时钟频率为系统 CPU 时钟的 1/2 或 1/4;看门狗时钟是为看门狗模块提供的一个低功率时钟,其频率一般为 16 kHz,占空比为 25%。

时钟模块有两个时钟控制寄存器 CKCR0 和 CKCR1,通过编程可以确定各种时钟频率及低功耗模式。该模块的寄存器为 8 位,分别与片内外设总线低 8 位相连,对高 8 位读写无意义。

C2××器件有 4 种省电模式,这些方式是通过停止 DSP 内部的不同时钟来减少 C2××的功耗,当 C2××处于省电模式时,其内部内容一直保持,当中断发生时操作唤醒继续进行。当省电模式是由于复位而终止时,寄存器中受复位影响的位将恢复到复位状态。

复位,NMI 和外部可屏蔽中断产生的中断可以结束低功耗模式。其他片内外设如果能够产生中断也可以使低功耗模式结束。如果用户使用 NMI 和复位硬件中断唤醒处理器,CPU 将立即执行相应中断服务程序;如果用户使用可屏蔽外部引脚中断唤醒处理器,则下一个动作取决于可屏蔽中断。

(3)DSP 复位

C2××DSP 根据器件的配置不同,最多有 6 个原因可引起器件复位,其中有 4 个原因是 DSP 内部产生,另外两个原因是外部复位和上电复位。6 种复位分别是:

①看门狗定时器复位——当看门狗定时器溢出,或一个不正确的值被写入看门狗关键寄存器时,就会产生一次看门狗定时器复位。

②软件复位——系统控制寄存器可以被编程实现软件复位。

③上电复位——上电复位引脚低电平时,至少要持续一个系统时钟周期,该复位将同时初始化 DSP 时钟单元的时钟控制寄存器。

④非法地址复位——在存储器或者 I/O 空间,标有 Reserved 的单元是不可实现的单元,任何对这些单元的访问都将产生一个非法地址复位。

⑤复位引脚——当该引脚输入低电平时,将引起系统复位,但此复位不影响时钟模块。

⑥欠压复位——有些 DSP 芯片内部有欠电压检测电路,如果发生欠电压,将产生复位信号。

当接收到复位信号时,程序通过读取系统状态寄存器的内容可以判断复位源。

(4)等待状态控制

当 DSP 访问慢速外设或存储器时,必须加入等待状态达到外设或存储器时序的要求。等待状态可以由片内等待状态发生器或由外部电路通过 READY 引脚产生。READY 引脚可以用于产生任意个数等待状态。片内状态发生器插入一个等待状态时,其周期为一个 CPU 时钟周期。

若外部电路为高速设备时,不需要加入等待周期,就将 READY 引脚置为高电平。如果使用 DSP 芯片内部的等待状态发生器,可以通过等待状态发生器编程产生等待状态;

当 DSP 与慢速外设通信时,等待状态发生器可以编程为外部设备产生等待状态时序,该等待状态的产生与 READY 引脚状态无关。在等待状态发生器产生的等待状态时间内仍然不能完成通信时,外部电路要产生低电平信号通过 READY 引脚通知 CPU。

(5)中断

C2××中断类型可分为软件中断和硬件中断两类,软件中断为非屏蔽中断,硬件中断分为可屏蔽中断和非屏蔽中断。可屏蔽中断可管理多个中断源。

可屏蔽中断可以通过对中断屏蔽寄存器和状态寄存器中的中断允许位编程来允许和禁止该中断,是中断系统中使用最多的一种中断。

DSP 内部 CPU 中断逻辑电路主要管理两个中断模块:系统中断模块和事件管理器中断模块。两个模块管理 DSP 内部各种片内外设及外部引脚等多个中断源。

在 C2××系列的程序存储器中有专门存储区域中断向量表,存放软件和硬件中断的中断向量,用于中断服务程序寻址、返回。每个中断占两个字,最多可储存 32 个中断向量。

中断服务程序的编写与所有微处理器类似,进入服务程序后,首先要根据系统具体情况保护现场,退出时要恢复现场。如果每个可屏蔽中断同时允许几个中断源中断,那么进入中断服务程序并保护现场后,要读中断向量地址寄存器,判断中断源,然后转入对应的中断服务子程序。转入中断服务程序的方法有两种:一是从读回的中断向量地址寄存器内容判断中断源,然后转入子程序;另一种是将读回的中断向量地址寄存器内容左移一个确定数据,然后通过指令转入中断服务程序。

DSP 的 CPU 允许中断嵌套,只要在中断服务程序前面写相关指令,当有优先级高的中断请求时,CPU 将会中断正在执行的中断服务程序,转而执行优先级高的中断。但同级或低级的中断请求不能中断正在执行的中断服务程序。

(6)看门狗和实时时钟

看门狗和实时终端模块监视 DSP 软件和硬件操作。在单片机应用系统中,由于干扰和硬件故障,经常会出现程序跑飞或死机现象,此时可以采用看门狗和实时时钟解决。

看门狗是一个定时器,它独立运行,一旦定时器溢出就会复位。在应用程序各个分支上,都有语句对看门狗电路中的计数器清零,如果程序跑飞或死机,不能及时清零,则看门狗电路产生溢出会使系统复位,重新运行程序,提高 CPU 的可靠性。

实时时钟可以为系统提供连续不断的时钟服务,以实现日历、闹钟、实时多任务管理控制等功能。

(7)事件管理模块

在程序控制过程中,经常会采用定时采样、定时显示、定时轮询等方式,以及输出各种各样的控制波形,这些都是与时间有关的事件,而这些事件在 DSP 中,可以采用事件管理模块实现。DSP 事件管理器的结构图见图 8-12。

DSP 芯片的事件管理器由 3 个通用定时器、6 个全比较单元、3 个单比较单元、4 个捕获单元、2 个正交编码脉冲电路组成。

通用定时器的核心是计数器,DSP 芯片的三个通用定时器均采用 16 位计数器,计数范围为 0~65535 个脉冲。计数脉冲可以由内部时钟分频得到,也可以由外部引脚提供。定时器可以产生上溢和下溢事件,还可以产生周期匹配和比较匹配两种事件。

①比较单元与 PWM 发生器

DSP 控制器除具有通用定时器外,还有三个全比较单元和三个单比较单元。三个单比较单元和三个全比较单元的功能与通用定时器的比较输出功能完全类似,可以独立地提供六个 PWM 输出波形。

a. 单比较单元的工作原理与通用定时器的比较输出原理完全一样,即由作为时基的通用定时器的周期寄存器实现 PWM 的调制频率,由单比较单元的比较寄存器控制脉冲的宽度,从而得到所需要的调制波形。在 DSP 芯片中,三个单比较单元共用一个通用定时器,因此三个

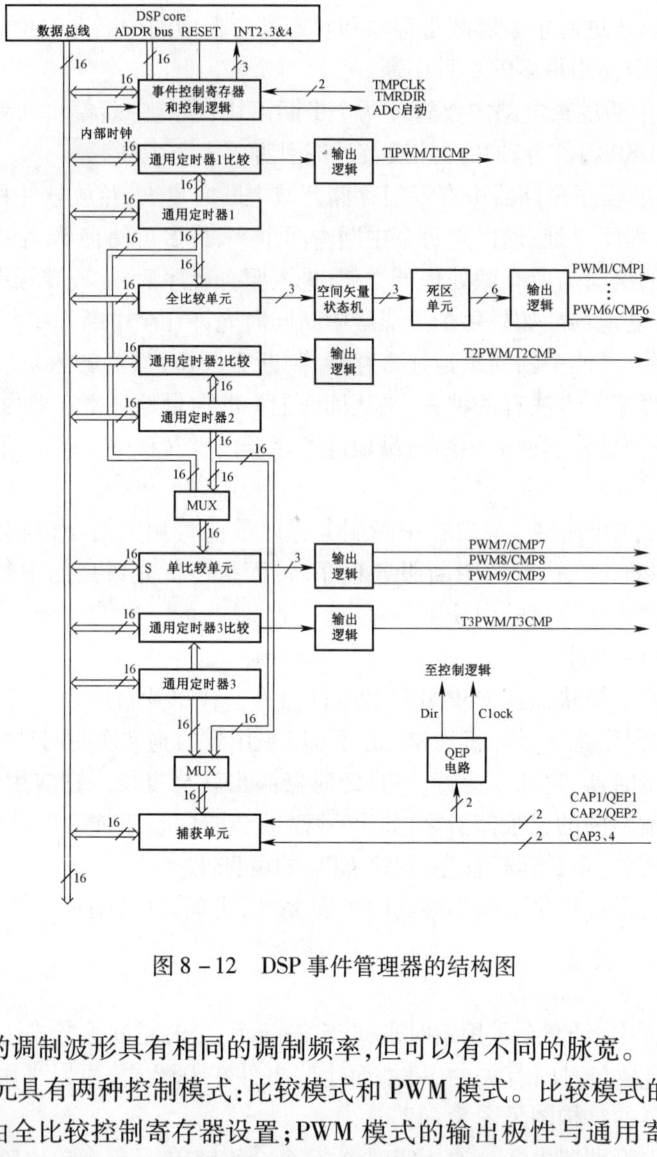

图 8－12　DSP 事件管理器的结构图

单比较单元输出的调制波形具有相同的调制频率,但可以有不同的脉宽。

b. 全比较单元具有两种控制模式:比较模式和 PWM 模式。比较模式的输出分为保持、复位、置位和触发,由全比较控制寄存器设置;PWM 模式的输出极性与通用寄存器一致,分为强制低、低有效、高有效和强制高, 也是由全比较动作控制寄存器设置。

c. PWM 电路内嵌于全比较电路中,它包括的功能模块主要有对称和非对称波形发生器、死区产生电路、空间矢量状态机和输出逻辑。全比较单元是为桥式电路设计,这种桥式电路是在 DC－AC 变换控制系统中最常用的一种电路形式,广泛应用于电机控制、逆变器等电力电子控制系统中。桥式电路在应用中最重要的是要保证每组桥臂不能发生短路直通现象。因此需要在上下桥臂转换的过程中,插入一个无信号的死区时间,确保先完全关断在开通。PWM 中的死区产生电路就用于在每一个全比较输出单元插入无信号的死区。

②捕获单元:捕获单元是一种输入设备,用于捕获引脚上电平的变化并记录变化的时刻。DSP 控制器的捕获单元不需要占用 CPU 的资源,与 CPU 并行工作。它有两基 FIFO 堆栈,对于捕获两次间隔很短的跳变得心应手。捕获单元电路原理见图 8－13。捕获单元不停地检测捕获输入引脚的跳变,为了可靠地捕获到引脚上跳变信号,该跳变信号至少需保持两个 CPU 时

间。跳变可以是上升沿、下降沿和双沿，由捕获控制寄存器来控制。

③正交编码脉冲电路：许多运动控制系统都需要有两个方向的运动，为了对位置、速度进行控制，就必须要测试出当前的运动方向。DSP 控制器中内置正交编码脉冲电路，可自动识别外部引脚上输入的正交编码脉冲的方向，记录脉冲的个数，为运动控制、伺服控制的实现提供方便。

(8)模/数转换模块

在自动控制系统中，很多被控、被测量都是模拟量，这些量必须转换为数字量才能被单片机处理，实现模拟量到数字量转换的器件，称为 ADC 或 A/D 转换器。

DSP 的数模转换模块包括两个独立的数模转换器，每一个可以接 8 个模拟量通道，每个转换器同时只能实现一个模拟量的转换，双转换器同时可以实现两个量的转换。

每个模拟转换器都有一个 2 级深的 FIFO 转换寄存器，可以存储两次转换的结果。每个 A/D 转换器分别有两个转换控制寄存器，第一个规定转换启动信号并检查转换是否完成，第二个设定转换时钟分频系数，给出二级 FIFO 寄存器的状态等。

7. TMS320C2××系列芯片指令系统

(1)寻址方式

获得操作数的方式称为寻址方式。C2××有三种寻址方式，即立即寻址、直接寻址和间接寻址。

立即寻址是一种特殊的寻址方式，在这种方式中，指令中的操作数就是一个需要该指令处理的数据，这个操作数也叫立即数。

直接寻址的指令中要访问的单元地址就是指令中的操作数，指令根据操作数进行寻址。

间接寻址指令中，所要访问的目的器件的地址不是以直接的方式给出，而是提供了一个可以访问的单元和公式，可访问的单元的内容经过计算的结果，才是真正的目的地址。

寻址方式实际上是在系统硬件和总线结构支持下实现的，不同的寻址方式需要有相同的硬件电路来支持。

对于使用者来说，寻址方式实际上是指出了所能使用的指令格式。也就是说，寻址方式提供了指令操作数的书写方法。

(2)指令集

指令集是器件或系统所提供指令的集合。通过对指令集的了解，可以清楚地知道各种不同指令的特性。例如所允许使用的寻址方式，指令执行所需要的操作数以及如何使用指令书写程序。充分了解各条指令所引起的操作结果，是 DSP 软件设计的重要内容，尤其是指令执行过程对一些重要寄存器状态的影响，将直接关系到软件中其他指令的执行条件和结果。

为提高处理速度，降低软件编制的复杂性，DSP 器件不仅提供了与微处理器相类似的汇编指令系统，还提供了相应的代数指令系统。代数指令系统中提供了各种代数运算的完整指令，使开发复杂的数字信号处理系统变得容易。

C2××具有强大的指令集，支持信号处理运算和通用目的的应用。在 DSP 芯片系统中，C2×和 C2××指令集兼容，而 C5×则是 C2××的超集。

C2××的指令按功能可以分为以下 6 种类型：累加器、算术和逻辑指令；辅助寄存器和数据页指针指令；暂时寄存器、乘积寄存器和乘法指令；转移指令；控制指令；I/O 和存储器操作。

(3)指令格式

对 DSP 器件来说，指令就是 CPU 和外设的操作控制命令。由于 DSP 中 CPU 所能识别的是二进制码，而人类习惯于各种符号。所以目前都采用易于识别和理解的文字符号作为指令的助记符，然后由专门的软件将其转变为CPU系统所能执行的二进制代码。易于阅读的指令编写方式对每条指令的编写要求，就叫做指令格式。

目前DSP软件系统允许使用C或C++编写应用程序。

8. TMS320C25芯片的特点

TMS320C25是第二代TMS320中与TMS32020管脚全兼容的CMOS版本，但指令执行速度是TMS32020的2倍，且增加了硬件和软件资源。指令集是TMS32010和TMS32020的超集，在源代码级与它们兼容。此外，在代码级与TMS32020兼容，因此，TMS32020的程序可不用修改直接在TMS320C25上运行。

100 ns的指令周期可提供较强的运算能力。由于大部分指令在一个指令周期内执行，处理器在1 s内可执行1000万条指令(10MIPS)。运算能力的增加主要得益于乘累加指令(MAC)和带数据移位的乘累加指令(MACD)、具有专用算术单元的8个辅助寄存器、适合于自适应滤波和扩展精度运算的指令集支持、比特反转寻址、快速的I/O支持等。

指令集中提供在两个存储空间中进行数据移动的指令。在外部，程序和数据存储空间在同一总线上复用，从而使得在尽量减少芯片引脚的情况下最大限度地扩大两个空间的地址范围。在内部，TMS320C25结构通过保持程序和数据总线结构分离以使指令全速执行来获得最大的处理能力。

芯片内部的程序执行采用三级流水线形式。流水线对用户来说是透明的。但是，在某些情况下流水线可能被打断(如跳转指令)，在这种情况下，指令执行时间要考虑流水线必须清空和重新填充。两块大的片内RAM在系统设计时提供了很大的灵活性，其中一块既可配置为程序存储器也可配置为数据存储器。片外64 K字的数据空间可直接寻址，从而使DSP算法实现更为方便。片内4 K字的掩膜ROM可用来降低系统成本，若程序不超过4 K字，可使TMS320C25不用扩展片外程序存储器。剩下的64 K程序空间在片外，大量的程序可在片外存储器中全速运行。程序也可从片外慢速EPROM中装入到片内高速RAM中全速运行。此外，还有硬件定时器、串行口和数据块搬移功能。

(1)存储器分配

TMS320C25具有4 K字的片内程序ROM和544字的片内RAM。RAM分为三块：B0、B1、B2。其中，B0块(256字)既可配置为数据存储器(用CNFD指令)，也可配置为程序存储器(用CNFP指令)。其余288字(B1和B2块)只能是数据存储器。544字的片内RAM可使C25能处理512字的数据阵列，如可进行256点复数FFT运算，且尚有32字用作中间结果的暂存。TMS320C25提供片外可直接寻址的程序和数据空间各64 K字。

寄存器组包含8个辅助寄存器(AR0～AR7)，它们可用作数据存储器的间接寻址和暂存，从而增加芯片的灵活性和效率。这些寄存器既可用指令直接寻址，也可用3比特的辅助寄存器指针(ARP)间接寻址。辅助寄存器和ARP既可从数据存储器装数，也可装入立即数。寄存器的内容也可存入数据存储器中。辅助寄存器组与辅助寄存器算术单元(ARAU)相连接，用ARAU访问信息表无需CALU参与地址操作，这样可让CALU进行其他操作。

(2)中央算术逻辑单元

CALU包含一个16位的定标移位器(Scaling)，一个16×16位的并行乘法器，一个32位的累加器和一个32位的算术逻辑单元(ALU)。移位器根据指令要求提供0到16位的数据左移。累加器和乘法器输出端的移位器适合于数值的归一化、比特提取、扩展精度算术和溢出保护。

典型的 ALU 指令实现包含以下三步:①数据在数据总线上从 RAM 中获取;②数据移交给完成算术运算的定标移位器和 ALU;③结果送回累加器。

32 位累加器可分为 2 个 16 位以进行数据存储:SACH(高 16 位)和 ACCL(低 16 位)。累加器有一个进位位可方便加法和减法的多精度运算。

(3)硬件乘法器

TMS320C25 具有一个 16×16 位的硬件乘法器,它能在一个指令周期内计算一个 32 位乘积。有两个寄存器与乘法器相关:①16 位暂存寄存器 TR,用于保存乘法器的一个操作数;②32 位乘积寄存器 PR,用于保存乘积。

乘积寄存器的输出可左移 1 位或 4 位,这对于实现小数算术运算或调整小数乘积很有用。PR 的输出也可右移 6 位,这样可连续执行 128 次乘/加而无溢出。无符号乘(MPYU)指令可方便扩展精度乘法。

(4)I/O 接口

I/O 空间由 16 个输入口和 16 个输出口组成。这些口可提供全 16 位并行 I/O 接口。输入(IN)和输出(OUT)操作典型的是 2 个周期,但若用重复指令,可变成单周期指令。I/O 器件映射到 I/O 地址空间,其方式与存储器映射方式相同。与不同速度的存储器或 I/O 器件接口采用 READY 线完成。

TMS320C25 也支持外部程序/数据存储器的 DMA,其他处理器通过置 HOLD 为低后可完全控制 TMS320C25 的外部存储器,使 C25 将其地址、数据和控制线呈高阻状态。外部处理器和 C25 的通信可通过中断来完成。TMS320C25 芯片提供两种 DMA 方式,一种是加上 HOLD 后停止执行;另一种是 C25 继续执行,但执行是在片内 ROM 和 RAM 中进行,这可大大提高性能。

(5)TMS320C25 的软件

TMS320C25 的指令总共有 133 条,其中 97 条是单周期指令。在另外 36 条指令中,21 条包括跳转、调用、返回等,这些指令需重新装入程序计数器,使执行流水线中断。另外 7 条指令是双字和长立即数指令。剩下的 8 条指令(IN,OUT,BLKD,BLKP,TBLR,TBLW,MAC,MACD)支持 I/O 操作、存储器之间的数据交换或提供处理器内部额外的并行操作,而且这 8 条指令与重复计数器配合使用时可成为单周期指令。这主要利用了处理器的并行机制,使得复杂的计算可用很少的几条指令来完成。

由于大多数指令用单 16 位字编码,故可在一个周期内完成。存储器寻址方式有三种:直接寻址、间接寻址和立即数寻址。直接寻址和间接寻址都用来访问数据存储器,立即数寻址利用由程序计数器确定的存储器内容。

使用直接寻址方式时,指令字的 7 位和 9 位数据存储器页指针(DP)构成 16 位的数据存储器地址。其中,每页长 128 字,共有 512 页,故可寻址 64K 的数据空间。间接寻址借助于 8 个辅助寄存器(AR0~AR7)。

8.2 DSP 应 用

8.2.1 DSP 在铁路信号控制中的应用

由北京交通大学设计的机车信号车载设备先后有 JT1 型通用机车信号和 JT1-CZ2000 主

体化机车信号车载设备。机车信号车载设备主机板信号译码均采用 DSP 数字处理器芯片。

JT1 型主机板原理框图见图 8－13。

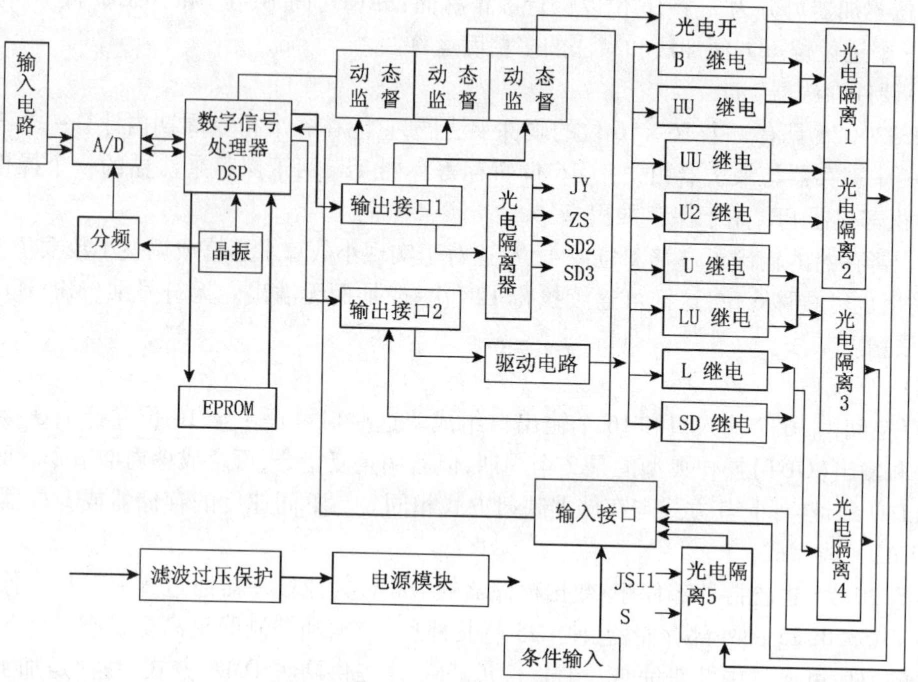

图 8－13 JT1 型主机板原理框图

1. 主机板的结构

主机板内含有电源、输入接口、数字信号处理器、输出接口、点灯继电器全部电路。

(1)输入部分

输入部分由输入隔离变压器即信号衰耗网络组成，该部分的主要作用是使外部输入信号与机器内部电路隔离，抑制外部空间干扰。经过衰减后的信号输入模数变换器 A/D，A/D 将模拟信号变换成数字信号，供数字信号处理器 DSP 进行处理。

(2)计算机部分

计算机部分是系统的核心，主要由数字信号处理器 DSP，程序存储器，输入输出接口电路和动态监督电路组成。通用机车信号主机采用的 DSP 芯片以前是 TMS320C25GBI，在后来的改进电路中采用 TMS320F206。

DSP 从 A/D 芯片定时得到数字信号，在每个采样点都对数字信号进行处理，处理过程主要是由一系列的数字滤波器组成。

输入输出接口采用地址锁存器 74HC373 组成开关量输入输出接口电路，作为 DSP 芯片的开关量输入输出接口。

(3)动态监督电路

动态监督电路分三个部分，第一部分的作用是当有频率 f1 的对称方波输入的情况下输出高电位，当输入不符合条件时就会输出方波信号使 A/D 芯片和 DSP 芯片复位；第二路动态监督电路的作用是当有频率为 f2 的对称方波输入的情况下输出高电位，来控制输出接口 2 有信号输出，当输入不符合条件时输出低电位来控制输出接口 2 呈现高阻态；第三路动态监督电路的作用是当有频率为 f3 的对称方波信号输入时,去控制后级光电开关导通,当输入不符合条件时输出低电位控制后级光电开关断开。光电开关控制电灯电源的通与断。

2. 系统主机工作流程

系统开机后由动态监督电路输出信号对 DSP 进行复位,复位后即进入机车信号自检工作状态,在自检过程中,DSP 要对 EPROM、ROM 输出电路进行检测,自检时间为4 s,检测通过后,控制输出点亮白灯;

DSP 处于被动工作方式,在每个采样点由 A/D 对 DSP 进行中断,使 DSP 跳出等待工作状态而启动工作,DSP 在启动工作后再对 A/D 的每次中断间隙进行检查。

DSP 每次被中断后,在每个采样点执行一遍信号处理和检测程序,然后回到等待状态等待下一次启动。处理程序包括滤波、译码、输入输出控制、反馈检测等。

3. JT1 - CZ2000 主体化机车信号车载设备简单原理

在 JT1 - CZ2000 主体化机车信号车载设备中,其系统结构与主机结构均有所改进。系统主机采用“二取二”的容错安全结构,32 位浮点高速 DSP 运算、频域处理和时域处理相结合技术,提高了接收设备可靠工作的干信比。

JT1 - CZ2000 主机板电路原理见图 8 - 14。

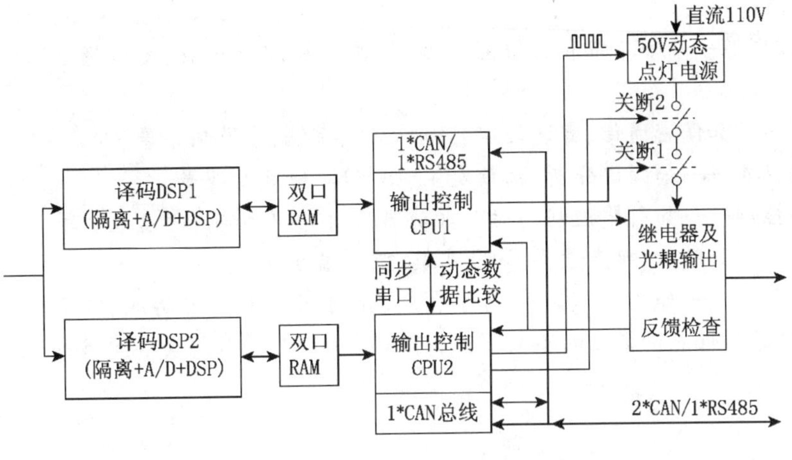

图 8 - 14　JT1 - CZ2000 主机板电路原理图

在 JT1 - CZ2000 主体化机车信号中,DSP 数字信号处理采用频谱分析方式,经过频谱计算、频谱译码、译码校核等过程,并将原系统中定点运算该为浮点运算,采用 TMS320VC33 芯片。

主机的每块主机板内采用二取二容错安全结构,其含义是每块主机板有两路独立接收译码通道,2 路的译码输出进行比较,比较一致才有有效输出。

每块主机板对应一路接收线圈绕组,信号输入部分采用隔离放大器,主机板内两路 DSP 同时从各自的 A/D 电路接收信号,译码结果通过双口 RAM 与输出控制部分进行数据交换。

每个主机板包括 4 个 CPU,两个信号处理芯片 DSP 和两个输出控制 CPU。4 个 CPU 分成两路,每路包含一个 DSP 芯片和一个信号输出控制 CPU。两路 DSP 芯片独立译码,输出结果分别提供给夏季的输出控制 CPU,由输出控制 CPU 完成运算结果比较,输出控制和反馈检查功能。其中输出控制 CPU 本身带有内部独立的看门狗复位电路,而输出控制 CPU 又充当信号处理 CPU 的看门狗复位电路。

输出控制部分采用同步串口同时对译码结果进行比较,当比较结果一致时,控制输出,当比较结果不一致时,则禁止输出并立即进入设备复位自检模式。主机板设留有CAN总线,当采用CAN总线输出时,每个主机板上CPU1、CPU2各输出一路CAN总线信号,下一级接收设备在接收后对两个CPU信息进行比较,如果完全一致则采用,否则按出错处理。

*8.2.2 DSP在其他数字处理系统中的应用

自从20世纪70年代末80年代初DSP芯片诞生以来,DSP芯片得到了飞速的发展。DSP芯片的高速发展,一方面得益于集成电路技术的发展,另一方面也得益于巨大的市场。在近20年时间里,DSP芯片已经在信号处理、通信、雷达等许多领域得到广泛的应用。目前,DSP芯片的价格越来越低,性能价格比日益提高,具有巨大的应用潜力。DSP芯片的应用主要有:

(1)信号处理——如数字滤波、自适应滤波、快速傅立叶变换、相关运算、谱分析、卷积、模式匹配、加窗、波形产生等。

(2)通信——如调制解调器、自适应均衡、数据加密、数据压缩、回波抵消、多路复用、传真、扩频通信、纠错编码、可视电话等。

(3)语音——如语音编码、语音合成、语音识别、语音增强、说话人辨认、说话人确认、语音邮件、语音存储等。

(4)图形/图像——如二维和三维图形处理、图像压缩与传输、图像增强、动画、机器人视觉等。

(5)军事——如保密通信、雷达处理、声纳处理、导航、导弹制导等。

(6)仪器仪表——如频谱分析、函数发生、锁相环、地震处理等。

(7)自动控制——如引擎控制、声控、自动驾驶、机器人控制、磁盘控制等。

(8)医疗——如助听、超声设备、诊断工具、病人监护等。

(9)家用电器——如高保真音响、音乐合成、音调控制、玩具与游戏、数字电话/电视等。

随着DSP芯片性能价格比的不断提高,可以预见DSP芯片将会在更多的领域内得到更为广泛的应用。

本 章 小 结

本章从DSP在数字领域的广泛应用入手,简单介绍了DSP系统的组成、特点,介绍了DSP芯片的结构特征,芯片分类,芯片生产情况以及不同的DSP芯片系列的应用状况;着重介绍了用于铁路机车信号接收解码的DSP-德州仪器公司TMS320C2××系列的DSP芯片的命名、基本结构,主要功能模块与芯片的运行控制等问题;介绍了DSP芯片在铁路机车信号接收系统中以及在其他数字信号处理系统中的应用方式。本章主要知识点包括:

1. DSP基础知识

主要介绍DSP系统的定义,DSP系统的构成方式,DSP芯片的结构特征,介绍了DSP芯片的发展历史以及应用状况,介绍了芯片的分类及主要生产制造商的产品序列。通过学习,要求掌握DSP芯片区别于其他微处理器的具体结构,掌握DSP芯片有利于数字信号处理的关键技术;要求了解DSP芯片的分类、各类芯片的不同特点以及在控制系统中的不同适用范围。

2. TMS320C2××系列DSP芯片

介绍TMS320C2××系列DSP芯片命名、技术特征与技术指标,介绍了芯片的CPU,存储空间、寻址方式、功能模块以及运行控制方式等,介绍了芯片的指令系统。通过学习,应当掌握TMS320C2××系列芯片的基本结构,主要功能模块的名称,功能实现,芯片的运行方式等问题,同时了解芯片的指令系统及其兼容特征。

3. DSP 芯片的应用

介绍了 DSP 芯片在铁路信号系统中的应用——机车信号接收及解码电路,同时介绍了 DSP 在其他数字处理系统中的应用。学习后应当了解 DSP 芯片解决数字系统问题的基本方式和途径,了解 DSP 芯片应用的广阔前景。为后续专业课程的学习打下良好基础。

复习思考题

1. DSP 的含义是什么?
2. 从结构特点分析 DSP 芯片为什么适合数字信号处理。
3. 德州仪器公司生产的 DSP 芯片如何命名。
4. 德州仪器公司生产的 DSP 芯片主要有哪些系列?
5. 按照结构图说明 TMS320C2××系列芯片的主要组成部分。
6. TMS320C2××系列芯片共有几组总线,分别是什么?
7. TMS320C2××系列芯片的 CPU 有哪些主要的功能模块?
8. 说明 TMS320C2××系列芯片的程序控制方式。
9. 什么是低功耗方式,如何实现和唤醒低功耗状态的处理器。
10. TMS320C2××系列芯片的复位方式有几种? 分别说明。
11. TMS320C2××系列芯片的中断方式有哪些? 如何进行中断管理?
12. 事件管理器的功能是什么?
13. 什么是指令系统? TMS320C2××系列的指令有哪些类?
14. DSP 在铁路信号控制中如何应用?
15. DSP 在其他领域的应用有哪些?

第九章

计算机网络技术基础

【学习目标】

掌握计算机网络的基本知识；了解计算机网络的发展情况；重点掌握以太网局域网的基本结构和常用网络设备的工作原理、设备选择、简单配置等方面的知识；了解常用广域网技术的特点，初步具备对中小型局域网进行管理和维护的技能。

9.1 计算机网络及其组成

9.1.1 计算机网络概述

1. 计算机网络的基本概念

(1)计算机网络的定义及功能

计算机网络是利用通信设备和传输线缆将处于不同地理位置上的多台独立功能的计算机系统相互物理地连接在一起，并在网络软件（网络操作系统和网络通信协议）的控制下，实现网络上的信息交流和资源共享的系统。计算机网络（Computer Network）是计算机技术发展和通信技术发展相结合的成果，也是硬件技术和软件技术结合的产物。

通常计算机网络可以实现以下功能。

①资源共享：多个用户共享一些资源，以提高系统的经济性。网络共享资源有硬件资源和数据及软件资源等，资源共享是计算机网络的重要应用之一。

②数据通信：计算机网络可用于实现网络中的各计算机之间快速、可靠地互相传送数据和信息处理，如网络会议、电子邮件（E－mail）、电子数据交换（EDI）、电子公告牌（BBS）、远程登录（Telnet）与信息浏览等通信服务。数据通信是计算机网络的基本功能之一。

③负载均衡：当某个计算机系统的负荷过重时，可通过网络把某些作业送至其他计算机处理，充分利用网上各计算机的资源进行协同工作；另外，通过网络还可以缓解用户资源短缺的矛盾，使网络中的各种资源得到合理的利用。

④分布处理：一方面，对于一些大型任务，可以通过网络分散到多个计算机上进行分布式处理，也可以使各地的计算机通过网络共同协作，进行联合开发、研究等；另一方面，计算机网络促进了分布式数据处理和分布式数据库的发展。

⑤提高计算机的可靠性：计算机网络系统通过对差错信息的重发，来实现网络传输的可靠性。因此，网络中各计算机还可以通过网络成为彼此的后备机。某个系统出现故障时，可由别的系统来代替，从而增强了系统的可靠性。

(2)计算机通信方式

1)并行通信和串行通信

并行通信和串行通信是计算机与外部通信的两种基本方式。

①并行通信。多个数据位在两台设备之间同时传输。例如,计算机通过并行端口(LPT)与并行打印机之间的通信。该通信方式的特点是:传输速率快,但线路成本高,不易维修,易受干扰。

②串行通信。数据一位一位地在通信线路上进行传输。例如,计算机与计算机之间通过串行线路进行通信的情况。由于数据在计算机内部总线上的传输方式是并行的,所以当计算机之间需要进行串行通信时就需要使用并/串或串/并转换设备在发送端或接收端进行数据的并/串或串/并转换。因此串行通信的特点是:通信线路架设方便,容易维护且成本低,但传输速率慢。计算机网络通常采用串行通信方式。

2)同步通信和异步通信

在数据通信过程中,通信双方收发数据序列必须在时间上取得一致,以保证接收的数据与发送的数据一致,这称为通信中的同步。

①同步通信。该通信方式要求通信双方收发数据的每一位都保持准确的同步。同步通信有面向字符和面向位的两种控制方式。

②异步通信。以字符为单位的数据传输方式,通信时在每个字符前加一位起始位,在结束处加上终止位,从而组成一个字符序列。数据传输时,每个字符开始时接收端和发送端同步一次,字符中的各个比特采用固定的时钟频率传输,但各个字符之间的间隔时间是任意的,即字符间采用异步定时,所以称之为"异步通信"。

3)数据通信方向

在串行通信中,按照数据传送方向不同有单工通信、半双工通信和全双工通信三种方式。

①单工通信。通信线路中的信息流方向始终是一个方向。在该通信方式中,通信的一端固定为发送端,而另一端则为接收端,收发双方之间只有一个信道。单工通信的典型应用是广播和电视。

②半双工通信。在一段时间内允许通信线路中的数据流双向传输,但在某一时刻只允许数据单向传送。半双工通信系统中通信双方都有收发功能,但它们之间只有一个信道。对讲机就是半双工通信的典型应用。

③全双工通信。在数据通信时,允许通信线路中的数据流同时双向传输。全双工通信系统中不仅通信的两端都有具备收发功能的接收和发送设备,并且它们之间还有多个信道,使得通信的每一端在发送数据的同时还能接收数据。目前局域网中的计算机通信是全双工通信的典型应用。

(3)数据传输方式

在通信系统中,需要传送的数据信息有两种形式,一种是数字信号(离散的脉冲信号),另一种是模拟信号(连续的),而将信息从源端(发送方)传送至目的地(接收方)时在传输介质上也有数字信号和模拟信号两种形式,因此就有了以下四种数据传输方式:①模拟信号传输模拟数据。如电话通信,语音音频信号(模拟信号)通过电话系统(模拟)传输。②数字信号传输模拟数据。如模拟数据通过编码译码器变成数字信号传输。③模拟信号传输数字数据。如拨号上网,计算机处理的数字数据通过调制解调器变成模拟信号通过电话系统(模拟)传输。④数字信号传输数字数据。如局域网数据通信,计算机处理的并行数字数据,经网卡变成串行数字数据传输。

1)基带传输

所谓基带是指调制前的原始信号所占用的频带,是原始信号所固有的基本频带。在信道中直接传送基带信号时,称为基带传输。基带传输具有以下特点:数据采用数字信号传输;整个介质带宽都被信号所占用,同一时刻只有一个信号在线路上传送,不能使用多路复用技术,传输方向为双向;传输距离可达几千米。

使用基带传输时,关键是如何把数字数据用物理信号的波形表示,即采用何种编码技术。常用的数字编码技术有,归零码、不归零码、曼彻斯特码、差分曼彻斯特码和4B/5B编码等。

2)宽带传输

宽带传输是指把数字数据经调制后变换成能在公共电话线上传输的模拟信号,模拟信号经模拟传输介质传送至接收端,再经解调后还原成原来的数字数据的传输。宽带传输属模拟传输,当使用模拟通信系统传输数字数据时必须使用调制解调器。数字信号的模拟调制有三种基本的调制技术,即移幅键控(ASK)、移频键控(FSK)和移相键控(PSK)。

宽带传输系统中,信号一般是单向传输的,传输距离可达几十公里。宽带传输可以在一个介质上使用多路复用技术。

2. 计算机网络的发展

20世纪60年代,美国国防部为了在未来战争中保持信息上的优势,为提高信息处理能力并提高信息的利用率(信息能为多台计算机共享使用),开始研制开发了著名的ARPAnet。而70年代玻璃光纤的发明,使得网络通信速度变得更快,计算机网络得以迅速扩展。回顾自第一个计算机网络(ARPAnet)诞生至今,计算机网络的发展经历了以下四个阶段:

(1)第一阶段:以单个计算机为中心、面向终端设备的计算机网络结构。系统中除中心计算机(Host)具有独立的数据处理能力外,其他所连接的均为无独立处理数据功能的终端设备。

(2)第二阶段:以分组交换网为中心的计算机网络。网络中的通信双方都是具有自主处理能力的计算机,网络功能以资源共享为主。

(3)第三阶段:国际标准化组织(International Organization for Standardization,简称:ISO)在1983年提出了著名的开放系统互联参考模型(Open System Interconnection Reference Model,简称:OSI),为全球计算机网络的发展提供了一个可以遵循的规则。从此,计算机网络走上了标准化的轨道。通常把网络体系结构标准化的计算机网络称为第三代计算机网络。

(4)第四阶段:把分散在世界各地的网络连接起来,形成一个跨越国界范围、覆盖全球的网络体系。网络互连将更高速的计算机及先进的网络通信技术相结合,使计算机网络进入到运行效率更高、应用更广泛的Internet时代。

3. 计算机网络体系及网络协议

(1)计算机网络的体系结构

在计算机网络中的资源共享和数据通信,是通过网络中的各个节点间进行信息交换来实现的,通常涉及计算机技术和数据通信技术等多个领域。需要在不同的系统实体间通过数据传递来实现,其过程相当复杂。一般难以将这样的通信过程作为一个整体来对待,所以在计算机网络设计中采用了"分层处理"的做法。其主要思想是将网络通信进行分层处理,上一层建立在下一层的基础之上,通常下一层向上一层提供服务,各层之间通过接口传递数据,各层功能相对独立,如此一来对整个网络的研究,就转化为对各层的研究,不仅使计算机网络的设计变得简单,还使人们对网络技术学习变得容易,有利于网络的迅速发展。

所谓计算机网络的体系结构是指计算机网络的逻辑构成,用以描述网络的功能及其划分。

为了使世界各地构建的网络能够互联,国际标准化组织(ISO)在20世纪80年代提出了著名的开放系统互联参考模型(OSI),这一网络模型可以帮助各地的网络供应商构建与其他网络兼容的,可相互操作的计算机网络。

OSI参考模型的分层结构及各层的主要功能如下:

第7层:应用层,是OSI模型的最高层,也是最靠近用户的一层。它为用户的应用程序提供网络服务,即为OSI模型外的应用程序提供服务,而不为OSI模型中的任何一层提供服务。如文字处理程序和电子表格程序等。

第6层:表示层,确保一个系统的应用层发送的数据能够被另一个系统的应用层识别。由于网络上各个计算机系统的不尽相同,它们用户的应用程序数据表示方式也不同,通常无法直接通信,表示层的功能是把各种不同的数据格式翻译成一种通用的格式,另外还能对数据加密和解密。

第5层:会话层,实现网络上不同主机的两个用户和应用进程之间建立、管理和结束会话的连接,同步两台主机表示层之间的对话及管理它们之间的数据交换。此外,该层还为进行高效的数据传输、服务分类以及会话层、表示层和应用层的差错报告提供条件。

第4层:传输层,位于OSI模型的中央,通常它从上一层接收数据,并将其分成较小的单元,或将下一层来的多个数据单元全并成一个合适的数据块。传输层向上一层提供屏蔽传输细节的数据传送服务,并在提供通信服务的同时,建立、维护和在适当的时候终止虚电路。该层利用错误检测和恢复以及对数据流量控制来提供可靠的网络服务。

第3层:网络层,实现地理位置分离的两台主机间的网络连接和路径选择。主要负责网络上从源主机到目标主机间传送的数据包的逻辑寻址和最佳路径选择。

第2层:数据链路层,实现网络实体间数据链路的建立、维护和释放连接的功能。其主要任务是把物理层传输的比特数据流封装成数据帧,并对物理层数据进行差错控制。数据链路层关心的是物理寻址、网络拓扑、网络介质访问、错误检测、帧的顺序传送及流量控制等。

第1层:物理层,为激活、维持和释放网络实体之间的物理链路的连接,定义了机械、电气、规程的和功能的标准。如物理数据速率、最大传输距离、物理连接器等规范的定义。

七层间的相互关系如图9-1图所示。

从上图可以看出,OSI参考模型中数据的流动实际是垂直的,其中每个下层向上层提供服务,所谓服务就是对上一层某种操作请求的实现。实际通信过程中,在发送方,当用户数据沿着OSI模型中的各层向下传递的时候(如图9-1中实线),OSI的每一层都会在向下传递的数据之前增加数据报头(第2层还有数据报尾)。这些报头和报尾包含对网络设备和接受者的控制信息,以确保数据的正确传送及接收者能够正确解释数据,此过程通常称为封装,封装好的数据最终变成比特流传送至接收方;在接收方,当接收设备顺序接收到一串比特流时,首先要读取其中的物理地址,判断该信息传送的目的地是否是自己,然后检查

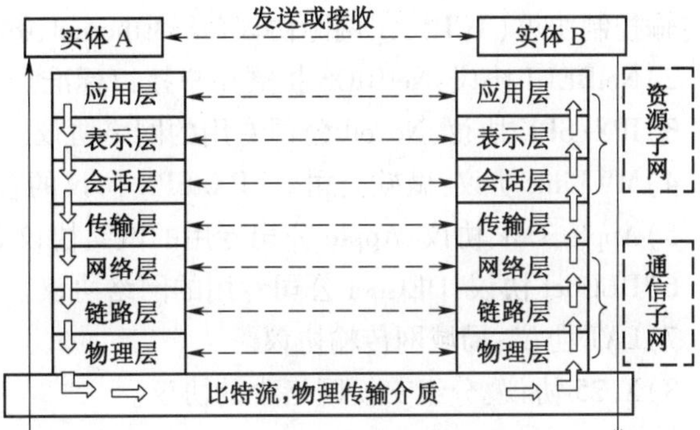

图9-1　OSI参考模型

信息是否出错,地址不是自己或信息出错时,这些比特串都将被丢弃,否则剥离本层的报头(报尾),并根据控制信息向上一层传送,此过程通常称为解封装。

在每一层看,两个实体间的数据好像是水平传递一样(如虚线所示),通常称为对等层的虚拟通信。虚拟通信与一个实体上下层的实际通信所不同的是前者是根据某种协议,在不同计算机之间的对等层之间的通信,而后者是层与层之间通过接口的实际通信。

在OSI模型中,最低的三层(1~3层)是面向通信的,主要实现主机与主机间的通信功能,所以这三层又称作“通信子网”;最上面的三层(5~7层)是面向信息处理的,涉及用户到用户的通信,实现资源子网的功能,因此高三层又称作“资源子网”;中间的传输层建立在由下三层提供的服务的基础上,为面向信息处理的高层提供与网络无关的信息交换服务。

(2)计算机网络协议

类似于交通运输网络需要遵守的各种交通规则一样,网络协议是计算机网络中的各个通信实体之间进行数据通信时必须遵循的一系列规则的集合。通常情况下,计算机网络中处于不同地理位置的两个通信实体,其上的应用进程相互通信时需要通过交换信息来协调它们的工作以达到同步。而信息的交换也必须按照一些共同约定好的规则进行。所谓网络协议是通信双方为实现通信所制定的一整套规则和协定的正式描述。协议控制数据通信的所有方面,它们决定物理网络如何构建,主机如何连接到网络,数据在传输中采用哪种格式,以及数据发送方法等。

接下来介绍一些常见的网络协议:

1)TCP/IP协议:TCP/IP是一组协议的总称,其中包括互联网协议IP(Internet Protocol)和传输控制协议TCP(Transmission Control Protocol)。TCP和IP是其中最主要的两个协议。与OSI的七层比较,TCP/IP只有四层,其中TCP/IP的应用层包含了OSI的应用层、会话层和表示层三层,而网络接入层包含了OSI的数据链路层和物理层。TCP/IP与OSI的关系如图9-2所示。

OSI	TCP/IP	及各层主要协议
应用层 7	应用层	FTP、TFTP
表示层 6		SMTP、SNMP
会话层 5		DNS、DHCP…
传输层 4	传输层	TCP、UCP
网络层 3	网络互联层	IP、ARP、RARP…
数据链路层 2	网络接入层	Ethernet…
物理层 1		

图9-2 TCP/IP与OSI各层间的关系

TCP/IP主要有如下一些协议:①文件传输协议(FTP、TFTP);②域名解释协议(DNS);③动态主机配置协议(DHCP);④简单网络管理协议(SNMP);⑤简单邮件传输协议(SMTP);⑥传输控制协议(TCP);⑦网际协议(IP)Ethernet;⑧地址解析协议(ARP、RARP)。

2)NetBEUI协议:NetBIOS扩展用户接口标准。

3)IPX/SPX协议:Novell公司专用的网络协议。

4)MWLink协议:微软公司对IPX/SPX协议的替代。

5)Apple Talk协议:Apple公司专用的网络协议。

6)DECnet协议:DECnet公司专用的网络协议。

7)LAT协议:局域网传输协议。

8)X.25协议:分组交换网络中的协议。

9.1.2　网络拓扑及分类

1. 计算机网络拓扑

在计算机网络中,把服务器、工作站等网络单元抽象为“点”,把网络中的传输介质抽象为线,这样用拓扑学的观点看计算机网络系统,就形成了由点、线组成的几何图形,从而抽象出网络的具体结构。因此计算机网络拓扑就是网络中的通信线路和节点相互连接的几何排列方法和模式。网络拓扑影响整个网络的设计、功能、可靠性和通信费用等诸多方面,是网络设计中值得关注的一个环节。

计算机网络的拓扑结构主要有:总线形、星形、环形、树形和网状形结构。

(1)总线形拓扑结构

总线形结构网络中的所有主机通过相应的硬件接口直接连接到一个公共的高速主干电缆,即“总线”上(图9－3)。网络中所有的节点通过总线进行信息的传输,网络中的任何一台计算机发送的信息都可以沿总线传输介质双向传输,同一个网络上的其他计算机都能侦听到,但在同一时间内只允许一台计算机利用总线发送数据。这种结构常用于局域网的连接,总线一般采用同轴电缆或双绞线。总线形拓扑的优点是结构简单灵活,安装容易,使用方便,性能好。其缺点是节点不宜过多,总线自身的故障可以导致整个网络崩溃。

(2)星形拓扑结构

星形拓扑结构是一种以中央节点为中心,各个计算机通过点到点的通信链路连接到中央节点的辐射式互联结构,如图9－4所示。这种网络中的各个主机必须通过中央节点才能实现通信。这种结构普遍用于局域网,尤其是近年来连接的局域网大都采用这种连接方式。星形结构的优点是费用低、结构简单、组建容易,便于管理和控制。其缺点是中央节点负担较重,容易形成系统的“瓶颈”,传输介质耗费较多。因此中央节点的正常运行对网络系统来说是至关重要的。

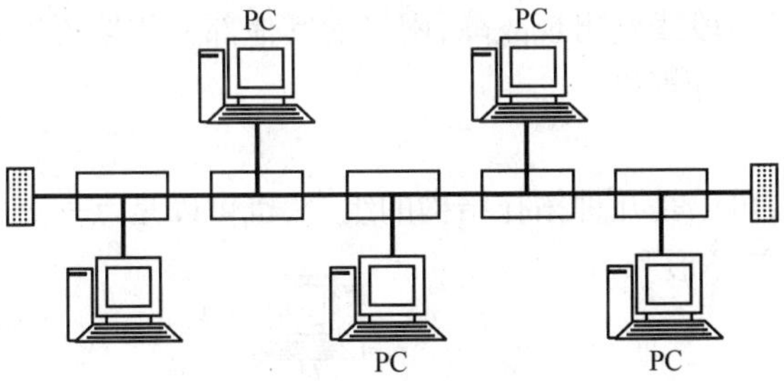

图9－3　总线形结构

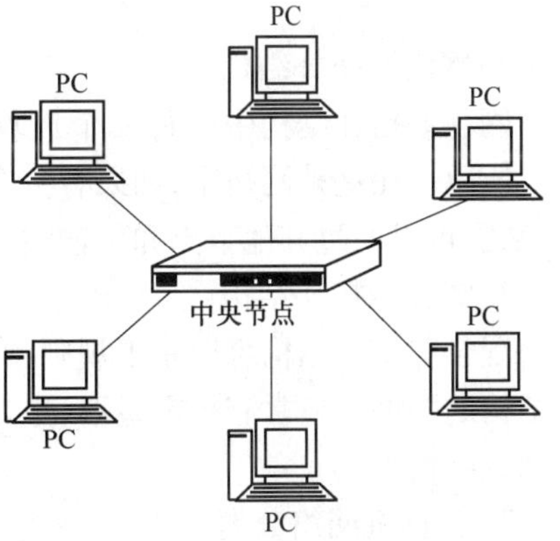

图9－4　星形结构

(3)环形拓扑结构

环形拓扑结构是将网络中的所有节点连接成一个闭合环形结构。信号沿一个方向从一个节点传到另一个节点,如图9－5所示。环形网络中的信息传送是单向的,每一个节点都配有一个收发器,信息在每台设备上的延时时间是固定的。这种结构特别适用于实时控制的局域网系统。该网络结构的优点是结构简单,无冲突,便于管理。其缺点是当节点过多时,将影响传输效率,不利于扩充,当任意一个节点发生故障时,整个网络就不能正常工作。

(4)其他拓扑结构

1)树形拓扑结构

树形拓扑结构是一种分级结构。在树形结构的网络中,任意两个节点之间不产生回路,每条通路都支持双向传输,如图 9-6 所示。这种拓扑结构的网络一般采用同轴电缆,用于军事单位、政府部门等上、下界限相当严格和层次分明的部门。这种结构的优点是容易扩展、故障分离处理、灵活、易推广。缺点是整个网络对上级节点的依赖性很大,一旦网络的根发生故障,整个系统就不能正常工作。

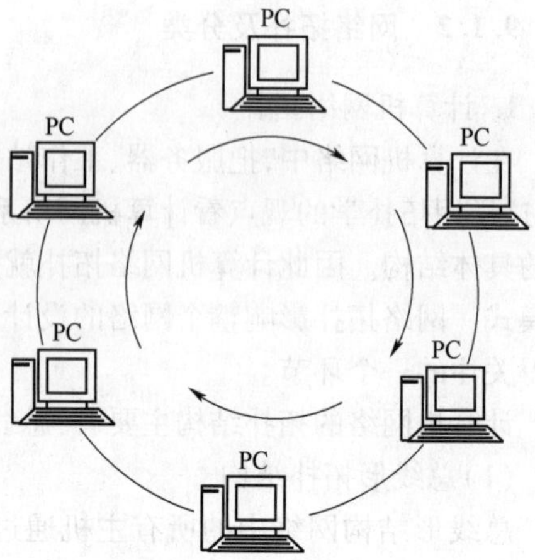

图 9-5　环形结构

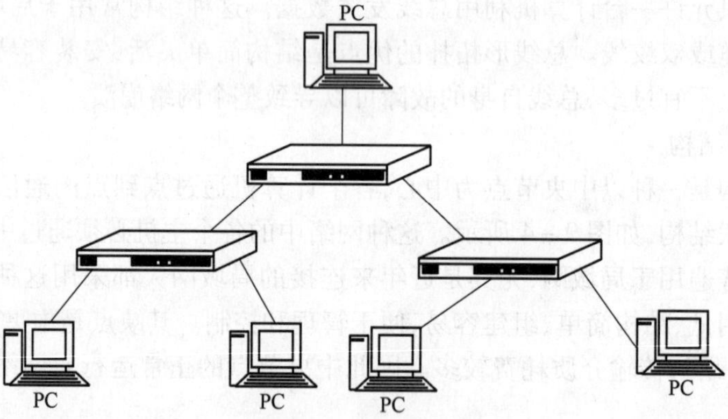

图 9-6　树形结构

2)网状形拓扑结构

网状形拓扑结构中的每一个计算机与其他计算机都有三条以上的直接线路连接,如图 9-7所示。在这种网络中,如果有一个节点或一段线路出现故障,网络的其他部分依然可以运行,数据可以通过其他节点和传输线路到达目的计算机。

3)混合型拓扑结构

混合型拓扑结构可以是不规则型的网络,可以是几种拓扑结构的组合,也可以是点—点相连结构的网络。通常有扩展星形,星形总线,星环形和半网状结构等。

2. 计算机网络分类

计算机网络的分类方式有很多种,可以按网络覆盖的地理范围、拓扑结构、所有权、通信传播方式和传输介质等因素来分类。

(1)按地理范围分类

1)局域网 LAN(Local Area Network)

局域网地理范围一般为几百米到几公里范围之

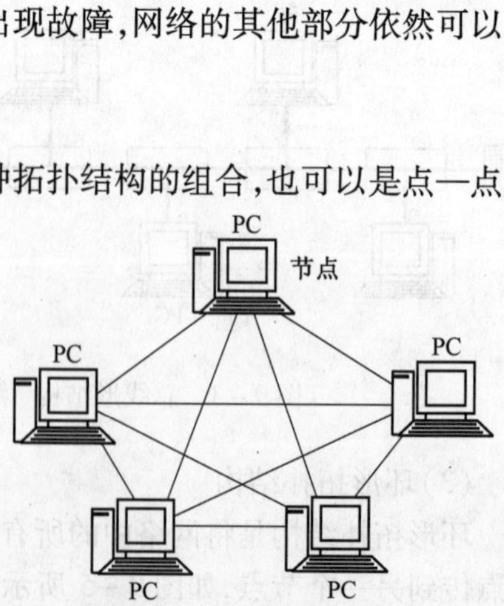

图 9-7　网状形结构

内,属于小范围内联网。例如,一幢大楼或一个校园内、一个工厂的厂区内等。局域网的组建简单、灵活,使用方便。

2)城域网 MAN(Metropolitan Area Network)

城域网实际上就是一种大型的局域网,地理范围可从几十公里到上百公里,可覆盖一个城市或地区。城域网常常由城市中若干个局域网相互连接而成。

3)广域网 WAN(Wide Area Network)

广域网是一种跨越城市、国家甚至洲际的网络。地理范围一般在几千公里左右,分布范围可达几千公里乃至上万公里,能实现大范围的资源共享。Internet 就是典型的广域网。

(2)按网络的拓扑结构分类

总线型网络、星形网络、环形网络、树形网络等。

(3)按网络的数据传输与交换系统的所有权分类

1)专用网:如用于军事的军用网络。

2)公共网:如基于电信系统的公用网络。

(4)按传输介质不同分类

1)有线网络:使用有线传输介质来传输数据的网络。如双绞线、光纤等。

2)无线网络:使用无线传输介质来传输数据的网络。如卫星、微波等。

(5)按通信传播方式不同分类

1)广播式网络:仅有一条通信信道,供网络上所有计算机共享使用。

2)点到点网络:网络上计算机用点到点的连接方式连接起来,每对计算机之间有多条信道连接。

9.1.3　计算机网络的组成

计算机网络由硬件和软件组成,硬件一般包括服务器、独立功能的计算机、共享的打印机及其他外围设备、通信设备和传输介质等;软件一般包括网络操作系统、网络协议、通信软件及其他共享信息资源等。

1. 计算机网络硬件系统

计算机网络硬件是由传输介质互联起来的网络单元组成的。构建网络除了计算机外,还需要各种各样的网络硬件设备,例如网卡、中继器、收发器、集线器、交换机、路由器、调制解调器等。这些设备统称网络单元。网络单元从其个体功能上,大致分以下几类:数据处理设备、数据通信设备、数据终端设备和网络互联设备。

计算机网络系统是由通信子网和资源子网组成的。系统以通信子网为中心,通信子网处于网络的内层,是由网络中的各种通信设备及只用作信息交换的计算机构成。通信子网的重要任务是负责全网的信息传递。主机和终端都处于网络的外围,它们构成了资源子网,资源子网的任务是负责信息处理,向网络提供可用的资源。

通信子网为资源子网提供信息传送服务,实现资源子网上用户之间相互通信。具体来说,通信子网实现基本数据的传输,向网络的高层提供信息传递的服务。通信子网完成的是面对底层传输媒体为主的,它担负着与通信媒体的衔接任务,并要在相邻节点之间完成互相通信的控制,消除各种不同通信网络技术之间的差异,保证跨越在网络两头的计算机之间的通信联系的正确。

通信子网是由电信公司或者其他通信信道的提供商来提供,可以向高层提供尽力而为的通信支持。通信子网是由用作信息交换的节点计算机网卡、路由器、信道链路的通信控制软件和通信线路组成的独立的通信系统，它承担全网的数据传输、转接、加工和交换等通信处理工作，如图9-8所示。

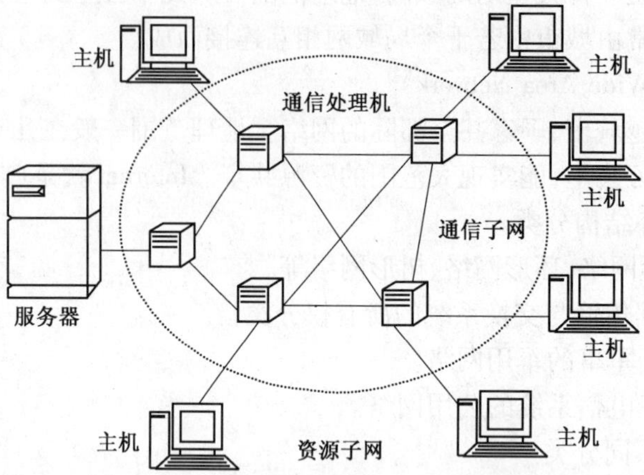

图9-8　计算机网路的通信子网和资源子网

计算机网络中的主要硬件有：

(1)服务器(Sever)

资源子网实现全网面向应用的数据处理和网络资源共享，它通常有以下一些硬件组成：

服务器和主机是资源子网的主体。其中服务器是网络的控制中心或共享资源的提供者，其上都装有网络操作系统。对服务器的性能要求都比较高，可用高档微机、专用服务器或中小型甚至大型计算机担当。

(2)主机(Host)或工作站(Work Station)

一般的微型机(PC机)可以用作网络中的主机(也可称为工作站)，其上通常装有操作系统、各种用户软件、数据库和各种工具软件等。有些网络为了节约成本可以用本身不具备数据处理功能的终端机来充当工作站。主机(工作站)是用户与网络之间的接口，用户可以通过它取得网络服务。

(3)局域网适配器(NIC)

局域网适配器又称网络接口卡，简称：网卡。网卡是一块印刷电路板，安装在服务器或主机的扩展槽内，它一方面通过计算机的总线接口与计算机连接，另一方面通过电缆接口与网络传输介质相连。其主要功能有：

1)为发送数据做准备；

2)将准备好的发往另一个计算机的数据发送到网络上；

3)在计算机和传输系统之间控制数据流量；

4)在传输介质上接收数据，并将其转化为计算机能识别的数据传递给计算机；

5)对无盘工作站，网络上带有的启动芯片可远程启动工作站。

网卡主要用于将用户计算机接入局域网。网卡的选择，主要考虑网络类型(令牌环网、以太网等)和传输介质(双绞线、光纤、无线)，早期还有计算机系统总路线的类型等因素。

(4)调制解调器(Modem)(俗称："猫")

调制解调器是一个电子设备，计算机通过它可以利用电话线与网络上的其他计算机通信，它使计算机能借助公共电话网连接到 Internet 上。其主要功能有：

1）拨 Internet 服务提供商（ISP）的电话号码；与 Internet 建立连接；

2）将计算机准备的数字信号转换成模拟信号；

3）把转换好的数据块发送至接收方；

4）检查接收端的接收情况，如果有错，重传该数据块；

5）接收数据时，将接收到的模拟信号转换成数字信号传递给计算机。

Modem 可以安装在计算机内部，也可以通过串行口或 USB 接口与计算机连接。

其他网络硬件还有传输介质、集线器、网桥、交换机、路由器、网关等设备。这些设备在后续内容中进行介绍。

2. 计算机网络软件系统

（1）网络操作系统

网络操作系统是建立在各主机操作系统之上的一个操作系统，用于实现不同主机系统之间的用户通信，管理网络安全，以及全网硬件、软件资源的共享，并向用户提供统一的、方便的网络接口，便于用户使用网络。常用的网络操作系统如下。

1）Novel 公司的 NetWare 操作系统

NetWare 是针对网络设计的多任务优化网络操作系统，它采用一系列先进技术来保证操作系统具有较高的整体性、可靠性和安全性。NetWare 操作系统能支持绝大多数工业标准和国际标准，为用户提供良好的网络扩充和升级的技术环境。

2）UNIX 操作系统

UNIX 是 32 位多用户操作系统，主要应用于小型机、大型机和 RISC 计算机上。它能很好地支持网络文件系统服务和数据库的应用。

3）Microsoft 公司的 Windows NT

Windows NT 是一种 32 位的网络操作系统，作为面向分布式图形应用程序的操作平台，能运行于各种不同类型的计算机上，并具有小型网络操作系统和工作站所具有的全部功能。它最突出的一大优点是其良好的用户操作界面。有 Sever 和 Workstation 等多个版本，现已升级至 Windows Sever 2003。

除上述之外，还有 IBM 公司的 LAN Sever 和 Apple 公司的 Apple share 等网络操作系统。

（2）网络应用程序

网络应用程序主要指 C/S（Client/Server）结构，即客户机/服务器系统。该系统有三个主要部件：数据库服务器、客户应用程序和网络。在该结构体系中有网络数据库，网络数据库系统是建立在网络操作系统之上的一种数据库系统。网络数据库系统可以集中驻留在一台主机上，如一台数据库服务器上（集中式网络数据库系统），也可分布在各台主机上（分布式网络数据库系统，可能有多个数据库服务器）。它面向用户，提供存取、修改网络数据库的服务，以实现网络数据库的共享。

客户端应用程序通常驻留在客户机上，这类应用程序的主要任务如下：

1）提供用户与数据库交互的界面；

2）向数据库服务器提交用户请求并接收来自数据库服务器的信息；

3）利用客户应用程序对存在于客户端的数据执行应用逻辑要求；

4）网络通信软件的主要作用是，完成数据库服务器和客户应用程序之间的数据传输。

9.1.4 网络传输介质

要实现网络中各计算机之间的通信，必须借助网络传输介质。也就是说，传输介质是通信网络中发送方和接收方之间的物理通道。计算机网络中采用的传输介质可分为有线介质和无线介质两大类。

传输介质又称网线、传输线、通信信道等，其传输能力的衡量标准是带宽（Band）。带宽越大传输能力越强。

1. 有线介质

有线介质：可分为铜线介质和光导纤维两大类。

（1）铜线介质

铜是最常用的信号传输介质，有同轴电缆、双绞线两种。

1）同轴电缆

在最初的局域网中，同轴电缆几乎是唯一的传输介质，其外形如图 9－9 所示。

常用的同轴电缆主要有以下两种：

①75 欧姆，用于模拟传输，称为宽带电缆（CATV 有线电视系统）。

②50 欧姆，用于传输数字信号，称为基带电缆，有粗缆和细缆之分。

粗缆：传输速率 10 Mbit/s，传输距离 500 m，可连接 100 个站点。

细缆：传输速率 10 Mbit/s，传输距离 185 m，可连接 30 个站点。

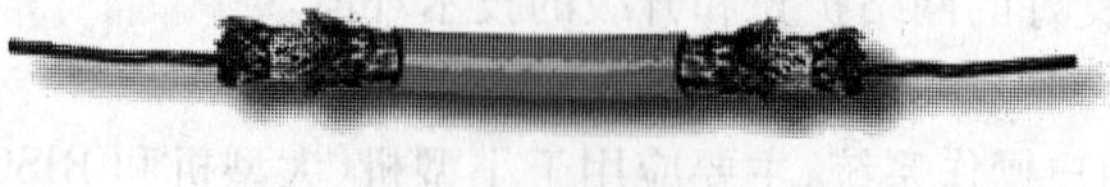

图 9－9　同轴电缆

2）双绞线

双绞线由两根具有绝缘保护层的铜导线，按照规则螺旋地绞合在一起而成。双绞线由于传输性能好、价格便宜、成本低以及组网灵活等特性被广泛用于局域网综合布线系统。

双绞线既可以传输模拟信号也可以传输数字信号。双绞线根据抗干扰能力的差异分为屏蔽双绞线（STP）和非屏蔽双绞线（UTP）两种。屏蔽双绞线增加了一个屏蔽层，因而能有效地防止电磁干扰。在计算机网络综合布线标准中，非屏蔽双绞线有以下 5 种标准：

1 类：只能用于话音的模拟传输，可用作电话线。

2 类：可用于电话传输和最高为 4 Mbit/s 的数据传输。

以上两种主要用于话音传输的双绞线，使用 RJ－11 的接头。

3 类：可用于最高为 10 Mbit/s 的数据传输，有 4 对双绞线，常用于 10BASE－T 以太网。

4 类：可用于最高为 20 Mbit/s 的数据传输，有 4 对双绞线，可用于 16 Mbit/s 的令牌环网和 10BASE－T 的以太网。

5 类：可用于速度 100 Mbit/s 的快速以太网，有 4 对双绞线。

3 类、4 类和 5 类双绞线用于计算机局域网的数据传输，使用 RJ－45 接头来连接网卡或交换机，5 类双绞线和 RJ－45 接头如图 9－10 所示。

UTP 双绞线有橙、绿、兰、棕各一根有色线，每根色线都配有一根白线（分别称为白橙、白绿、白兰、白棕）组成一个线对绞合在一起，线头必须按 EIA/TIA－568－A 和 EIA/TIA－568－B 标准，如图 9－11 所示。

图 9－10　双绞线和 RJ－45 接头

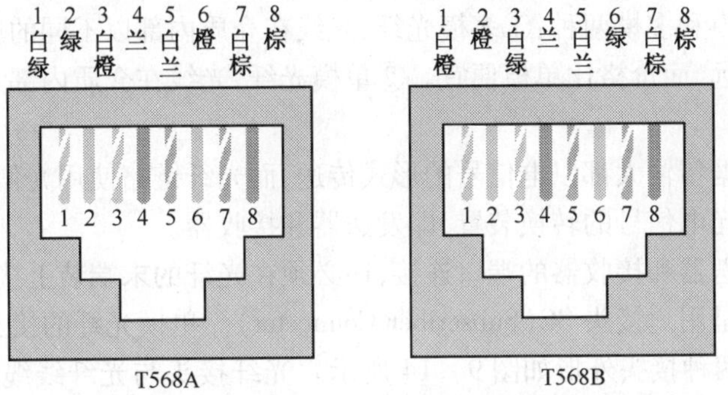

图 9－11　双绞线电缆接头线序标准

RJ－45 接头的配线：

除了使用上述正确线序类型的 EIA/TIA 的网络线缆连接接头外，还需选择确定使用下列哪一种类型的线缆：①直通线缆：线缆两端的引脚线序相同，都为 EIA/TIA－568－A 或 EIA/TIA－568－B，通常在一个局域网中布线时，直通线缆默认用 EIA/TIA－568－B 线序。直通线缆通常在局域网中用于连接不同的设备，如交换机和计算机、交换机和路由器的连接。②交叉线缆：线缆两端的引脚线序一端用 EIA/TIA－568－B 线序时，另一端必须用 EIA/TIA－568－A 线序，反之亦反。交叉线缆通常在局域网中用于连接相同的设备，如交换机和交换机、计算机和计算机的直接连接以及计算机和路由器（是一台专用计算机）的以太网端口的连接等。③反转线缆：线缆两端的引脚线序完全相反，即一端为 1、2、3、4、5、6、7、8 时，另一端则为 8、7、6、5、4、3、2、1。此线缆一端也用 RJ45 连接器，而另一端则是 DB－9 适配器。一般用于计算机与路由器和智能交换机的控制台端口（Console port）的连接，因此也称为控制台线缆，如图 9－12所示。

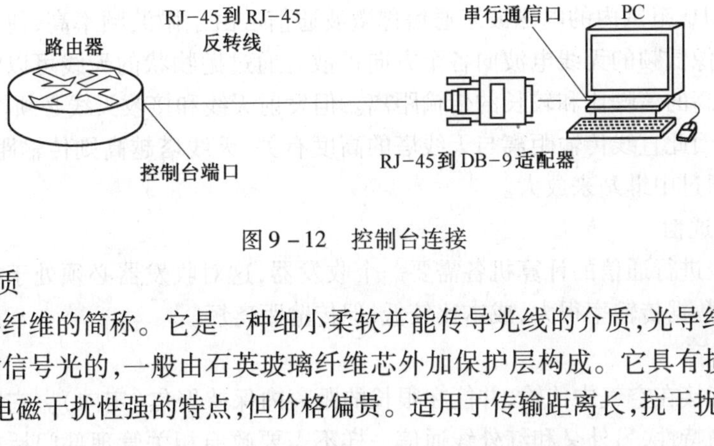

图 9－12　控制台连接

（3）光纤介质

光纤是光导纤维的简称。它是一种细小柔软并能传导光线的介质，光导纤维是通过内部的全反射来传输信号光的，一般由石英玻璃纤维芯外加保护层构成。它具有损耗低、频带宽、传输速度快、抗电磁干扰性强的特点，但价格偏贵。适用于传输距离长，抗干扰、安全性要求高的场合。

每根光纤只能单向传送信号，因此光缆中至少包括两条独立的纤芯，一条用于发送，而另一条用于接收。纤芯连同包层一起直径不到 0.2 mm，一根光缆可以包含二至数百根纤芯，用加强芯和填充物来增强机械强度。如图 9－13 所示。

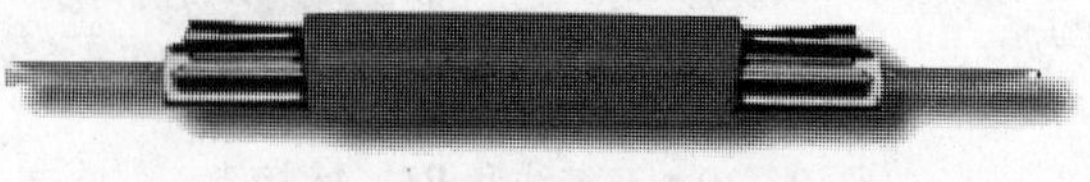

图 9－13　光纤

光纤介质有单模和多模两种：①多模光纤，光线在介质内部以不同的反射角度传播。传输距离没有单模光纤远，而价格比单模便宜。②单模光纤，光线在介质内部无反射，沿直线传播，传播距离更远。

由于局域网数据传输大都以电信号的形式传送，而光纤链路使用光信号来传送数据，所以在光缆的两头需要光电信号的转换装置，即发送器和接收器。

要使光纤与发送器和接收器的端口连接，还必须在光纤的末端装上接头。在多模光纤中，最常用的接头类型是用户接头 SC（Subscriber Connector）。单模光纤的接头类型是直插式接头 ST（Straight Tip）。两种接头外形如图 9－14 所示。光纤接头与光纤线缆的连接方式有两种，一种是人工摩接，另一种是机器熔接。

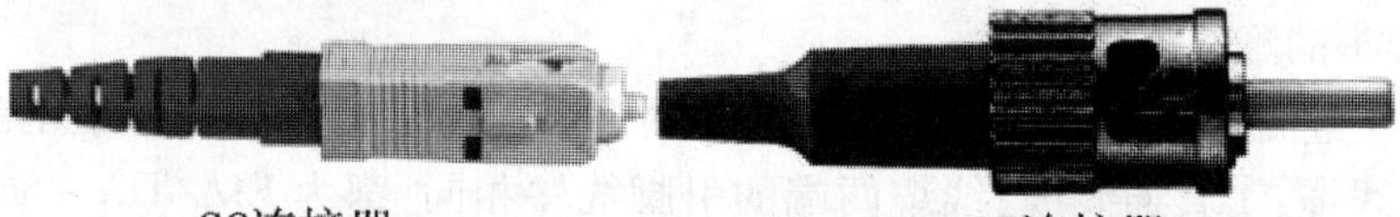

图 9－14　光纤连接器

2. 无线介质

无线介质通过空间传输，不需要架设和铺埋任何物理线缆，因而使网络中的计算机具有真正的可移动性和灵活性。常用的无线介质有无线电波和视线介质两类。所谓视线介质是指在发送方和接收方之间需要有一条视线通路，视线介质有微波、红外线和激光三种。

（1）无线电通信

无线电磁波是指波长在 10～100 m 之间的电磁波。电磁波通过电离层进行折射或反射回到地面，从而进行远距离通信，多次反射的电波可以实现全球通信。

（2）微波通信

利用在 1 GHz 范围内的电磁波来通信称微波通信。由于微波频率高，使它具有沿直线传播的特性，而不像低频的无线电波向各个方向扩散。通过抛物状的天线可以将能量集中于一小束，以获得很高的信噪比和较长的传输距离。但发射天线和接收天线必须精确对准，由于地球表面是曲面，因此直线传输距离与天线塔的高度有关，天线塔越高则传输距离越远，超过一定距离后就要通过中继站来放大。

（3）红外线通信

利用红外线进行通信的计算机各需要一个收发器，这对收发器必须处于视线范围内。因此，红外线通信数据传输率很大，成本比较低，但传输距离短。

（4）激光通信

激光可以直接在空气中传输，并能在很长的距离内保持聚焦（定向）。它即有类似于微波通信的直线传输特性，另外又和红外线通信一样不需要政府相关管理部门授权分配频率。激光通信常用于需要跨越公共空间，并且该空间不允许安放电缆的两个建筑物中的局域网的连接。但激光和红外线都对气候环境特别敏感,像雨、雾和雷电。而微波对雨和雾的敏感度不高。

(5)卫星通信

卫星通信是一种特殊的微波通信,与一般地面微波通信的区别是,卫星通信使用地球同步卫星作为中继站来转发微波信号。卫星上配备的转发器上有接收和发射天线,转发器接收由地面发射来的信号并经放大和变换后再转发回地面。卫星通信的优点是通信距离长,理论上讲,三颗同步卫星就可以覆盖整个地球表面。缺点是传输延迟时间长。但其传输延迟时间与地面站点的距离无关,所以特别适合于远距离的通信。

9.2　局域网技术

9.2.1　局域网概述

局域网定义在一个有限的局部区域范围内,如一间办公室、一座建筑物内或一个园区内,将大量的计算机和一些办公室电子设备互相联结在一起构成的以实现数据传输和资源共享为目的的一个网络系统。

1. 局域网的特点

随着各行各业对降低生产成本以提升竞争力以及对信息资源需求的迅速增长,局域网技术应用越来越普及,全世界局域网数量已经远远超过了广域网。相比之下局域网有如下特点:

(1)较小的地理范围。一个企业园区、学校、一栋机关办公楼内等范围在几百米至一二十公里的区域内。

(2)传输速率高、误码率低。由于局域网传输距离短,并采用基带传输,因此可以使用高质量的传输介质,从而提高了数据传输质量。局域网早期传输速率可以达到 10 Mbit/s,目前一般为 100 Mbit/s,高的可以达到 1000 Mbit/s。由于线路质量好,局域网的误码率一般在 10^{-8} ~ 10^{-11}之间。

(3)可以使用多种传输介质。用于局域网传输介质有双绞线、同轴电缆、光纤和无线介质等,用户可以根据需要灵活选择一种或多种介质来组建局域网。例如,使用廉价的双绞线进行室内布线,而用光纤完成楼与楼或园区之间的连接,用无线连接移动用户等。

(4)容易建立和维护。由于局域网常建于一个单位,服务于本单位的用户,用户比较集中,因此局域网易于构建、维护、管理和扩展。

(5)面向的用户比较集中。局域网通常为一个单位或部门构建,并在此范围内控制管理和使用,服务于本单位或部门的用户。因此,局域网更易建立、维护和扩展。

企业利用局域网可以实现对有限硬件资源和软件的充分利用。

2. 局域网的体系结构

(1)IEEE802 工程模型

IEEE802 工程模型是局域网结构体系标准,它只涉及 OSI/RM 模型的下二层功能,属于通信子网,其上层功能由局域网操作系统来实现。IEEE802 工程模型与 OSI/RM 模型的关系如图 9－15 所示。

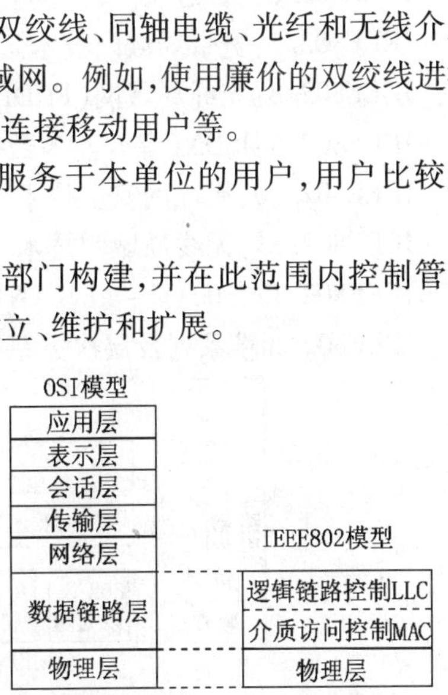

图 9－15　IEEE802 与 OSI/RM 模型的关系

局域网标准定义了局域网组网的物理介质和连接器标准,连接器将网络设备连接到 OSI/RM 模型中物理层的网络传输介质上。从图 9 - 14 中可以知道, OSI/RM 模型的数据链路层功能在局域网体系结构中被划分为:介质访问控制 MAC(Medium Access Control)和逻辑链路控制 LLC(Logical Lin Control)两个子层。

通常情况下,局域网环境中的多个设备共享公共传输介质,在设备之间传输数据时,需要确定由哪个设备先占用传输介质。因此,局域网的数据链路层设备介质访问控制功能。另外,由于局域网采用了多种不同的传输介质,对应的介质访问控制方法不同,为了使数据传送独立于所采用的物理介质和介质访问方法,局域网标准划出 LLC 成为一个独立子层,使其与传输介质无关,仅由 MAC 子层与传输介质相关。正是设立的 MAC 子层,使局域网 IEEE802 标准具有可扩充性,有利于引入新的传输介质和介质访问控制方法。

(2)IEEE802 常用标准简介

IEEE——电气与电子工程师协会,是负责制定局域网标准的国际专业组织。由该组织制定的一系列局域网协议,称为 IEEE802 标准系列。此标准已经被国际标准化组织(ISO)采纳,作为国际标准系列。在 IEEE802 中,根据局域网的多种类型,规定了各自的拓扑结构、介质访问方法、帧格式和操作等内容。IEEE802 标准系列为了适应局域网技术的发展,还在不断地增加新的标准和协议。目前常用的 IEEE802 标准系列有以下几种:

IEEE802.1:LAN 体系结构、网络互联和网络管理。

IEEE802.2:逻辑链路控制子层 LLC,主要实现差错控制、流控制和 MAC 寻址等功能。

IEEE802.3:对于不同的物理介质上的不同速率的访问采用 CSMA/CD 技术。最初根据物理介质不同制定了 10BASE2、10BASE5、10BASE - F 和 10BASE - T 等几种规范。IEEE802.3 的扩充标准定义了快速以太网和吉比特以太网标准,根据物理介质不同有 100BASE - TX 和 100BASE - FX,以及 1000BASE - X 规范等。

IEEE802.4:令牌总线(Token Bus)介质访问控制方法及物理层技术规范。

IEEE802.5:令牌环(Token Ring)介质访问控制方法及物理层技术规范。

IEEE802.6:城域网介质访问控制方法及物理层技术规范。

IEEE802.7:宽带局域网技术。

IEEE802.8:光纤局域网(FDDI)技术。

IEEE802.9:ISDN(综合业务数字网)局域网技术。

IEEE802.10:局域网安全技术。

IEEE802.11:无线局域网技术。

IEEE802.12:100VC - AnyLAN 介质访问控制方法及物理层技术规范。

IEEE802 标准系列及层次关系如图 9 - 16 所示。

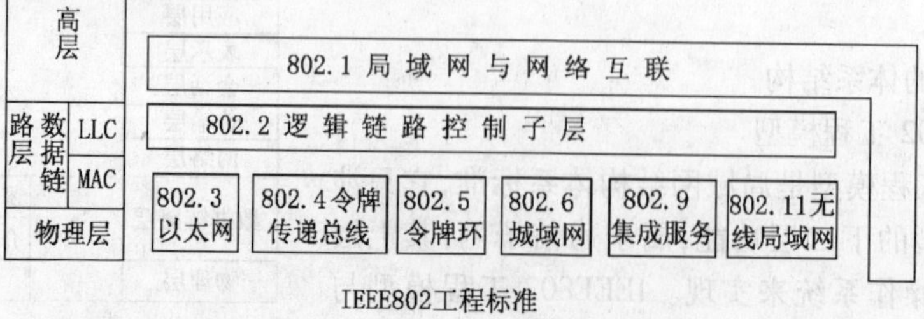

图 9 - 16 IEEE802 标准及层次关系

9.2.2　局域网介质访问技术

从局域网拓扑结构可以知道,多个网络设备无论采用何种形式连接都需要共享传输介质。在这样的环境下,任一时刻只能有一个设备利用介质发送数据,而如何将传输介质有效地分配给网络上这些设备的用户使用的方法就称为介质访问控制方法。对于不同类型的网络拓扑结构,其介质访问控制方法不同,当然它的介质访问控制(MAC)子层的协议也不相同。以下就介绍 IEEE802 标准中两种局域网中最常用的介质访问控制方法。

1. CSMA/CD 介质访问技术

CSMA/CD(Carrier Sense Multiple Access/Collision Detection)载波侦听多路访问/冲突检测,是 IEEE802.3 中定义的介质访问控制方法。其基本原理如下:

在一个共享介质环境中的任意一个主机,当需要发送数据时,首先必须侦听当前介质是否空闲,即介质上有无信号正在传输,如果空闲则该主机可以立即发送数据,如果介质上有数据正在传输,则继续侦听,直到线路上空闲时才能发送数据。各个主机都按此法则侦听、发送,形成多主机共享介质通信的情况,这就是载波侦听多路访问,即 CSMA。但是当有两个及以上主机在各自的位置上都试图在共享介质上发送数据时,它们都会侦听到线路是空闲的,并且都有可能发送数据,此时在线路上就会造成信号冲突。冲突检测(CD)机制是指主机在上述环境中侦听到介质空闲时开始发送数据,并且在发送数据的同时继续侦听线路,即"边发边听",当发送时侦听到线路上有冲突发生,则立即停止发送,并同时发出报警信号,以告知线路上的各个主机冲突已经发生,别再发送数据从而加剧冲突。若发送完数据仍未检测到冲突,则本次发送成功。

CSMA/CD 属于非确定性的 MAC 协议,使用先来先服务的介质访问控制方法,在采用此协议的局域网中,各个设备通过竞争的方式抢占对介质的访问控制权利,出现冲突后,必须延迟重发。由此造成网络上的设备从准备发送数据到数据发送成功的时间不能事先确定,因此这种介质访问控制方法不适合对时延要求很高的实时性数据的传输。

载波侦听多路访问/冲突检测技术的优点是网络拓扑结构简单,容易维护、主机增减方便,网络在轻负载(主机不多)情况下效率较高。但会随着网络中主机数量的增加,传输信息量的增大,即重负载时,冲突的概率加大,局域网性能会明显下降。

2. 令牌环(Token Ring)

在一个环形拓扑结构的网络中,使用一个沿着环路循环传递的令牌(Token,一种特殊的二进制数据帧),当有一主机要发送数据时,首先要截获此令牌,然后才能发送数据,在数据的发送过程中,由于这个令牌始终被该主机占用,其他主机都不能发送数据,必须等待正发送数据的主机将数据发送完成后产生一个新令牌放到环上,其他主机才又有了截获令牌获得数据发送的机会。如此下去,环路中的各个主机可以轮流访问介质,任一时刻至多只有一个主机在发送数据,因此不会发生冲突。而且环路上的各个主机均有相同的机会公平地截获令牌。

Token Ring 属于确定性的 MAC 协议,使用轮流形式的介质访问控制方法,在采用此协议的局域网环境中,轻负载时,由于需要花费等待令牌的时间,因此效率较低;但在重负载时,由于没有冲突问题,各主机都有获得介质访问权利的公平机会,其效率比 CSMA/CD 介质访问控制方法要高。

9.2.3 几种典型的局域网

1. 以太网

(1)以太网的基础知识

1)以太网发展概况

以太网是世界上最早的局域网,由美国的 DEC、Intel 和 Xerox 公司于上世纪八十年代初发布第一个以太网(Ethernet)蓝皮书,速度为 10 Mbit/s;不久 IEEE802 委员会成立了 802.3 分委员会,随后制定了一系列以太网的国际标准,这更加速了以太网的发展,使其成为当今最为流行的一种网络。1995 年快速以太网(100 Mbit/s Ethernet)出现;1998 ~ 1999 年吉比特以太网(gigabyte Ethernet ,1 000 Mbit/s Ethernet)出现。以太网主要有如下特征:

①采用的拓扑结构:总线形或星形拓扑结构。

②介质访问控制方式:CSMA/CD 载波侦听多路访问/冲突检测技术。

③传输速度:10 Mbit/s、100 Mbit/s 或 1 000 Mbit/s。

④传输介质:同轴电缆(细缆或粗缆)、双绞线(UTP 或 STP)或光纤介质。

⑤数据传输方式:基带传输。

⑥采用的标准:IEEE802.3。

以太网规范中常用的介质类型标示符意义如下:

F = fiber optical cable 光纤电缆;T = copper unshielded twisted pair 铜质双绞线电缆。

以太网取得成功的重要因素有:维护简单容易、能很好地融合新科技、具有一定的可靠性、安装和升级成本低廉等。以下介绍几个以太网技术中的关键术语。

2)以太网的 MAC 地址及其寻址机制

在局域网中,数据从源端主机上发出,经过网络要能被正确传送到目的端主机,就必须有一个寻址机制。通常情况下,网络上的每一台主机都有一个物理地址作为自身的唯一标识,这个物理地址被称为介质访问控制(MAC)地址,它存储在网络接口卡(NIC)的一个芯片中,由硬件生产商为每个 NIC 分配。该地址全球唯一,不会重复。

MAC 地址共有 48 位二进制数组成,通常用 12 个十六进制数表示,前 6 位十六进制数表示不同的供应商的编号(OUI),后 6 位是 NIC 自己的编号。一般可以写成:00 - 00 - 0c - 12 - 34 - 56 或 0000.0c12.3456。

MAC 地址主要的缺陷是它没有层次,因此它无法用于广域网寻址。

以太网局域网是广播型网络,所有的主机可以看见链路上所有的帧。每台主机在发送数据的时候,会将目的主机的 MAC 地址封装在帧中。当这个数据帧在网络介质上传播时,网络上每个设备的 NIC 检查数据帧中的目的物理地址是否与自己的 MAC 地址符合,如果不符,NIC 丢弃该数据帧。如果相符,目的主机的 NIC 对数据进行复制,去掉它的封装后,交给上层协议处理。

将 MAC 地址封装在帧中很重要,没有这些地址,信息就不能正确地在网络上传送至目的主机。

3)以太网的帧格式

所谓帧是数据链路层上的数据形式,将物理介质上传输的比特流封装成帧,其目的是获得以下一些基本信息:

①哪个计算机在与其他计算机通信。

②计算机个体之间开始通信和结束通信的时间。

③对通信中出现的错误进行鉴别。

④数据在帧中的位置及长度。

以太网的规则主要是基于帧(frame)的格式规定以太网技术规范。IEEE802.3 的帧结构如图 9－17 所示。

前导码	帧起始定界符	MAC地址		长度/类型	数据	填充	帧校验序列
		目的	源				
7字节	1字节	6字节	6字节	2字节	46～1500字节		4字节

图 9－17　IEEE802.3 的帧结构

前导码——该字段为 1 和 0 交替的序列,在低速以太网中主要用于时钟同步。

帧起始定界符——该字段只有一个字节,内容是 10101011。用于标志时钟信息的结束。

目的地址——为 6 字节的 MAC 目的地址字段。该地址表示此帧接收者的地址,可以是单播(一个节点)、多播(一组节点)和广播(所有节点)地址。

源地址——为 6 字节的 MAC 源地址字段。源地址表示此帧的发送者的地址,只能是单播地址。

长度/类型——如果该字段值小于十进制的 1536,则代表长度,大于 1536 时则表示类型。

类型:在以太网处理结束后,用来指定接收数据的高层协议。

长度:指明紧跟在后面的数据字节的数目。

数据和填充——该字段只要不超过最大帧的大小即可。

数据:在物理层和数据链路层处理完成后,数据将被送往相应的高层协议处理。如果帧的大小不够 64 字节的最小长度,将会插入填充字节,以保证至少是 64 字节长。

帧校验序列——该字段是 4 字节的循环冗余校验(CRC)码。所有的帧以及其中的比特、字节和字段都会因为各种原因而产生错误。必须有一种有效的措施来发现存在的错误,并且对错误帧进行丢弃和重传,以保证网络传输的可靠性。帧校验序列(FCS)字段含有一个由源计算机根据帧中的数据计算的数字,当目的计算机收到帧之后,它重新计算 FCS 数并把它和帧中的 FCS 数字相比较。如果这两个数字不同,就可以假设错误的出现从而丢弃该帧并且要求源计算机重传。

(2)几种传统的以太网技术

1)10 BASE－T 以太网

10BASE－T 诞生于 1990 年,最早的安装使用 CAT3(Category)UTP 双绞线,采用 RJ－45 连接器。逻辑拓扑为总线形,物理上中心点位置为一个集线器(HUB),即物理拓扑为星形。

10BASE－T 最早工作采用半双工模式通信,后来提升为全双工通信。数据编码使用曼彻斯特编码技术。10BASE－T 在使用全双工模式后,数据流量从原来的 10 Mbit/s 提升到 20 Mbit/s。

UTP 双绞线缆的规定如下,其接头与集线器(HUB)连接引脚功能如图 9－18 所示,其中,10BASE－T 线缆插脚引线代号的意义如下:1－TD＋为发送数据;2－TD－为发送数据;3－RD－为接受数据;6－RD－为接受数据。

10BASE－T 规定,设备间最长距离 100m,连接的集线器(HUB)数量限制为一个网段不能堆叠超过 4 个。

网卡上的RJ45插座	线序	HUB上的RJ45插座
TD+	1	RD+
TD-	2	RD-
RD+	3	TD+
RD-	6	TD-

T: Transfer代表发送　R: Receiver代表接收
注：其余的4、5、7、8四线未用

图 9-18　UTP 接头与集线器连接引脚功能

2)10BASE-2 以太网

10 BASE-2 诞生于 1985 年,传输介质采用细缆,最长连接距离为 185m,使用 BNC T 型或 BNC 圆柱形连接器连接,安装比较简单。逻辑拓扑和物理拓扑均为总线型。

10 BASE-2 采用半双工通信,运行速度 10 Mbit/s,数据编码方式采用曼彻斯特编码。在这种网络中,最多使用 4 个中继器连接 5 段电缆,并且其中只允许 3 段电缆可以加入主机,即 5 段电缆中只有 3 段可以连接计算机,而其中 2 段只能用于延长电缆线长度。整个网络理论上最多只有 1024 台主机。这就是常说的 5-4-3-2-1 规则,如图 9-19 所示。

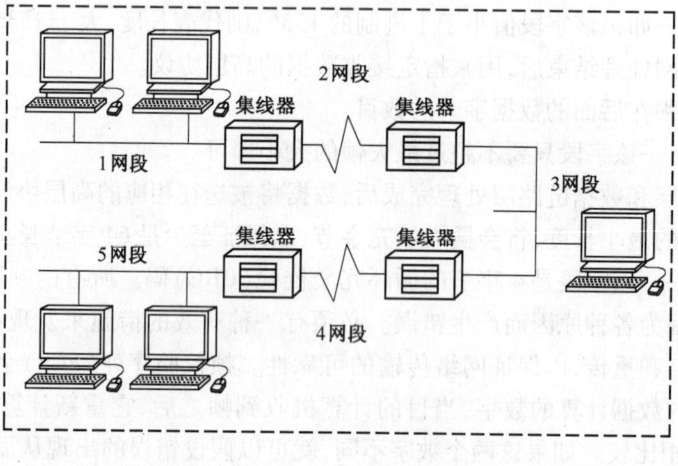

图 9-19　5-4-3-2-1 规则

10 BASE-2 网络由于采用半双工模式通信,因此同一时刻只允许一台计算机发送信息。实际上,在任何一个 10BASE-2 的网段上通常可以连接 30 台主机。

3)10BASE-5 以太网

10BASE-5 诞生于 1980 年,是世界上第一个以太网,采用粗同轴电缆作为传输介质,线缆长度最大为 500m。组网时,通常使用外部收发器通过细缆将计算机连接到用作总线的粗缆上。拓扑结构为总线型。

10BASE-5 工作在 10 Mbit/s 半双工模式,数据编码方式采用曼彻斯特编码。布线规则遵循 5-4-3-2-1 规则。由于安装很麻烦,现在已经基本不使用 10BASE-5 和 10BASE-2。

(3)传统以太网存在的问题

传统以太网工作在共享介质环境中,使用载波侦听多路访问/冲突检测(CSMA/CD)介质访问协议,由于同一时刻只能有一个设备访问介质,因此只能采用半双工通信,当两个设备同时发送数据时引起线路上的信号冲突,还会造成新的延迟,使局域网效率降低,特别是在重载下，网络运行更加困难。

2. 令牌网络

令牌网络系统由 IBM 公司在 1985 年推出。令牌网络的逻辑拓扑结构为环形，采用专用的令牌环(Token Ring)介质访问控制方式，最初的令牌网络是典型的环形结构，后来随着令牌网络技术的发展成为星环形结构。

(1)令牌环网络

令牌环网络物理上是一个星形拓扑结构，逻辑上是一个环形拓扑结构(逻辑拓扑指数据流的拓扑，物理拓扑指线缆连接的拓扑结构)。在令牌环网络中，用一个称作干线耦合器的多路访问设备(MAU)把计算机连接起来，形成物理上的星形拓扑结构，但由于干线耦合器具有环路输入和环路输出两种接口，输入与输出接口首尾顺次相连组成闭合环，如图 9－20 所示。这种干线耦合器在令牌环网络中一般是令牌环集线器。

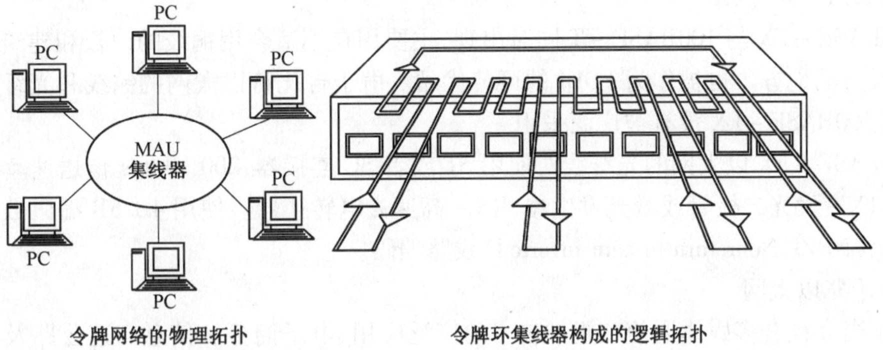

图 9－20　令牌环网络的拓扑结构

令牌环网络系统遵循 IEEE802.2 和 IEEE802.5 规则，传输介质有屏蔽双绞线(STP)、非屏蔽双绞线(UTP)和光纤。传输速率为 4 Mbit/s 或 16 Mbit/s。

令牌环网络在重载时可以有较高的工作效率，不会因为冲突而使网络性能急剧下降。但实现起来比较复杂，管理难度较大，成本高，可靠性较差。在轻载时的性能也不大好。

(2)令牌总线网络

令牌总线网络，物理拓扑是一个总线结构，而逻辑上是一个令牌环网。因此，该网络既有总线网主机接入方便和具有较高的可靠性的优点，又具有令牌环网无冲突和发送延时有确定上限的优点。

令牌总线网的工作原理和令牌环网类似，从逻辑上看，令牌总线把网络上的主机组成一个环，并且将总线上的排列在第一位的成员连接在最后的那个成员之后。总线介质上各个主机的物理排序与逻辑排序无关。在总线上有一个称为令牌的控制帧绕逻辑环传递，负责管理介质访问权。只有获得令牌的主机可以发送数据帧。

9.2.4　快速局域网

1. 快速以太网

数据传输速率为 100 Mbit/s。快速以太网保留了传统的 10 Mbit/s 以太网的数据帧格式和介质访问控制方法(CSMA/CD)，但快速以太网每比特发送时间由后者的 100 ns 降至 10 ns，速度提升了，数据传输的频率提升后，受到噪声的影响也较更大。因此在 100 Mbit/s 的以太网中采用两个分离的编码步骤,一部分采用4B/5B编码,另一部分根据使用的介质是铜缆还是光纤来决定采用何种编码。快速以太网具有高可靠性、容易维护、容易扩展和低成本等优点,已经成为高速局域网构建方案中首选技术。

以下介绍两种经常使用的快速以太网标准100BASE－TX和100BASE－FX。

(1)100BASE－TX

1995年发布了100BASE－T和以太网的自动协商标准(IEEE802.3μ－1995)。1997年扩展到包含全双工特性的100BASE－TX(IEEE802.3x)标准。

100BASE－TX使用5类UTP双绞线缆或STP线缆,接头标准同10BASE－T。采用4B/5B和MLT－3(MLT－Multi－level transmit－3 levels)编码。全双工模式下,以太网交换机取代了集线器,同一时刻网络上可以有超过一台以上的PC机进行数据传输,使网络传输速率大大提高,全双工可达200 Mbit/s。

(2)100BASE－FX

100BASE－FX与100BASE－T同时出现,主要用在不适合用铜线的地板和建筑以及有较大环境噪声的地方。也被作为FDDI的可替代品。由于吉比特以太网的铜线和光纤标准的发布,使得100BASE－FX没有被广泛采用。

100BASE－FX以太网的光纤线对使用ST或者SC连接器,200 Mbit/s传送速率。接头的制作为:TX－发光二极管或激光发生器,RX－高速光电转换器。使用4B/5B编码数据和反转不归零码(NRZI,Nonreturn to zero inverted)线路编码。

(3)千兆以太网

由于当今社会多媒体通信和视频技术的广泛应用、电子商务和信息高速公路及各行各业对网络带宽的要求越来越高,网络技术工作者为满足用户的需求,开发了吉比特以太网,即千兆以太网技术。

千兆以太网保留了与快速以太网相同的数据格式、介质访问控制方法(CSMA/CD)和组网方法,但将快速以太网每比特发送时间由10ns降至1ns。基于5类双绞线的千兆以太网标准是IEEE802.3ab,基于光纤的千兆以太网标准是IEEE802.3z。千兆以太网物理层的标准主要有1000BASE－SX、1000BASE－LX、1000BASE－CX和1000BASE－T四种。

2. 光纤分布式数据接口(FDDI)网络

光纤分布式数据接口(FDDI即:Fiber Distributed Data Interface的缩写)是由美国国家标准协会ANSI X379.5委员会发布的标准。这是一种采用光纤作为传输介质、传输速率为100 Mbit/s、跨越距离可达200 km、通用的令牌环网。

FDDI采用的介质访问方法与IEEE802.5相似,环上的节点需要发送数据时,也必须先截获一个令牌,然后将数据帧发送至环上,沿着环从一个节点到另一个节点依次传递,当数据帧到达目的地节点时就被接收,此后发送数据帧的节点会将该数据帧从环上撤销,最后将令牌释放,整个发送过程结束。FDDI与IEEE802.5的重要区别在于,由于FDDI的环通常比较大(跨距可达200 km,节点可有1 000个),等待令牌帧沿环一周需要比较长的时间,为了提高效率,FDDI的环上可以有多个令牌,即同时可在环内传送多个数据帧。

FDDI采用"反向双环"结构,在两个环中数据传输方向相反,其中的外环称为主环,内环称为辅环,正常情况下只有主环在工作,辅环空闲作为备用环,为了保证网络的可靠性,通常将一些重要的节点同时连接到主、辅环上。当主环出现故障时,可通过辅环构成新的环路,进而保证环路继续工作,提供了可靠性和容错能力。FDDI的双环结构如图9－21所示。

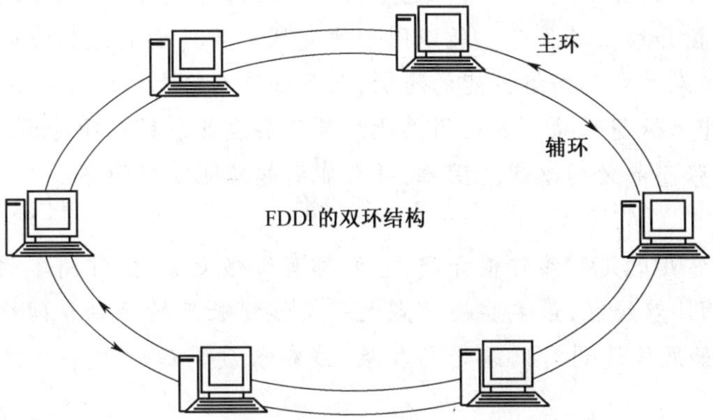

图9－21　FDDI的双环结构

＊9.2.5　局域网互联设备

多种类型的网络互联设备将计算机连接起来构成了局域网，而局域网和局域网、局域网和广域网、广域网和广域网通过这些设备连接起来形成互联网。这些连接设备与OSI模型密切相关，因此通过OSI模型讨论计算机网络互联设备有利于理解这些设备的工作原理、特点及其使用场合。

计算机网络互联设备与OSI模型的关系，可用图9－22表示：

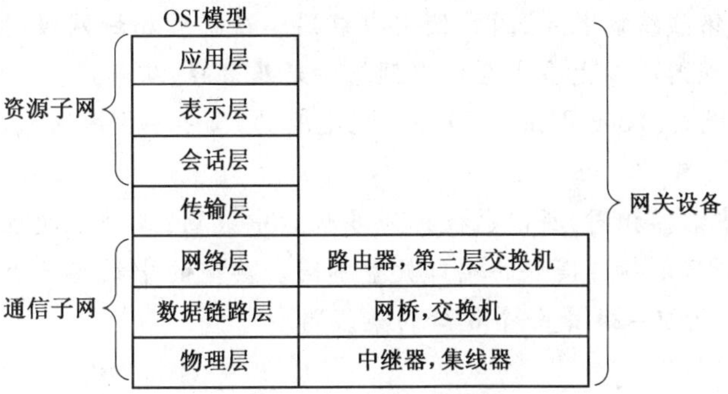

图9－22　网络互联设备与OSI模型的关系

1. 物理层网络互联设备

物理层网络互联设备工作在OSI模型的物理层，在采用CSMA/CD介质访问技术的以太网络中，多台主机通过传输介质使用物理层网络设备连接到一起时，形成一个冲突域。因此，在讲解物理层设备时，先了解冲突域的概念是必要的。

(1)冲突和冲突域

冲突(collision)是指在同一网络线路(由物理层网络设备连接组成的一个区域——即网络分段)上的两个主机同时发送数据时所发生的情况。冲突域是物理上连在一起可能发生冲突的网络分段(segment)。冲突导致网络低效。每次网络上有了冲突，所有的传输都要停止一段时间，再去争用线路。这个停止时间(也称为随机延迟量)的长度是可变的，通常由二进制指数退避算法(backoff algorithm)来决定，其目的是用于恢复线路的数据传输。

物理层网络互联设备对延伸以太网电缆分段起到主要作用。网络经扩展后，可以有更多的主机加入进来。然而,主机增加的同时也增大了网络上潜在的通信量,这是由于物理层设备传递所有发送到传输介质上的信号。所以同一冲突域中要传输的通信量越大,发生冲突的可能性就越大,最终结果导致了网络性能的降低;而且如果网络上的所有计算机对带宽有更大的需求的话,这种性能降低越明显。因此简单地用物理层设备来扩充冲突域的范围,可能会因局域网的长度过分扩张而导致网络运行困难,并可能引起其他冲突问题。

(2)中继器

在局域网中最常用的是铜线传输介质,它们都有价格便宜、操作简单的优点,但也有一些明显的缺陷。如 UTP 双绞线,最主要的缺点之一是线缆长度的限制。网络中,UTP 线缆的最大长度为 100 m。如果你计划对网络进行扩展,线缆长度需超过这个限制,此时就要增加中继器。

使用中继器的目的是对网络信号在比特级上进行再生和重定位时,以使其能在介质上传输更长的距离。如图 9-23 所示。

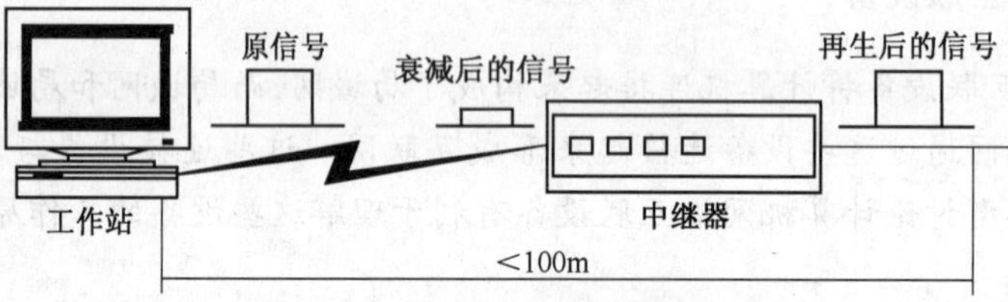

图 9-23　中继器的工作原理

因此,要延伸网络线缆的长度,通常使用中继器。在扩展局域网段时,使用中继器价格便宜、安装简便。但中继器数量太多也会加重网络时延及衰耗,从而严重影响网络性能。总线型以太网的"4 中继器规则(Four Repeater Rule)",也称为"5-4-3 规则",即为此原因所制定。

(3)集线器

集线器原理与中继器相同,所以也被称为多端口中继器,工作在物理层。在多数情况下,这两种设备间的差别只是各自提供的端口数量不同。典型的中继器只有 2 个端口,而集线器通常有 4 口到 24 口,图 9-24 是一个 8 口的集线器。

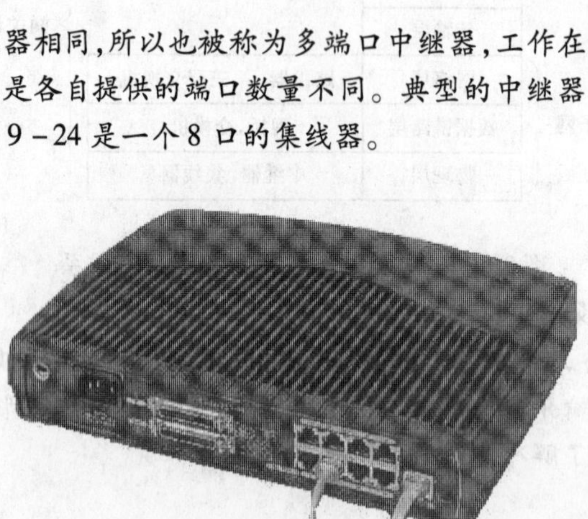

图 9-24　8 口集线器

集线器通常用在以太网 10BASE-T 或 100BASE-T 网络中。利用集线器,网络拓扑可由总线型结构转变为星形结构。工作时,主机发送的信号经由传输介质通过一个端口进入集线器,然后被进行电气中继至相同网段的所有其他接口(除去数据进入端口)上。

集线器有以下两种基本类型：

①有源型——有源集线器附带电源线，使用时必须插到电源插座中。因为它工作时需要能量将进入的信号放大，然后从其他的端口发送出去。

②智能型——智能集线器的工作方式基本上与有源集线器类似，但另外还包括一个微处理器芯片并具备诊断能力。因此，集线器故障排除也更加便捷。当然，智能集线器的价格比有源集线器更贵。

所有连接到集线器上的设备都能接收全部的通信。因此，集线器构成单个冲突域。有时，集线器也被称为集中器，因为对于以太局域网来说，集线器起一个中央连接点的作用。

然而，如果要扩大网络规模，仅使用物理层网络互联设备，只会扩大冲突域，而不会隔离冲突域。为提高网络效率，减少网络冲突发生的可能性必须引入第二层和第三层的网络互联设备。

2. 数据链路层网络互联设备

为了减少局域网内的通信量，可将一个大型的局域网分解为多个更小、更易于管理的网段。这种策略能将网络的地理区域扩展为超过单个局域网所能支持的范围，但此时就需要加入数据链路层网络互联设备，即第二层网络设备。

(1) 网桥

网桥的功能是决定是否将信号传递到网络中另一个网段。首先，网桥在工作开始时，会根据网络上特有的信息构建一包含所连接设备的 MAC 地址与自己端口号对应关系的网桥表。当它从网络上接收到数据帧后，会根据帧中的目的 MAC 地址在网桥表中查找以确定是过滤该数据帧，或复制到另一个网段，或对其进行广播。

网桥分隔冲突域，形成对网络的分段，提高了网络效率。但正如最后一项所描述的，网桥转发广播。以下就讨论广播对网络性能的影响。

(2) 广播与广播域

数据帧通过网桥时，如果帧中目标设备的 MAC 地址不在网桥的交换表(MAC 地址与网桥端口号的对照表)中，则网桥会将该帧转发到除源发端口之外的所有端口，此过程即称为广播(Broadcasting)。

另外，每当需要定位一个不在 ARP(地址解析协议——已知 IP 地址查找 MAC 地址)表中的 MAC 地址时，主机就会广播一个地址解析协议(ARP)请求，为了在所有的冲突域之间进行通信，协议在 OSI 模型的第二层使用广播(Broadcast)和组播(Multicast)帧，当一个节点希望同网络上的所有主机通信时，它就发送一个目标 MAC 地址是 0xFFFF FFFF FFFF 的帧。这个地址能被每个主机上的网卡(NIC)所识别。

第二层设备必须泛洪(Flooding)所有的广播和组播通信量。因此，数据链路层设备被放置在局域网中，这个范围也被称作广播域(Broadcast Domain)。

网络上每个设备传来的广播和组播通信累积起来称为广播辐射。因为网卡必须中断 CPU 来处理每个它所属于的广播和组播组，所以广播辐射会影响网络上主机的性能，因此广播域过大也会降低网络效率。

(3) 交换机

交换机的工作原理与网桥类似，所以也被称为多端口网桥。典型的网桥一般只有两个端口(连接两个网段)，而交换机通常有多个端口，组网时一般根据所需连接网段的数量，选择 8 口、16 口或 24 口交换机。

1)工作原理

交换机的工作原理与网桥类似,根据帧中的目的MAC地址决定如何转发数据帧,也会像网桥一样,通过接收自网络上各个计算机的数据帧中的特定信息来构建转发表,以确定从一台计算机发往其他计算机数据的目的位置,如图9-25所示。交换机有多个端口,分别连接多个网段。若每个网段只有一台设备,即实现了所谓网络的微分段,则比网桥更能提高网络的性能(速度和带宽)。

基于转发表转发分组(基于MAC地址转发)通过检查源地址学习一个主机的位置:

当目的地址位于同一端口时过滤数据帧

当目的地址位于不同端口时转发数据帧

当目的地址是广播地址、组播地址或未知地址时,从除发端口之外的其他所有端口转发出去(此过程亦称为广播或泛洪)。

A→B　过滤　A→E　转发

A→X　广播

交换表

端口号	MAC地址
1	A:02-50-B5-06-92-61
	B:02-50-B5-06-92-62
	C:02-50-B5-06-92-63
	D:02-50-B5-06-92-64
2	E:02-50-B5-06-92-65
3	F:02-50-B5-06-92-66
4	G:02-50-B5-06-92-67
5	H:02-50-B5-06-92-68
6	L:02-50-B5-06-92-69

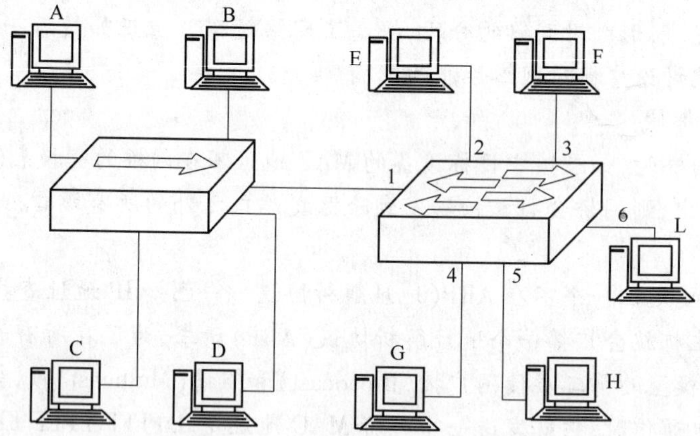

图9-25　交换机的工作原理

交换技术通过对网络的微分段,减小冲突的通信量,增加了数据传输的带宽,基本解决了传统的共享式以太局域网中的拥塞问题。由于能在现有的线缆基础设施上工作,交换机常常替代集线器,这样既能提高性能、充分利用原有投资,对现有网络的影响又最小。

另外,交换机运行速度远高于网桥,并可以支持其他功能,比如虚拟局域网。

在当今的计算机数据通信网络中,常用的交换设备都能完成以下两种基本操作:

①交换数据帧——从源端口上接收帧,然后从适当的端口将帧发送出去。

②交换机操作的维护——交换机构建和维护自己的交换表并查找局域网中的环路。

2) 交换模式

数据帧的内容如何交换到目的端口是在等待时间和可靠性间的一种权衡，通常有以下几种交换模式：

①存储转发交换——交换机读取整个数据帧，然后对帧进行错误检查，决定该帧所去的目的地，然后把它发送上路。这种交换时间较长，但交换可靠。

②贯穿交换——交换机自帧的开始部分一直读到目的 MAC 地址，然后“贯穿”到目的地而不在继续读取帧的其他部分。虽然这种交换速度快，但无错误检测。

③无碎片交换——交换机在转发数据帧前一直等待，并先过滤掉其中发生错误的冲突分片，直到所接收的部分已经确定不是冲突分片。这种交换方式是贯穿交换的一种修订形式。

采用贯穿交换和无碎片交换模式，源端口和目的端口都必须工作在相同的比特率以保持帧的完整。这称为同步交换。如果比特率不相同，帧必须以一比特率先存储起来，然后再以另一比特率发出。这称为异步交换。

3) 生成树协议介绍

通常，为了实现网络的可靠性和容错能力，需要提供冗余链路而额外加入交换机和网桥的情况下，网络可能发生环路。当这种环路在网络中产生时，引起帧的重复传送，交换机会不断地传播广播，这即为广播风暴。由于广播域中所有的设备都忙于处理这些广播通信，致使用户数据无法传送，最终导致网络瘫痪或速度显得极慢。如图 9－26 所示。

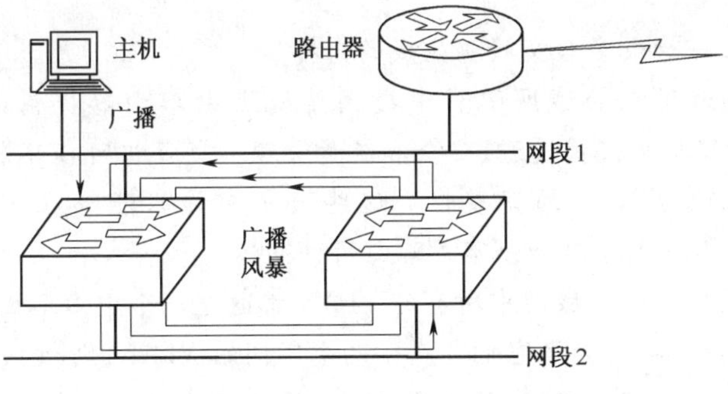

图 9－26 交换机环路引起的广播风暴

交换机采用生成树协议用于交换机之间的相互交流进而解决环路问题，其工作原理为：交换机从其所有端口发送一种称为 BPDU（网桥协议数据单元）的特殊消息，让其他交换机知道它的存在，并采用生成树算法（STA）来找到且关闭符合一定条件的端口，从而消除和关闭冗余路径，创造了一个没有环路的、逻辑上的等级树。如图 9－27 所示。当链路一旦出现故障时，冗余路径又可以重新启用，保证了链路的畅通。

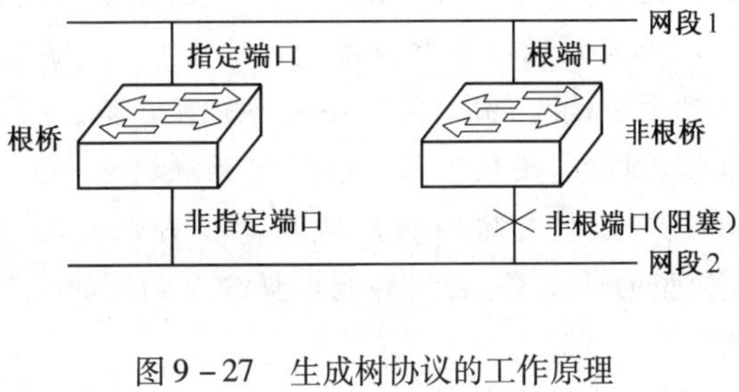

图 9－27 生成树协议的工作原理

(4) 虚拟局域网（VLAN）

虚拟局域网是以太网交换技术的一个主要特征，它使用支持 VLAN 技术的交换机将工作站和服务器汇聚到逻辑概念上的组中。虚拟局域网中的设备只能够与在同一个 VLAN 中的设备通信，这样，在一个交换式的网络中多个 VLAN 工作起来就像是许多互不相连的单独的 LAN 一样。各个 VLAN 可以通过路由器来连接。

1)虚拟局域网的概念

VLAN是在交换式网络的基础上,结合相应的软件建立起来的一种可跨越不同物理网段、不同网络类型(如以太网和令牌环网等)的端点到端点(端点系统为主机或网络设备)的逻辑网络。使用VLAN来确保把某些特定的用户归到逻辑的分组中。在传统的工作场合,同一个部门常常被组织在一个“本地”的区域中,而局域网的发展自然适应了这种需求。现在人们的工作地点希望不再被物理空间所束缚,因此VLAN就发展了“逻辑”区域。例如,在某企业网络中,可按职能部门来划分VLAN,财务部工作的人划分在属于财务部的VLAN,而在技术部工作的人则划分在属于技术部的VLAN中,不论这些部门的人是否工作在同一个近距离的地理范围内。

一个VLAN是一组网络设备和服务的集合,它不受限于一个物理分段和一台交换机。VLAN对交换式网络进行逻辑分段,它根据组织的功能、工程组及应用等因素将这些设备或用户组成群体而无须考虑他们所在的物理位置。例如,一个特定工作组使用的所有工作站和服务器可以连接到同一个VLAN中,而无须考虑它们与网络的物理连接或它们的物理位置。

处于一个VLAN中的客户工作站通常被限制为只能访问处在同一个VLAN上的文件服务器。一个VLAN可以看成是一个在一系列已定义的交换机中的广播域。

VLAN的引入,从而使局域网能够在更大范围内支持用户的自由迁移。

2)VLAN间的路由

一个VLAN是由一台或多台交换机生成的广播域。

VLAN的引入是为了在局域网配置中提供传统上由路由器提供的网络分段服务。在VLAN拓扑中的路由器提供广播过滤、安全和流量管理。交换机可以不转发VLAN间的流量。因为这样会破坏VLAN广播域的完整性。这些流量应该只能够在VLAN间进行路由,而VLAN路由通常采用集中式路由和分布式路由两种策略:

①集中式路由策略是指局域网中所有的VLAN都通过一个中心路由器实现互联。对于在同一个交换机上的两个端口,如果它们分属于两个不同的VLAN,则数据交换时也必须通过中心路由器进行路由选择,此时尽管这两个端口处于同一交换机上。由此可见,这种路由策略由于会增加网络流量、加大网络延时,容易发生拥塞。因此,要求中心路由器有很高的处理能力和容错性能。

②分布式路由策略是指将VLAN的路由选择任务适当地分布到带有路由功能的交换机上,同一交换机上不同VLAN的端口可以直接实现相通。该策略的优点是可获得极高的路由速度和良好的可伸缩性,但要求所用的交换机还必须具有第三层交换功能。

3. 第三层网络互联设备

对于局域网,由于第二层设备转发广播,会降低一个大型局域网的效率,严重的会引起广播风暴,因此需要使用第三层网络互联设备。然而,引入网络层互联设备的主要原因是实现局域网与广域网、广域网和广域网等多种形式的连接。这是因为第三层网络互联设备工作在OSI模型的第三层,它们都能根据分层的逻辑地址信息,将数据分组从一个网络发送到另一个网络。

(1)路由选择基础

数据分组在网络间传递,需要遵循一系列规则,这些规则即为通信协议,第三层网络互联设备工作所需的规则集称为路由协议,路由协议可以分为被路由协议和路由选择协议两大类。

1）被路由协议（Routed Protocol）——以寻址方案为基础，为分组从一个主机发送到另一个主机提供充分的第三层地址信息的任何网络协议。该类协议定义了信息必须采用的格式及分组所包含的字段。这里提到的寻址方案是一个分层的寻址方案，亦即第三层寻址机制。常见的被路由协议有 Internet 协议（IP）、网间分组交换（IPX）和 AppleTalk 协议。

2）路由选择协议（Routing Protocol）——通过在设备之间提供路由选择共享机制，为被路由协议提供支持。路由选择协议消息在路由器之间移动。路由选择协议使路由器之间可以传达路由更新和维护路由选择表。

路由选择协议可分为两类，一类称为距离矢量路由选择协议，路径选择所依据的是互联网络中任意链路的方向（矢量）和距离（跳数，即经过的路由器的个数），距离矢量算法周期性发送它们路由选择表的全部或某些部分给邻近设备，而不论网络结构是否发生变化，通过接收邻近设备的路由选择表，路由器能够检验所有的已知路由，并且能根据邻近设备发来的更新信息来改变本地路由选择表。例如：路由信息协议（RIP）。

另一类叫做链路状态协议，这类协议路径选择决策由网络链路状态决定，对网络的变化能很快做出反应，仅当网络结构发生变化的时候发送触发更新，以较长的时间间隔发送周期性更新，此方法克服了距离矢量路由选择协议的局限性。例如：内部网关路由协议（IGRP）和开放式最短路径优先（OSPF）协议等。

路由选择协议使得路由器在确定路径之后发送被路由协议数据。

3）路由表——由路由协议建立、维护的用于容纳路由信息并存储在路由器的配置寄存器中的表，使用不同的路由选择协议，路由信息也有所不同。一般路由表中保存着以下重要信息：

协议类型：创建路由选择表条目的路由选择协议的类型。

可达网络的跳数：到达目的网络途中所经历的路由器的个数。

路由选择度量标准：用来判别一条路由选择项目的优劣，不同的路由选择协议使用不同的路由选择度量标准。例如，RIP 使用跳数作为自己的度量标准。IGRP 使用带宽、负载、延迟和可靠性来创建合成的度量标准。

出站接口：数据必须从这个接口被发送出去以到达最终目的地。

建立路由选择表的方法有静态和动态两种生成法。静态生成法是由网络管理员根据网络拓扑以手工输入方法配置生成；而动态的则经路由器执行相关的路由选择协议自动生成。表 9－1 为常见的路由选择表。

表 9－1　路　由　表

路由学习途径	目标网络地址	跳数（代价）	出站接口
C（直连）	192.16.1.0	0	E0（以太网接口）
C（直连）	192.16.2.0	0	E1（以太网接口）
R（RIP 协议）	198.16.1.0	1	S0（广域网串口）
R（RIP 协议）	198.16.2.0	1	S0（广域网串口）
R（RIP 协议）	198.16.10.0	2	S0（广域网串口）

（2）路由器

路由器可用来实现局域网之间的连接并分隔广播域，更常用于实现局域网与广域网、广域网与广域网的连接，是一种典型的网络层互联设备。它在两个局域网之间传送数据帧，转发帧时按需要改变帧中的物理地址，直至送达目标网络。

1)路由器的功能

①识别网络层地址和路由选择。这个功能也称为打包。当分组到达一个接口时,先将数据链路层的包头去掉,查看网络层地址,路由器再根据路由表,执行本身的路由协议,确定最佳路径,把数据交换到相应的接口,依照接口类型封装成帧,然后发送帧。

②维护路由选择表并确保其他路由器知道网络拓扑中的变化。此项功能在使用路由选择协议传达网络信息到其他路由器时完成。路由选择表是路由器寻址的依据。

③隔离子网。一个大型局域环境里,需要划分成若干个子网,用路由器来连接这些子网。采用这样的做法可以减小广播域。广播被发送到网络或子网上所有的主机。当广播流量开始消耗太多可用带宽的时候,网络管理员也许就会选择减小广播域策略。

④连接广域网。路由器支持的广域网接口有:ISDN BRI、DSL、X. 25、帧中继、光纤链路、无线链路、拨号或租用电话线等。

⑤安全保证。子网化的措施让网络管理员为局域网提供了广播限制和基本的安全性,在大型局域网内划分子网,到其他子网的访问是由路由器来提供的。路由器可以基于各式各样的安全需求来配置,由它来决定是允许还是拒绝对一个子网的访问,从而提供了安全性的保证。

2)路由器工作原理

路由器负责在多个逻辑上分开的网络间传输数据,所谓逻辑网络是指一个单独的网络或子网,路由器通过判断网络地址和路径选择功能在多网络环境中建立灵活的连接,可用完全不同的数据分组和介质的访问方法连接各种子网。

路由器使用一个或多个路由选择度量标准来决定网络流量发送的最佳路径。路由选择度量标准一般用跳数、带宽、延迟、可靠性、负载与代价等进行多样组合计算用于决定通过互联网络的最佳路径。

当一个分组为了到达它最终的目的地而通过互联网络时,帧头和帧尾在每个路由器(第三层)设备中被剥离和替换,其原因是:第二层的数据单元(帧)只适合于本地寻址方法,而第三层数据单元(分组)适合于端到端寻址。如图 9-28 所示。

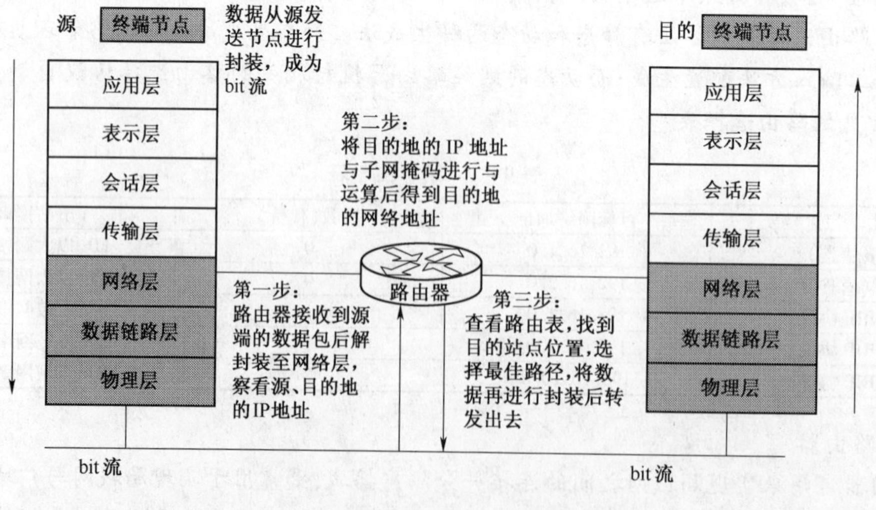

图 9-28　路由器工作原理

在多网络环境里,每个子网连接到 Internet 上都要通过一个共同的节点——路由器,内部网络环境的细节对 Internet 来说是无意义的。Internet 只关心怎样使数据发送到专用网络的网关路由器就可以了。在专用网络中,主机部分的 IP 地址能够被再分,一部分可以被借来以此来创建子网,以节约 IP 地址,并提高网络效率。

外部世界把局域网看作是一个整体网络,并不知道其内部的网络结构。这样可以保持着广域网上路由选择表的小容量和有效性。

3)路由器的一般结构

最常用的路由器实际上就是一台符合冯诺依曼规则的非常专业的计算机,它也是由软件和硬件两大部分组成。

硬件结构:通常由主板、CPU(中央处理器)、随机访问存储器(RAM/DRAM)、非易失性随机存取存储器(NV RAM)、闪速存储器(Flash)、只读存储器(ROM)、基本输入/输出系统(BIOS)、物理输入/输出(I/O)端口以及电源、底板和金属机壳等组成。

软件:路由器操作系统,该软件的主要作用是控制不同硬件并使它们正常工作。最典型的路由器操作系统是美国思科公司的 Cisco 路由器的操作系统,被称为互联网络操作系统,简称 IOS。

常用连接端口:路由器常用端口可分为三类,它们分别是:局域网端口、多种广域网端口和管理端口。如图 9－29 所示。网络管理员通常将一台 PC 机通过专用线缆连接到路由器的管理端口上,并使用命令行界面来生成路由器的逻辑配置文件。

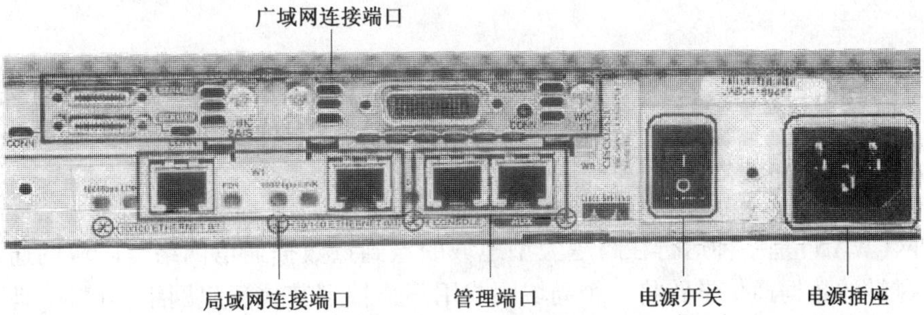

图 9－29　路由器常用端口

(3)第三层交换机

第三层交换机具有第三层交换的功能,也就是将网络层的功能融入交换机,使交换机完成路由功能,从而使第二层交换和第三层路由集于一身,从而达到提高局域网效率的目的。第三层交换的具体实现有以下两类形式:

一是在交换机上增加第三层转发模块,将路由器主要任务中的第三层转发部分以硬件的形式来实现,同时优化路由选择部分的路由算法。这种路由算法是基于“路径缓存”的方法,它分为智能路径选择和快速转发,既可以尽量减少对 CPU 资源的占用,同时也可以大幅度提高交换速度。

第二类方法也是要在交换机上加入第三层转发模块,但其转发功能完全由硬件实现。其中,包括三个核心任务中的路由选择和第三层转发,另外如多播等也都是由硬件实现,充分利用了硬件处理速度快的优势。路由器主要任务中的路由表的管理部分,由于网络变化频繁,且管理协议操作复杂,不宜用硬件来实现,仍需要使用软件通过 CPU 来处理,但这并不影响数据包的转发,因为它们大部分情况下是并行进行的。这种基于硬件的方式更类似于第二层交换。

在内联网中,第三层交换机确实优于传统的路由器,正如虚拟局域网部分所述,第三层交换机在 VLAN 中的应用比路由器优势更明显。因此,现在逐渐将传统的路由器推向网络的边缘,主要提供广域网接入服务。

4. 网关设备

网关能实现 OSI 模型所有七层的互联,一般用于连接两种完全不同的网络体系,即实现不同的网络协议之间的转换。由于网关要完成两种不同的网络协议数据格式的翻译和转换,因此,它是网络互联设备中最为复杂的设备。根据不同的功能,网关可分为以下三类:

(1)协议网关

协议网关主要进行互联网络间不同协议体系的转换;这种物理转换常发生于 OSI 参考模型的网络层和传输层之间。

(2)应用网关

应用网关是在两种不同的网络体系之间翻译数据系统。通常这种网关用于连接两种异型网络。典型的应用网关以一种格式接收输入数据,翻译后,以另一种格式输出至目的网络。

(3)安全网关

安全网关是多种网络技术和通信技术的结合。这些技术互不相同,都有各自的重要作用,其范围可以从协议层过滤到应用层过滤。

注意:在局域网的主机中,网络连接配置的网关是指局域网的出口地址,通常是路由器连接局域网的以太网接口地址。

9.3 广域网技术

9.3.1 广域网概述

广域网(WAN)是一种运行在跨越大型地域的点到点数据通信网络。广域网通常通过电信运营商提供的数据通信链路将一个局域网或用户连接到其他远程网络,可以实现一个跨地区、国家的大型或超大型企业内部的各个局域网的互联。广域网可以用于各种各样的通信类型的传输任务,如语音、数据和视频。

1. WAN 标准制定机构

WAN 使用 OSI 分层参考模型来进行封装,关注点在物理层和数据链路层。一般来说 WAN 标准不但描述物理层的传送方法而且还提出数据链路层的要求,包括地址、流量控制和封装。广域网的标准由下列的权威机构制定和管理:

· ITU-T:国际电信同盟—电信标准部门(原先的 CCITT)
· IETF:因特网(Internet)工程任务组
· ISO:国际标准化组织
· EIA 和 TIA:电子工业联合会和电信工业协会
· ITU:国际电信联盟
· IEEE:电子电气工程师协会

2. WAN 链路的封装

在点到点的物理链路上进行数据传输时,数据从网络层传递到数据链路层,数据链路层则构造一个帧来封装网络层数据。WAN 的数据链路层就定义了数据如何被封装成帧,以便传送到远端。WAN 的数据链路协议描述了在系统之间唯一一条数据路径上,帧是如何被传送的。WAN 常用的数据链路层数据封装有以下几种:

(1)高级数据链路控制 HDLC(High – Level Data Link Control)

HDLC 是一个 IEEE 标准,既支持点到点配置又支持多点配置。它成帧的设计用于在不可靠线路上可靠地传输数据,因此包括了用于流量控制和错误控制和信令机制。高级数据链路控制(HDLC)是 ISO 标准,HDLC 可能在不同的厂家之间不兼容,因为每个厂家实现 HDLC 的方式不同。HDLC 支持点到点和多点结构。

(2)点到点协议 PPP (Point – to – Point Protocol)

在 RFC1661 中描述,由 IETF 制定。PPP 包含一个协议域,以标识网络层所使用的协议。PPP 提供同步或异步电路上的路由器到路由器和主机到网络的连接。

(3)串行线路 Internet 协议 SLIP(Serial Line Internet Protocol)

用于传送 IP 分组的广域网数据链路层协议,现在已经被 PPP 所取代。

(4)D 信道链路访问规程 LAPD

用于 ISDN 的 D 信道上的信令和呼叫建立的协议。

3. DCE 和 DTE

DTE 数据终端设备,在广域网链路上是用户设备的终端点。DCE 数据通信设备,它用于将来自 DTE 的用户数据转换为提供广域网服务的设备所能接收的形式。

在广域网连接中,通信设备通常被放置在连接的两端,DTE 设备和 DCE 设备放在连接的一端,对应的另一端还有 DTE 设备和 DCE 设备,如图 9 – 30 所示。广域网服务提供商(ISP)的传输网络将两台数据通信设备 DCE 连接起来。局域网出口路由器是 DTE 设备,计算机、打印机等也是 DTE 设备。通常一台调制解调器和一个信道服务单元/数据服务单元(CSU/DSU)设备。

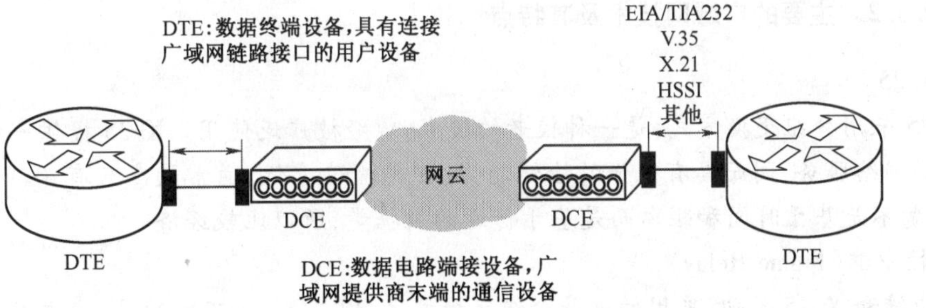

图　9 – 30

4. 广域网交换

计算机网络通信时,源节点与目标节点之间采用交换技术实现相互间的连接。在广域网中有如下三种基本的交换技术。

(1)电路交换

电路交换在实现通信的源和目的站点之间建立一条专用物理通道来进行数据交换。通信时数据沿这条物理通道从源设备直接传送到目的设备。采用电路交换通信的过程分为建立链路连接、传输数据、拆除连接三个阶段。电路交换的特点是通信独占通信链路、通信延时小、实时性高。电路交换通信的实例有公共电话交换网(PSTN)、ISDN 的基本速率接口(BRI)和 ISDN 的基群速率接口(PRI)。

(2)报文交换

报文交换不需要在通信的双方之间建立专用物理通道,通信的中每个报文都是一个具有源地址和目的地址的独立单元,由发送方为其选择一条发往目的地的最佳路径,通信过程中报文从一个节点传送到另一个节点,每个中间节点接收报文并将其保存下来,直到下一个节点准备好接收为止,因此也叫存储—转发式交换。报文交换的特点是通信时无需独占通信线路,线路利用率高、通信成本低,但传输延时比较长。报文交换通信的实例有电子邮件。

(3)分组交换

为了减小报文交换的线路延时,又保留报文交换线路利用率高的优点,分组交换中将报文分割成小组,然后将各个小组连同源和目的地址、分组序号等打包,各个包可以从不同的路径到达目的地,故分组交换也被称为包交换。

分组交换又分为数据报和虚电路两种交换方法。数据报交换中每个分组打成的包都是独立的,在网络中可以单独被路由到目的地,各个分组到达目的地的先后顺序和发送时的顺序可能不一致,需要重新整理以恢复原来的报文内容。数据报交换的原理类似于报文交换,也属于存储—转发式交换。但由于网络中的交换设备可以引导分组绕过繁忙的线路,因此,数据报交换比报文交换效率高。

虚电路交换是在发送分组之前,首先通过呼叫请求建立起一条逻辑连接,这个连接称为虚电路。一旦虚电路建立成功,所有的数据包都相继经过此条路径发送至目的地。显然,在这种情况下,数据包的接收顺序与发送顺序是相同的,并且在网络中也无需为每一个包在各个节点进行路径选择,从而减小了线路延时。在本次传输中所有的数据包发送结束后拆除所建立的逻辑连接。由于虚电路交换的电路中的各交换节点完全在内存中处理分组,而不是在转发前先它们之前存储在磁盘中,所以传输延迟短。

*9.3.2 主要的广域网技术及其特点

1. X.25

X.25 采用分组交换方式,是一种较老的技术,曾经被广泛使用。X.25 提供一种面向连接的可靠的网络服务,因而具有很强的检错能力,但传输速率低,通常最高只有 48 kbit/s。由于 X.25 计费不是基于时间和距离而是基于传送的数据量,所以比较经济。

2. 帧中继(Frame Relay)

帧中继和 X.25 类似,采用的也是分组交换技术,但与 X.25 不同的是,帧中继在数据链路层使用了一种更为简单的协议,数据链路层的数据单元被称为帧。并且它没有差错控制和流量控制。而简化了的帧处理减少了网络传输的延迟。

随着用户对高带宽和低延迟分组交换需求的增加,帧中继技术被广泛应用,帧中继使用永久虚电路(PVC)建立可靠的端到端的数据传输链路。系统无需像传统的分组交换那样,频繁地建立和取消电路,或临时选择最佳路由,进一步提高了网络传输效率。可用的数据传输速率一般可以达到 4 Mbit/s,费用中等偏低。

3. 异步传输模式 ATM

ATM(Asynchronous Transfer Mode)也属于分组交换技术,但 ATM 采用的是固定长度的信元,而不是变长的分组。ATM 信元长度为 53 个字节,其中包括 5 字节的 ATM 头和 48 字节的有效载荷。这种定长的小信元非常适合传输对延时要求较高的语音和视频流量。ATM 数据传输速率最高可达 155 Mbit/s。

4. 结合业务数字网 ISDN

ISDN(Integrated Services Digital Network)是一种交换式数字通信服务。通常由本地电信服务供应商(ISP)提供,ISP 将模拟交换系统转换成数字交换系统。ISDN 将本地环路的模拟(电话)连接转化为时分多路复用(TDM)的数字连接,此连接有用于传输语音或数据的 64 kbit/s 承载(B)信道和一条用来进行呼叫建立和其他用途的信令(D)信道。ISDN 提供基本速率接口(BRI)和基群速率接口(PRI)两种服务。

基本速率接口(BRI)用于家庭和小型公司,它提供2 条 B 信道和一条 16 kbit/s 的 D 信道。对于带宽需求量高的大企业,基群速率接口(PRI)可以满足要求。在北美,PRI 提供 23 条 B 信道和一条的 D 信道,总比特率达 1.544 Mbit/s(包括用于同步的额外开销)。在欧洲、澳大利亚等国家,PRI 提供30 条 B 信道和一条的 D 信道,总比特率达 2.048 Mbit/s。PRI 的 D 信道速率是 64 kbit/s。

5. 数字专线业务 DSL

DSL (DSL for Digital Subscriber Line and X for a family of technologies)是一种新发展起来的针对家庭使用的广域网技术,宽带随距电话公司设备距离的增加而减少,最大速度为 51.84 Mbit/s,大多数情况下带宽较低,从几百 kbit/s 到几 Mbit/s,使用范围较小,但发展较快,费用中等偏低,X 表示 DSL 技术的全部系列,包括:

HDSL——high - bit - rate DSL

SDSL——single - line DSL

ADSL——asymmetric DSL

VDSL——very - high - bit - rate DSL

RADSL——rate adaptive DSL

术语 XDSL 泛指各种 DSL,其中 ADSL(非对称 DSL) 和 SDSL(对称 DSL)是两种基本类型的 DSL 技术。其他形式的 DSL 服务都可以归类为这一种或另一种类型,并且每一种类型有很多变化。DSL 提供全天候的连接,当用户启动连接到 DSL 调制解调器的电脑时,就被连接到 Internet 上了,这种建立方式省掉了建立连接拨号时间。

*9.3.3　广域网主要设备

1. WAN 中的路由器

路由器是实现网络服务的设备。它为各种不同速率的链路和子网提供接口。路由器是能动的、智能的网络设备,也正因为如此它参与网络管理。路由器可通过支持网络的任务和目标并且提供网络资源的动态控制,来管理网络的,使网络达到可连接性、可靠性能、管理控制和灵活性。

路由器既有局域网接口又有广域网接口。尽管可被用作分段局域网设备,但其主要用途是作为广域网设备。路由器通过广域网连接来彼此通信,组成自治系统和 Internet 的主干。

路由器是大型企业网和 Internet 的主干设备,工作在 OSI 模型的第三层,基于网络地址进行路由决策。

路由器的主要功能有:为到达的数据分组选择最佳路径;将分组切换到正确的出口。

路由器通过建立路由表和与其他路由器交换网络信息来完成这些功能。可以手工配置路由表，但是通常是通过使用 routing protocol 与其他路由器交换路由信息，动态维护路由表。

为了使任何机器之间能够互相通信，必须在系统中有路由特性来控制信息流，冗余的路径来保证可靠性，许多网络的设计思想和技术都可追溯到这种初衷。

任何互联网络都应包含下列部分：

· 一致的端到端的编址机制
· 能够表示网络拓扑的编址
· 最优路径选择
· 动态路由
· 分组转发

2. WAN 交换机

WAN 交换机是一种多口网络设备，一般对帧中继、X. 25 和 SMDS（可交换多兆位数据业务）通信业务量进行交换。

WAN 交换机一般运行在 OSI 参考模型的数据链路层。

WAN 中相距很远的两个路由器通过 WAN 交换机进行连接的。

3. WAN 中的调制解调器

调制解调器通过调制解调信号，可以对数字和模拟信号进行转换，如此可以将数据在具有话音等级的电话线上传输。

在源端，数字信号被转换成合适的格式在模拟通信设备上传送。

在目的端这些模拟信号被转换回数字形式。

4. WAN 中的 CSU/DSU

CSU/DSU 是数字接口设备或者有时是两个分立的数字设备以适应 DTE 和 DCE 之间的接口。图 9－31 显示了在一个具体 WAN 网中 CSU/DSU 放置的位置。其中“网云”可以是 ISP 服务商的网络。有时 CSU/DSU 集成在路由器的机箱中。

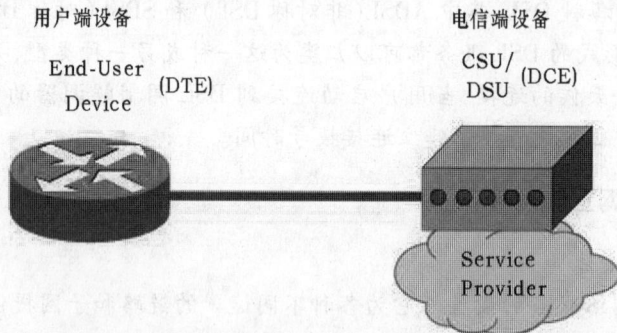

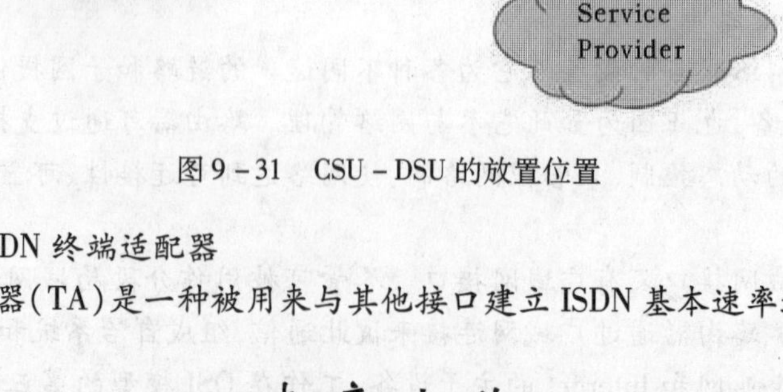

图 9－31 CSU－DSU 的放置位置

5. WAN 中的 ISDN 终端适配器

ISDN 终端适配器（TA）是一种被用来与其他接口建立 ISDN 基本速率连接的设备。

本 章 小 结

本章从计算机网络发展历程入手，简单介绍了计算机网络体系结构、网络通信协议、网络拓扑结构等计算机网络基础知识，着重介绍了计算机网络常用的传输介质、典型的局域网技术和局域网常用的互联设备的功能及特点，介绍了常用的广域网技术。通过本章学习，不仅有利于读者掌握计算机网络技术基础知识，还能掌握简单局域网组建及维护的基本技能。本章主要有以下几个知识点：

1. 计算机网络基础知识

主要介绍计算机网络发展概况及有关概念，网络的组成、协议、拓扑结构、传输介质等网络基础知识，学生通过这些内容的学习，能了解计算机网络体系结构和主要的网络通信协议的功能，掌握常用的网络拓扑结构和传输介质的相关知识，提高对计算机网络运行系统的理解。

2. 局域网技术

主要介绍常用的局域网介质访问技术和几种典型的局域网技术标准及工作原理，重点介绍了快速局域网技术和常用的局域网互联设备，通过这些知识点的学习，使学生重点掌握常用的快速以太局域网技术和路由器、交换机的功能及简单的使用方法。

3. 广域网技术

主要介绍了常用广域网技术标准及其特点和广域网主要设备等知识，通过学习便于学生了解广域网技术基础知识，提高学习选择一种合适的广域网接入技术的能力。

复习思考题

1. 什么是计算机网络？计算机网络的主要功能有哪些？
2. 计算机网络发展经历了几个阶段？各阶段有何特点？
3. 串行通信中，数据通信方向有几种方式？各种方式有何特点？
4. OSI参考模型共有几层？简述各层的主要功能。
5. 简述TCP/IP协议簇的结构及主要协议名称。
6. 计算机网络拓扑结构有几种？各种拓扑结构有何特点？
7. 计算机网络有哪几部分组成？网络中有哪些主要硬件设备？
8. 计算机网络中常用的有线传输介质有几种？各有何特点？
9. 以太网的MAC地址的结构及其特点？
10. 什么是介质访问控制方法？简述几种常用局域网的介质访问控制方法及其特点。
11. 常用局域网技术有几种？各有何特点？
12. 标准以太网技术标准有几种？这些以太网技术存在哪些问题？
13. 快速以太网技术标准有几种？最常用的快速以太网标准的主要特点是什么？
14. 常用的局域网互联设备有哪些？它们分别工作在OSI模型的哪一层？
15. 试解释冲突和冲突域、广播和广播域的概念，并简要说明它们对局域网性能的影响。
16. 简述交换机的工作原理和交换表的构建过程。
17. 简述路由器的一般结构和主要功能。
18. 广域网交换技术有几种？各有何特点？
19. 常用的广域网技术有哪些？各有何特点？
20. 常用的广域网设备有哪些？

*第 10 章

单片机使用方法应用举例

【学习目标】

了解单片机的基本使用方法，会分析 ZPW－2000A 型自动闭塞装置发送部分的基本功能，并能给出相应的硬件框图和程序。

10.1 ZPW－2000A 自动闭塞发送器简介

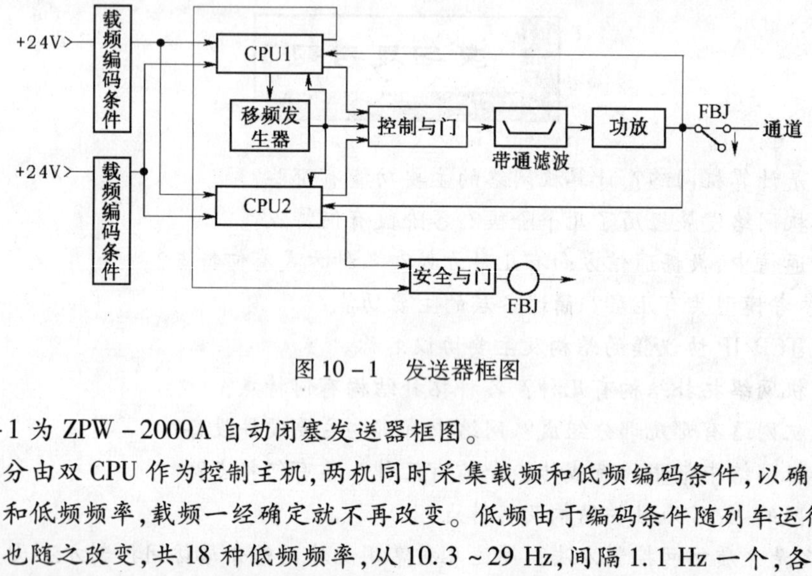

图 10－1 发送器框图

图 10－1 为 ZPW－2000A 自动闭塞发送器框图。

发送部分由双 CPU 作为控制主机，两机同时采集载频和低频编码条件，以确定系统采用的载频频率和低频频率，载频一经确定就不再改变。低频由于编码条件随列车运行而变化，所以低频频率也随之改变，共 18 种低频频率，从 10.3～29 Hz，间隔 1.1 Hz 一个，各代表不同的含意。每次只能有唯一的一种作为当前的低频信号频率。它包含着一个确定的意义，向列车和列车运行后方传递信息。但是这种低频信号是加载到相对较高的频率信号上向轨道发送的，目的是提高信号的抗干扰能力。

采集到信息后，由移频信号生成程序根据采集到的信息码找到与之对应的移频信号发生器的控制数据，控制移频信号发生器产生携带着低频信息的称频信号。移频信号发生器由可编程逻辑阵列组成，其特点是，当装入两组数据，一组控制产生载频频率，另一组控制产生低频频率。输出是以载频的上下边频交替出现的信号，交替的频率就是低频信号的频率。

该信号发送前还要对移频信号和低频信号进行校验，检测移频信号发生器的输出信号频率是否为当前应发频率。正确时由两机同时向控制与门发生信号，控制与门打开，信号经由低通滤波器把方波变为正弦波，再经功放将信号幅度放大到规定的电平，信号送往通道即轨道前，还要作一次信号幅度和频率的查验，校验经过虑波和功放后信号是否发生畸变。经确认没有发生错误时，控制安全与门打开，使 FBJ 吸起，将信号送上轨道。

由以上介绍可知发送部分的任务为四个部分：①载频、低频编码条件信息采集；②移频信号生成；③载频、低频信号频率校验；④信号幅度查验。

特别说明：以下内容是根据 ZPW－2000A 的基本功能而编写。

10.2　载频编码条件和低频编码条件信息采集

发送到轨道的信息是以移频信号的形式出现的，两个频率一个代表低频信号的正半周，另一个代表低频信号的负半周，移频信号的抗干扰能力强，同时机车信号装置的接收线圈也能收到较强的信号。图 10－2 是移频信号示意图。

ZPW－2000A 系统分别以 1 700 Hz、2 000 Hz、2 300 Hz、2 600 Hz 为中心频率，上边频加 11 Hz，下边频减 11 Hz，如某信号点使用 1 700 Hz 载频，上边频(1 700＋11) Hz，下边频(1 700－11) Hz，分别代表低频信号的正半周和负半周；这种信号频率称作载频。

图 10－3 是用于采集载频编码条件和低频编码条件的电路，载频条件由一组 6 位开关设定，即码长为六位，每位有两个状态，可组成 64 个不同的组合状态，选出八组作为载频状态码（系统实用八组），每组作为一个中心频率的状态码。低频信号频率是由列车运行位置和前方信号点发来的信息等情况决定。具体是哪种低频信息由 18 个继电器的吸起和落下的不同组合状态来决定。

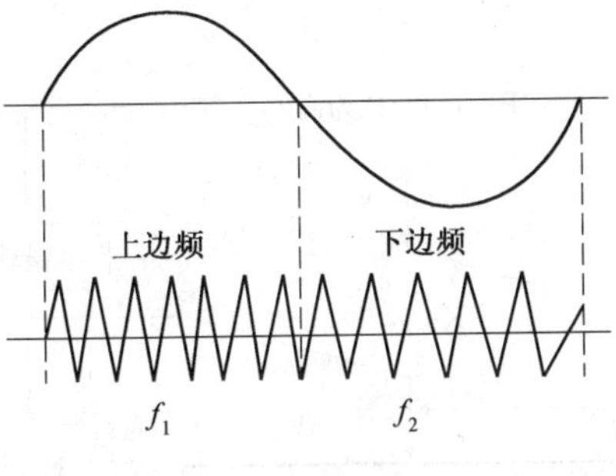

图 10－2　移频信息示意图

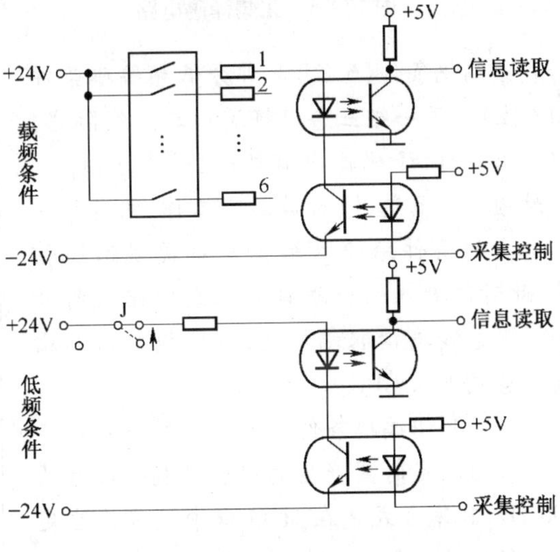

图 10－3　采集电路图

编码条件采集电路，采用功率型电路即光耦合器必须在较大电流和较高的电压下才能工作，以防止电路误动，提高其抗干扰能力。另外电路中采用光耦合器能有效地将有接点（继电器）电路和电子电路隔离，电路中共 18 个继电器接点各代表一种确定含义。

采集控制电路由三态门组成，见图 10－4。控制信号是 P1.1 送出的方波续列脉冲，当 P1.1 口输出高电平时，采集控制三态门被打开，控制光耦导通工作，读取光耦随之进入工作状态，待读取的信息（继电器接点状态）以反码形式出现在读取光耦的输出端口上。

采集端口译码及总线连接部分，采用了简单译码方式，见图 10－5。用 A_{15} 作译码条件，但必须说明这样做牺牲了高位 32K 内存空间，译码电路产生两个端口地址 8000H，8001H 选通包

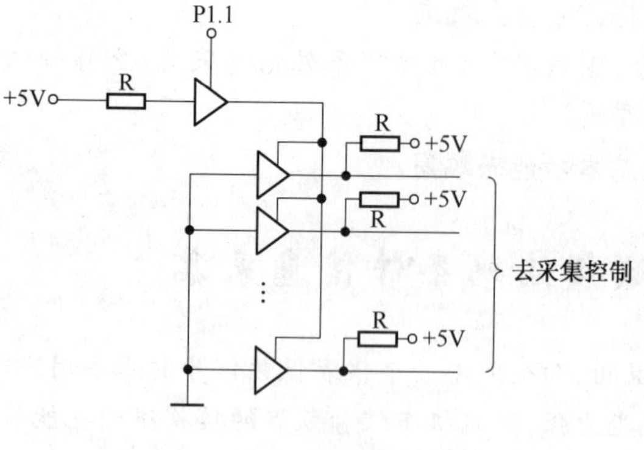

图 10－4　采集控制三态选通

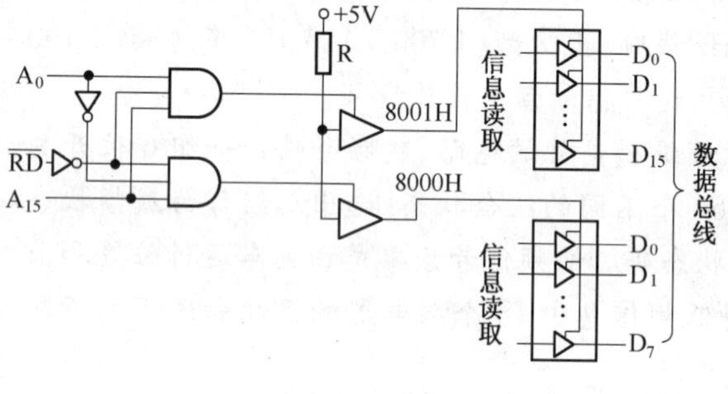

图 10－5　采集译码电路

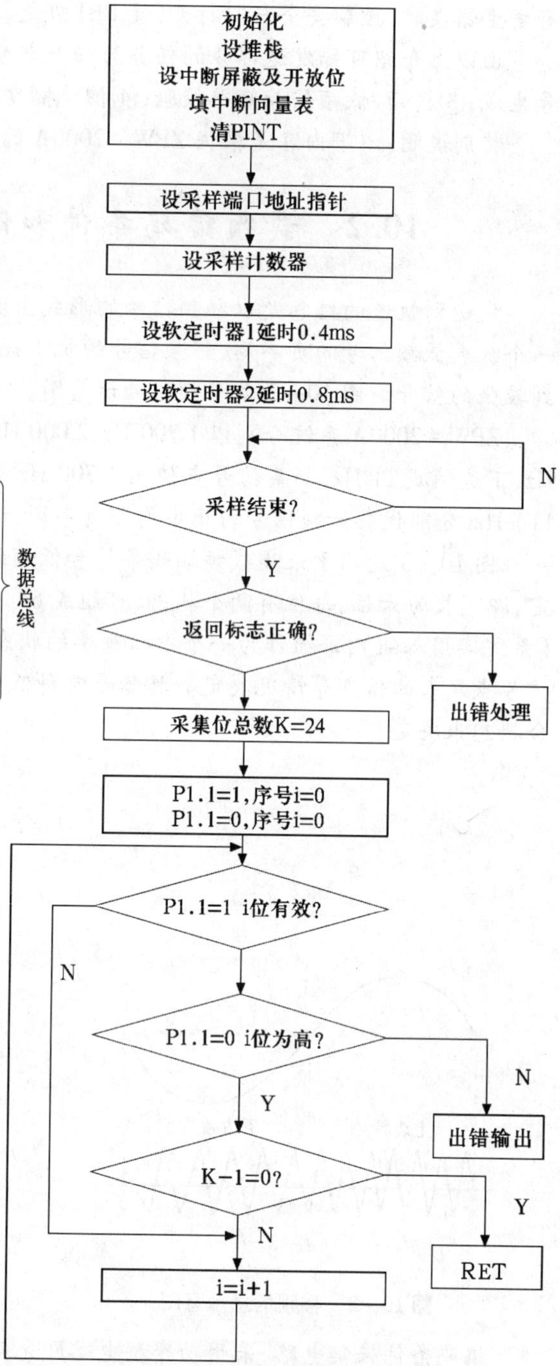

图 10－6　信息读取时刻示意图

括载频编码条件(6 位)和部分低频编码条件(18 位)。用一组三态门将端口与总线隔离，端口工作时，译码输出有效，此时由于 $A_{15}=1$，封锁存储器选片，存储器不工作，同时利用 $A_{15}=1$ 的条件给输入输出端口提供选通信号，此时仅输入输出端口的三态门组被打开将数据总线与读取端口连通，使端口信息由数据总线进入 CPU。

下面介绍编码条件信息采集程序部分。

采用软定时器产生的读取控制方波约为 600 Hz，具体方式是在 HSO 口中预置产生定时中断的时刻数值，该时刻到时，启动一个软定时中断，CPU 响应中断后，控制 P1.1 口改变一次电平值，P1.1 口将随软定时中断的多次产生，输出连续的脉冲，把这个连续脉冲加在采集控制端，就可以有读取端口读出信息，设定读取信息的次数为两次。一次在采集控制方波的高电平处，另一次在采集控制方波的低电平处，见图 10－6。对应光耦通、断各 1 次，这样做的目的是采集信息的同时，对硬件电路也进行了检查。比如读取某路信息时，若该路继电器是吸起的，当控制端为高电平时，读取端为低电平，当控制端为低电平时，读取端为高电平，读取端能够跟随控制端发生变化，说明该路硬件无故障。

从 P1.1 口输出第一个正跳沿开始，延时 0.4 ms。第一次采集，之后延时 0.8 ms 采集第二次，一次共两次。程序中初始化和参数设置工作完成后。首先使 P1.1 口输出高电平，控制光耦的控制端为低电平，采集电路开始工作，但不立即采集，而是延时后再采集，这样做的目的是等待有接点电路工作稳定后采集。

这样共需产生 3 个软定时中断，奇数次采集编码条件信息，偶数次改变 P1.1 口电平。

下面给出流程图见图 10－7。

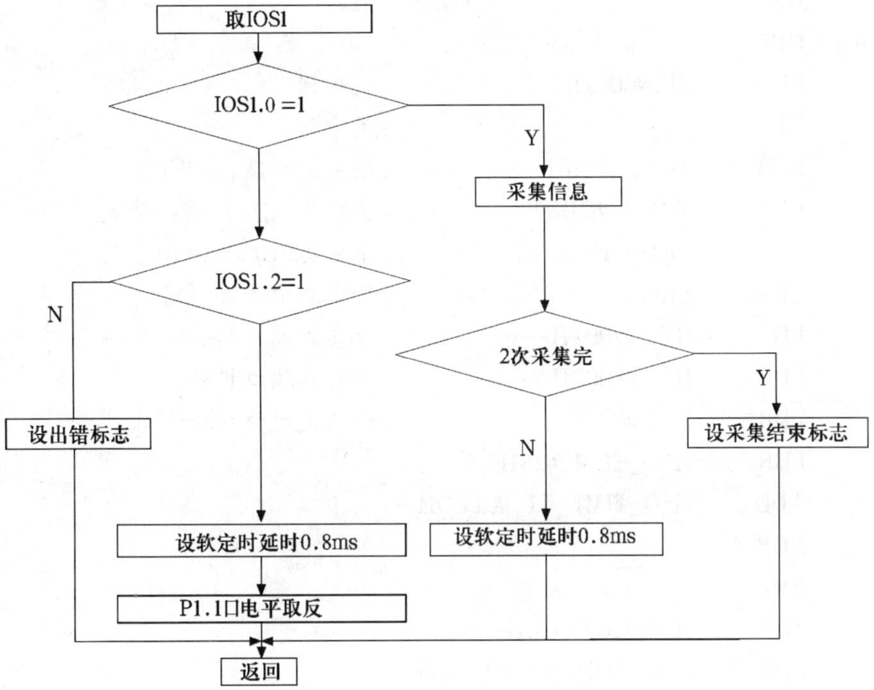

图 10－7　流程图

程序部分：

```
HSO_CON     EQU 06H
HSO_TIME    EQU 04H
PINT        EQU 09H
MINT        EQU 08H
INVEC       EQU 200AH
TEMP        EQU 40H
IOS1        EQU 16H
T1          EQU OAH
SP          EQU 18H
P1          EQU OFH
R1          EQU 50H
R2          EQU 60H
R3          EQU 53H
R4          EQU 55H
```

```
        R5                      EQU 57H
        R6                      EQU 59H
        R7                      EQU 70H
        R8                      EQU 80H
        R9                      EQU 61H
        R10                     EQU 63H
        R11                     EQU 65H
主程序： ORG
        LD      SP,#00COH               ;设堆栈
        DI                              ;关中断
        LDB     MINT, #20H              ;设中断屏蔽,开放位
        LD      TEMP,#CJINT             ;填采集(CJ)中断向量表
        ST      TEMP,INVEC              ;填采集(CJ)中断向量表
        CLRB    PINT                    ;清中断申请寄存器
        LD      R1, #8001H              ;设采集端口指针
        LD      R2, #8000H              ;设采集端口指针
        LDB     R3, #02H                ;设采集端口指针
        LDB     HSO_COM,#38H ;
        ADD     HSO_TIME,T1,#01EDH
        NOP
        NOP
        LDB     HSO_COM,#3AH
        LDB     HSO_TIME,T1,#03DAH
        EI
LOOP：   SJMP    LOOP
        AND     R3, #FFH
        JNE     LOOP
        CMP     R4 ,#OFH                ;返回参数为(OFH)正确标志?
        JNE     EORR1                   ;出错处理
        LD      R5,#OFH                 ;设检测总位数
        LD      R6,#OOH                 ;清检测序号记录器
LOOP1：  SHL     RT,#1                   ;RT 左移一位
        JNC     LOOP2                   ;非“1”为有效,转出处理
        INC     R6                      ;检测序号加 1
        DJNZ    R5,LOOP                 ;全部检测完?
        RET
LOOP2：  SHL     R8 R6
        JNC     EORR2                   ;出错处理
        SJMP    LOOP1
```

中断服务程序：

```
            ORJ  #JCINT
            LDB  R9,IOS1
            JBS  R9,0,STIMER0
            JBS  R9,2,STIMER2
            LD   R10,#55H              ;设出错标志
            RET
STMER0:DI
        LD          R7,[R1]            ;采集8001H端口信息
        LD          R8,[R2]            ;采集8000H端口信息
        DEC         R3
        JE          LOOP3
        LDB         HSO_COM#38H
        ADD         HSO_TIME,T1,#03DAH
        SJMP        LOOP4
LOOP3:  LDB         R11,3AAH           ;设结束标志
        RET
STIMER2:LDB         HSO_COM,#3AH       ;软定时
        LD          HSO_TIME,T1,03DAH  ;设定延时时间
        LDB         P1,300H            ;输出低电平
        RET
```

10.3　信息码生成

上面程序已经完成了信息码采集和动态检测。生成新的信息并将其装载到移频信号发生器中产生移频信号是本部分程序的任务。

10.3.1　任务分析

采集程序采集的信息是以各种码形提供给后面程序的，不同的码形代表的不同的意义，不同意义对应着不同的移频信号频率和不同的低频信号频率，由于产生哪种载频（移频）和低频频率是由装载移频信号发生器的控制数据决定的，因此使每种码形与和它对应的一组控制数据建立起联系是必要的。

由码形找到控制数据后还需要进一步查验是否有其他错误，校验正确后，才能装载移频信号发生器，但其他错误的校验会涉及较多信号专业的知识，在此从略，讨论的重点放在码形与控制数据的联系规律上和如何查找的方式上。

10.3.2　码形与控制数据的存储方式

码形按其表面形式上数值的大小，从小到大，先载频，后低频的形式顺序存放在一段存储器内。控制数据也按照码形存放方式先载频，后低频顺序存放在码形存储区相邻的一段存储空间中，如图10－8所示。

10.3.3 查找方式

用采集程序传递至本程序的码形与码形存储区的码形逐一比较,找到两者完全一致的一组码,并以这组码距码形存储区首地址的偏移量加控制数据存储区首地址,就可以找到与之对应的控制数据。

例如:码形存储区首地址 R1 为 2000H。

控制数据存储区首地址 R2 为 3000H。

若本次查找的码形与码形存储区的码形完全一致时的偏移量为 5,用 R2 +5 就可以找到 3005H 单元的控制数据,将其装载移频信号发生器,就可以产生移频信号。

1700 – 1 码形
1700 – 2 码形
2000 – 1 码形
2000 – 2 码形
⋮ ⋮
1700 – 1 控制数据
1700 – 2 控制数据
2000 – 1 控制数据
2000 – 2 控制数据

图 10 – 8　码形—控制数据存储示意图

低频信号的查找过程相同不再重复。

10.4　载频、低频频率查验

移频信号成生后,要先经过查验,确认正确,才由两个 CPU 给出信号将“控制与门”打开,接通通道,准备向通道发送。

检查工作由两个 CPU 同时进行,验证后,两个 CPU 向控制与门发出控制信号。若任意一个 CPU 查验不正确,不发出控制信号,信息就不能发送,这种方式为“二取二”。可提高系统的安全、可靠性。

对移频信号频率的查验,使用 HSI 口来进行,具体方式为用 HIS. 1 连接于移频信号发生器输出端。采用模式 1 检出移频信号的每个正跳沿,两个正跳沿之间的时间间隔就是移频信号周期,并计数。当移频信号上、下边频交替出现时,就可以根据连续出现上边频或下边频的个数,计算出低频信号的周期,并对它们进行验证。

下面说明线路上各区段载频的配置。基本载频频率有四种,1 700 Hz、2 000 Hz、2 300 Hz、2 600 Hz,为了增加载频数量,又将四个基本载频分为 1 型和 2 型,也就是以原载频为中心,上、下偏移较小的频差形成,这样就产生了上行线路有四个载频,下行线路有四个载频。每个载频又有上边频和下边频,一共有 16 个载频参数。

配置参数的基本方式是:上、下行线路,同方向线路相邻区段高、低配对,使其不会相互影响。

为了方便、快捷,将 16 个载频参数放置在一个表格中(一段存储器空间),每个参数是以该载频一个周期中包括多少个 T1 定时器的计数值计算的,频率不同,参数也不同,但都是固定不变的常数。

载频参数、低频参数存储示意图如图 10 – 9 所示。若将 16 个参数按频率由低到高,先 1 型后 2 型,存储单元从上向下的顺序存放,每个参数占两个存储器字节,其存放形式如图示,低频频率参数也按上述方式由低到高顺序存放,参数存放地址的查找方法为首地址加偏移量。

若偏移量已由采集载频编码条件和低频编码条件的程序计算出并存放在某指定存储空间中,简称控制表,我们就可以使用该控制表很方便地找到所需的载频参数和低频参数。

另外必须说明的是以上参数一般会包含小数部分,但 T1 定时器的计数值是整数,这就有取舍问题或以程序作更高级的运算完成,这里为方便教学不考虑小数。

下面给出程序和程序流程图(图 10－10)。

主程序:

```
ORG #3080H
LD   SP, #00C0H              ;设堆栈
DI                           ;关中断
LDB  MINT ,  #02H            ;设中断屏蔽,开放位
CLR. PINT                    ;清中断悬挂
LD   HIS_MOOE, #30H          ;
LD   TEMP, #2004H            ;填中断向量
ST   TEMP, INVEC             ;开中断
EI;
LDB  TQ, #00H                ;清前次 T1 值记录寄存器
LD   RG2 #00H                ;清中间工作寄存器
ADD  RS R0                   ;设上边频参数指针
ADD  RX R0                   ;设下边频参数指针
ADD  RDPC, R0                ;设低频参数指针
LDB  RDPJK, #02H             ;设低频半周检测次数
LD   IOCO, #04H              ;启动 HIS 口 HS1.2 使能
LOOP:  SJMP LOOP             ;自循环等待中断
       CMP  PK, #05H         ;是开始标志?
       JE   LOOP1            ;是开始标志转出
       AND  RG2, RG2         ;RG2 =0?
       JNE  LOOP10           ;非零－LOOP10
       LDB  RG2, TH          ;是零 TH RG2
       SJMP  LOOP            ;转等待中断处
       CMP  TH,  RG2         ;两次周期相同?
       JE   LOOP             ;相同返回,等待下次中断
       LD   RG2,TH           ;不同移频周期存 RG2
       CMP  TH,[RS]          ;是上边频?
       JNE  LOOP2            ;不是上边频转 LOOP2
       LDB  RSXB, #0FH       ;是上边频,设上边频标志
       INC  RSXBJ            ;上、下边频计数器加 1
       LDB  RK,#05H          ;设开始标志
       SJMP  LOOP            ;返回中断等待处
LOOP2: CMP RG2[RX]           ;是下边频?
       JNE  LOOP3            ;非下边频输出
       LDB  RSXB, #FOH       ;是下边频标志
       INC  RSXBJ            ;上、下边频计数加 1
       LD   RK,#05H          ;设开始标志
       SJMP  LOOP            ;输中断等待处
```

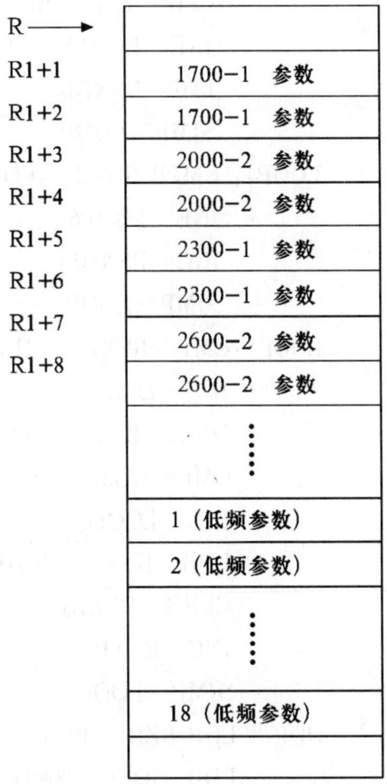

图 10－9 载频参数、低频参数存储示意图

```
LOOP1: CMPB RSXB, #0FH              ;上边频标志?
       JNE   LOOP4                  ;不是转出
       CMP   RG2,[RS]               ;是上边频?
       JNE   LOOP5                  ;不是输出
       INC   RSXBJ                  ;是,计数器加1
       SJMP  LOOP                   ;返回中断等待处
LOOP4: CMPB RSXB, #FOH              ;是下边标志?
       JNE   LOOP6                  ;不是,转处错处理
       INC   RSXBJ                  ;是下边标志,计数器加1
       SJMP  LOOP                   ;返回中断等待处
LOOP5: CMP   RSXBJ,[RPPPC]          ;不是上边频,计数值=低频半周控制数?
       JNE   LOOP6                  ;不等于,转出错处理
       DJNZ  RDPJK  LOOP7           ;低频半周计数位零?
       CMP   RG2,  [RX]             ;下边频
       JNE   LOOP6                  ;输出错处理
       LDB   RSXB, #FOH             ;设下边频标志
       CLRB  RSXBJ                  ;清上边频计数
       INC   RSXBJ                  ;下边频计数加1
       SJMP  LOOP                   ;转等待中断处
LOOP7: LDB RZB, #FFH                ;设标志,检测完成
       LDB   IOCO, #00H             ;关 HIS
       LDB   RSXBJ, #00H            ;清计数器
       LDB   HSO - COM,#00H         ;启动 HSO 口
       ADD HSO - TIME,T1,#n         ;设 HSO 启动时间
       RET                          ;返回系统
LOOP3: CMP RSXBJ,[RDPC]             ;计数=低频半周控制参数?
       JNE   LOOP6                  ;输出错处理
       DJNZ. ROPJK,LOOP7            ;低频一周结束?
       CMP   RG2, [RS]              ;上边频?
       JNE   LOOP6                  ;
       LD    RSXB,#OFH              ;设上边标志
       CLR   RSXBJ                  ;清计数器
       INC   RSXBJ                  ;计数器加1
       SJMP  LOOP                   ;转移中断等待处
```

中断服务程序:

```
       ORG #2004H                   ;中断服务程首地址 2004H
       LD   TH,HSL - TIME           ;HSL_TIME. 04H( 读 HIS_TIME)
       AND  TQ, FFH                 ;TQ =0?
       JNE  LOOPA                   ;TQ≠0 输 LOOPA
       LD   TQ,TH                   ;TQ =0 TH→TQ
```

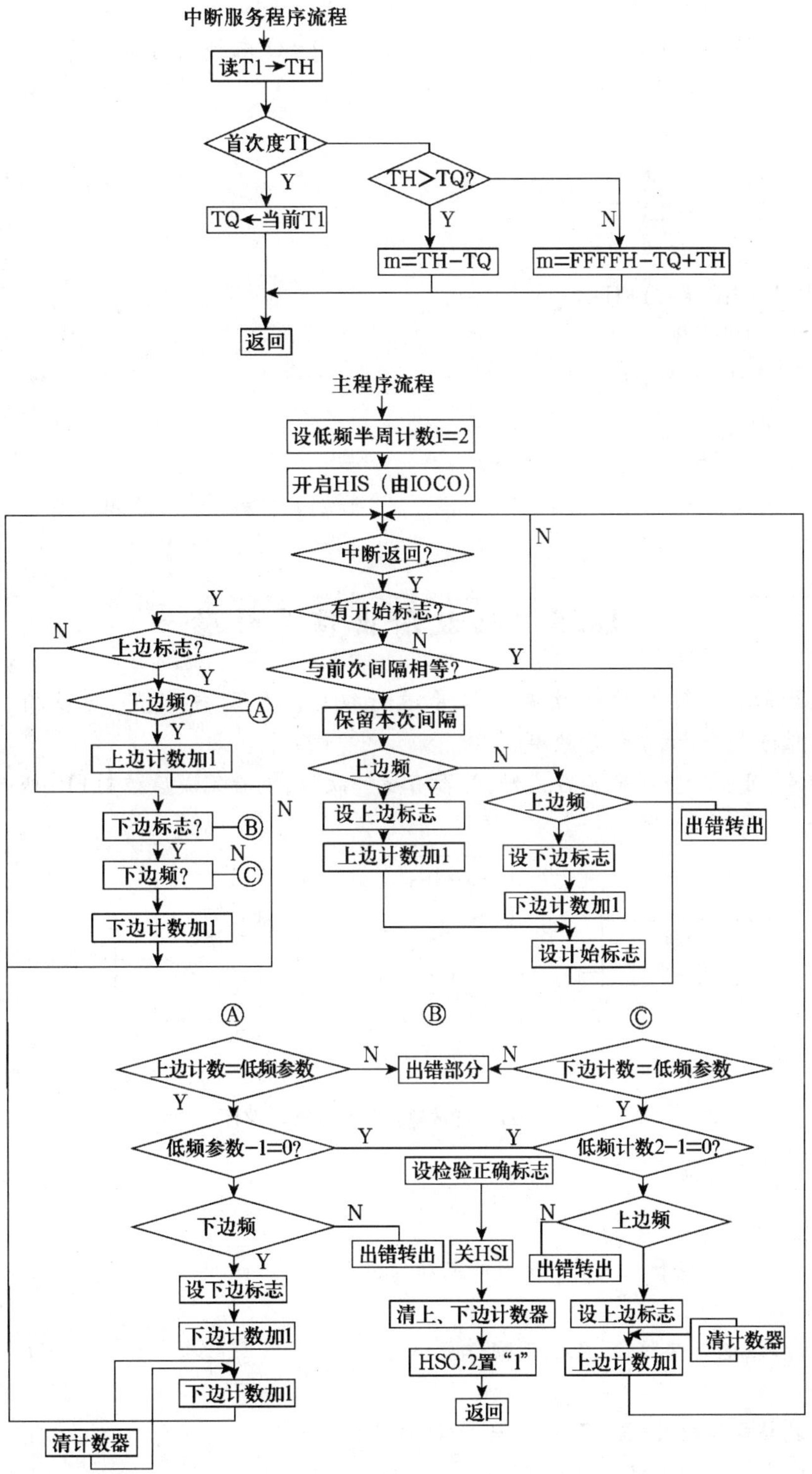
中断服务程序流程
读T1→TH
首次度T1
Y
TQ←当前T1
TH>TQ?
Y
N
m=TH−TQ
m=FFFFH−TQ+TH
返回
主程序流程
设低频半周计数i=2
开启HIS（由IOCO)
中断返回?
Y
N
有开始标志?
Y
N
上边标志?
上边频?
上边计数加1
下边标志?
下边频?
下边计数加1
与前次间隔相等?
保留本次间隔
上边频
设上边标志
上边计数加1
上边频
设下边标志
下边计数加1
设计始标志
出错转出
上边计数=低频参数
出错部分
下边计数=低频参数
低频参数−1=0?
低频计数2−1=0?
设检验正确标志
下边频
出错转出
关HSI
清上、下边计数器
HSO.2置“1”
返回
设下边标志
下边计数加1
下边计数加1
清计数器
上边频
出错转出
设上边标志
上边计数加1
清计数器

图 10－10　程序流程图

```
        RET                  ;中断返回
LOOPA:  CMP TH,TQ            ;TQ≠O 求移频周期
        JC   LOOPB
        LD   RB,TH
        SUB TH. TQ
        LD   TQ. RB
        RET
LOOPB:  LD RB. #FFFFH:
        SUB   RB,TQ
        ADD   RB,TH
        LD   TQ,TH
        LD   TH,RB
        RET                  ;返回 参数 TH 为移频周期
                             ;TH 为前次 T1 数值
```

10.5 功放输出信号校验

ZPW－2000A 型装置对功放输出信号进行校验。校验内容:①功放输出的电压幅度。②移频信号频率,低频信号频率。

经过校验,可以检查通道是否完好,是否有硬件故障,校验完成后控制 FBJ 吸起接通通道,向轨道发码。

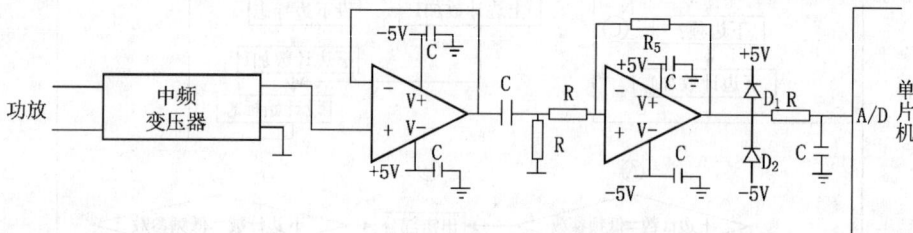

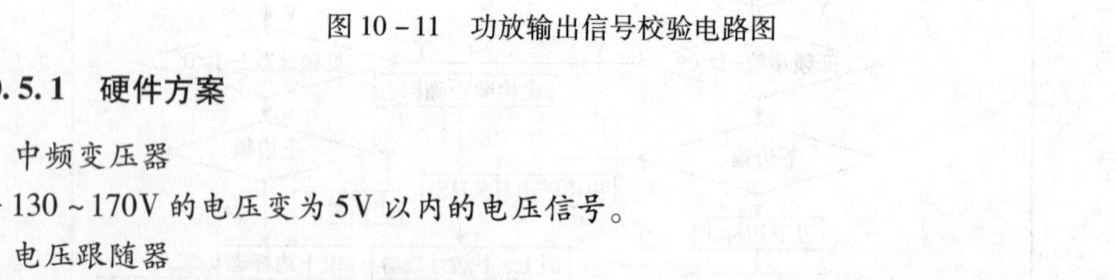

图 10－11　功放输出信号校验电路图

10.5.1 硬件方案

1. 中频变压器

将 130～170V 的电压变为 5V 以内的电压信号。

2. 电压跟随器

连接前、后级电路起隔离,阻抗匹配作用。

3. 比例放大器

作用为调整电压幅度(K＝Rg/R)与 A/D 口连接;

电源侧电容为防止电源抖动设置;

两级放大器由阻容耦合,消除零点飘移,但电容要较大,以免产生信号衰减;

A/D 口二极管防过压,小电阻,电容是对管脚漏电流导致变换精度降低的补偿。

10.5.2　软件方案

1. 任务分析

对功放输出信号检测是通过 A/D 变换进行的，每次 A/D 变换需用时间 88 μs，移频信号最高载频为 2 600 Hz。一个周期为 385 μs，每周只能作几次采样。因此必须选择采样点才能获得所需信息。根据采样定理，一个周期采样三次，采样点选在过零点和两个峰值点上。

2. 说明

(1) 移频信号和低频信号的检测前面已作过不再重复。本例只对峰值和过零点进行校验。

(2) 用 HSI 口捕捉移频信号上跳沿，以上跳沿作为起始立即启动 A/D 变换。此后延时 1/4 移频信号周期，再次启动 A/D 变换捕捉第一个峰值点，最后一次延时 1/2 移频信号周期捕捉第二个峰值点。

(3) 差分方式，A/D 结果为补码形式，可用补码形式直接参与运算，和预先计算出的标准值（也必须为补码形式）比较，就可以校验。

(4) 延时启动 A/D 变换实用程序应将指令产生的延时考虑在内，本例作了简化。

(5) 下面给出流程图（图 10－12）。

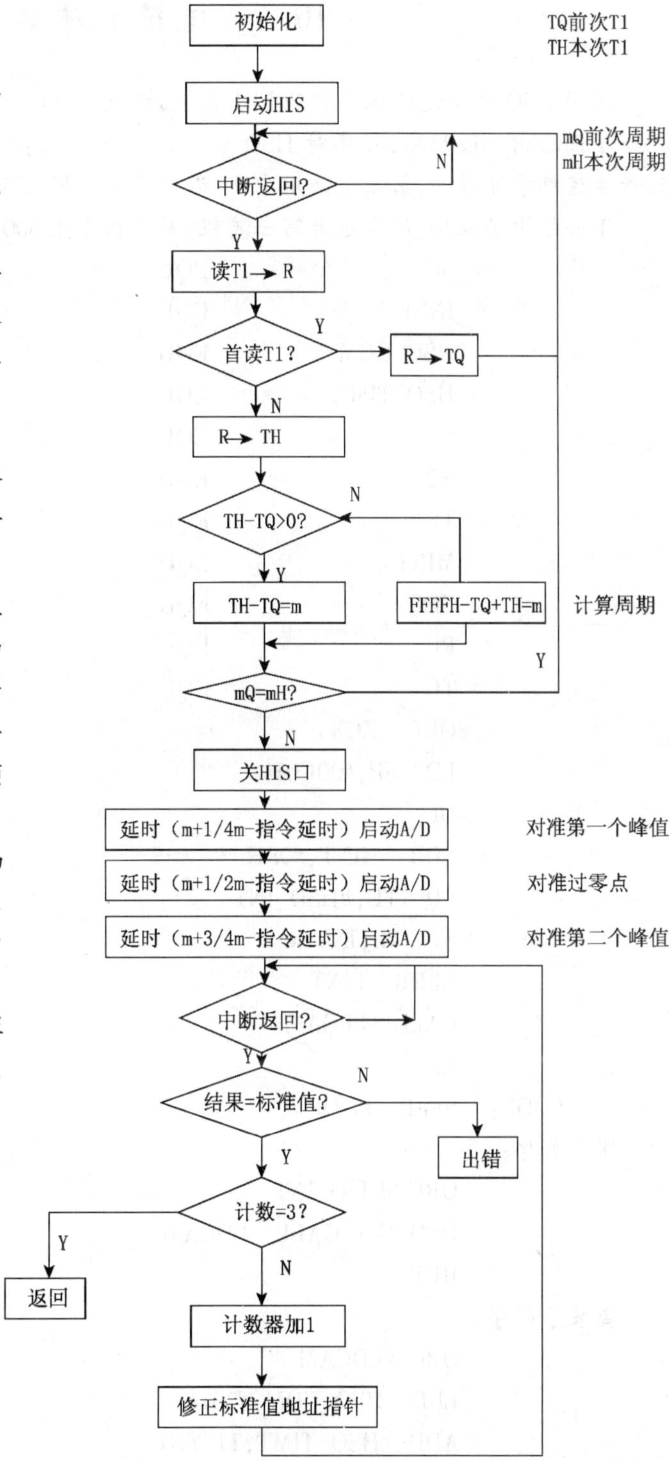

图 10－12　流程图

10.6 连续脉冲的产生

利用 HSO 产生连续脉冲驱动 FBJ 吸起向通道发送移频信号是发送设备最后的任务

下面给出一段程序,程序对 HSO 口连续送出三组控制数据分别使 HSO.0 为高、低、高。为产生连续重复脉冲,第三组使用中断,返回重装数据信息。

下面给出了程序,请学习者写出流程,并根据产生 600 Hz 信号的要求,计算 N1,N2,N3。

```
        SP          EQU     18H
        INVEC       EQU     2006H
        HSO_COM     EQU     06H
        HSO_TIME    EQU     04H
        R1          EQU     50H
        R2          EQU     60H
        TE          EQU     40H
        MINT        EQU     08H
        PINT        EQU     09H
        PL          EQU     OFH
        TL          EQU     OAH
        ORG   ZCX
        LD   SP,#00C0H
        DI
        LDB   MINT,#08H
        LD   TE,#HSO_INT
        ST   TE,INVEC
        CLRB   PINT
        CALL   LPCAM
        EI
LOOP:   SJMP   LOOP
```

服务程序:

```
        ORG. #HSO_INT
        HSO_INT:CALL   LDCAM
        RET
```

重装子程序:

```
        ORG #LDCAM
        LDB   HSO_COM,#20H
        ADD   HSO_TIMT,T1,#N1
        NOP
        NOP
        LDB   HSO_COM,#00H
        ADD   HSO_TIMT,T1;#N2
```

```
NOP
NOP
LDB  HSO_COM,#30H
ADD  HSO_TIMT,#N3
RET
```

本章小结

单片机的使用方法,本章从基本应用的角度作了介绍。可以归纳为以下几个方面:

1. 输入、输出端口与外围电路连接

96 系列单片机的输入输出端口是由多个特殊功能寄存构成的。外围电路是指为特定的使用目的设计的电路。单片机内部的连接是完善的,各端口与中央处理器的信息传送是畅通的。也就是说不用考虑它们之间的电气联系,数据流在其中传送是没有障碍的。但是外围电路与单片机各端口的连接要考虑端口的负载能力。接入负载即外围电路就要考虑电路之间的匹配关系,主要需注意的是外围电路与端口的电流匹配关系,不论是拉电流(流出端口),还是灌电流(流入端口)。都不能超出端口的负载能力。或者说,都应在端口所能提供的电流最大值的范围以内。一般要留有一定余量。否则,就不能正常工作。端口和外围电路的工作频率越高,余量要越大。

外围电路与端口连接,一般都要与三总线连接,特别是与数据总线的连接,一定要做到,选择端口时将端口数据线与总线的数据线连通,不选择端口时,要把它们完全断开。

用来选择端口的译码电路是在中央处理器执行了端口读或写的指令,在读或写的周期内将端口与总线连通,提供物理层电气连接的。但在没有选择端口时,译码电路是不工作的。端口与总线是断开的。

2. 特殊功能寄存器的使用

(1)高速输入口(HIS)

本章应用举例中使用 HSI 口校验频率,是基于 HSI 口能够检出信号的跳沿,两个正跳沿或两个负跳沿之间的时间间隔,就是当前信号的周期。通过对信号周期的检测来辨识信号的频率,也就是把频域的问题放在时域中解决,使问题得到了简化。

定时器 T1 是一个循环计数器,每当跳沿出现时,读 T1 的当前计数值,用后一次的 T1 计数值减前一次的 T1 计数值,差是一段时间值,因为 T1 定时器是在固定周期脉冲推动下工作的,用这个时间值和预先存放在存储器中的上,下边频周期值作比较,就可以识别频率。

(2)高速输出口(HSO)

本章应用举例中多处用到高速输出口,如设定软定时中断,延时启动 A/D,输出不同频率的方波信号等,都基于高速输出口具有 CAM 队列,可以在 CAM 中装入多个定时时间值,每当一个定时时间到,HSO 口都能按预定方案执行各种不同的任务。

本章应用举例每一部分都给出了任务分析,流程图,程序。单片机应用首先是对任务进行分析,任务分析完成后系统组成也就明了了。

复习思考题

1. 试编写一段程序,使 HSO 口的其中一位输出频率约为600 Hz 的信号。
2. 写出10.6节程序的流程图。
3. 写出10.5节 A/D 变换程序中使用的特殊功能寄存器,及其使用的中断向量。

附录1　MCS－96系列指令系统简表

助记符	操作数	操作(注1)	标　志						注
			Z	N	C	V	VT	ST	
ADD/ADDB	2	D←D＋A	√	√	√	√	↑	–	
ADD/ADDB	3	D←B＋A	√	√	√	√	↑	–	
ADDC/ADDCB	2	D←B＋A＋C	↓	√	√	√	↑	–	
SUB/SUBB	2	D←D－A	√	√	√	√	↑	–	
SUB/SUBB	3	D←B－A	√	√	√	√	↑	–	
SUBC/SUBCB	2	D←D－A＋C－1	↓	√	√	√	↑	–	
CMP/CMPB	2	D－A	√	√	√	√	↑	–	
MUL/MULU	2	D,D＋2←D＊A	–	–	–	–	–	?	2
MUL/MULU	3	D,D＋2←B＊A	–	–	–	–	–	?	2
MULB/MULUB	2	D,D＋1←D＊A	–	–	–	–	–	?	3
MULB/MULUB	3	D,D＋1←B＊A	–	–	–	–	–	?	3
DIVU	2	D←(D,D＋2)/A,D＋2←余数	–	–	–	√	↑	–	2
DIVUB	2	D←(D,D＋1)/A,D＋1←余数	–	–	–	√	↑	–	3
DIV	2	D←(D,D＋2)/A,D＋2←余数	–	–	–	?	↑	–	
DIVB	2	D←(D,D＋1)/A,D＋1←余数	–	–	–	?	↑	–	
AND/ANDB	2	D←D and A	√	√	0	0	–	–	
ADN/ANDB	3	D←B and A	√	√	0	0	–	–	
OR/ORB	2	D←D or A	√	√	0	0	–	–	
XOR/XORB	2	D←D(excl. or)A	√	√	0	0	–	–	
LD/LDB	2	D←A	–	–	–	–	–	–	
ST/STB	2	A←D	–	–	–	–	–	–	
LDBSE	2	D←A,D＋1←SIGN(A)	–	–	–	–	–	–	3,4
SDBZE	2	D←A,D＋1←0	–	–	–	–	–	–	3,4
PUSH	1	SP←SP－2,(SP)←A	–	–	–	–	–	–	
POP	1	A←(SP);SP←SP＋2	–	–	–	–	–	–	
PUSHF	0	SP←SP－2,(SP)←PSW; PSW←000H,I←0	0	0	0	0	0	0	
POPF	0	PSW←(SP);SP←SP＋2	√	√	√	√	√	√	
SJMP	1	PC←PC＋11－bit 偏移量	–	–	–	–	–	–	5
LJMP	1	PC←PC＋16－bit 偏移量	–	–	–	–	–	–	5
BR(indirect)	1	PC←(A)	–	–	–	–	–	–	5
SCALL	1	SP←SP－2,(SP)←PC; PC←PC＋11－bit 偏移量	–	–	–	–	–	–	5
LCALL	1	SP←SP－2,(SP)←PC; PC←PC＋16－bit 偏移量	–	–	–	–	–	–	5
RET	0	PC←(SP);SP←SP＋2	–	–	–	–	–	–	
J(conditional)	1	PC←PC＋8－bit 偏移量(如转移)	–	–	–	–	–	–	5
JC	1	Jump if C＝1	–	–	–	–	–	–	5
JNC	1	Jump if C＝0	–	–	–	–	–	–	5
JE	1	Jump if Z＝1	–	–	–	–	–	–	5
JNE	1	Jump if Z＝0	–	–	–	–	–	–	5
JGE	1	Jump if N＝0	–	–	–	–	–	–	5
JLT	1	Jump if N＝1	–	–	–	–	–	–	5
JGT	1	Jump if N＝0 and Z＝0	–	–	–	–	–	–	5

续上表

助记符	操作数	操作(注1)	标志						注
			Z	N	C	V	VT	ST	
JLE	1	Jump if N = 1 or Z = 1	–	–	–	–	–	–	5
JH	1	Jump if C = 1 and Z = 0	–	–	–	–	–	–	5
JNH	1	Jump if C = 0 or Z = 1	–	–	–	–	–	–	5
JV	1	Jump if V = 1	–	–	–	–	–	–	5
JNV	1	Jump if V = 0	–	–	–	–	–	–	5
JVT	1	Jump if VT = 1; Clear VT	–	–	–	–	0	–	5
JNVT	1	Jump if VT = 0; Clear VT	–	–	–	–	0	–	5
JST	1	Jump if ST = 1	–	–	–	–	–	–	5
JNST	1	Jump if ST = 0	–	–	–	–	–	–	5
JBS	3	Jump if Bit = 1	–	–	–	–	–	–	5,6
JBC	3	Jump if Bit = 0	–	–	–	–	–	–	5,6
DJNZ	1	D←D - 1; if D≠0 then PC←PC + 8-bit 偏移量	–	–	–	–	–	–	5
DEC/DECB	1	D←D - 1	√	√	√	√	↑	–	
DEG/NEGB	1	D←0 - D	√	√	√	√	↑	–	
INC/INCB	1	D←D + 1	√	√	√	√	↑	–	
EXT	1	D←D; D + 2←Sign(D)	√	√	0	0	–	–	2
EXTB	1	D←D; D + 1←Sing(D)	√	√	0	0	–	–	3
NOT/NOTB	1	D←Logical Not(D)	√	√	0	0	–	–	
CLR/CLRB	1	D←0	1	0	0	0	–	–	
SHL/SHLB/SHLL	2	C←msb - - - - - 1sb←0	√	?	√	√	↑	–	7
SHR/SHRB/SHRL	2	0→msb - - - - - 1sb→C	√	?	√	0	–	√	7
SHRA/SHRAB/SHRAL	2	msb→msb - - - - - 1sb→C	√	√	√	0	–	√	7
SETC	0	C←1	–	–	1	–	–	–	
CLRC	0	C←0	–	–	0	–	–	–	
CLRVT	0	VT←0	–	–	–	–	0	–	
RST	0	PC←2080H	0	0	0	0	0	0	8
DI	0	禁止所有中断(I←0)	–	–	–	–	–	–	
EI	0	允许中断(I←1)	–	–	–	–	–	–	
SKIP	0	PC←PC + 2	–	–	–	–	–	–	
NORML	2	左移,直到 msb = 1, D←移位次数	√	?	0	–	–	–	7
TRAP	0	SP←SP - 2, (SP)←PC PC←(2010H)	–	–	–	–	–	–	9

注:①如助记符以 B 结尾,则执行字节操作,否则为字操作。操作数 D、B、A 必须遵循操作数的寻址规则。D 和 B 为寄存器堆中的单元,A 可处于存储器的任何地方。

②D, D + 2 为存储器中连续的字;D 为双字。

③D, D + 1 为存储器中连续的字节;D 为字。

④把字节变成字。

⑤偏移量为 2 的补码。

⑥指定的位为寄存器堆的 2048 个位之一。

⑦L 后缀表示为双字操作。

⑧通过把 RESET 引脚拉低产生一次复位。从 2080H 开始的软件应该对所有必要的寄存器进行初始化。

⑨Intel 汇编程序不接收此助记符。

附录2　MCS－96系列指令操作码及状态周期表

助记符	操作数	直接			立即			间接⊛ 一般			间接⊛ 自动加1		变址⊛ 短			变址⊛ 长	
		操作码	字节数	机器周期	操作码	字节数	机器周期	操作码	字节数	机器①周期	字节数	机器①周期	操作码	字节数	机器①周期③	字节数	机器①周期③
算术指令																	
ADD	2	64	3	4	65	4	5	66	3	6/11	3	7/12	67	4	6/11	5	7/12
ADD	3	44	4	5	45	5	6	46	4	7/12	4	8/13	47	5	7/12	6	8/13
ADDB	2	74	3	4	75	3	4	76	3	6/11	3	7/12	77	4	6/11	5	7/12
ADDB	3	54	4	5	55	4	5	56	4	7/12	4	8/13	57	5	7/12	6	8/13
ADDC	2	A4	3	4	A5	4	5	A6	3	6/11	3	7/12	A7	4	6/11	5	7/12
ADDCB	2	B4	3	4	B5	3	4	B6	3	6/11	3	7/12	B7	4	6/11	5	7/12
SUB	2	68	3	4	69	4	5	6A	3	6/11	3	7/12	6B	4	6/11	5	7/12
SUB	3	48	4	5	49	5	6	4A	4	7/12	4	8/13	4B	5	7/12	6	8/13
SUBB	2	78	3	4	79	3	4	7A	3	6/11	3	7/12	7B	4	6/11	5	7/12
SUBB	3	58	4	5	59	4	5	5A	4	7/12	4	8/13	5B	5	7/12	6	8/13
SUBC	2	A8	3	4	A9	4	5	AA	3	6/11	3	7/12	4	4	6/11	5	7/12
SUBCB	2	B8	3	4	B9	3	4	BA	3	6/11	3	7/12	BB	4	6/11	5	7/12
CMP	2	88	3	4	89	4	5	8A	3	6/11	3	7/12	8B	4	6/11	5	7/12
CMPB	2	98	3	4	99	3	4	9A	3	6/11	3	7/12	9B	4	6/11	5	7/12
MULU	2	6C	3	25	6D	4	26	6E	3	27/32	3	28/33	6F	4	27/32	5	28/33
MULU	3	4C	4	26	4D	5	27	4E	4	28/33	4	29/34	4F	5	28/33	6	29/34
MULUB	2	7C	3	17	7D	3	17	7E	3	19/24	3	20/25	7F	4	19/24	5	20/25
MULUB	3	5C	4	18	5D	4	18	5E	4	20/25	4	21/26	5F	5	20/25	6	21/26
MUL	2	②	4	29	②	5	30	②	4	31/36	4	32/37	②	5	31/36	6	32/37
MUL	3	②	5	30	②	6	31	②	5	32/37	5	33/38	②	6	32/37	7	33/38
MULB	2	②	4	21	②	4	21	②	4	23/28	4	24/29	②	5	23/28	6	24/29
MULB	3	②	5	22	②	5	22	②	5	24/29	5	25/30	②	6	24/29	7	25/30
DIVU	2	8C	3	25	8D	4	26	8E	3	28/32	3	29/33	8F	4	28/32	5	29/33
DIVUB	2	9C	3	17	9D	3	17	9E	3	20/24	3	21/25	9F	4	20/24	5	21/25
DIV	2	②	4	29	②	5	30	②	4	32/36	4	33/37	②	5	32/36	6	33/37
DIVB	2	②	4	21	②	4	21	②	4	24/28	4	25/29	②	5	24/28	6	25/29
逻辑指令																	
AND	2	60	3	4	61	4	5	62	3	6/11	3	7/12	63	4	6/11	5	7/12
AND	3	40	4	5	41	5	6	42	4	7/12	4	8/13	43	5	7/12	6	8/13
ANDB	2	70	3	4	71	3	4	72	3	6/11	3	7/12	73	4	6/11	5	7/12
ANDB	3	50	4	5	51	4	5	52	4	7/12	4	8/13	53	5	7/12	6	8/13
OR	2	80	3	4	81	4	5	82	3	6/11	3	7/12	83	4	6/11	5	7/12
ORB	2	90	3	4	91	3	4	92	3	6/11	3	7/12	93	4	6/11	5	7/12
XOR	2	84	3	4	85	4	5	86	3	6/11	3	7/12	87	4	6/11	5	7/12
XORB	2	94	3	4	95	3	4	96	3	6/11	3	7/12	97	4	6/11	5	7/12
数据传送指令																	
LD	2	A0	3	4	A1	4	5	A2	3	6/11	3	7/12	A3	4	6/11	5	7/12
LDB	2	B0	3	4	B1	3	4	B2	3	6/11	3	7/12	B3	4	6/11	5	7/12
ST	2	C0	3	4	—	—	—	C2	3	7/11	3	8/12	C3	4	7/11	5	8/12
STB	2	C4	3	4	—	—	—	C6	3	7/11	3	8/12	C7	4	7/11	5	8/12

续上表

助记符	操作数	直接			立即			间接⊛					变址⊛				
								一般			自动加1		短			长	
		操作码	字节数	机器周期	操作码	字节数	机器周期	操作码	字节数	机器周期①	字节数	机器周期①	操作码	字节数	机器周期①③	字节数	机器周期①③
LDBSE	2	BC	3	4	BD	3	4	BE	3	6/11	3	7/12	BF	4	6/11	5	7/12
LDBZE	2	AC	3	4	AD	3	4	AE	3	6/11	3	7/12	AF	4	6/11	5	7/12
堆栈操作(内部堆栈)																	
PUSH	1	C8	2	8	C9	3	8	CA	2	11/15	2	12/16	CB	3	11/15	4	12/16
POP	1	CC	2	12	—	—	—	CE	2	14/18	2	14/18	CF	3	14/18	4	14/18
PUSHF	0	F2	1	8													
POPF	0	F3	1	9													
堆栈操作(外部堆栈)																	
PUSH	1	C8	2	12	C9	3	12	CA	2	15/19	2	16/20	CB	3	15/19	4	16/20
POP	1	CC	2	14	—	—	—	CE	2	16/20	2	16/20	CF	3	16/20	4	16/20
PUSHF	0	F2	1	12													
POPF	0	F3	1	13													

转移和转子

助记符	操作码	字节数	机器周期	助记符	操作码	字节数	机器周期
LJMP	E7	3	8	LCALL	EF	3	13/16⑥
SJMP	20-27⑤	2	8	SCALL	28-2F⑤	2	13/16⑥
BR〔〕	E3	2	8	RET	F0	1	12/16⑥
				TRAP④	F7	1	21/24

ANDB	2	70	3	4	71	3	4	72	3	6/11	3	7/12	73	4	6/11	5	7/12
ANDB	3	50	4	5	51	4	5	53	4	7/12	4	8/13	53	5	7/12	6	8/13
OR	2	80	3	4	81	4	5	82	3	6/11	3	7/12	83	4	6/11	5	7/12
ORB	2	90	3	4	91	3	4	92	3	6/11	3	7/12	93	4	6/11	5	7/12
XOR	2	84	3	4	85	4	5	86	3	6/11	3	7/12	87	4	6/11	5	7/12
XORB	2	94	3	4	95	3	4	96	3	6/11	3	7/12	97	4	6/11	5	7/12
数据传送指令																	
LD	2	A0	3	4	A1	4	5	A2	3	6/11	3	7/12	A3	4	6/11	5	7/12
LDB	2	B0	3	4	B1	3	4	B2	3	6/11	3	7/12	B3	4	6/11	5	7/12
ST	2	C0	3	4	—	—	—	C2	3	7/11	3	8/12	C3	4	7/11	5	8/12
STB	2	C4	3	4	—	—	—	C6	3	7/11	3	8/12	C7	4	7/11	5	8/12
LDBSE	2	BC	3	4	BD	3	4	BE	3	6/11	3	7/12	BF	4	6/11	5	7/12
LDBZE	2	AC	3	4	AD	3	4	AE	3	6/11	3	7/12	AF	4	6/11	5	7/12
堆栈操作(内部堆栈)																	
PUSH	1	C8	2	8	C9	3	8	CA	2	11/15	2	12/16	CB	3	11/15	4	12/16
POP	1	CC	2	12	—	—	—	CE	2	14/18	2	14/18	CF	3	14/18	4	14/18
PUSHF	0	F2	1	8													
POPF	0	F3	1	9													
堆栈操作(外部堆栈)																	
PUSH	1	C8	2	12	C9	3	12	CA	2	15/19	2	16/20	CB	3	15/19	4	16/20
POP	1	CC	2	14	—	—	—	CE	2	16/20	2	16/20	CF	3	16/20	4	16/20
PUSHF	0	F2	1	12													
POPF	0	F3	1	13													

转移和转子

助记符	操作码	字节数	机器周期	助记符	操作码	字节数	机器周期
LJMP	E7	3	8	LCALL	EF	3	13/16⑥
SJMP	20-27⑤	2	8	SCALL	28-2F⑤	2	13/16⑥
BR〔〕	E3	2	8	RET	F0	1	12/16⑥
				TRAP④	F7	1	21/24

续上表

条 件 转 移

所有条件转移指令均为2字节。发生转移需8个机器周期,否则为4个

助记符	操作码	助记符	操作码	助记符	操作码	助记符	操作码
JC	DB	JE	DF	JGE	D6	JGT	D2
JNC	D3	JNE	D7	JLT	DE	JLE	DA
助记符	操作码	助记符	操作码	助记符	操作码	助记符	操作码
JH	D9	JV	DD	JVT	DC	JST	D8
JNH	D1	JNV	D5	JNVT	D4	JNST	D0

位 测 试 转 移

它们为3字节指令。发生转换时需9个机器周期,否则为5个

助记符	Bit 地 址							
	0	1	2	3	4	5	6	7
JBC	30	31	32	33	34	35	36	37
JBS	38	39	3A	3B	3C	3D	3E	3F

循 环 控 制

DJNZ 操作码 E0； 3字节； 5/9 机器周期(不转换/转换)③

单寄存器指令

助记符	操作码	字节数	机器周期	助记符	操作码	字节数	机器周期
DEC	05	2	4	EXT	06	2	4
DECB	15	2	4	EXTB	16	2	4
NEG	03	2	4	NOT	02	2	4
NEGB	13	2	4	NOTB	12	2	4
INC	07	2	4	CLR	01	2	4
INCB	17	2	4	CLRB	11	2	4

移 位 指 令

助记符	字		助记符	字 节		助记符	长 字		机器周期
	操作码	字节数		操作码	字节数		操作码	字节数	
SHL	09	3	SHLB	19	3	SHLL	0D	3	7＋1PER SHFT ⑧
SHR	08	3	SHRB	18	3	SHRL	0C	3	7＋1PER SHFT ⑧
SHRA	0A	3	SHRAB	1A	3	SHRAL	0E	3	7＋1PER SHFT ⑧

特 殊 控 制 指 令

助记符	操作码	字节数	机器周期	助记符	操作码	字节数	机器周期
SETC	F9	1	4	DI	FA	1	4
CLRC	F8	1	4	EI	FB	1	4
CLRVT	FC	1	4	NOP	FD	1	4
RST ⑦	FF	1	166	SKIP	00	2	4

规 格 化

助 记 符	操 作 码	字 节 数	机 器 周 期
NORML	0F	3	11＋1 PER SHIFT

注：* 长变址和自动加1间接寻址的操作码分别与短变址和间接寻址相同,使用间接成变址寻址指令的第二字节指出准确的寻址方式。如第二字节为偶数,使用间接或短变址;如果为奇数,使用自动加1间接或长变址。在各种情况下,指令的第二字节总指出存放参考地址的偶地址(字)单元。

①显示的机器周期数为内部/外部操作数。

②有符号的乘法和除法指令的操作码与无符号指令相同,只是加有0FEH为前缀。

③显示的执行时间均以16位总线为标准。

④Intel 汇编程序不接收此助记符。

⑤操作码的低3位与后面的8位相连组成一个用于相对转子或转移的11位补码偏移量。

⑥机器周期数为堆栈在内部/外部。

⑦这条指令需2个周期来拉低RST,然后保持它为低2个周期以启动复位。复位共需12个周期,复位后转向2080 H处程序重新执行。

⑧即使对0移位,也至少需执行8个周期。

附录 3　ASCII 字符表(美国信息交换标准码)

高位＼低位	0 0000	1 0001	2 0010	3 0011	4 0100	5 0101	6 0110	7 0111	8 1000	9 1001	A 1010	B 1011	C 1100	D 1101	E 1110	F 1111
0 0000	NUL	SOH	STX	ETX	EOT	ENQ	ACK	BEL	BS	HT	LF	VT	FF	CR	SO	SI
1 0001	DLE	DC1	DC2	DC3	DC4	NAK	SYN	ETB	CAN	EM	SUB	ESC	FS	GS	RS	US
2 0010	SP	1	”	#	$	%	&	′	(	)	·	+	,	–	.	/
3 0011	0	1	2	3	4	5	6	7	8	9	:	;	〈	=	〉	?
4 0100	@	A	B	C	D	E	F	G	H	I	J	K	L	M	N	O
5 0101	P《》Q	R	S	T	U	V	W	X	Y	Z	〔	〕	↑	←		
6 0110	`	a	b	c	d	e	f	g	h	i	j	k	l	m	n	o
7 0111	p	q	r	s	t	u	v	w	x	y	z	{	|	}	~	DEL

参 考 文 献

[1] 黄旭明. 计算机基础应用. 北京:高等教育出版社,2005.
[2] 马维华. 微机原理与接口技术——从 80X 到 Pentium X. 北京:科学出版社, 2005.
[3] 汪　建. MCS-96 系列单片机原理及应用技术. 武汉:华中科技大学出版社,2004.
[4] 范蹯果. 单片机试验与应用系统设计. 北京:国防工业出版社,2007.
[5] 李广弟. 单片机基础. 北京:北京航空航天大学出版社,2001.
[6] 梁合庆. MCS-96 系列十六位单片微机实用手册. 北京:电子工业出版社,1995.
[7] 张毅刚 ,乔景渌. 8098 单片机应用设计. 北京:电子工业出版社,1993.
[8] 刘复华. 8098 单片机及其应用系统设计. 北京:清华大学出版社,1992.
[9] 彭楚武. 微机原理与接口技术. 长沙:湖南大学出版社,2004.
[10] 徐雅娜. 微机原理、汇编语言与接口技术. 北京: 电子工业出版社,2003.
[11] 梁合庆,梁韬. MCS-96 系列单片微机实用手册. 北京:电子工业出版社,1995.
[12] 闫华光, MCS- 96 单片机和 PC 机的串行通讯. 微电子技术,2003.
[13] Cisco System 公司 Cisco Networking Academy Program. 思科网络技术学院教程. 清华大学,北京大学,北京邮电大学,等,译. 3 版. 北京:人民邮电出版社,2004.
[14] 戴梧叶. 网络设计与组建. 北京:人民邮电出版社,2000.